유무선 채널 모델링

Wireline/Wireless Channel Modeling

김진영 · 서철헌 지음

홍릉과학출판사

머리말

지난 수년간 유, 무선 통신에 대한 수요증대와 통신 서비스 가입자의 폭발적인 증가는 차세대 통신 시스템 개발의 최적화를 요구하고 있으며, 정보통신을 위한 신호처리, 전송방식 및 채널 모델링에 대하여 관심이 고조되고 있다. 하지만 전자·통신 분야를 전공하는 사람들에게 채널 모델링은 그 이론 자체가 상당히 난해하다고 생각하는 경우가 대부분이지만 종래의 경우와는 달리 이론의 정립이 우선되지 않고는 새로운 기술 분야의 적응이 곤란한 경우가 많다. 또한 아날로그에서 디지털 통신으로 음성에서 데이터 통신으로 기술 발전이 이루어지면서 통신 시스템은 하나의 전송매체를 사용하여 원하는 데이터를 전송하므로 채널을 최대한 효율적으로 사용하는 것이 매우 중요하다. 그러나 전송 매질에는 많은 물체들이 놓여있고 이러한 물체의 크기, 재질 등이 달라 전송 신호에 주는 영향 또한 물체마다 다르다. 또 고정된 물체 외 움직이는 물체나 아니면 바람 등에 의해 변화되는 환경 등이 채널의 특성을 시간에 따라 변화하게 만든다. 이렇게 복잡하고 예측하기 힘든 채널을 통해 정보를 전송하기 위해 현재까지 많은 기술이 채널의 영향을 극복하는데 초점을 두었다. 그러므로 채널 특성의 정확한 이해가 통신 시스템을 설계, 분석, 평가하는 첫걸음임이 분명하다.

채널의 특성을 파악하기 위해서는 정보와 잡음, 전송방해 성질, 전송매체의 특성, 전송 시스템의 구성과 특성들의 주요 설계 요인에 대해서 알아야하는데, 이 책에서는 채널의 해석 방법을 이해하기 쉽게 계통적으로 엮어 놓았다.

이 책에서는 이해하기 난해한 유, 무선 채널 모델의 이해를 돕기 위해 1장에서 통신 채널의 개념과 중요성을 설명한다. 2장에서는 유선 통신 채널의 특징 및 각 종 케이블에 대한 특성을 설명한다. 3, 4장에서는 무선 통신 채널을 설명하기 전 기본적으로 익혀야할 무선 채널 모델링 분석 기법과 주파수 대역별 채널 특성에 대해 알아본다. 5장에서는 실내, 실외의 무선 통신 채널에 대하여 알아보고 6장에서는 다중안테나 시스템의 채널 특성에 대하여 설명한다. 7장에서는 위성통신과 우주통신의 채널 특성에 대하여 설명하고 8장에서는 앞서 설명한 채널들을 구현한 시스템의 사례를 알아본다. 마지막으로 9장에서는 유, 무선 채널의 발전 방향에 대하여 논하였다.

앞에서 언급했듯이, 채널 모델링은 통신 시스템 설계과정에서 제작에 앞서 시스템 성능을 분석하기 위해서 필수적인 과정이라 할 수 있으며 이 책을 통하여 독자들의 채널 모델링에 대한 이해를 고양시킬 수 있을 것이라 확신한다.

2013년 10월

김 진 영

차 례

Chapter 1

채널의 개념 및 중요성

통신(communication)이라는 말은 일상생활에 널리 보급된 말로 송신자 혹은 정보 근원지에서 수신자 혹은 정보 목적자로 의미 있는 정보(information)를 전하는 것을 의미한다. 정보의 형태와 전달하는 방식에 따라서 여러 가지의 통신을 생각할 수 있다. 즉 봉화, 우편, 신문 등과 같이 육체의 힘을 통해서 전달되는 통신이 있는가 하면, 전화, 팩스, PC 통신처럼 전기적인 신호(signal)를 통해서 전달되는 통신도 있다. 전기적 신호를 이용한 통신을 전기통신(telecommunication)이라 부른다. 하지만 telecommunication의 원뜻은 전기적 통신이 아니라 원거리(tele-)통신이다. 다만 그 전송 방법에 있어서 전기적 신호의 모양을 이용할 뿐이다. 전기통신의 특성은 통신의 속도가 전파의 속도나 전류의 속도처럼 엄청나게 빠른 점이다.

전기통신의 기술 발전과 이용 형태를 보면 최근까지(1960년대)만 해도 전신(telegraph)과 전화(telephone)가 주도해 왔다. 특히 우리들의 일상생활에서 거의 필수적인 도구가 된 전화통신의 중요성과 편리함은 더 설명할 필요가 없는 일이다. 이로 인해서 전기통신은 바로 전화통신을 의미하는 것처럼 인식하기에 이르렀다. 더욱이 전화통신이 국가사회의 주요기반 구조로서, 또한 공중통신(public communication) 사업으로 자리잡음에 따라서, 전기통신은 공중통신으로 인식되기도 했다.

그러나 20세기 후반(1970년대)에 이르러서는 데이터통신, 컴퓨터통신, 팩스통신 등

비 전화통신의 본격적인 보급이 시작되었고, 이용 형태에서도 기업 조직 내부 혹은 관련자들 간의 전용 통신으로 크게 발전됨에 따라, 음성, 데이터 등 여러 종류의 통신정보가 복합적으로 전달되는 종합 정보통신(integrated service)이 발전하게 되었다. 이러한 새로운 양상의 전기통신을 전통적인 전화 중심의 전기통신과 구별하는 뜻에서 정보통신이라는 용어가 등장하게 되었다.

그러므로 넓은 의미에서 정보통신은 전통적인 전기통신을 포함하는 새로운 형태의 전기통신을 의미한다고 할 수 있다. 그러나 좁은 의미에서의 정보통신은 음성, 영상정보와는 다른 형태인 데이터정보(이진 수치(0,1)로 표현되는 정보)를 전달하는 데이터통신 혹은 컴퓨터통신을 의미하는 뜻으로 사용되기도 한다.

정보통신의 모양에는 전화와 같이 양방향 통신 즉 정보를 주고받는 교신의 형태와, 방송(broadcasting), 전자우편(e-mail) 등과 같이 단방향으로 정보가 전달되는 형태가 있다. 특히 방송은 다중에게 같은 정보를 동시에 전달 배포하는 특이한 통신 방식이다. 이로 인해서 방송은 일반적인 통신과는 다른 정보전달매체로서 인식되어 왔다. 그러나 정보통신의 기술발전과 정보서비스의 다양화로 인해서 방송과 통신기능이 함께 수용되는 통신방식(예 : 양방향 CATV, 비디오텍스)으로 발전되고 있다. 그림 1.1은 보편적인 통신 시스템의 모델을 보인다. 어떤 형태의 통신 과정으로 이루어졌든지 모든 통신 시스템은 송신기 (Transmitter), 채널 (Channel), 수신기 (Receiver)라는 세 가지 요소를 포함한다. 송신기와 수신기는 공간상에서 서로 떨어져 있고, 채널은 송, 수신기를 연결하는 물리적인 매체이다. 송신기의 기능은 입력되는 정보데이터를 전송로의 전송 특성에 적합한 전송신호로 변환해 주는 것이다. 전송로는 기본적으로 연속적인 전류신호나 전자파를 전달하는 아날로그(analog) 매체이다. 그러나 입력정보는 음성신호와 같이 연속적인 아날로그 신호일 수도 있고, 컴퓨터의 출력 신호처럼 이진수(binary number)로 표현되는 디지털 신호일 수도 있다. 다양한 입력 신호를 전송로에 맞도록 변환하기 위한 신호처리 과정에는 항상 변조나 부호화 과정이 있다. 변조는 전송되는 반송파(carrier wave)의 진폭, 위상 혹은 주파수 성분을 입력신호의 크기에 따라서 조직적으로 변형시키는 것을 의미한다. 변조는 효율적인 전송효과 이외에도, 잡음 영향의 감소, 주파수 채널 배정, 여러 가지 신호의 다중화(multiplex) 등의 중요한 기능도 있다.

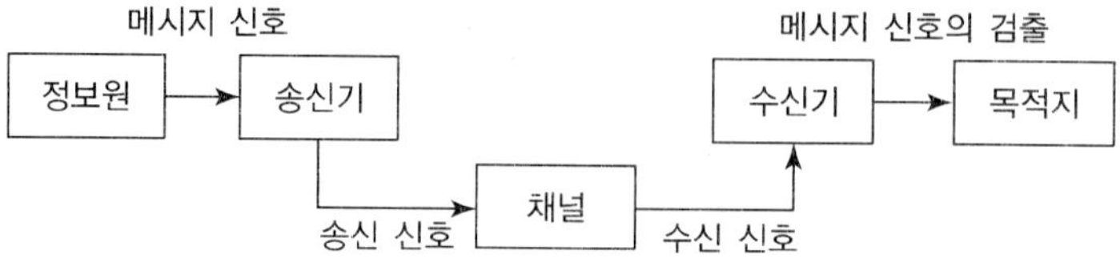

| 그림 1.1 | 통신 시스템의 모델

부호화는 디지털 입력데이터 즉 부호 심볼(symbol)에 대한 변환 방법이다. 여기에는 크게 정보원의 데이터 압축을 위한 정보원 부호화(source coding)와, 전송로의 전송오류(error)에 대처하기 위한 전송로 부호화(channel coding)가 있다. 이것은 디지털 통신방식의 장점을 극대화시킬 수 있는 기본 기법들이다.

수신기는 전송로를 통해 온 수신신호로부터 송신기의 반대순서를 거치면서 송신된 정보데이터를 찾아내는 장치이다. 전송 손실을 보상하기 위한 증폭기능, 잡음제거와 신호파형 복구를 위한 필터링(filtering), 변조에 대한 복조 및 검파, 부호화에 대한 복호화 등이 중요과정이다.

송신기와 수신기의 기능은 주어진 채널을 통해서 효율적인 정보전달을 위한 여러 가지의 정보신호의 처리과정이라고 볼 수 있다. 채널은 송신기의 출력이 수신기에 도달하기 위하여 통과하는 매체이며 일반적으로 채널을 통과하면서 신호의 크기가 감쇠하며 잡음이 더해져서 왜곡된 신호가 수신기에 입력된다. 잡음원으로는 그 원인에 따라 크게 두 가지 범주로 나뉜다. 즉, 통신 시스템내의 저항, 전자관, 반도체 능동 소자(solid-state active device) 등의 소자에서 발생하는 내부 잡음(internal noise)과, 통신 시스템 외부의 대기나 우주 또는 인공의 잡음원에 의해 발생하는 외부 잡음(external noise)이 있다.

대기 잡음(atmosphere noise)은 주로 뇌우에 의한 대기 내의 자연적인 전기 방전으로 생성되는 의사(spurious) 전파들로 인해 발생한다. 이것을 보통 공전(static 또는 spherics)이라고 한다. 약 100MHz 아래의 주파수에서는 이런 전파의 세기가 주파수에 반비례하게 된다. 대기 잡음은 시간 축에서 볼 때 짧은 구간에 큰 진폭으로 집중되어 나타나며, 임펄스(impulse) 잡음의 중요한 예가 된다. 대기 잡음은 주파수에 대해 역비례 관계를 갖고 있으므로, 540kHz에서 1.6MHz까지의 주파수 범위를 사용하는 상업용 AM 라디오 방송이 그보다 50MHz 더 높은 주파수 범위를 사용하는 TV나 FM 라디오 방송에 비해 대기 잡음에 의한 영향을 더 많이 받는다.

인공 잡음원으로는 고전압 전력선의 코로나(corona) 방전, 통신 기기의 전기 동력기에서 발생하는 잡음, 자동차나 항공기의 점화 잡음, 스위칭 기어에 의한 잡음 등이 있다.

점화 잡음이나 스위칭 잡음은 대기 잡음처럼 임펄스 특성을 갖는다. 임펄스 잡음은 전화 채널과 같이 스위치가 있는 유선 채널에서 우세하게 나타나는 잡음이다. 음성 전송에 대한 적용에서는 임펄스 잡음이 통신을 하는 데 단지 성가신 요인이지만, 디지털 정보를 전송하는 경우에는 심각한 오류를 만드는 요인이 된다.

또 다른 중요한 인공 잡음원은 다른 사람의 송신기의 무선 주파수(radio-frequency)이다. 간섭 송신기로 인해 발생하는 잡음을 주로 무선 주파수 간섭(RFI)이라고 한다. 특히 대도시에서의 이동 통신처럼, 고밀도의 송신기 환경에서 수신을 하는 경우, RFI

는 특별히 문제가 된다.

우주 잡음원으로는 태양이나 별과 같이 온도가 높은 천체들이 있다. 태양은 높은 온도(6000℃)와 지구와의 상대적인 근접성으로 인해 강한 잡음원이 되지만, 다행히도 지역적인 전파 에너지원이 넓은 주파수 스펙트럼 상에 퍼져 있다. 마찬가지로, 별 역시 광대역 무선 에너지원이 된다. 별의 경우 태양에 비해 훨씬 먼 거리에 있으므로 잡음의 세기는 작지만 그 개수가 매우 많기 때문에 집합적으로 중요한 잡음원이 된다. 준성(quasar)이나 맥동성(pulsar)과 같은 전파성(radio star)들 역시 무선 에너지의 강한 신호원이 된다. 무선 천문학자들은 이런 별들을 신호원으로 생각하지만, 통신 엔지니어들에게는 또 다른 잡음원이 된다. 태양과 우주 잡음의 주파수 범위는 수 메가헤르츠부터 수 기가헤르츠에까지 이른다.

통신 시스템에서 또 다른 간섭원으로는 다중 전송 경로를 들 수 있다. 이는 건물, 지표면, 비행기, 선박 등으로부터 반사되거나 전송 매질 내의 여러 층에서 굴절되어 일어난다. 만일 산란 작용이 다수의 반사 성분을 만들어 낸다면 수신된 다중 경로 신호는 잡음처럼 보이게 되며 이를 확산(diffuse)이라고 한다. 만일 다중 경로 신호 성분이 하나 혹은 두 개의 강한 반사파로 되어 있다면 반영(specular)이라고 한다. 결국, 통신 시스템에서 신호 에너지의 감쇠는 전송 매질 내에서 불규칙한 감쇠 변화 때문에 일어난다. 이러한 신호 에너지의 요동을 페이딩(fading)이라고 한다. 반영 다중 경로로 인해 수신된 다중 신호들은 서로를 보강시키거나 상쇄시키기 때문에, 반영 다중 경로도 페이딩을 초래한다.

내부 잡음은 전자 소자 내에 있는 전하의 불규칙한 운동으로 생긴다. 여기에는 세 가지 형태가 있다. 첫 번째는 열잡음(thermal noise)으로, 이는 열의 요동에 의해 여기된 도체나 반도체 내 자유 전하의 불규칙한 운동에 의해 발생한다. 두 번째로는 산탄 잡음(shot noise)을 들 수 있으며, 이는 열이온관이나 반도체 접합 소자 내에서 불규칙한 이산 전하의 도달에 의해 발생한다. 세 번째는 명멸 잡음(flicker noise)으로 이것은 잘 이해되지 않는 메커니즘으로 발생하는데, 낮은 주파수에서 더욱 심각하다.

이러한 신호의 간섭과 잡음은 신호의 오류를 수반하며, 오류 없이 보낼 수 있는 채널의 최대 용량이 줄어든다. 채널 용량은 1949년 Shannon은 정보를 수치적으로 정량화하였으며 주어진 통신로를 통해 보낼 수 있는 최대 정보 전송속도 즉, 단위 시간당 에러 없이 전송할 수 있는 정보량을 통신용량(Channel Capacity)으로 정의하였고 가우스 잡음이 존재하는 대역 제한된 통신로에서의 용량을 다음과 같이 유도하였다.

$$C = B\log_2(1+\gamma)\,[bits/\sec] \qquad \text{(식 1.1)}$$

(식 1.1)은 연속적인 채널에 대한 Shannon-Hartley 정리라고 불리며, B는 대역폭,

r은 반송파 전력 대 잡음 전력비이다. (식 1.1)에 의하면 대역폭이 무한대이거나, 잡음이 존재하지 않는다면 단위 시간당 전송이 가능한 정보량 즉, 용량은 이론적으로 무한대가 된다.

그러나 실제로는 대역이 제한되어 있고 통신로에는 항상 잡음이 존재하며, 또한 신호가 페이딩을 받게 되므로 (식 1.1)은 이상적인 경우 즉 오류 없이 정보를 전송할 수 있는 통신용량의 상한치를 나타낸다. 이러한 채널 용량은 통신 채널의 특성에 따라 구해진다. 채널의 특성은 공기 중을 전파로 통신하는 무선 통신과 전화선등을 통하여 전자계로 통신하는 유선 통신과 같이 서로 다른 매체에 신호를 통과시켜 수신해 보고, 수신된 신호를 분석하여 결정된다. 채널의 특성은 여러 가지 지형적, 환경적인 조건에 달라지므로 다양한 통신 시스템의 채널 모델링은 시스템 성능을 제대로 분석하고 통신 시스템 설계와 제작을 하는데 선행되어야 할 반드시 필요한 과정이라 할 수 있다.

Chapter 2

유선채널

2.1 유선 전송 및 채널의 특징

2.1.1 유선 전송 개요

전송(transmission)이란 한 지점으로부터 다른 하나 이상의 지점으로 신호를 운반해 주는 기능을 총칭하는 것으로서 일반적으로 전송 시스템은 송신장치, 수신장치, 그리고 그들 사이의 매체(media)와 중간 장치로서 구성된다. 초기의 전송은 주파수를 매개체로 이용하여 신호를 보내는 것을 의미하는 것으로서 반송기술이라 불리었다. A. G. Bell이 1876년 3월에 자석 전화기를 발명하여 3km 거리 통화에 성공하여 최초의 전화국을 개설한 후 1881년에 뉴욕과 시카고 사이의 장거리 전화를 개통하였다. 그 후 사용자가 많아짐에 따라 하나의 회선에 동시에 여러 음성 회선을 보내는 방식을 시도하므로써 다중반송이라는 개념이 도입되게 되었다. 다중반송은 반송회선을 중첩함(다중화)으로써 다중화한 회선만큼의 동시통화가 가능해져 통신의 효율을 높일 수 있는 것인데, 사용하는 선의 종류에 따라 나선에 설치하면 나선 반송이고, 케이블인 경우에는 케이블 반송, 동축에 사용한 것은 동축 반송이라 불리어졌다. 이러한 나선 반송과 케이블 반송이 초기의 소규모 가입자 및 시내용 단거리 전송의 핵을 이루어 사용되었다. 동축케이블 방식은 1929년 특허가 획득되고, 1934년 A, Schelknoff 등에 의해 동축케이블이 초다중전송에 적합한 전송 매체임이 발표된 이후, 1941년 세계최초의 동축케이블 방식으로서 L1 방식(단거리 480회선, 장거리 600회선)이 실용화되었고, 2차 세계대전 이후에 본격적인 개발과 실용화가 이루어져 1980년대 초에 전화 10,800채널을 전송할 수 있는 60MHz 동축케이블 전송방식도 완성되었고 해저 동축케이블 방식으로도 사용되었다 PCM(Pulse Code Modulation)은 1937년에 제창되어 1948년에 미국에서 최초로 실험용 PCM장치가 설계 제작되었는데, 당시 능동소자로서는 단지 전자관뿐이었고, 또 여러 가지 기술적인 문제로 실용화에 이르지는 못하였다. PCM 실용화에 결정적인 역할을 하게 된 것은 트랜지스터의 발명에 이어진 반도체 기술의 진보였다. PCM은 FDM(Frequency Division Multiplexing) 방식보다도 경제성이나 전송품질 면에서 월등하고, 또한 FDM 방식으로는 사용할 수 없었던 열악한 상태의 시내 외 케이블에서도 사용 가능하는 강점이 있었다. 그 결과 1962년 미국 시카고지역에서 처음으로 PCM 방식을 이용한 시스템이 공중통신에 이용된 이래 디지털 통신 시대의 도래를 가져오게 한 계기가 된 것이다. 광통신은 1960년대 루비레이저의 발명을 계기로 연구되기 시작하였으나 본격적으로 연구된 것은 1966년에 영국 Kao와 Hockham이 광섬유를 이용한 장거리 통신의 가능성을 제시한 이후부터이다. 그 후 1970년 미국의 코닝(Corning)사가 1km당 전송손실이 20dB인 광섬유를 최초로 제조하였고, 1976년에는 일본에서 파장 1.3μm에서 0.5dB/km 손실의 광섬유가 발표되었으며, 다시 1979년에 석영계 광섬유의 손실이 이론한계에 가까운 파장 1.55μm에서 0.2dB/km 손실의 단일모드 광섬유의 제조가 가능하게 되었다. PCM 기술과 함께 광통신은 비약적인 발전이 이루어져 1988년도에 최초로 해저광통신 시스템 설치되었고, 1990년대 후반에 10Gbps 광전송 시스템과 WDM(Wavelength Division Multiplexing) 광전송 시스템의 통신망에 사용되었고, 실험실 수준에서는 수 Tbps의 초고속 광전송 시연이 발표되었다. 이러한 광통신 기술은 현재 세계 각국에서 통신망의 기간 전송 기술로 사용되고 있으며 현재의 통신망의 발전은 광통신 기술의 발전과 궤를 같이 한다고 해도 과언이 아닐 정도이다. 이 글에서는 이와 같은 유선 전송기술의 발달과정 및 배경에 대하여 기술하고, 현재에 사용되는 전송기술의 현황 등에 대하여 기술한 후, 마지막으로 향후 통신망에서 사용될 전송기술을 전망하고자 한다.

2.1.2 유선 전송 기술의 태동

초기의 전송 역사는 나선선로에서 시작되었다. 나선선로는 전신의 발명에서 전화의 극히 초기에 이르기까지 1가닥의 도선을 즉, 단선식의 가공선로가 이용되어 졌지만, 그 후 선로의 손실과 유도를 감소시키기 위해서 2가닥의 가공나선을 사용하게 되었다. 1가닥의 선로에 복수의 신호를 전송해서 경제적인 통신을 행하는 시험은 19세기 말부터 있었으나, 진공관의 발명과 더불어, 진공관에 의한 증폭 기술, 안정된 고주파의 연속발진과 변조가 가능하게 되고 또 필터의 제조기술이 정착된 1920년대 중반 이후에야 복수의 신호를 주파수가 다른 반송파로 변조하여 한 가닥의 선로에 동시에 보내는 다중 반송전화가 실용화되었다. 당시의 나선 반송방식은 1918년 세계최초로 미국에서 실용화된 이래 주로 단거리, 시내용으로 사용되다가 나선로가 케이블화되고, 또한 무장하 케이블 방식 등이 실용화되면서 급속히 후퇴되었다. 우리나라에서도 나선반송 방식을 사용하였는데 1통화로 방식으로 OP방식과 3통화로 방식으로 K-3C, O-3방식, 그리고 12통화로 방식으로 미국에서 개발된 45A형과, 일본에서 개발된 O-12방식, TO-12E방식, C-120S형 방식 등이 있는데, 나선반송 방식은 비교적 회선수가 적은 경우 케이블 선로를 설치하는 것보다 시설이 용이하고 경제적이라는 이유 때문에 케이블 선로가 나온 뒤에도 많이 사용되었지만 전화 수요가 급증하고 회선 수요가 대폭적으로 증가하게 된 1970년대 후반에 케이블 반송방식 또는 PCM 시설로 대체되었다. 나선반송 방식은 가공나선의 손실이 적다는 이점이 있었으나 선로의 제작에 25배에 가까운 재료가 더 들고 가입자 수가 증가함에 따라 다수의 선로를 병설할 필요가 생길 경우 1가닥의 전주에 수용할 수 없다는 단점이 있다. 그러므로 2가닥의 절연 도선들을 꼬아서 합친 선로를 만들어 그 외부를 피복하여 다수의 도선을 수용하는 케이블이 고안되었다. 최초에는 테이블 절연체로서 고무가 쓰였으나, 그 후 보다 손실이 적은 종이를 절연체로 쓴 케이블이 만들어졌다. 이러한 지절연 케이블은 감쇠도 비교적 적고 용적도 작으므로 1900년경부터 널리 쓰였다. 균일선로에서 선로의 감쇠량 극소조건은 RC=LG이지만, 실제의 선로에서는 RC>LG가 보통이다. 따라서 L을 증가시켜 위의 조건에 맞도록 하는 것을 장하(loading)라고 하는데, 1900년에 미국의 M. I. Pupin이 발표한 장하 코일(loaded coil)은 음성대역의 선로의 손실을 감소하는 방법으로서 유리하여 장하 코일을 사용한 가공나선이 원거리 전송에 이용되어 졌으며, 나아가 장하 케이블(loading cable)도 개발되어 FDM 반송방식이 발달하기 이전인 1930년대에는 이러한 장하 케이블이 폭 넓게 사용되었고 우리나라도 1960년대 까지도 장하 케이블을 사용하였다. 그러나 장하 선로는 장하 코일에 의한 저역 필터 특성이 나타나 음성 대역 근처에서만 사용 가능한 것으로서 고주파 영역에서는 사용할 수 없는 것이다. 이를 해결하는 방법으로 1932년에 제안된 무장하 케이블(unloaded cable) 방식은 장하 코일을 사용하지 않는 대신 케이블과 중계기를 사용하여 장거리 전송을 가능케 하는 것이다. 이 무장하 케이블은 주파수 360kHz 정도까지 이용할 수 있으므로 다중 채널 수가 18채널 이상까지 높아져 마이크로웨이브와 동축 케이블 방식이 보급되기 이전인 1930~50년대에 걸쳐 장거리 전송의 주역으로 활약하였다. 무장하 케이블을 이용한 반송은 0.9mm 지절연의 무장하 케이블 왕복 2조를 사용하여 12~60kHz의 대역에 12CH(중계간격 27km)을 갖는 K1 무장하 케이블 방식이 미국에서 1938년 발표되었고, 다시 1943년에는 이것을 개량한 K2 방식이 실용화되었다. 한편 유럽에서는 차단 주파수를 높게 한 경장하 케이블에 적용한 방식이 성행하였다. 1936년에 독일에서는 무장하 케이블에 음성 1CH, 반송 9CH을 중첩한 U방식을 발표하고, 이어서 1~24kHz를 근거리에 30~60kHz 를 장거리에 전송하는 15CH의 U방식을 발표하였으며, 영국에서는 1936년에 경장하 케이블에 음성 1CH, 반송 3CH을 둔 반송전화방식과 무장하 케이블 2조를 이용하여 12kHz 이상의 주파수 대역에 반송 12CH을 둔 반송전화방식을 실용화하였는데, 이것은 미국의 K 방식과 같은 것으로서 후에 국제규격의 하나로 채택되었다. 이와 같이 다양한 전송전화방식의 발전에 대응해서 유럽에서는 회선 상호 접속의 필요성으로 인해 각국에 공통된 규격을 설정하고자 하는 것이 제안되어, 반송방식 1 통화로의 유효 전송주파수 대역을 300~3,400Hz로 하고, 12통화로 기초군의 주파수 대역은 12~60kHz로 하는 내용이 CCIR(International Radio-communications Consultative Committee)에서 정해졌다. 일본에서는 1937년에 3CH의 무장하 케이블 방식을 개통하였고, 1941년에는 7, 11, 15, 19,23, 27kHz를 반송파로 하고 그의 하부 측대파를 이용한 6CH의 F-6방식이 개발되었으며, 1952년에는 기초군의 반송파 배치를 4kHz의 배수로 변경하여 개량한 S-18방식이 완성되었다. 1954년에는 방식설계 및 기기실장 등 모든 면에서 국제규격을 채용한 일본 최초의 무장하 케이블 방식인 F-24방식도 개발되었다. 국내 케이블 반송의 사용은 1937년 부산~서울~신의주간 6회선 용량의 F-6 케이블 반송을 시설하여 사용한 것이 최초이며, 이 시설은 광복 후 부산에서 일본 방면을 절단하고 서울과 부산 간의 간선로로 사용되었다. 그 후 1963년 서울~부산 간에 같은 해 1월에 12회선 방식인 T-12A-TR 로 바꾸어 준공하였다. 이때에 종래의 60km 간격인 중계소 사이에 20km 간격으로 새로운 무인 중계기 2대를 도입하여 12 통화로 방식으로 복구했으며. 전송로는 1.4mm형 종이 절연 반송방식 케이블을 매설하여 사용하였다. 이후 대도시와 인근 도시간의 자동 즉시화에 따라 많은 수의 시외회선이 필요해짐에 따라 경제적이고 품질이 좋은 단거리 반송전화방식인 12채널 C-12 케이블 반송방식이 1967년에 서울 인천 간에 도입되었다. 이때 사용된 케이블은 0.65mm PEF(Polyethylene Foamed) 시외 케이블과 0.9mm 종이절연 케이블, 0.9mm PEF 시외 케이블 등이 사용되었는데 0.9mm PEF 시외 케이블의 표준 중계거리는 12km 정도였다.

2.1.3 동축 케이블 전송의 도입

동축 케이블(coaxial cable) 방식은 1934년 독일의 A. Schelkoff가 동축 전송로 이

론을 바탕으로 Espenschied 와 M.E. Strieby가 동축 전송로에 의한 광대역 전송 방식을 발표했던 것에서 시작한다. 동축 케이블은 평형대선로에 비해서 높은 주파수에서도 감쇠가 적고, 누화도 거의 없어 다중신호의 전송에 적합한 전송매체로서 연구가 진행되었다. 1941년 세계최초의 동축 케이블 방식으로서 단거리 480회선, 장거리 600회선의 L1 방식이 실용화 되었으나, 본격적인 개발과 실용화가 시작된 것은 제 2차 세계대전 후이다. 그 후 1980년대 초 전화 10,800채널을 전송할 수 있는 600MHz 동축케이블 전송방식도 완성되었는데, 동축 케이블 방식이 4MHz의 P-4M 방식에서 시작되어 12MHz 방식, 60MHz 방식으로까지 빠르게 확장되어 간 것에서 유추할 수 있듯이, 동축 케이블 방식의 출현 이후의 반송기술의 발전은 트랜지스터의 사용과 초다중화, 고품질화, 고신뢰도화의 집결로 요약된다. 이러한 동축 케이블을 이용한 전송 개발을 살펴보면 미국은 1936년 0.3인치의 동축 케이블을 이용하여 중계간격 10마일, 통화로 수 200, 전송대역 60~1,020KHz의 실험이 성공했고, 이어서 뉴욕~필라델피아 간 150km에서 내외경 1.8/6.9mm의 동축 케이블에 의해 240통화로(60~1,020KHz)의 현장 실험이 이루어졌다. 1941년에는 L1 방식이 상용화되었고, 이어서 L1 방식의 개량이 이루어져 통화로 수도 600CH이 되었으며 동시에 잔유 측파대 방식에 의한 TV 전송도 가능하게 되었다. 1953년에는 L3 방식이 뉴욕~필라델피아 간에서 상용화되어, 이후 미국의 장거리 간선으로 사용되었다. 그 후 트랜지스터를 사용한 중계기가 개발되었으며, 1965년에는 이것을 이용한 L4 방식의 현장시험이 시행되어 1967년에 상용화되었다.

1970~1972년에 걸쳐 L5 방식(60MHz)의 현장시험이 행하여진 후 1974년에 상용화되었다.

영국은 1936년 초 런던~버밍검 간에 0.45인치 직경의 동축 2조를 포설하여 전송대역 2.5MHz의 TV 전송실험을 한 후 1938년에는 동 구간에서 전송대역 500~2,100kHz 방식의 40CH의 전송장치가 미국보다도 약 3년 정도 빠르게 실용화되었다. 이것은 통화로 간격 5kHz의 8CH(60~100kHz)를 5개로 묶어서 기초 초군화한 것이다. 1952년에는 IT(International Telecommunication Union) 표준의 960CH 4MHz 방식을, 12MHz 방식은 1971년에 상용화하였고, 60MHz 방식은 1973년부터 현장시험을 시작하였다.

그밖에 독일, 프랑스, 일본 등에서도 다양한 장치가 개발되어 사용되었다. 이 중 프랑스에서 세심 동축 케이블이 1960년대에 개발되어, 1962년에 ITU에서 채택되었다. 이후 프랑스 이외의 영국, 이탈리아에서도 트랜지스터를 채택한 4MHz, 6MHz의 세심 동축 케이블이 개발되었다. 세계적으로 12MHz 방식은 1973년에 상용화되었고, 60MHz 방식은 1974년에 현장시험이 개시되어 1976년에 상용화되었다. 이 60MHz 방식은 시스템 당 전화 10,800CH 또는 4MHz 텔레비전 9CH의 전송이 가능한 대용량 방식이다.

해저통신에도 동축 케이블이 응용되었는데 해저 동축 케이블 방식은 1930년대부터 검토가 시작되어 최초로 중계기가 사용된 것은 1943년에 영국 우정성이 기존 해저 케이블에 진공관 증폭기를 삽입시켜 48회선을 개통한 것이 그 효시라고 말할 수 있다. 이후 양질의 절연체인 폴리에칠렌이 개발되어 미국에서는 1950년에 프로리다주와 쿠바의 하바나 간 170km에 24회선을 개통하는데 성공하였다. 1956년에는 미국에서 제조된 케이블로 영국과 캐나다를 잇는 TAT-1(Trans Atlatntic-1)이, 1964년에는 하와이~괌~일본을 잇는 TCP-1(Trans Pacific-1)이 완성되었다. 우리나라에서 동축 반송은 1967년 5월 서울~수원 간 8T-42p 세심 동축 케이블 포설공사가 시작되어 1969년 2월 11일에 P-4M 방식 80회선 동축 반송을 개통한 것이 우리나라 동축 케이블 통신방식의 효시였다. 그 후 서울~부산 간 동축 케이블 공사가 7년 8개월 만에 완공되어 1975년 2월 7일 개통된 이래 동축 시설은 1980년대 중반까지 매년 세심 동축 케이블과 표준 동축 케이블을 이용한 2,700회선 용량의 SP-12M 방식과 10,800회선 용량의 C-60M 방식을 대량 공급하여 중심국 이상 장거리 기간 통신망의 근간으로서 마이크로웨이브 통신방식과 함께 기간 통신망의 2원화를 이루게 되었다. 그 후 통신방식의 추세가 아날로그 방식에서 디지털화로 진전되면서 진주~순천 간을 마지막으로 사실상 동축케이블의 신설은 끝나게 된다. 동축시설은 1987년 최대 8만 천 회선 용량이 설치되어 사용되다가 차츰 감소하게 된다. 그리고 해저 동축시설로서는 1980 년 일본과 285km 600회선이 개통된 것이 최초이고, 이때 사용한 CS-36M-DR 방식은 최대 2700 음성회선을 1500km를 전송할 수 있는 시스템이었으며 케이블은 28.1mm 및 25.4mm 동축 케이블을 사용하였으며 중계거리는 4~5.8km이었다.

2.1.4 디지털 전송 방식의 도래

(1) PCM 방식의 태동

1930년에는 디지털 방식의 초기 형태인 펄스 진폭 변조(PAM : Pulse Amplitude Modulation) 및 펄스폭 변조(PWM : Pulse Width Modulation)에 의한 24회선 다중반송 방식이 개발되었으나 실용화까지는 이르지 못하였다. 곧 이어 1937년에는 새로운 통신방식인 펄스 부호 변조(PCM : Pulse Code Modulation) 이론이 A. H. Reeves에 의해 발표되었고, 2차 대전이 끝난 직후인 1948년에는 미국에서 최초로 실험용 PCM 장치가 설계 제작되었는데, 당시 능동소자로서는 오로지 진공관뿐이었고 또, 부호화에 사용된 부호관도 여러 가지 실험상의 문제점을 가지고 있었기 때문에 실용화에 이르지 못하였다. PCM 실용화에 결정적인 역할을 하게 된 것은 트랜지스터의 발명에 이어진 반도체 기술의 진보였다. 이 당시는 자동전화의 보급에 따라 근거리 반송회선에 대한 수요가 급증하고, 또한 국간 케이블의 신설이나 증설에도 어려움이 많아 선로의 다중 사용이 불가피하게 된 상황이었는데, PCM이라는 획기적인 통신방식의 탄생으로서 디지털 방식에 의한 신호 다중화라고 하는 전기통신 역사상 하나의 커다란 진보가 이룩된 것이었다. 물론, FDM 방식의 근거리 반송방식이 있기는 하였으나 경제성이나 전송품질 면에서 PCM 방식에 비할 바가 못 되었고, 또한 FDM 방식으로는 사용할 수 없었던 열악한 상태의 시내 외 케이블에서도 PCM 방식은 능히 동작한다는 강점이 있었다. 그 결과 1962년 미국 시카고 지역에서 처음으로 PCM 방식을 이용한 T1(telephone set1) 시스템이 개발되어 공중통신에 이용되었고, 일본에서도 1965년에 PCM-24 방식이 개발되어 실용화되었으며 유럽에서는 1970년대에 들어 유럽방식 즉, CEPT(European Conference of Posts and Telecommunication)방식이 상용화됨으로써 그 동안 아날로그 방식에만 의존하던 전기통신의 막이 서서히 내려지고 PCM이라는 디지털 방식이 본궤도에 오르는 계기가 되었다. 이어 ITU-T에서는 1976년에 유럽방식과 북미방식을 각각 G.773과 G.732로 권고하였다. 우리나라의 PCM 도입에 대하여 기술하면 FDM 반송방식은 장치 가격의 약 40%가 통화로(300-3,400Hz)의 결합과 분리를 위한 통화로 밴드패스 필터(Bandpass Filter)가 차지하고 있었던바 경제성 측면에서 10-20km 범위 내에 분포되어 있는 집중국~단국 간에 적용할 수가 없었다. 이에 비하여 PCM 방식은 시분할 다중(TDM : Time Division Multiplexing) 방식을 채용한 것으로서 잡음과 누화에 강하여 FDM 방식을 사용할 수 없었던 기존의 케이블도 전송매체로서 이용할 수 있었으며, 또한 복잡한 필터를 필요로 하지 않아 장치 가격이 저렴해진다는 특징과 기존 음성 케이블을 그대로 이용하여 급증하는 국간 중계수요를 어느 정도 감당할 수가 있는 방법이었다. 이러한 이유로 인해 북미방식의 PCM 장치를 도입키로 하고, 1970년부터 대일청구권자금에 의한 PCM-24 방식 도입을 추진하여 1972년 11월 30일 서울 동대문~노량진 전화국 간에서 240회선을 최초 개통하였다. PCM-24 반송은 음성 24회선을 다중 전송하는 4선식 반송방식으로서 중계기간 거리는 1.8km, 전송속도는 1.554Mbps이며, 전송선로로는 고주파 전송특성이 좋은 0.65mm 스크린 케이블이 주로 사용되었다. 1979년 3월 체신부(현 정통부)는 1980년부터 3년간에 걸쳐 약 60만 회선의 PCM 회선을 증설하기로 하고, 국제입찰로 완제품을 도입하기로 하여 1981년에 서울 공능~전농 전화국간에서의 DE-4 PCM 48회선을 시험 설치하였고, 이어서 1982년부터 본격도입을 시작하여 국산화 개발된 KD-4PCM과 병행 시설되다가 1984년 이후에 도입이 중단되었고 이후는 국내에서 개발된 KD-4PCM이 본격적으로 설치되어 사용되기 시작하였다.

(2) 비동기식 다중 기술 및 다중화 계위

PCM 전송 기술이 만개가 되면서 경제적으로 통신의 수요를 충족시키기 위해 회선의 효율을 높이기 위한 디지털 다중화의 필요성이 대두되어 개발되기 시작하였다. 이에 따라 아래에서 설명될 각 계위에 따른 다중화장치가 개발되어 동축 케이블 시스템 혹은 마이크로웨이브 시스템과 후에 기술될 광통신 시스템에 사용되었다. 그리고 디지털 계위는 아니지만 대용량 디지털 전송을 위하여 일본에서는 5,760회선의 PCM-400M 방식이 개발되었고, 미국에서는 4,032회선의 T4M(274.176Mbps)이, 캐나다에서는 4,032회선의 LD-4방식이, 유럽에서는 565Mbps 동축 케이블을 이용한 전송 시스템도 개발되었다.

한편 디지털 전송망에서는 디지털 전송장치 간의 상호 호환성을 유지하며, 국제간 연동시 추가 변환 기능 없이 상호접속을 가능하게 하기 위해서는 통일된 디지털 계위 설정이 필요하다. 초기의 디지털 다중화 방식은 동기식 다중화에 필요한 클럭의 안정도를 얻을 수 없었고, 또 관련 기술들의 미숙으로 비동기식(plesiochronous) 방식에 의한 다중화가 80년대 말까지 주로 사용하게 되었다. 일본을 제외한 세계 여러 나라에서 채택하였던 비동기식 디지털 계위(PDH : Plesiochronous Digital Hierarchy)는 ITU-T에서 권고하는 북미방식과 유럽방식 중 하나를 채택하여 적용하고 있으며, 서로 다른 계위를 적용하는 국가들 간의 디지털 접속을 위해서 국제간 연동 계위를 적용하여 사용하였고 있다. 물론 일본의 디지털 다중화 계위도 북미식의 아류로 볼 수 있다.

1) 북미방식 계위

북미방식 디지털 계위는 음성 24채널을 기본으로 하여 1.544Mbps(24CH)~6.312Mbps(96CH)~44.736Mbps(672CH)로 3차군까지 정의되어 있으며, 또한 북미방식의 변형인 1.544Mbps~6.312Mbps~32.964Mbps~97.728Mbps의 계위가 일본 망에 적용되고 있다. 한편 ITU-T에서는 북미방식의 4차군 계위 이상에 대한 표준화는 새로운 동기식 디지털 계위를 따르기로 합의하였으므로 더 이상의 비동기식 고차군 계위에 대한 표준화는 중단된 상태이다.

2) 유럽 방식 계위

유럽방식 계위는 음성 30채널을 기본으로 하여 2.048Mbps(30CH)~8.448Mbps(120CH)~34.368Mbps(480CH)~139.264Mbps(1,920CH)로 4차군까지 정의되어 있는 상태이다. 한 단계 상승할 때마다 수용채널 수가 4배씩 증가되나, 다중과정에서 비동기된 입력신호들 간의 속도차를 보상하기 위해서 여분의 비트가 필요하기 때문에 계위의 비트속도는 정수배로 증가하지 않는다. 유럽방식 디지털 계위의 장점은 전송시스템 구성 시 논리회로의 효율성을 높일 수 있을 뿐만 아니라 교환기와의 접속을 용이하게 실현시킬 수 있고, DS1 신호가 CCC(ClearChannel Capacity) 요구를 만족하며, DS4 신호의 기본속도 139.264Mbps는 전송매체로 동축, 마이크로웨이브, 그리고 광통신 등을 모두 이용할 수 있다는 점이다. 북미식과 마찬가지로 ITU-T에서는 유럽방식 5차군 계위 이상에 대한 표준화는 새로운 동기식 디지털 계위를 따르기로 합의하고 더 이상의 비동기식 계위에 대한 연구는 중단된 상태이다.

3) 국제간 연동 계위

국제간 연동계위는 이종 디지털 계위를 이용하고 있는 디지털 망간의 국제적 연동을 위해 ITU-T 권고 G.802에 정의된 계위로서, 각 계위에서의 기본 비트속도는 2.048Mbps(30CH)~6.312Mbps(90CH)~44.736Mbps(630CH)~139.264Mbps(1,890CH)를 기본으로 설정되어 있다. 따라서 종래에는 유럽 및 북미방식의 디지털 계위가 각각 독립적으로 구성되어 운용되었으나, 이러한 연동 계위를 이용하여 이종 디지털 계위 신호간의 국제간 상호접속이 실현되고 있다.

4) 국내 디지털 계위

우리나라의 디지털 계위는 1970년대 초에 일본으로부터 PCM-24 방식의 단국장치와 선로중계기를 도입하면서 이미 북미방식의 1차군이 사용되었고, 이후 1975년에 192 회선 용량의 11GHz PCM 마이크로웨이브 시스템 개발에 6.312Mbps 2차군 다중화 장치를 개발하여 사용함으로써 다중화 계위의 역사가 시작되었으며, 한두 번 유럽방식에 대한 검토가 진행되기는 하였으나 그 당시로서는 유럽방식이 장치가 고가이면서 아직 확실하게 완성된 방식이 아니었고, 또 이미 도입된 북미방식의 시설 교체도 문제가 되어 본격적인 방식 전환은 추진되지 못하였다. 따라서 우리나라는 북미식 방식을 디지털 계위로 채택하여 사용하여 왔다. 1986년 상반기에 국내의 디지털 다중화 계위의 전송속도의 4차군을 139.264Mbps로 추가 확정하였다. 4차군을 139.264Mbps로 추가로 채택한 이유는 ITU-T의 북미방식에서 4차군 이상을 권고하지 않지만 유럽방식 다중화 계위와 북미방식 다중화 계위의 혼합 접속을 북미방식의 44.736Mbps에서 유럽방식의 139.264Mbps로 권고한 것을 기초로 한 것이다.

그 후 우리나라의 국제간 통신시설이 유럽방식으로 사용되고 있었고, 또 ISDN 개념이 도입되면서 DS-1의 64Kbps 전송기능 문제가 나타나게 되자 1989년 7월 24일 정통부 고시제 60호로 디지털 기본 계위 신호를 1.544Mbps 대신에 2.048Mbps 신호를 도입하기로 결정하여 2.048Mbps~6.132Mbps~44.736Mbps~139.264Mbps로 비동기식 디지털 계위가 확정되어 사용되어 왔다.

(3) 동기식 다중화 기술 및 계위의 태동

기존에 주로 이용되어 왔던 북미의 1.544Mbps와 유럽의 2.048Mbps 신호를 바탕으로 하는 비동기식 전송 체계는 다단계 다중화 구조를 갖고 있어 전송속도를 증가시키기가 용이하지 않았고, 전송망의 현대화와 직결되는 OAM(Operations, Administration & Maintenance) 자동화, 전송망의 소프트웨어 구동 네트워크 실현 등의 측면에 많은 제약이 있었다. 따라서 비동기식 전송 방식의 제 문제들을 해결하고, 전송장비에 컴퓨터 및 소프트웨어 기술을 보다 적극적으로 활용할 수 있는 동기식 디지털 계위(SDH: Synchronous Digital Hierarchy)의 광 전송망 개념이 등장하였고, 이와 관련된 기술로 ITU-T에서 1986년부터 ISDN 국간 전송능력에 적합한 새로운 동기식 계위에 대한 연구를 추진하여, 1988년 11월 북미방식의 디지털 계위 중 3차군, 유럽방식의 디지털 계위 중 4차군 신호까지 수용 가능한 새로운 SDH 및 관련 다중 인터페이스 구조를 1988년 국제 표준화하였고(G.707~G.709), 그 후 일부 추가적인 표준화가(G.781~G.784, G.957~G.958) 이루어짐으로써 범세계적으로 적용되고 있다. SDH의 기본레벨 전송 속도는 155.520Mbps이며, 고차군 계위의 속도는 기본 레벨 속도의 4정수배로서 155.520Mbps~622.080Mbps~2.48832Gbps~9.95328Gbps로 표준화가 설정되어 있는데, 동기식 다중기술을 이용하면 기존 비동기식 계위 신호 및 ISDN서비스(B, H0, H1, H2, H4) 신호를 통합 수용할 수 있을 뿐만 아니라 1단계 다중, 회선의 분기, 결합, 분배기능 등을 용이하게 실현시킬 수 있다.

1) 동기식 기술의 응용

SDH 전송 방식은 크게 2가지의 신호 전달 형태를 수용한다. 이에는 가상 컨테이너인VC11, VC12 그리고 VC3를 통한 기존의 PDH 방식의 T1, E1 그리고 DS3급 신호수용과 향후 멀티미디어 서비스의 기반을 제공하는 ATM(Asynchronous Transfer Mode) 셀(Cell)의 VC4를 통한 전송이 해당된다. 여기서 SDH 전송의 기본 프레임인 STM(Synchronous Transfer Mode)은 125us 주기의 정방형 바이트 단위 프레임에 미리 정의된 채널이나 타임 슬롯을 할당하는 시분할 다중방식에 기본을 두며, ATM은 53 옥테트(octet; 8비트)의 고정된 길이로 이루어진 셀 단위로 전달하는 패킷 다중방식에 기본을 두는 전달 형태이다.

비동기식 디지털 계위를 기본으로 하는 전송망은 점 대 점간의 전송에 바탕을 둔 비동기식 다중 전송 장치들로 구현되었다. 또한 비동기식 전송망은 전송 신호간의 네트워킹이 분배기(MDF : Main Distribution Frame) 상에서 운용자의 수작업에 의해 수행되거나 디지털회선 분배 시스템(DCS : Digital Cross-connect System)을 이용하는데, 이는 비동기식 다중방식의 특성에 기인한 다중 신호의 역다중 그리고 다시 다중 처리가 됨에 따라 전송용량이 증가 될수록 망 효율이 저하되며 망운용 관리도 급속히 복잡하게 된다. 따라서 이 같은 문제점을 해결하고 전송망 관리 능력의 향상을 위하여 동기식 전송망의 도입이 선진국을 중심으로 이루어지고 있다. 물론 이러한 동기식 전송망은 고속 신호 전송을 위하여 광통신 기술과의 결합이 필수적이다. 동기식 전송망 구축은 지리적으로 점대점 형태를 유지하는 구간에 SDH 단국이 먼저 도입되고, 전송 용량이 상대적으로 적은 링형 구간에 ADM(Add-Drop Multiplexer) 장치가 도입 운용되고 있다. 그러나 점차적으로 동일 국사 내에 SDH 단국 또는 SHR(Self-Healing Ring) ADM형 장치가 증가됨에 따라 자연스레 SDH 단국간 또는 SHR간의 연동에 의한 유연하며 다이나믹한 망 구성이 요구된다. 이와 같은 망연동과 효율적 전송 자원 관리 기능을 제공하는 망 노드 장치로서 광대역 회선분배시스템(BDCS : Broadband DCS)이 있고, 이 BDCS는 통신망 사업자의 특성에 따른 유연성 생존 망을 구성하게 한다. 따라서 SDH는 기존 PDH 망에서 SDH 망으로 그리고 ATM 기본의 B-ISDN으로의 점진적이며 경제적인 진화에 있어 중추적 역할을 할 것으로 예상되고 있다.

통신망에서 가입자 망의 비중이 70% 정도를 차지하고 있으며, 이 중 동선 가입자 선로가 대부분이다 따라서 최근에 다양한 서비스 즉, 음성, 데이터, 그리고 비디오 서비스의 출현에 따라 이를 수용하기 위하여 기존에 이미 깔려진 동선을 최대한 이용하기 위한 방안이 모색되어 왔음은 물론이다. 하지만 고속의 서비스를 효율적으로 제공하기 위해서는 가입자 망의 변화가 불가피하게 되었으며, 이들을 수용하기 위한 기존의 가입자 선로, 동축케이블, 광선로, 무선 등을 혼용한 여러 가지 망 형태가 서비스와 밀접한 관계를 맺으며 출현하고 있다. 최근의 이러한 가입자 망 구조의 변화 및 발전은 가깝게는 2000년대에 멀티미디어 서비스를 효율적으로 수용할 수 있는 가입자 망으로의 진화 과정으로 볼 수 있다. 따라서 여기서는 현재 구축되고 있는 동선을 이용한 가입자망 전송 기술에 대하여 살펴보고자 한다. 동선을 이용하여 현재 구현되고 있는 가입자망의 형태로는 xDSL과 FTTC(Fiber-To-The-Curb)등이 있다. 이중에서 FTTC는 광전송 기술과의 결합으로 구현이 되는 것이므로 광전송기술을 다루는 장에서 논의하고자 한다. xDSL은 ADSL(Asymmetric Digital Subscriber Line), HDSL(High-bit-rate Digital Subscriber Line), RADSL(Rate Adaptive Digital Subscriber Line), VDSL(Very-high-speed Digital Subscriber Line)를 총칭한다. ADSL은 기존의 전화 회선에 비대칭 모뎀 기술을 적용함으로써 동시에 전화, 고속의 단방향 디지털 데이터 및 저속의 양방향 디지털 데이터를 전송할 수 있는 것으로서 0.5mm 동선에서 1.544Mbps에서는 5.4Km, 2.048Mbps에서는 4.8Km, 6.312Mbps에서는 3.6Km 정도가 하향 전송 거리가 된다. 현재에 ADSL를 이용하여 1.5Mbps MPEG-1(Moving Picture Experts Group 1)의 비디오 데이터를 전송하는 소규모의 시험 서비스가 운영되고 있다. HDSL은 동선 상에서 T1/E1을 전송하는데 사용하던 전송 기술을 향상시킨 변조 기술로서 Full Duplex 기능, 적응 선로등화기(Adaptive Line Equalization)와 2B1Q 변조 기술을 통합한 것으로서, T1/E1에 비해 대역폭이 80KHz~240KHz로 감소되고 전송 거리는 T1 속도에서 4.5Km, E1 속도에서 4.2Km 정도를 얻을 수 있는 기술이다.

RADSL은 다른 xDSL 모뎀들이 고정된 전송 속도만을 유지하는데 반하여, RADSL

모뎀은 전화선의 전송 품질과 길이에 따라서 자동적으로 속도를 조정하여 가능한 최고의 속도로 전송한다. 그리고 한 개의 기존 전화선으로 고속의 데이터 통신과 전화 통화를 동시에 할 수 있는 장점이 있지만 기존의 전화선이 갖는 전송 특성으로 인하여 최대 전송 속도와 최대 전송 거리의 제한이 있다는 점이다. RADSL에서 예상되는 최대 전송 속도는 9Mbps이고, 최대 전송 거리는 5.4Km 정도이다.VDSL은 ADSL보다 전송 거리가 짧은 구간에서 고속의 데이터를 비대칭 전송하는 변조 기술이지만, 아직까지 표준화되지 않은 상태이고 또 하향 전송 속도만 검토되고 있다. VDSL은 몇 가지 초기 제품은 개발되어 있지만, 아직까지 VDSL에서 전화 선로 특성, RFI(Radio Frequency Interference) 방출과 감도, 상향 다중화 프로토콜 등과 같은 여러 가지 사항이 확인되지 않은 상태이다. 이러한 xDSL 전송 방식은 초기에 수 Km이내의 가입자에게 수 Mbps 급 서비스를 제공해주기 위한 기술로서 충분하므로 당분간은 xDSL이 FTTC와 혼재하여 사용될 것이다. 그러나 2000년 이후의 서비스는 최소 수십 Mbps 이상의 전송 용량을 요구할 것이므로, 이때는 xDSL 단독이 아닌 FTTC 형태로 제공되거나 FTTH (Fiber-To-The-Home) 방식으로 대체될 것으로 예상한다.

2.1.5 광통신의 도입 및 발전

(1) 광통신의 시작

광통신은 1960년대 미국 휴즈항공사의 Maiman에 의한 루비레이저의 발명을 계기로 본격적으로 연구되기 시작하였다. 당초는 공간전파나 광빔가이드를 전송매체로 하는 연구가 주류를 이루었으나, 1966년에 영국 Kao, Hockham이 광섬유를 이용한 장거리 통신의 가능성을 제시함으로서 시작되었다. 그 후 1970년 미국의 코닝(Corning)사가 1km당 전송손실이 20dB인 광섬유를 최초로 제조하였고, 1976년에는 일본에서 0.5dB/km(파장 1.3μm)의 광섬유를 발표하였으며, 다시 1979년에 석영계 광섬유의 손실이 이론 한계에 가까운 0.2dB/km(파장1.55μm)의 단일모드 광섬유의 제조가 가능하게 되었다.

저 손실 광섬유의 개발과 더불어 광통신 시스템 구성에 필수적인 반도체 레이저는 1970년 벨연구소에서 단파장 GaAlAs 레이저의 연속 발진에 성공한데 이어 1976년 미국과 일본 등에서 장파장 GaAlAsP/InP 레이저(파장 1300nm)를 개발하였으며, 1980년대 초에 1300nm와 1550nm에서 동작하는 단일 종모드 레이저가 개발됨에 따라 광통신 분야의 비약적인 발전이 이루어지게 되었다

(2) 국간 응용 광전송 시스템

광전송 기술의 발달은 크게 4세대로 나누어 생각할 수 있고 이러한 분류는 장거리 전송뿐만 아니라 가입자 전송기술에도 적용이 되는 것이다. 광전송 기술의 1세대는 850nm의 단파장에 다중모드 광섬유를 사용한 것으로 요약할 수 있다. 1세대의 광전송 기술은 광섬유, 광원 및 광 검출기의 비약적인 발전으로 짧은 기간 동안에 실험실 수준을 벗어나 1980년에 이미 32Mbps급 광전송 시스템이 일본에서 상용화되었고, 10Km 중계거리를 갖는 820nm 단파장 다중모드 45Mbps급 광전송 시스템이 미국에서 1983년 1월에 통신망에 도입되어 서비스를 시작하였다. 이러한 광전송 시스템들은 동축케이블 시스템에 비하여 무중계 거리가 비약적으로 크게 되므로 중계기 설치가 줄어들어 이에 따른 신뢰성 향상과 유지보수 등에서 매우 유리하므로 각광을 받기 시작하였다. 2세대의 광전송 기술은 광섬유의 손실이 1dB/km 이하가 되는 1300nm 장파장 영역에서 광전송을 이용하는 것으로서 1300nm 근방에서 동작하는 레이저 다이오드와 광 검출기의 개발에 힘입어 시스템 개발이 촉진되었다. 2세대 초기에는 다중모드 광섬유를 이용한 광통신 시스템 개발이 추진되어 90Mbps, 135Mbps 광전송 시스템이 개발되었고, 1980년에는 1300nm 대역의 단일모드 광섬유를 사용하여 30km 무중계 거리의 140Mbps 광전송 기술이 가능하여 전화국 사이의 맨홀에 설치되는 중계기가 필요 없게 되었다. 1981년에는 실험실에서 2Gbps를 단일모드 광섬유를 사용하여 44km 전송을 성공한 사례가 보고되었다. 따라서 단일 모드 광섬유를 사용한 수백 Mbps급의 광전송 시스템이 개발이 본격적으로 추진되어 1983년도에 단일모드 140Mbps 광전송 시스템과 400Mbps 광전송 시스템이, 1989년도에는 1.6Gbps 광전송 시스템이 일본의 통신망에 도입되었다. 미국에서도 1987년 중계거리 50km가 가능한 1.7Gbps 광전송 시스템이 상용화 되어 1989년에 본격적으로 통신망에 사용되었다. 3세대의 광통신 시스템은 광섬유에서 손실이 최소가 되는 1550nm 대역을 사용하는 시스템으로서 1550nm에서 손실이 최소가 되지만 색분산이 많아 고속 전송에는 응용하기가 쉽지가 않았다. 그러나 분산 천이 광섬유(DSF : Dispersion Compensated Fiber)가 개발되고 레이저 다이오드의 종모드 스펙트럼 특성이 개선됨으로써 시스템이 본격적으로 개발되기 시작하였다. 그리고 1988년 동기식 다중 계위도 표준화가 이루어짐으로써 1990년에 동기식 계위를 채택한 2.5Gbps 광전송 시스템이 상용화 되었고, 미국에서 1992년부터 통신망에 도입되기 시작하였다. 그러므로 현재의 고속광전송 시스템은 국제적으로 표준화된 동기식 디지털 계위와 광대역 광통신 기술과의 결합으로 가능해진 것이다. 이러한 3세대의 광전송 기술은 장거리 전송 시에 60~70km마다 중계기를 설치하여 광을 전기적 신호로 바꾸어 증폭하고 다시 광신호로 바꾸어 보내는 단점을 가지고 있다. 따라서 4세대의 광전송 기술은 중계기에서 광전신호의 변환이 없이 전송이 가능한 광증폭기를 사용하거나 채널의 용량을 늘리기 위하여 WDM(Wavelength Division Multiplexing) 방식을 사용하는 것을 말한다. 미국의 경우 이미 사용하고 있는 2.5Gbps 광전송 시스템의 용량을 증대하기 위하여 WDM 방식을 사용하고 있으며 최근에는 최대 40Gbps 용량의 WDM 광전송 시스템을 개발하여 사용하고 있다. 그리고 미국의 2위의 장거리 회사인 MCI도 기 설치된 10Gbps TDM 시스템에 향후 이를 바탕으로 WDM 시스템으로 용량을 증대시킬 계획을 수립하고 있다. 국내에서도 1978년부터 6.3Mbps 광전송 기술의 연구개발을 시작하여 1982년 45Mbps 광전송 시스템의 현장시험을 거쳐 1986년도에 중계거리가 30km인 장파장 90Mbps 광전송 시스템의 상용화가 이루어졌다. 그 후 국내 기술진이 개발한 565Mbps 광전송 시스템이 1991년도에 도입되었고, 2.5Gbps 광전송 시스템은 1992년도에 도로공사가 최초로 국내에 도입한 이래 한국통신이 외국에서 개발된 2.5Gbps 광전송 시스템을 1994년도에, 국내에서 개발된 제품을 1996년도부터 도입하여 약 11,800km 이상의 전국 도시구간에 설치된 광케이블을 이용하여 사용 중에 있다. 10Gbps 광전송 시스템도 1998년도에 상용시험 예정이어서 광통신에 관한 한 상당히 앞서 있는 셈이다.

(3) 해저 광케이블 시스템

해저 광케이블 분야는 전송 거리가 매우 길어 광통신 기술의 활용이 가장 효과적인 분야로서, 광통신 기술 개발 초기부터 활용 연구가 지속적으로 추진되어왔다. 해저 케이블 시스템은 케이블과 중계기가 수천 m 혹은 수만 m의 심해 바닥에 영구히 포설되므로, 사고가 발생할 경우에 수리가 매우 힘들어 시스템의 신뢰성이 생명이다. 또한 중계기들을 동작시키기 위한 전원 공급도 문제가 된다. 이러한 신뢰성 확보의 노력을 거쳐 최초의 해저 광케이블 시스템이 대서양을 가로지르며 1988년에 완공되었다. 이를 TAT-8(Trans Atlantic Telephone System)이라 부르며, 그 이후로 각국에서 다투어 해저 광케이블을 설치하여 운영 중에 있는데 현재 운영되고 있는 해저 광통신 시스템 중에서 대서양 횡단 TAT-12/13과 태평양 횡단 TPC-5(Trans Pacific Cable-5)는 광증폭기를 중계기로 채용한 시스템으로 전송속도는 5Gbps이고 용량은 10Gbps이다. 그리고 SEA-ME-WE는 유럽, 아랍, 동남아시아를 연결하는 WDM 기술을 최초로 사용하는 것으로서 최대 8채널의 WDM이 가능하고 채널 당 전송속도는 2.5Gbps로서 1998년 하반기에 개통될 예정이다 최근 한국통신은 이러한 국제공동의 해저 케이블 사업에 적극 참여하고 있는데, 1990년 HJK(홍콩-일본-한국연결) 개통 이래 1995년도의 RJK(소련-일본-한국연결)과 CK(한국-중국) 개통 사용은 물론 1997년 2월에 한국, 일본, 대만, 홍콩, 필리핀, 싱가포르, 인도네시아, 말레이시아, 태국을 연결하는 APCN(Asia Pacific Cable Network) 망을 개통하여 사용하고 있고, 또 지중해, 인도양, 극동지역을 연결하는 FLAG(Fiber optic Link Around the Globe)와 SEA-ME-WE/3 사업에도 참여하여 국제 통신망 확충에 노력하고 있다. 국내용으로는 제주-고흥 간에 280Mbps 속도의 해저 케이블을 설치 운용하고 있으며, 삼척-울릉도를 연결하는 140Mbps 속도의 해저 케이블도 설치되었다.

(4) 광 가입자 망

광통신 기술은 광대역의 매력으로 인하여 광통신이 도입되기 시작한 직후부터 가입자계의 동축 케이블을 대신하여 영상 전송을 보내기 위한 시도가 있었다. 동축 CATV에서 영상을 동축 케이블로 전송하기 위해서는 최소 수백 미터 마다 중계기를 설치해야 하지만 광통신을 이용하면 가입자까지 중계기를 거의 사용하지 않고 보낼 수 있고, 또 VOD(Video-On-Demand) 서비스를 쉽게 제공해줄 수 있기 때문이다. 1978년 일본에서 Hi-Ovis 프로젝트로 아날로그 영상과 전화를 포함하는 POTS 서비스를 광을 통하여 가정에 전송하는 것이 최초의 시도이었다. 그 후 광통신 기술의 영상 전송을 위한 응용은 주로 CATV 망 응용에 비중을 두어 추진되었다. 광통신 기술이 발전하여 광케이블 가격과 광소자 가격이 떨어지기 시작함에 따라 광통신 기술의 가입자 영역에서 통신 응용에 대한 관심이 1980년대 하반기부터 집중되기 시작하였다. 이러한 결과로 광 기술을 응용하는 FITL(Fiber in the Loop)이 본격적으로 추진되었다. 초기에 FITL은 CATV 서비스를 포함하지 않는 통신서비스 전용으로 시스템이 많이 개발되었는데 이것은 통신 서비스만으로도 경제성이 가능하기 때문이기도 하지만 당시 미국, 일본과 같은 일부 국가에서는 통신 서비스 영역과 CATV 서비스 영역 간 상호접근이 법으로 규제가 되었기 때문이었다. 그 후 세계적으로 사업자 간의 서비스 규제가 완화되는 추세에 따라 FITL에 CATV 서비스가 포함되었으며, 현재 구현되고 있는 광 가입자 망의 형태로는 FTTO(Fiber-To-The-Office)과 FTTC, FTTH, HFC(광-동축 복합망 : Hybrid Fiber/Coax) 등이 있다. FTTO 혹은 FTTZ(Fiber-To-The-Zone)은 수백회선의 수요가 있는 대형 빌딩이나 아파트단지 등에 통신 서비스를 경제적으로 제공해 주기 위해 개발된 대용량 디지털 가입자 선로로서 대형빌닝 혹은 가입자가 밀집되어 있는 RT(Remote Terminal)까지는 디지털 방식의 광전송 선로를 이용하고 RT에서 가입자까지는 기존의 설치되어 있는 동선을 이용 POTS는 기존과 같이 아날로그 방식으로 제공하며 그밖에 데이터 서비스, T1급 서비스 등을 제공해 주는 기능이 있지만 보통은 CATV 서비스는 제공되지 않는다. FTTC 기반 가입자망은 가입자까지 모두 디지털 전송방식을 따르며, 액세스 노드(FTTO의 CT와 같음)로부터 가입자 인근에 설치되는 ONU(Optical Network Unit)까지는 광선로가 연결되고, ONU로부터 가입자까지의 최종 가입자 인입선은 비차폐 꼬임선으로 설치되는 경우가 대부분인데 현재까지 거론된 영상과 통신을 제공하는 전송망으로는 설치비용이 가장 저렴한 것으로 평가되고 있다. 현재 xDSL 기술에 의해 서비스 속도가 6Mbps까지 확장되어 상당 기간 동안 경제성 있는 가입자 서비스를 제공할 것으로 예상된다. ONU로부터 가입자까지 보다 고속의 디지털 서비스를 제공하는 경우는 ADSL보다 VDSL 모뎀을 사용하며 VDSL을 이용한 전송 거리는 300m~1.5Km정도이고 전송 속도는 13~52Mbps정도를 보낼 수 있다. FTTC 기반 가입자망은 가입자에게 전화 서비스, 협대역 서비스 및 광대역 서비스를 모두 제공할 수 있다. HFC 형태의 가입자망은 중심지역까지 광케이블을 통하여 아날로그 신호로 전송하고, 여기에 다시 동축케이블에 의한 나무 가지 구조(Tree and Branch)가 보편적으로 사용되었다.

나무 가지 망구조는 헤드엔드에서 다중의 가입자들에게 TV 채널을 분배하는 분배형 서비스에 대해 케이블 분배 장치를 가장 경제적으로 사용할 수 있는 구조이다. HFC 망을 이용하여 양방향 통합 서비스를 제공하기 위해서는 물리 계층의 RF 신호 변복조, MAC(Media Access Control) 프로토콜, 응용 서비스 별 RF 스펙트럼 할당, HFC 망의 주요 요소 간의 인터페이스 등에 대한 표준이 지원되어야 한다. 그러나 현재 다양하게 나와 있는 케이블 모뎀들은 상호 동작성에 대한 별다른 고려 없이 개발되어 HFC 망의 호환성을 제한하고 있는 상태이다. 따라서 늦게나마 최근 들어 케이블 모뎀에 대한 표준화 활동이 활발하게 진행되고 있다. HFC 액세스 망에 대한 표준화는 업계 포럼(MCNS DOCSIS)과 IEEE P802.14 그룹이 주도하고 있으며, DAVIC, ATM 포럼 등에서도 같이 추진하고 있다. FTTH로 가입자 망을 포설하는데 있어 비록 광케이블이 동축케이블보다 가격이 낮아졌으나, 전체 포설 비용으로는 아직도 FTTC, HFC보다 높은 편이다. 그러나 포설 후 선로 유지 보수비용을 고려한 운용비용까지 고려하고 향후 제공될 수십 Mbps급 이상의 서비스를 감안한다면 FTTH의 가입자 망이 유리하다. 그리고 가입자별 액세스 비용을 줄이기 위한 수단으로 TDMA(Time Division Multiple Access), CDMA(Code Division Multiple Access), WDM, Optical FDM(Frequency Division Multiplexing) 등 다양한 기술들이 연구 또는 시험되고 있다. 가입자 망에서 제공되는 광대역 서비스의 대표적인 것들이 현재 CATV 및 VOD 서비스이며, 이를 위한 가입자 망 구성은 각 나라별로 각국의 서비스 발전 배경 및 특성, 초기 설치비용, 지리적인 제한 사항에 따라 특색 있는 형태로 발전되고 있다. 유럽의 경우는 PON(Passive Optical Network) 구조의 가입자 망을 선호하는 추세이며 미국은 기존 동축 CATV 망을 이용하는 HFC 또는 FTTC 구조가 일반적인 형태이다. 그러나 일본의 경우는 인구가 밀집되어 있고, 아직 가입자 망에 대한 초기 투자가 없었던 점이 FTTH로의 가입자 망 전개 전략을 쉽게 선택할 수 있었던 것으로 보인다. 일본의 통신 업자인 NTT에서는 FTTZ 단계를 거쳐 2010년까지 전국 가입자망을 FTTH로 구현할 예정이다. 향후 미국에서도 가입자 망의 최종 목표로는 FTTH가 될 것이라는 인식을 같이 하고 있지만 HFC나 FTTC는 FTTH 형태로의 가입자 망 진화에 있어 중간 단계로 보고 있다.

우리나라의 경우 한국 통신의 주도로 FTTO, FTTC, FTTH의 단계적인 광가입자 망의 개발, 적용이 추진되고 있다. FTTO의 155Mbps 점대점 전송 기능의 FLC-A(Fiber

Loop Carrier-A) 시스템이 1994년 말 개발되었고, ADM과 부가적인 종속신호 접속 기능이 추가된 FLCB(Fiber Loop Carrier-Building)가 1995년도에 개발되어 1996년 말 현재 약 750개 FTTO 가입자 루프에 운용되고 있다. 또한 FTTC 구현을 위해 FLC-C(Fiber Loop Carrier-Curb)가 현재 개발되고 있는데 최종 가입자 인입선에는 ADSL, HDSL 등의 기술이 적용되고, 공중 전화망과 ATM 망에 모두 접속할 수 있는 기능이 구현될 예정이다.

(5) 광 전달망의 태동

WDM 혹은 OTDM(Optical Time Division Multiplexing) 등 대용량 광전송 시스템에서는 각 노드에서의 신호처리 용량이 급격히 증가하기 때문에 기존의 방법대로 광/전변환, 전기적 신호처리, 전/광변환의 과정을 거치는 시스템 구현이 어렵고, 또한 이러한 광전 변환은 통신망을 경제적으로 구축하는데 걸림돌이 된다. 따라서 광전 변환 없이 광신호 영역에서 광신호의 전송, 교환, 교차연결 및 분기 결합이 가능한 광전달망이라는 새로운 개념의 전송망이 세계적으로 연구 시험되고 있다. OTDM 방식을 기초로 한 광 전달망은 OTDM이 초단 펄스의 생성, 클럭 추출, 등 해결되어야 할 기술적인 문제가 있어 현재로서는 고려되고 있지 않기 때문에 WDM 방식을 기반으로 연구개발되고 있다. WDM 기술에 근거한 광 전달망은 전송망 노드의 단순화이외에도 직접적인 광 신호 처리로 인하여 종속 신호의 속도, 아날로그 혹은 디지털을 구분하지 않는 신호형태, 디지털 신호의 프레임 형태 등에 구애 받지 않는 전송이 가능한 소위 정보의 투명성(transparency)이 보장되는 중요한 특징을 갖는다. 이는 다양한 신호 특성을 갖는 이종 신호를 쉽게 수용할 수 있어 경제성 있고 융통성 있는 망 구조의 구성을 가능하게 하는 것이다. 광 전달망의 핵심 기술은 광 전달망 구조 연구, OXC(Optical Cross-Connect)의 구현, 망 제어 및 관리 방법 등으로 요약된다. 광 전달망 구조로는 망을 계층적으로 분리하여 계층 내에서 사용되는 파장과 계층 간에서 사용하는 파장들을 서로 다르게 하여 파장 재활용을 할 수 있도록 하는 것이 일반적인 추세이고, 이러한 구성에서 경우에 따라서는 광/전 변환도 배제하지 않고 있다. 파장 재활용 구조에서는 광신호 파장을 변환할 수 있는 소자가 핵심기술로 인식되어 이에 대한 많은 연구가 수행되고 있다. 유럽, 미국, 일본 등에서는 이러한 광 전달망에 대한 연구를 위해 각자 독자적인 형태의 시험망을 구축하여 시험을 진행하고 있다. 유럽은 RACE 연구 일환으로 MWTN(Multi-Wavelength Transport Network)을 진행하여 12x12채널 광회선분배기(OXC)를 개발하였고, 이어서 1995년도에 시작한 ACTS 활동으로 6개의 광 전달망에 관련 연구를 계속 진행하고 있다. 이중 대표적인 것으로 범 유럽을 덮을 수 있는 1997년에 시험 개통한 OPEN(OpticalPan-European Network)과 1998년에 시험 개통 예정인 PHOTON(Pan-European Photonic Transport Overlay Netowork)이 있다. 이러한 유럽 광전달망은 노드 수는 20정도로 비교적 작지만 지리적으로 직경이 약 3000km 이상이 되고 다국적의 광통신 환경을 고려해야 하는 넓은 지역을 포함하고 있다. 미국은 AONC(All-Optical Networking Consortium), ONTC/NTONC(Optical Networking Technology Consortium/National Transparent Optical Network Consortium) 등 학계, 연구소, 회사의 공동 연구 협의체를 통하여 광 전달망의 기본구조, 파장 할당/재활용 방법 및 그에 따른 망 확장성 등에 대한 연구를 DARPA (Defense Advanced Research Project Agency)의 지원으로 진행하였다. 이어서 통신 사업자들을 중심으로 MONET(Multi-wavelength Optical Networking)이라는 새로운 연구 협의회가 구성되어 DARPA의 지원으로 광 전달망 개념을 적용한 교환기와 장거리 통신망 구조, 운용 및 제어 시스템 개발, 주요 핵심 소자 및 OXC, 단말장치 등의 요소 기술 개발, 시험망 구축 등을 목표로 하는 본격적인 상용화 수준의 연구를 진행하고 있다. 일본의 NTT에서는 WP(Wavelength Path) 방식에 근거한 OPXC(Optical Path Cross-Connect)의 실현 가능성을 시험하였다. 국내에서도 광전달망에 대한 연구가 1996년부터 ETRI에서 진행되고 있다. 주요 연구 목표는 4파장 다중된 4개의 광섬유를 서로 교차 연결하는 16x16 채널 OXC의 실험 모델을 구현하고 실험실에서 그 기능을 시험하는 것이다.

2.2 Fair Cable(평형 케이블)

평형 케이블은 전기적으로 왕복 2개의 도체가 같고, 대칭성을 가지며, 주위의 정전계에 대하여 개방성인 통신 선로의 구조로 적절한 절연 피복을 갖는 동일 간격의 연동선 또는 알루미늄 선을 둘 또는 네 선을 연합하여 한 개 또는 다수의 집합을 묶음으로 만든 것이다. 통신 선로에 사용되는 전송로 종류는 종이절연 전송로인 ST, WT 전송로 등이 주종을 이루고 사용되어 왔으나, 다가오는 정보화 시대인 ISDN 서비스 시대를 대비하여 현재 음성 통신 위주에서 음성과 비음성을 만족할 수 있는 디지털 통신이 가능한 F/S 전환이 요구되어 종이절연 전송로 시설 보급을 중단하고 이중절연 방식인 F/S 전송로로 대체되고 있다. 평형 케이블은 통신 분야에서 차지하고 있는 역할이 대단히 크기 때문에 아래에 서는 평형 케이블에 대해서 설명한다.

2.2.1 평형 케이블의 구조

평형 케이블의 종류는 도체, 절연, 쿼드(quad : 꼬임), 외피라는 4개의 요소의 조합에 의해 나누어진다.

(1) 심선 (도체)

전송로의 심선도체는 주로 연동선이 사용되며 일반 전송로용은 0.32, 0.4, 0.5, 0.65, 0.9[mm]의 지름을 가진 것이 사용된다. 반송 전송로용으로는 1.2, 1.4[mm]가 사용된다.

(2) 심선의 절연

전송로내의 심선은 대단히 밀착되어 있으므로 절연성이 우수해야 하고, 손실, 누화를 억제하기 위하여 유전율이 낮은 절연체를 사용하여 정전용량을 적게 해야 함은 물론, 대개의 경우 매설하기 때문에 내식성, 내수성 및 환경변화에 강해야 한다.

1) 종이 절연

세심경 도체의 경우 제조능률이 높고 절연외경도 원형을 유지하기 쉬워 시내 전송로용으로 널리 쓰고 있으며 종이 사이에 공기를 주입하여 실효유전율을 낮추어 정전용량이 적기 때문에 반송 전송로에도 사용된다. 종이는 크라프트(Kraft)종이가 사용된다.

① 완권 : 주름진 종이테이프로 적당한 공기 간극을 주도록 한 것이다.

② 종이 코오델권 : 코오델(Kordel) 종이끈을 도체 위에 감고 그 위에 주름이 없는 종이로 겹쳐 감은 것으로 심선간의 간격이 정확하여 누화특성이 좋으며, 종이의 간격을 크게 하여 정전용량을 적게 하여 반송 전송로에 쓸 수 있도록 한 것이다.

③ 펄프 절연 : 도체에 직접 펄프를 부착시켜 건조시킨 것이다.

④ GP(Gutta Percha) : 해저 전송로 절연용으로 사용되는 내수성이 강한 수지

2) 합성수지 절연

① PVC(Poly Vinyl Chloride) : 유전율이(5~6) 높고, 연속 사용 온도(60℃)가 낮으며 고유저항(1012~1015)이 낮아 나선의 피복절연 재료로 사용되며, 국내 전송로의 단거리 전송로에 사용된다.

② PE(poly Ethylene) : 유전율이 2.26~2.30 정도로 양호하고, 절연저항(1018[Ω])이 높아 시외 전송로 절연재료로 널리 사용된다. 유전율을 낮추기 위해 PE 사이에 공기를 주입시키는 발포 PE로 사용된다.

③ 테프론(Teflon) : 유전율이 낮고 내화성이 강하고 절연저항도 우수하며, 유전체 역율이 낮아 절연재료로 이상적이나 가격이 비싸다.

④ Kelf : 테피론과 마찬가지로 불소계 수지로 테프론보다 유전율이 높고 내화성도

낮으나 절연저항이 1018[Ω]으로 우사하다. 비교적 불소수지로는 가격이 저렴하여 많이 이용된다.

(3) 외피

1) 연피

가공이 편리하고 도전성도 우수하여 차폐효과도 있으므로 가장 널리 사용된다. 연에 3% 정도의 주석합금 또는 1% 정도의 안티몬 합금과 0.05%의 동의 합금이 사용된다. 연피의 두께 t는 전송로의 직경을 D라 할 때 표준 값으로

$$t = \frac{D}{40} + 1.175[mm] \qquad D < 45 \qquad \text{(식 2.1)}$$

$$t = \frac{D}{20}[mm] \qquad D > 45 \qquad \text{(식 2.2)}$$

연피의 두께는 표준값의 85%이상 평균값의 90~110% 범위가 된다.

2) 합성수지 외피

PE는 옥외 전송로용으로 염화비닐은 옥내 전송로용으로 주로 사용되며, 전력선과 접속에 의한 피해가 없고 가벼워 가장 널리 사용된다.

① Alpeth Sheath : 전송로 위에 높이 1[㎜] 피치 약 2.5[㎜]의 가는 주름을 붙인 0.2[㎜]두께 정도의 차폐용 알루미늄 테이프를 두르고 그 위에 PE 피복한 것.

② Stalpeht Sheath : 종이절연심선에 대하여 Alpeth Sheath한 후 다시 1.18[㎜] 정도의 강 테이프를 두르고 겹쳐진 곳을 고주파 가열법으로 완전히 태운 피복 구조이다. 이 스탈페스의 경우보다 테이프의 주름을 더 크게 한 것을 웰만텔 sheath라 한다.

③ Laminate Sheath : 심선의 대지내 전압특성을 좋게 한 전송로

이 밖에 차폐효과와 기계적 강도, 표면 부식방지 처리를 높이기 위한 알루미늄 외피도 사용된다. 이러한 과정을 거쳐 종이절연 연피복 전송로가 실용화되고 현재에는 폴리에틸렌 등의 플라스틱 재료를 절연 및 외피에 사용하고 있다.

(4) 심선의 연합

전송로는 가요성을 가지며 회선간의 상호결합을 적게 하기 위하여 통신용 전송로의 도체 즉, 심선을 연합하게 되는데 이 방법에는 쌍연 쿼드, 복대 쿼드, 성형 쿼드, DM 쿼드를 사용한다. 먼저 2본의 심선을 연합한 것을 쌍연이라고 하고, 쌍연한 2조의 쌍을 다시 연합한 것을 쿼드라 한다. 쿼드는 4선의 심선의 연법에 따라 복대 쿼드와 성

형 쿼드로 나누는데 DM 쿼드는 중신회로에 많이 이용되어 중신 쿼드라고도 한다. 이 같은 쌍 또는 쿼드를 필요에 따라 적당한 수로 나란히 두는 것을 전송로 집합이라 하여 심선의 크기가 다른 경우의 조합을 층연, 같은 경우의 집합을 보토연 또는 유니트 연이라고 한다.

유니트연은 보통 400쌍이 넘는 다쌍 전송로에 적용되어 100쌍을 한 단위로 하여 400쌍(4 unit)에서 2,400쌍(24 unit)까지 조합한다. 이때 원형 쿼트에서 심선경을 d, 내측 층의 중심에서 쿼트 중심까지를 D, 외측 층의 중심에서 쿼드 중심까지를 D'이라 하면 $D' = D + 2d$이고, 각층의 원주의 길이는 πD와 $\pi D'$이며 $\pi D' = \pi D + 2\pi d$가 되어 외층은 내측보다 $2\pi d$ 만큼 길게 되어, 윈 측에 더 놓이는 쿼드 수는 $2\pi d / d \fallingdotseq 6$이 된다. 현재 널리 사용되고 있는 평형 케이블의 종류 및 특징은 표 2.1과 같다.

| 표 2.1 | 평형 케이블의 종류

<table>
<tr><th colspan="2" rowspan="2">종류</th><th rowspan="2">심선경</th><th rowspan="2">쌍수</th><th colspan="2">구조</th><th rowspan="2">용도</th><th rowspan="2">비고</th></tr>
<tr><th>절연</th><th>외피</th></tr>
<tr><td colspan="2">시내성전송로</td><td>0.4, 0.5
0.65, 0.9</td><td>10~2400</td><td>종이
밸브</td><td>연피</td><td>시내 가입자 전송로
시내 중계 전송로</td><td>신설 구간에는
거의 사용되지
않음</td></tr>
<tr><td rowspan="2">CCP
전송로</td><td>SS</td><td rowspan="2">0.4, 0.5
0.65, 0.9</td><td>300~200</td><td rowspan="2">PE</td><td rowspan="2">PE
Alpeth</td><td rowspan="2">시내 배선 전송로</td><td rowspan="2"></td></tr>
<tr><td>환형</td><td>10~200</td></tr>
<tr><td colspan="2">Stalpeth 전송로</td><td>0.4, 0.5
0.65, 0.9</td><td>200~2400</td><td>종이
밸브</td><td>Stalpeth</td><td>시내 궤선 전송로
시내 중계 전송로</td><td></td></tr>
<tr><td colspan="2">시내 PEF 전송로</td><td>0.32</td><td>1000~3600</td><td>PEF</td><td>Stalpeth</td><td>시내 궤선 전송로</td><td>0.4, 0.5, 0.65,
0.9 개발 중</td></tr>
<tr><td colspan="2">시외 PEF 전송로</td><td>0.65, 0.9</td><td>8~300</td><td>PEF</td><td>Alpeth</td><td>시외 전송로</td><td></td></tr>
<tr><td colspan="2">반송 전송로</td><td>1.2, 1.4</td><td>6~56</td><td>종이</td><td>연피</td><td>반송 회로</td><td></td></tr>
<tr><td colspan="2">구내 전송로</td><td>0.5</td><td></td><td>PVC</td><td>PVC</td><td>구내 배선</td><td></td></tr>
</table>

2.2.2 평형 케이블의 전송 특성

(1) 저항 R과 인덕턴스 L

일반적으로 고주파에 있어서 R과 L은 표피효과, 근접효과, 쿼드 내의 와류효과, 다른 도체에 따른 반작용 효과, 금속 외피의 반작용 효과를 받는다. 다쌍 평형 케이블의 경우 외피의 반작용 효과는 적으므로 이것을 무시하면, 위의 각 효과를 고려한 저항 R

과 인덕턴스 L은 다음 식으로 나타낼 수 있다.

① 표피효과 :

$$R_i = \frac{1}{\pi r_i^2 \sigma_i} f_i^{(R)} [\Omega/m] \qquad \text{(식 2.3)}$$

$$L_i = \frac{\mu_i}{2\pi} f_i^{(L)} [H/m]$$

② 근접효과 :

$$R_n = \frac{1}{\pi \sigma_i d^2} f_n^{(R)} [\Omega/m] \qquad \text{(식 2.4)}$$

$$L_n = \frac{-\mu_0}{2\pi}\left(\frac{r_i}{d}\right)^2 f_n^{(L)} [H/m]$$

③ 쿼드내 와류효과 :

$$R_{ns} = \frac{1}{\pi \sigma_i d^2} 4 f_n^{(R)} [\Omega/m] \qquad \text{(식 2.5)}$$

$$L_{ns} = \frac{-\mu_0}{2\pi}\left(\frac{r_i}{d}\right)^2 4 f_n^{(L)} [H/m]$$

④ 다른 쌍의 반작용효과:

$$R_e = \sum \frac{1}{\pi r_i^2 \sigma_i} f_n^{(R)} F_e [\Omega/m] \qquad \text{(식 2.6)}$$

$$L_e = -\sum \frac{\mu_0}{2\pi} f_n^{(L)} F_e [H/m]$$

여기서,

$$F_e = 4 m r_i^2 \left(\frac{d}{2}\right)^2 \frac{r_d^2 + (d/2)^2}{[r_d^2 - (d/2)^2]^3} \qquad \text{(식 2.7)}$$

이다. m은 다른 쌍을 대할 때 m=1, 쿼드일 때 m=2, $\sum$는 반작용 효과를 주는 다른 쌍 또는 다른 쿼드의 효과의 합을 나타낸다. 또 외부 인덕턴스는

$$L_a = \frac{\mu_0}{2\pi} ln \frac{d}{r_i} [H/m] \qquad \text{(식 2.8)}$$

가 된다. 여기서,

r_i : 심선 도체 반경

σ_i : 심선 도체의 도전율

μ_i : 심선 도체의 투자율

d : 쌍 간의 거리

r_d : 다른 쌍 또는 다른 쿼드의 중심 간의 거리

$f_i^{(R)}$, $f_i^{(L)}$: 표피 작용 계수

$f_n^{(R)}$, $f_n^{(L)}$: 근접 작용 계수

따라서 1차 정수 R, L은 다음 식으로 주어진다.

$$\begin{aligned} R &= 2(R_i + R_n + R_{ns} + R_e)[\Omega/m] \\ L &= 2(L_a + L_i + L_n + L_{ns} + L_e)[H/m] \end{aligned} \quad \text{(식 2.9)}$$

(2) 정전용량 C와 누설 컨덕턴스 G

일반적으로 비유전율이 ε이 무한히 넓은 매질 속에 있는 두 도체 사이의 정전용량은 근사적으로 다음과 같이 주어진다.

$$C = \frac{\pi \varepsilon_0 \varepsilon_r}{\ln \frac{d}{r_i}}[F/m],\ \varepsilon_0 = \frac{1}{36\pi} \times 10^{-9} \quad \text{(식 2.10)}$$

실제의 다쌍 전송로의 경우는 이들 사이에 근접효과, 쿼드 내의 다른 도체의 효과, 금속외피의 효과를 고려해 (식 2.10)을 보정해야 할 필요가 있지만 근사적으로는 위 식을 이용한다.

(3) 전파정수의 특성 임피던스

이상의 1차 정수의 모든 식으로 전파정수와 특성 임피던스를 계산할 수 있으며 고주파 영역에서의 감쇠량의 주파수 특성은

$$\alpha = a\sqrt{f} + bf\,[dB/km] \quad \text{(식 2.11)}$$

로 주어지며, 여기서 a, b는 정수이고, f는 주파수이다. 제 1항은 저항 감쇠량이고 제 2항은 누설 감쇠량이다.

(4) 온도특성

1) 1차 정수 R의 온도특성

1차 정수 R의 온도특성을 α_R라고 하면 α_R은 다음 식으로 나타낼 수 있다.

$$\alpha_R = \alpha_C \left\{ 1 - \frac{f_0}{R_0} \left[\frac{\partial R}{\partial f} \right]_{f-f_0} \right\} \qquad \text{(식 2.12)}$$

여기서 α_C는 직류저항의 온도계수이고, R_0는 온도 20℃ 및 주파수 f_0에 있어서 1차 정수 R이다. 즉, 20℃에서 1차 정수 R의 주파수 특성이 알려지면 이것에서 각주파수에서 1차 정수와 R의 온도계수가 구해진다. R은 고주파 영역에서는 $\sqrt{f}$에 비례하기 때문에 1차 정수 R의 온도계수는 주파수가 높아짐에 따라 직류의 경우에 온도계수가 점차 적게 되고 고주파에서 꼭 그 반에 접근하게 된다.

2) 2차 정수의 온도특성

2차 정수의 온도특성은 1차 정수의 온도특성에서 측정할 수 있다. 감쇠정수 α, 위상정수 β, 특성 임피던스의 절대값 $|Z_0|$, 편각 ϕ는 1차 정수에 따라 다음과 같이 나타낼 수 있다.

$$\alpha \simeq \frac{R}{2}\sqrt{\frac{C}{L}} + \frac{G}{2}\sqrt{\frac{L}{C}} \qquad \text{(식 2.13)}$$

$$\beta \simeq w\sqrt{LC} \qquad \text{(식 2.14)}$$

$$|Z_0| \simeq \sqrt{\frac{L}{C}} \qquad \text{(식 2.15)}$$

2.2.3 평형 케이블의 누화

평형 케이블을 사용한 회선은 사용되는 전화회선망의 종류에 따라서 시내회선과 시외회선으로 나눈다. 시내회선에 전송되는 신호는 음성신호이고 0~4[kHz] 정도의 전송주파수대역이 취하여지면 충분하다. 그러므로 보통은 선륜 장하한 성형 전송로가 사용되고 전송로는 상하선으로 흐르는 신호가 공용하는 소위 2선식 전송 방식에 의하여 사용된다.

시외회선은 이전에는 DM형 전송로를 사용하여 음성의 2선식 전송에 의하여 구성되었던 때도 있었으나 최근 장거리 중계방식의 확립과 더불어 정비 개량되어 현재는 다음 3종류로 분류된다. 즉, 선륜 장하된 전송로를 사용한 음성의 2선식 전송방식, 이 방식의 장하선륜을 제거하여 12통화로 정도의 단거리 반송을 행하는 방식, 반송용 전송로에 의하여 장거리 중계용 반송을 하는 방식들이다.

단거리 반송은 2선 방식이지만 상류회선과 하류회선이 사용하는 주파수 대역을 별개로 하여 주파수 영역에서 2개의 독립된 회선을 구성한다. 이와 같은 방식을 군별 2선 방식이라고 부른다. 이에 대하여 장거리의 반송에는 상류회선과 하류회선에 별개의 심선대를 할당하는 4선방식이 사용되고 있으나 특히 상류회선의 심선대와 선식에 대하여 동일 전송로 내에 4선을 수용하는 방식을 4선방식이라고 부른다. 이러한 사항을 일괄한 것이 표 2.2와 같다. 표에서도 명백한 것처럼 현재 주로 사용되고 있는 전송로는 구조적으로는 성형이 많으므로 지금부터 이 전송로의 누화에 관하여 주의사항을 논하기로 한다.

일반적으로 평형 케이블 내에 지정된 거의 독립된 2개 회선을 a와 b라고 하면 소량의 결합에 의하여 생기는 회선 $a \sim b$간의 직접누화에 대하여는

$$\text{근단누화결합계수 } K_n = \frac{Z_{ab}}{\sqrt{Z_{0a}Z_{0b}}} - \sqrt{Z_{0a} \cdot Z_{0b}}\, Y_{ab} \qquad (\text{식 } 2.16)$$

$$\text{원단누화결합계수 } K_f = \frac{Z_{ab}}{\sqrt{Z_{0a}Z_{0b}}} + \sqrt{Z_{0a} \cdot Z_{0b}}\, Y_{ab} \qquad (\text{식 } 2.17)$$

로 그 영향을 볼 수가 있다. 그러나 성형 전송로의 동일 쿼드 내에서 취한 2개 회선 간에는 근사적으로 다음 식과 같은 관계가 성립되고 있다.

$$\frac{Z_{ab}}{Y_{ab}} \fallingdotseq -Z_{0a} \cdot Z_{0b} \qquad (\text{식 } 2.18)$$

그러므로 성형 전송로의 동일 쿼드 내에서 취한 2개 회선 a와 b에 대하여

$$K_n > K_f \qquad (\text{식 } 2.19)$$

가 되어 근단누화가 지배적이다. 그러나 별개의 쿼드에 속하는 2개 회선 간에는 (식 2.18)은 성립하지 않고, 일반적으로는 근단누화와 원단누화가 거의 같은 정도라고 생각되고 있다. 그러나 쿼드 내의 누화와 쿼드 간의 누화 사이에는 쿼드내 누화가 평균 10배 이상 불량하다.

| 표 2.2 | 평형 케이블의 용도

회선 종별	전송로구조	전송신호	장하의 유무	전송방식
시내회선	쌍·성	음성	장 하	2선식
	성·DM	음성	장 하	2선식
시외회선	성·DM	반송	무장하	군별 2선식
	성	반송	무장하	조별 4선식

장하 전송로에 있어서는 장하선륜을 삽입하기 때문에 회선의 특성 임피던스가 전송로 자신의 임피던스보다 커져서 거의 10배 정도가 된다. 그러므로 근단 및 원단누화 결합계수의 (식 2.16), (식 2.17)에서 알 수 있듯이 결합 어드미턴스 Y_{ab}에 기인하는 누화측이 결합 임피던스 Z_{ab}에 기인하는 항보다 훨씬 커진다.

일반적으로 전송로 내의 회선의 결합 어드미턴스에서는 그 실수부는 무시할 수 있으므로 결국 장하 전송로에 의한 회선 상호간의 결합에 의한 누화를 생각할 경우에는 정전결합이 가장 중요한 요인이 된다는 것을 알 수 있다. 즉, 근단누화가 심한 장하 전송로회선에 있어서는 정전결합을 적게 할 수 있으면 누화를 경감할 수 있게 된다. 그래서 정전결합을 적게 하기 위하여 보통 시험접속이라는 방법을 취한다. 이 방법에는 전송로를 몇 개인가를 종속하는 경우에 250[m]마다 전송로의 그 접속점에서 미리 양자의 결합상태를 측정한 후 그 합성치가 서로 감소되도록 접속을 한다.

장하 전송로에서는 장하선륜을 삽입하는 구간장이 약 2[km]이고, 한편 전송은 보통 250[m]이 길이가 표준으로 제조되고 있다. 따라서 서로 이웃하는 500[m]마다 시험접속을 하여 큰 정전결합을 감소시켜 누화를 경감하는 방법을 취하고 있다.

반송용 전송로에 대하여는 장하 전송로와 달라서 특성 임피던스가 그리 높지 않다. 그러므로 정전결합뿐만 아니라 전자결합도 고려하지 않으면 안된다. 그리고 또 반송의 통화로 수는 증가하는 경향이 있어 120통화로 약 500[kHz]까지의 주파수대역을 전송하는 방법도 있다. 이 때문에 누화의 원인에 대하여서도 단순히 직접 누화뿐만 아니라 제 3의 회선을 경유하는 간접누화까지 고려하여야 하는 필요가 생기게 된다. 반송용 전송로에서 장거리 중계를 행하는 경우에서는 근단누화를 피하기 위하여 2조 전송방식이 사용되고 단거리 반송에서는 군별이 시행되고 있다. 이 때문에 간접누화를 생각할 때에도 근단누화에 대하여는 고려하지 않아도 된다. 이 때문에 간접누화를 생각할 때에도 근단누화에 대하여는 고려하지 않아도 된다. 원단누화를 발생하는 간접누화의 발생원인은 다음 세 가지로 대별된다.

① 2중 누화에 의한 원단 누화 : 제 3회선에 원단누화 된 성분에 의하여 다시 피유도회선에 원단누화가 생기는 경우

② **개방단 반사에 의한 원단 누화** : 통신 쿼드 지회선은 사용되지 않으므로 이것을 제 3회선으로 개방단에서 반사하여 이것이 다시 피유도회선에 누화가 생기는 경우

③ **회입누화** : 유도회선의 증폭기 출력 측으로부터 제 3회선에 누화한 성분이 피유도회선 중의 증폭기 입력 측에 누화하는 것 등이 있으며 이중 회입누화는 중요하고 제 3회선이 역방향의 증폭기를 갖는 경우에는 특히 주의를 요한다.

2.3 Loading Cable(장하 케이블)

전화 케이블은 심선이 가늘고 선간 간격이 좁아서 선간용량이 크며 회선의 인덕턴스가 작으므로 전류의 감쇠량이 나선에 비하여 훨씬 많아진다. 이러한 전송로에 인덕턴스 L을 가진, 장하선륜이라고 부르는 코일을 일정한 간격으로 삽입하여 접속하면 감쇠량을 감소시키고 규정된 음성주파수대에서 감쇠량을 균일하게 할 수 있으며, 또한 위상주파수 특성이 직선적으로 되고 특성 임피던스가 순저항이 되므로 파형왜곡을 제거할 수 있는 여러 가지 이점이 있다. 그렇다면 여기서 전화 케이블의 장하방식의 이론적 근거를 알아보자. 균일한 선로의 최소 감쇠량의 조건은

$$\frac{L}{C} = \frac{R}{G} \qquad \text{(식 2.20)}$$

이다. 그러나 실제로는 선로의 이러한 조건을 만족할 수는 없고 일반적으로

$$\frac{L}{C} < \frac{R}{G} \qquad \text{(식 2.21)}$$

되어 있다. 예를 들면 0.9[mm]의 시와 종이 연피 케이블의 경우 1[kHz]에서 대략 다음과 같은 값이 얻어진다.

$$\sqrt{\frac{L}{C}} = 130[\Omega],\ \sqrt{\frac{R}{G}} = 6000[\Omega]$$

(식 2.21)에서 감쇠량을 저하시키는 방법으로는,

① R을 감소

② G를 증가

③ C를 감소

④ L을 증가

등이 생각되지만, R을 감소하려면 동보다 전기저항이 작은 재료를 사용하든가 심선경을 굵게 하여야 하는데, 그러한 재료는 경제적으로 곤란하고 심선경도 케이블에서는 가급적 많은 심선을 수용하여야 하므로 심선을 굵게 하기는 곤란하다. 또, G를 증가하는 것은 절연이 불량한 것이 되어 G는 오히려 작게 하여야 한다. 또, C를 작게 하려면 도체 간격을 넓게 해야 하는데, 도체 간격을 넓힌다는 것은 케이블의 직경이 굵어지므로 실현이 곤란하다. 따라서 실질적으로 L을 증가시켜 감쇠량을 저하시킨다.

이와 같이 감쇠량 최소 조건을 만족시키기 위해 인위적으로 인덕턴스 L을 증가시켜 주는 것을 장하라 한다. 그러나 L을 증가시키면 $R \ll wL$이 되고, 감쇠는 줄어드나 전송속도가 느려진다. 따라서 중장하인 경우는 장거리 전화용으로는 부적당하다. 또한 차단 주파수가 낮아 다중 통신이 불가능하므로 현재는 단거리 통신에만 사용되고 있다.

2.3.1 연속장하와 집중장화

(1) 연속장하(균일장하, 평등장하)

장거리 해저 전신 케이블에 사용되고 있으나 전화전송용으로서는 실효저항이 증가되고, 또 자성 재료가 완전히 균일하지 않으면 전송특성을 약화시키는 등의 결점으로 흔히 사용되지 못한다.

(2) 집중장하(선륜장하)

장하선륜과 장하선륜의 간격을 장하간격이라고 부르고 양단이 장하간격이 반으로 되어 있는 방법을 반구간방식이라 하고, 양단이 장하선륜의 반으로 되어 있는 방법을 반선륜 방식이라 하며, 보통은 반구간방식이 사용된다.

2.3.2 장하 케이블의 전송 특성

장하 전의 선로 임피던스를 Z_0, 전파정수를 γ_0, 장하선륜의 임피던스를 Z_c, 장하간격을 S라고 할 때 장하선륜 선로의 감쇠량 α, 위상정수 β, 반구간 임피던스 Z_{01} 및 반선륜 임피던스 Z_{02}는 중간 주파수대에서 $G \ll wC$, $R \ll wL$일 때 다음 식으로 표시된다.

$$\alpha = \frac{1}{S\sqrt{1-\eta^2}}\left(\frac{R'}{2}\sqrt{\frac{C'}{L'}} + \frac{G'}{2}\sqrt{\frac{C'}{L'}}\right) \quad \text{(식 2.22)}$$

$$\beta = \frac{2}{S}sin^{-1}\eta$$

$$Z_{01} = \frac{1}{\sqrt{1-\eta^2}}\sqrt{\frac{L'}{C'}} \quad \text{(식 2.23)}$$

$$Z_{02} = \sqrt{\frac{L'}{C'}}\sqrt{1-\eta^2}$$

단, 장하 선륜 선로의 1차 정수는 $R' = R_0 + R_c$, $L' = L_0 + L_c$, $G' = G_0 S$, $C' = C_0 S$이고, R_0, L_0, C_0는 장하하기 전의 선로의 1차 정수이며, R_c, L_c는 장하선륜의 저항과 인덕턴스이다.

장하 케이블 선로의 사용 주파수가 어느 정도 높아지면 감쇠량이 갑자기 증가되는데, 이때 $w_0 = \frac{2}{L'C'}$로 표시되는 주파수를 차단주파수라 한다. 즉,

$$f_0 = \frac{1}{\pi\sqrt{(L_0 + L_c)C_0 S}} \quad \text{(식 2.24)}$$

이다. 또한 케이블에 장하를 하면 안할 때 보다 사용 주파수가 낮아지는데, $v = \frac{w}{\beta}$의 식으로부터 전송속도도 느려진다. 따라서 차단 주파수가 높은 경장하가 필요하게 된다. 장하 케이블은 케이블과 선로의 접속점 또는 장하구간이 불규칙하게 되면 임피던스의 부정법이 생겨 반사현상이 발생되는 수가 있으므로 되도록 부정점이 없도록 하는 것이 좋다.

2.4 Coaxial Cable(동축 케이블)

기간회선의 전송로에 있어서 요구되는 중요한 사항은 다중화에 의한 경제성을 도모하는 것이다. 앞에서 설명한 평형 케이블은 비교적 낮은 주파수에 있어서는 충분히 독립성이 있으나 개방형 케이블이어서 정전계, 전자계가 동일 케이블 내에서 다른 회선과 쇄교하기 때문에 다중화 시킬 때 사용 주파수가 높아지면 누화결합이 커져서 요구되는 전송품질을 얻기가 힘들어서 수백 kHz까지의 주파수용으로 사용된다.

그러나 내부도체와 이를 동심원 상태로 둘러싼 외부도체로 된 동축 케이블은 불평형형 선로이기 때문에 저주파에서 있어서는 외부로부터 방해를 받기 쉬우나 정전계, 전

자계를 외부에 개방시키지 않는 폐쇄성 선로이고, 외부도체의 차폐작용으로 고주파에서의 차폐성이 우수하고, 손실이 적으며 내전압성이 높아 경제적인 초다중 동축 케이블 반송방식을 가능하게 하였다.

(1) 중심도체 (내부도체)

고주파에 있어서 저항이 작은 것과 임피던스 균등성이 좋은 것, 가요성이 좋은 것 등이지만 이들의 조건을 만족시키기 위해서는 일반적으로 외경의 치수가 동일한 연동 단선이 사용되고 있다. 또한, 직류 저항이 작은 중심도체에 중계기로서 전력 송신에 이용한다.

(2) 절연체

외부도체를 정확한 위치로 유지시키며 케이블의 굴곡 등과 같은 외력에 대하여 충분히 견디어 내냐는 내력을 갖게 하고 케이블을 구부릴 때에도 중심, 외부 양도체의 위치가 찌그러지지 않게 하고, 또한 감쇠량을 적게 하기 위하여 비유전율, 유전체 손실이 적은 것이 요구된다.

① **폴리에틸렌 충실형** : 기계적 강도가 요구되거나 해저에서 사용되는 경우

② **발포 폴리에틸렌 충실형** : 동축 케이블과 중계기를 접속하는 스템용 동축 케이블에 사용하며, 저손실을 갖도록 한 것

③ **폴리에틸렌 튜우브형** : 중심도체와 외부도체 사이에 폴리에틸렌 층을 만들고 튜우브를 같은 간격으로 처리시켜 중심도체를 지지시키는 방법

(3) 외부도체

외부도체는 전류의 귀로가 되기 위해 양도체이어야 하며, 동시에 차폐체를 형성하고 있기 때문에 외보로 전자계의 누설이 없도록 하여야 한다. 또한 임피던스의 균등성을 좋게 하기 위하여 변형되지 않고 정확한 내경을 유지하여야 한다. 공극형 절연 방법을 사용하는 경우에는 외부도체 자체로 원형을 유지시켜야 하며 외력에 대해서도 어느 정도의 강도를 유지해야 하고, 절연내력이 저하되지 않으며 가요성도 어느 정도 필요한 것이어야 한다.

2.4.1 전송 특성

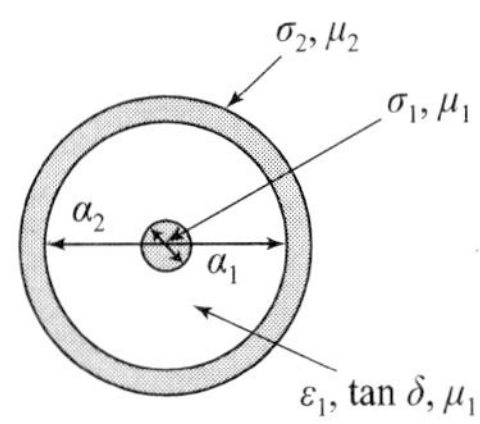

| 그림 2.1 | 동축 케이블의 단면도

$a_1,\ a_2$: 중심 도체 외경, 외부 도체 내경 $[m]$
μ_1, μ_2 : 중심 도체, 외부 도체의 유전율 $[H/m]$
$\sigma_1,\ \sigma_2$: 중심 도체, 외부 도체의 도전율
ε_i : 절연체의 실효 유전율 $[F/m]$
ε_i : 절연체의 실효 유전율 $[F/m]$
μ_i : 절연체의 실효 투자율 $[H/m]$
$\tan\delta$: 절연체의 실효 유전체 손실
f : 주파수 $[Hz]$

(1) 1차 정수

동축 케이블은 일반적으로 높은 주파수에서 사용하기 때문에 표피효과에 의하여 도체 표면에만 전류가 흐르며 동축 케이블의 저항과 인덕턴스는 원통함수로 표시한다.

고주파 영역에서의 근사식 :

$$R = \sqrt{\frac{f}{4\pi}}\left(\frac{1}{a_1}\sqrt{\frac{\mu_1}{\sigma_1}} + \frac{1}{a_2}\sqrt{\frac{\mu_2}{\sigma_2}}\right)[\Omega/m] \qquad \text{(식 2.25)}$$
$$L = \frac{u_i}{2\pi}ln\frac{a_2}{a_1} + \frac{1}{2\pi\sqrt{4\pi f}}\left(\frac{1}{a_1}\sqrt{\frac{\mu_1}{\sigma_1}} + \frac{1}{a_2}\sqrt{\frac{\mu_2}{\sigma_2}}\right)[H/m]$$

지금 중심도체와 외부도체를 모두 동으로 하는 경우에는 $\sigma_1 = \sigma_2 = 5.8\times10^7$가 되므로 R, L은 다음과 같다.

$$R = 0.416\times10^{-7}\sqrt{f}\left(\frac{1}{a_1} + \frac{1}{a_2}\right)[\Omega/m] \qquad \text{(식 2.26)}$$
$$L = 2\times10^{-7}\left(\ln\frac{a_2}{a_1} + \frac{1}{30.2}\frac{1}{f}\left(\frac{1}{a_1} + \frac{1}{a_2}\right)\right)[H/m]$$

정전용량 C는 동축심의 치수 및 절연체의 실효유전율에 따라 정하며 다음 식으로 나타낼 수 있다.

$$C = \frac{2\pi\epsilon_i}{\ln\frac{a_2}{a_1}}\,[F/m] \qquad \text{(식 2.27)}$$

여기서 ε_i는 폴리에틸렌의 원판을 중심 도체상에 등 간격으로 설치한 경우에 다음과 같다.

$$\begin{aligned}\epsilon_i &= \frac{PE\text{판의 거리} - PE\text{판의 두께}}{PE\text{판의 거리}} + \frac{PE\text{판의 두께}}{PE\text{판의 거리}} \times \epsilon_p \\ &= 1 + (\epsilon_p - 1)\frac{PE\text{판의 두께}}{PE\text{판의 거리}}\,[F/m]\end{aligned} \qquad \text{(식 2.28)}$$

또한, 주설 컨덕턴스 G는 $\tan\delta$의 정의로 다음과 같이 나타낼 수 있다.

$$G = 2\pi f C \tan\delta\,[\Omega/m] \qquad \text{(식 2.29)}$$

(2) 2차 정수

동축 케이블은 60[kHz] 이상의 주파수에서 사용하는 것으로써 20[MHz] 정도에서도 문제없이 전송 할 수 있다. 감쇠량은 다음과 같이 나타낸다.

$$\alpha = \frac{R}{2}\sqrt{\frac{C}{L}} + \frac{G}{2}\sqrt{\frac{C}{L}} = \alpha_r + \alpha_0 \qquad \text{(식 2.30)}$$

제 1항을 저항 감쇠량, 제 2항을 누설 감쇠량이라 부른다. 또 위상정수, 특성 임피던스, 전파속도도 다음과 같다.

$$\beta = \omega\sqrt{LC} \qquad \text{(식 2.31)}$$

$$Z_0 = \sqrt{\frac{L}{C}} \qquad \text{(식 2.32)}$$

$$v = \frac{\omega}{\beta} = \sqrt{\frac{1}{LC}} \qquad \text{(식 2.33)}$$

(식 2.30)의 제 1항에서 외부도체의 내경 a_2를 일정하게 하고, a_1으로 미분하면 a_2가 일정할 때 감쇠정수가 최소로 되는 내외도체의 지름비 a_2/a_1이 구해진다. (식 2.30)의 1항을 a_1으로 미분하면 다음과 같다.

$$\frac{a_2}{a_1}\left(\ln\frac{a_2}{a_1}-1\right)=\sqrt{\frac{\sigma_1}{\sigma_2}} \qquad \text{(식 2.34)}$$

또 중심 도체와 외부도체가 같은 재질이라면 감쇠량이 최소로 되는 최적 직경의 비는

$$\frac{a_2}{a_1}=3.59,\ \ln\frac{a_2}{a_1}=1.278 \qquad \text{(식 2.35)}$$

이 된다. 이와 같은 a_1, a_2의 비를 도체경의 최적비라고 부르며, 동축 케이블을 설계하는 경우 가장 중요한 값이다. 이와 같은 최적비에서의 2차 정수는 다음과 같다.

$$\begin{aligned}\alpha_r &= \frac{0.692}{a_1}\sqrt{\epsilon_r f}\ [Nep/km] \\ &= \frac{6.01}{a_1}\sqrt{\epsilon_r f}\ [dB/km]\end{aligned} \qquad \text{(식 2.36)}$$

단, ε_r은 절연체의 비유전율, f의 단위는 [MHz], a_1의 단위는 [mm]이다. (식 2.36)과 똑같은 단위를 사용하면 1차 정수는 다음과 같다.

$$R=\frac{106.8}{a_1}\sqrt{f}\ [\Omega/km] \qquad \text{(식 2.37)}$$

$$L=0.256+\frac{0.017}{a_1\sqrt{f}}\ [mH/km]$$

$$C=43.5\epsilon_r\ [nF/km]$$

$$G=0.273 f\epsilon_r \tan\delta\,[\Omega/km]$$

누설 감쇠량은 α_0는

$$\alpha_0=91\sqrt{\epsilon_r}\, f\tan\delta\,[dB/km] \qquad \text{(식 2.38)}$$

이 되고, 특성 임피던스는 Z_0는

$$Z_0=\frac{60}{\sqrt{\epsilon_r}}\ln\frac{a_2}{a_1}\ [\Omega] \qquad \text{(식 2.39)}$$

로 된다.

2.5 Optical fiber(광섬유)

광섬유(optical fiber)는 동선(copper wire)이 전기를 전도하거나 수도관이 물을 인도하는 것과 마찬가지로 빛을 인도하는 고체 유리섬유(혹은, 경우에 따라서는 플라스틱도 사용된다)이다. 빛은 광섬유의 내부 표면에서 반사에 의해 광섬유를 전파하며, 광섬유의 구조로 인해 광섬유 안으로 통과하는 빛은 밖으로 빠져 나가지 않고 반사로 인해 광섬유 안에 갇혀 있게 된다. 광섬유는 매우 얇고 유연하기 때문에 모서리 부분과 작은 틈을 통과하여 설치할 수 있다. 또한 광섬유를 통과하는 빛은 조명, 온도변화 및 다른 유용한 정보를 감지하거나 용접, 혹은 절단 등에도 사용할 수 있다. 그러나 광섬유의 가장 일반적이고 가장 유용한 기능은 통신이다.

오늘날 정보화 시대에서는 신속·정확한 정보전달이 필요하고, 무엇보다도 대용량 통신의 중요성이 부각되고 있다. 더구나 전자공학과 컴퓨터의 보급으로 인해 이들은 어떤 경우라도 우리의 일상생활의 모든 면에 영향을 미친다. 바코드 스캐너(bar code scanner)는 우리의 식료품류의 가격을 읽고, 광학 디스크(optical disk)는 음악을 연주하고, 컴퓨터는 자동 금전출납기에서 돈을 분배하고, 컴퓨터에 의해 제어되는 로봇은 우리의 제조품들을 조립한다. 그리고 은행일, 부동산 정보 및 뉴스를 보거나, 오락을 즐기기 위해 개인용 컴퓨터를 사용할 수 있으며, 우리 일상생활에 필요한 무수히 많은 다른 기능들을 컴퓨터를 이용해서 할 수 있다. 이러한 정보를 다루고 해석하고 전달하기 위한 전자적 방법의 증가로 말미암아 동선과 라디오파(radio wave)같은 전통적 통신 기술은 그 한계를 드러냈으며, 광섬유는 이러한 단점을 극복하기 위해 발전되어 왔다.

광섬유는 마치 거대한 하천 바닥과 같으며, 현대 기술에 의해 생성된 막대한 데이터 흐름은 이러한 하천 바닥을 흘러간다. 하천바닥은 넓고, 깊고, 모든 데이터를 처리할 수 있어서 우리는 하천의 제방이 범람함이 없이 쏟아 넣을 수 있다. 초기에 광섬유는 전화선 설치가 어렵고 많은 비용이 소요되는 더 큰 용량을 필요로 하는 장거리 전화선에만 제한적으로 사용되어 왔다. 그러나 기술이 발전되고 광섬유 가격이 떨어짐에 따라 광섬유는 선박·항공기 시스템, 중·장거리 전화선 및 LAN 그리고 심지어 케이블 TV에까지 사용하게 되었다. 이러한 광섬유의 광범위한 이용은 동선에서 전기신호를 사용하는 것보다 더 많은 장점을 가지고 있기 때문이다.

그림 2.2는 광섬유의 적용 분야를 그림으로 도식하여 나타냈다.

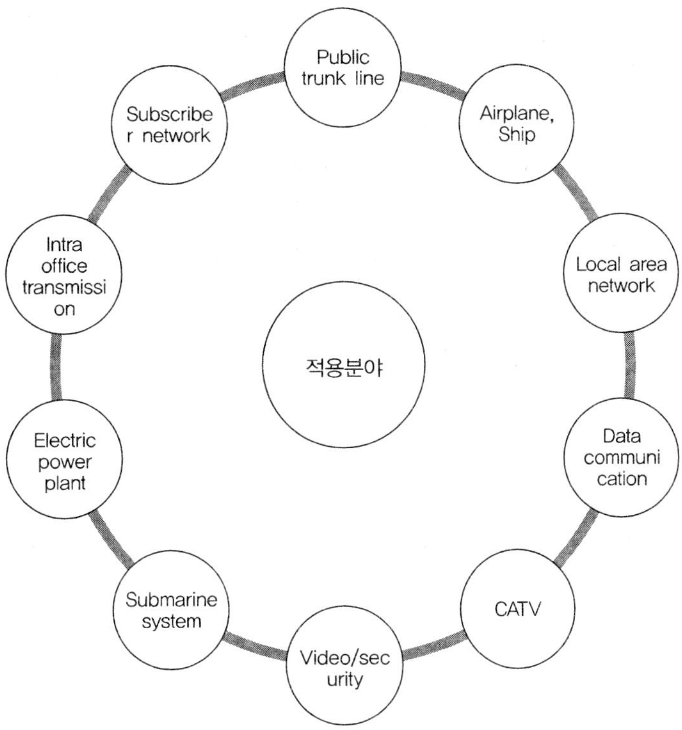

| 그림 2.2 | 광섬유의 적용 분야

2.5.1 광섬유의 장점과 단점

(1) 광섬유의 장점

광섬유의 장점은 저손실, 광대역성, 세경, 경량, 무유도 및 무누화, 안전성 등을 말한다.

① **전송손실이 극히 저손실** - 1㎞ 당 손실이 1dB 이하의 광섬유가 쉽게 얻어지며 0.2dB/㎞라는 가장 낮은 손실치를 얻을 수 있으며 단일모드 광섬유(파장 1.3㎛)로 50㎞정도 무중계 전송이 가능한 손실을 말한다.

② 광대역성 - 광대역성이란 다중모드 광섬유의 코어 굴절률을 정밀하게 제어하는 기술의 발달로 1㎞ 길이로 환산시 수 GHz의 광대역 광섬유가 실현되어 가고 있어 향후 대량 정보시대의 전달매체를 말한다. 광섬유에 이용되는 파장은 0.8㎛에서 1.7㎛까지 이고 주파수는 1.8×1014㎐로부터 3.8×1014㎐에 상당하며 대역으로 2×1014㎐가 되며 만약 이 주파수대를 모두 사용할 수 있다면 전화 500억 채널 또는 텔레비전 5천만 채널의 전송을 동시에 할 수 있다.

③ **세경 및 경량** – 동선 케이블에서는 심선경에 따라 전기적 특정이 변화하며 심선경이 세경일수록 저항이 많아 손실이 증가되나 광섬유는 코어가 커질수록 전파 모드수의 증가로 모든 분산이 증가되어 코어경은 머리카락과 같이 가늘고 가벼우며 광섬유 상호간의 누화가 발생되지 않기 때문에 다대 케이블이 용이하고 외경이 가늘어서 가설, 설치의 포설공사가 가능하며 기존 관로 시설의 빈 공간 활용과 가공 케이블시설에도 설치가 가능하여 활용도가 높다.

④ **무유도 및 무누화** – 광섬유는 그 자체가 비전도성이므로 습기 및 전자파나 라디오파의 유도방해를 받지 않고 비금속성 케이블화가 가능하며 기존 전력선과 포설이 가능하며, 특히 광섬유는 절연물이기 때문에 접지 전위차가 있어도 전송 품질에 영향이 없어 손실과 대역이 허용하는 한도까지 중계 간격을 수십 km로부터 백 km 이상까지 넓힐 수 있다.

⑤ **자원의 풍부성** – 광섬유의 원료는 모래인 석영이 무진장 존재하고 광섬유 제조에 필요한 에너지도 금속도체에 비해서 적게 소요되는 것을 말한다.

⑥ **가요성이 우수** – 광섬유는 가요성(Flexibility)이 양호하기 때문에 시설공사가 용이하며 공사비가 절감된다.

⑦ **안전성** – 동선 케이블과 같이 단락에 의한 불꽃이 없어 인화성이 높은 장소의 사용이 가능하다.

(2) 광섬유의 단점

광섬유의 단점은 접속의 문제점, 급준한 휨, 분기 및 결합의 어려움이 있으며, 접속의 종류는 영구 접착법과 커넥터법을 말한다.

① **광섬유 접속** – 동선 케이블은 꼬임 접속인 접속자 접속(1회선, 5회선, 25회선)으로 쉽게 접속할 수 있으나 광섬유는 접속시 고도의 기술을 요구하며, 광섬유 접속은 탈착이 불가능한 영구 접속과 탈착이 가능한 커넥터법이 있으나 접속시 광섬유의 절단면이 경사지거나 거칠면 서로 정확하게 맞지 않아서 불량 접속이 되므로 재접속을 하는 단점이 있다.

- 광섬유 접속의 문제점
  - 축이 어긋날 경우
  - 간격이 벌어진 경우
  - 절단되어 구부러진 경우
  - 단면이 불완전인 경우
  - 코어의 두께가 다른 경우
  - 비굴절률차가 다른 경우

② **급준한 휨** – 동선 케이블은 케이블 외경의 6배 이상을 구부리지 않고 있으며 광섬유 심선은 반경 40㎜이하로 구부리면 손실이 생기고 수명과 밀접한 관계가 있다.

③ **분기 및 결합** – 동선 케이블은 분기 접속인 T접속이 가능하나 광섬유에서는 분기접속이 어려운 단점이 있다.

④ **광소자** – 광소자는 빛을 발생, 처리, 감지하는 기능으로 발광 소자, 수광 소자, 광기능 소자를 말한다.

⑤ **전력전송** – 중계기에 전력 공급시 광섬유는 전력을 공급할 수 없으므로 케이블 급전용으로 동선을 넣어 사용하여야 한다.

특 징	장 점	응 용
비전기적 캐리어	전자기의 영향을 받지 않는다. 전기적 쇼크의 위험이 없다	모든 곳
전자기 방출이 없다	안전 통신	모든 곳
고속의 정보전송 능력	대용량 데이터 고속 전송	장거리 컴퓨터 통신
가볍고 크기가 작다	설치 공간이 적다	비행기 및 선박 건물 시스템 복잡한 도시 시스템

2.5.2 광섬유의 구조와 형태

광섬유는 크게 코어(core)라고 부르는 중앙의 원통형 물질, 이를 원통형으로 에워싸고 있는 클래딩(cladding)과 이들을 뒤덮고 있는 재킷(jacket)으로 구성된다. 코어는 광파를 전달하고, 클래딩은 광파를 코어 내로 유지시키며 코어에 강도(strength)를 제공한다. 재킷은 광섬유를 수분과 부식으로부터 보호한다.

클래딩과 코어는 유리나 플라스틱으로 만들어진다. 즉, 이 두 물질을 이용해 플라스틱 코어/클래딩, 유리 코어/플라스틱 클래딩, 유리의 코어/클래딩과 같은 세 가지 형태의 광섬유가 얻어진다. 플라스틱이 이용되는 경우, 코어는 보통 폴리스틸렌(polystyrene)이나 폴리메틸 메타클리레이트(polymethyl methacrylate)가, 클래딩은 실리콘이나 테프론(teflon)이 사용된다. 유리는 일반적으로 모래를 구성하는 실리카(silica)이다. 이 실리카는 지구 표면의 26%를 차지한다. 반면 구리는 단지 0.01% 정도뿐이다. 광섬유에 있어 실리카는 매우 순수하지만, 붕소(B), 게르마늄(Ge), 인(P)등의 아주 미량의 불순물(dopants)이 광섬유의 굴절 계수를 변화시키기 위해 첨가된다. 붕소 산화물(boron oxide)은 클래딩으로 이용되는 붕소 규산염 유리(borosilicate glass)를 형성하기 위해 실리카에 첨가된다.

유리와 비교해서 플라스틱 광섬유는 유연하고 가격이 저렴하다. 이것은 설치와 접속이 쉽고 유리 광섬유보다 큰 강도에 잘 견디고 또한 무게도 40% 정도 밖에 나가지 않는다. 그러나 이것은 광전송에 대한 효율면에서 좋지 못하다. 즉, 손실이 크기 때문에, 빌딩 내에서와 같은 단거리용에만 쓰인다. 구리와 비교해 광섬유는 무게에 있어 매우 가볍다. 40km 길이의 광섬유의 코어 무게가 1kg 정도인 반면, 0.32mm 외경의 구리선에 있어 1kg의 무게는 길이로 1.4km 정도 밖에 되지 않는다.

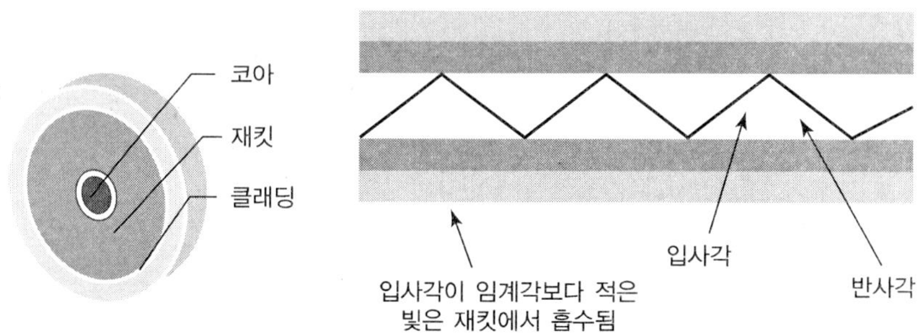

| 그림 2.3 | 광섬유의 구조

2.5.3 광섬유의 종류

광섬유의 종류는 주로 광섬유에 도파 되는 모드 수에 따라 단일모드 광섬유와 다중모드 광섬유로 크게 분류되며, 그 안에서도 분산 특성을 조절하기 위해 여러 굴절률 분포를 갖게 된다. 또한 광섬유는 그 재료 조성이나 제조 방법, 굴절률 분포나 전파모드에 따라서 분류가 가능하다. 아래 표는 광섬유의 종류를 구분해서 정리해 보았다.

(1) 다중 모드 광섬유

다중 모드 광섬유(Multi Mode Fiber)는 광섬유 코어 안에 도파되는 빛의 모드가 여러 개인 광섬유를 이른다. 이 광섬유는 코어의 직경(2a)이 약 50~60㎛로 크며, 계단형 굴절률 광섬유와 언덕형 굴절률 광섬유가 있다. 계단형 굴절률 광섬유는 광섬유 단면의 굴절률 분포가 아래 그림과 같이 균일한 굴절률(n1)을 갖는 매우 투명한 유리로 된 코어와 코어를 둘러싸고 있는 코어의 굴절률 n1보다 약간 낮은 굴절률 n2를 갖는 클래드라는 부분으로 구성된 형태의 광섬유이다. 이와 같은 형태를 갖는 다중모드 광섬유는 모드분산 특성이 불리하여 전송 대역폭이 수 10MHz.km로 비교적 좁다. 계단형 굴절률 광섬유의 모드 분산 특성을 좋게 하기 위해 굴절률 분포가 그림 2.23(b)와 같이 광섬유의 중심부의 굴절률이 가장 높고 클래드의 경계면 쪽으로 갈수록 굴절률이 서서히 감소하다가 클래드에서는 굴절률이 일정한 분포를 갖고 있는 광섬유를 언덕형 굴절률 광섬유라 한다. 이러한 형태의 광섬유의 전송 폭은 수 100MHz.km~수 GHz.km 정도로 넓다.

| 표 2.3 | 광섬유의 종류

구분	광섬유의 종류
굴절률 프로파일	계단형 광섬유
	의사 계단형 광섬유
	언덕형 광섬유
전송 모드	단일 모드 광섬유
	다중 모드 광섬유
원자재	실리카 유리
	다성분 유리
	플라스틱 클래드
	플라스틱
제조 공법	MCVD(modified chemical vapor deposition)
	OCVD(outside chemical vapor deposition)
	VAD(vapor axial deposition)

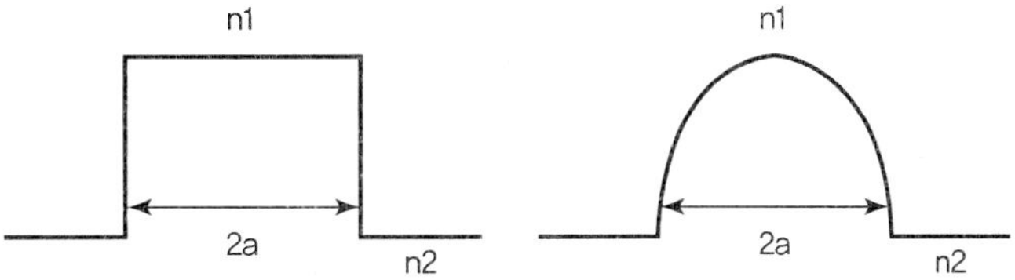

| 그림 2.4 | 다중 모드 광섬유의 굴절률 분포

(2) 단일모드 광섬유

광섬유코어의 직경(2a)을 적게 하고, 코어의 클래드의 비굴절률차도 줄여 하나의 모드만 도파하도록 한 광섬유를 단일모드 광섬유(Single Mode Fiber)라 한다. 단일모드 광섬유는 초광대역 전송특성을 가지고 있으나 코어 직경이 약 9㎛정도로 아주 작아 광섬유 제조시 코어의 동심성을 유지시키는 것과 함께 단일모드 광섬유간의 접속에 상당한 어려움이 있다. 일반 단일모드 광섬유는 아래 그림과 같은 계단형 굴절률 분포를 가진다. 그리고 아래 그림과 같은 굴절률 분포는 구조 분산을 조정하여 특수한 분산특성을 갖도록 하는 광섬유의 굴절률 분포이다. 이러한 광섬유로는 분산천이 광섬유(Dispersion Shift Fiber)와 분산 보상 광섬유(Dispersion Compasation Fiber)가 있다. 분산 천이 광섬유란 일반 단일 모드 광섬유의 분산이 0이 되는 파장이 1.3㎛ 근처인데 비해, 분산이 0이 되는 파장이 1.55㎛ 근처로 이동된 광섬유를 말하며, 이 광섬유는 초고속(예를 들어 10G이상) 전송로에 사용된다. 분산 보상 광섬유란 광섬유의 분산이 일반 단일 모드 광섬유와는 다른 부호를 갖게 하여 분산을 보상해 주는 광섬유를 말한다.

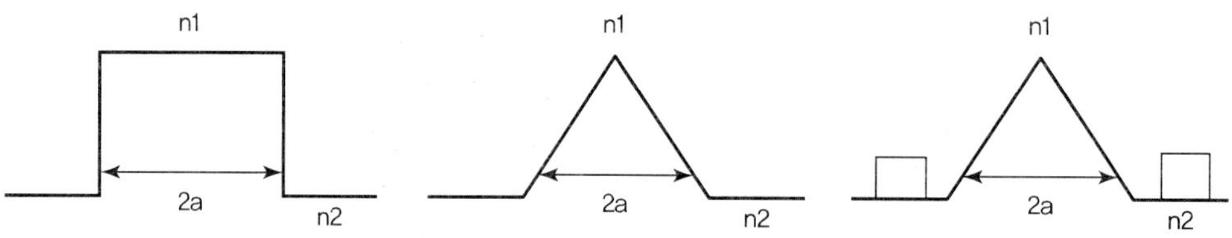

| 그림 2.5 | 단일 모드 광섬유의 굴절률 분포

2.5.4 광섬유의 제조

(1) 광섬유 제조의 특성

광섬유를 이해하기 위해서는 광섬유를 제조함에 있어 어떤 것들을 중요하게 고려해야 하는지 그 특성을 먼저 이해해야 한다. 먼저 광섬유의 굴절률(Refractive Index) 분포에 대해 이해해야 한다. 광섬유는 굴절률이 높은 코어(Core)와 굴절률이 낮은 클래드(Clad)로 구성되어 있다. 굴절률 분포는 단순히 계단 형태로 되어 있을 수도 있고, 언덕형이나 삼각형으로 되어 있을 수도 있다. 그러나 모든 광섬유의 굴절률 분포는 광섬유 길이 방향을 축으로 회전 대칭적이다. 굴절률 분포는 radial 방향으로 변화한다. 어떻게 굴절률 분포를 만들 것인가는 광섬유 제조의 중요한 포인트이다. 이것을 따라 광섬유의 많은 특성들이 결정된다.

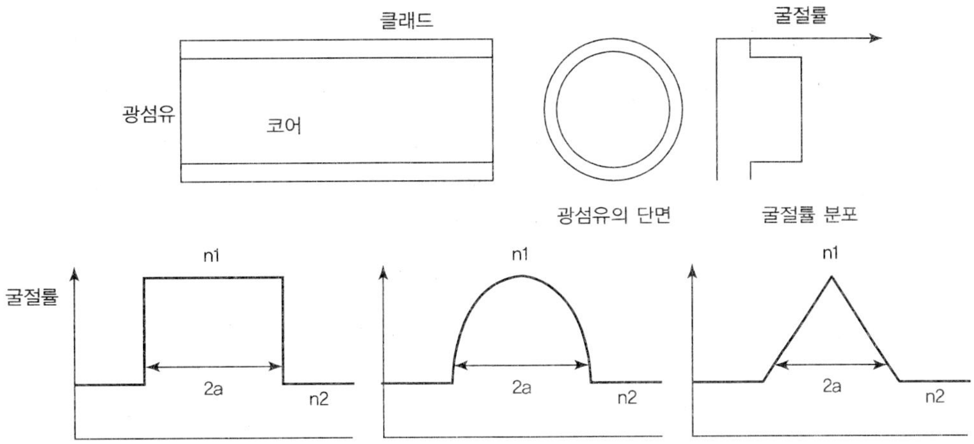

| 그림 2.6 | 다양한 굴절률 분포

두 번째로 첨가제를 이해해야 한다. 광섬유는 순수한 실리카로 만들어지지만 그것만으로는 굴절률 조절이 불가능하다. 때문에 약간의 첨가제를 넣어주어 굴절률을 조절한다. 예를 들어 산화게르마늄(GeO_2)을 넣어 주면 굴절률이 상승하는데 그 양을 조절하여 굴절률 분포를 조절할 수 있을 것이다. 굴절률 조절 이외에 특별한 목적으로도 첨가제가 들어간다. 이들은 광섬유에 특별한 광학적 특성을 부여하여 특수한 목적의 광섬유를 가능케 한다. 하지만 모든 첨가제는 광섬유 제조시의 높은 온도를 견뎌야 하므로 열적으로 극히 안정해야 한다.

(2) 광섬유 제조 과정

실리카의 녹는점은 2000도 가량인데, 실리카는 비정질이기 때문에 물처럼 녹기 전과 후가 전혀 다른 상태가 되는 것이 아니다. 더운 날의 엿가락처럼 서서히 녹는다고 생각하면 된다. 때문에 녹은 상태에서는 힘을 주면 늘이뜨릴 수 있게 된다. 엿 덩이리를 가지고 열을 주고, 길게 늘어뜨리면 엿으로 실처럼 만들 수 있을 것이다. 광섬유의 제조도 비슷한 과정을 거치는데 엿 덩어리에 해당되는 것이 모재이고, 이것에 열을 주어 늘리는 과정이 모재의 인출이다.

먼저 굴절률 분포는 모재상태에서 만들어진다. 모재(perform)는 마치 유리 막대처럼 생겼는데 이 안에는 굴절률 분포가 있어 코어가 될 부분과 클래드가 될 부분이 존재한다. 이것을 열을 주어 잡아 늘리면 굴절률 분포는 그대로이면서 길이가 길어지고 직경이 얇은 실처럼 되게 된다. 굴절률 분포를 모재 단계에서 즉, 직경이 수십 밀리일 때 만들 수 있으므로 다양한 굴절률 분포를 쉽게 그리고 매우 정밀하게 줄 수 있게 되는 것이다.

① 모재 제조

모재 제조에는 MCVD(modified chemical vapor deposition), VAD(vapor axial deposition), OVD(outside vapor deposition)라는 세 가지 방법이 개발되었다. 기본적인 원리는 서로 크게 다르지 않다. 모두 모재를 한 층씩 성장시키는 방법이다. 여기서는 MCVD를 중심으로 모재 제조를 설명하겠다.

MCVD는 유리 튜브의 안쪽에 한 층씩 화학적인 방법으로 유리층을 쌓아나감으로써 모재를 만드는 방법이라고 생각하면 된다. 염화규소의 기체를 고온에서 산화시키면 그것이 바로 실리카 즉, 석영이 된다. 이것은 순수한 유리라고 생각하면 된다. 이렇게 화학적으로 만들어진 실리카를 실리카 튜브 안쪽에 한 층씩 쌓아 나간다. 이때 부가적으로 첨가제를 넣어주면 실리카와 함께 첨가제가 쌓일 수 있게 된다. 이 첨가제에 의해 굴절률 등을 조절할 수 있게 되는데, 첨가제의 양을 조절하여 원하는 굴절류 분포를 만들 수 있을 것이다. 반응 온도는 2000도 정도이기 때문에 수소와 산소를 사용하는 고가의 열원을 써야만 한다. 위 설명은 매우 단순화된 설명이긴 하지만 모재 제조의 기본적인 개념을 보여준다. 같은 개념이 다른 제조 방식에도 적용된다.

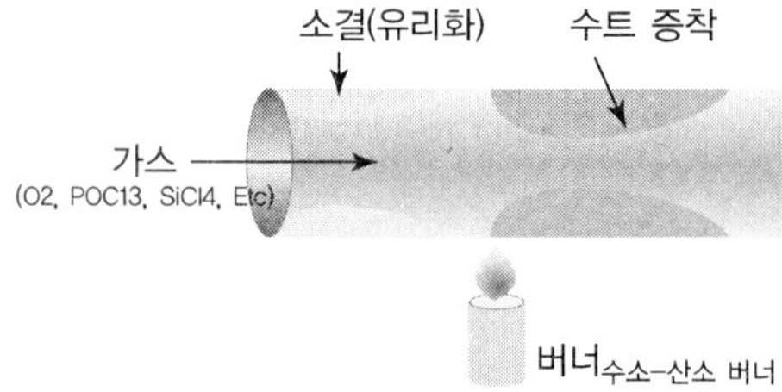

| 그림 2.7 | 모재 제조

수 시간동안 위 과정을 통해 실리카 층을 쌓아나가면 수 밀리 정도의 층을 만들 수 있다. 그러나 튜브의 안쪽은 여전히 비어 있는 공간이 있고 이 공간을 막는 작업이 필요하나. 이 과정은 튜브를 부분적으로 가열하면서 계속 돌려줌으로서 이루어진다. 매우 서서히 튜브가 균일하게 수축하여 끝내는 막힐 수 있게 된다. 이 과정이 끝나면 막대모양의 유리봉이 만들어지게 된다. 이 봉을 모재라 하는 것이다.

② 모재 인출

모재의 인출은 위에서 설명한대로 모재에 열을 주어 잡아 늘리는 것이다. 모재에 높은 온도를 주면 녹아 흐를 수 있게 되고 온도에 따라 그 흐르는 정도가 조절되게 된다. 사실은 잡아 늘리는 것과 녹아 흐르는 효과의 중간이라고 생각하면 된다. 굳이 잡아 늘리지 않아도 무게에 의해 서서히 늘어나게 되지만 생산 속도를 빨리 하기 위해 장력을 주어 잡아 늘리는 것이기 때문이다.

그림 2.7에서와 같이 모재의 아래 부분에 열이 가해지면 아래 부분부터 녹기 시작한다. 아래쪽 끝부분을 잡아서 늘리기 시작하면 본격적으로 광섬유 제조가 시작된다. 이제 이 광섬유를 식히고 감으면 되는 것이다.

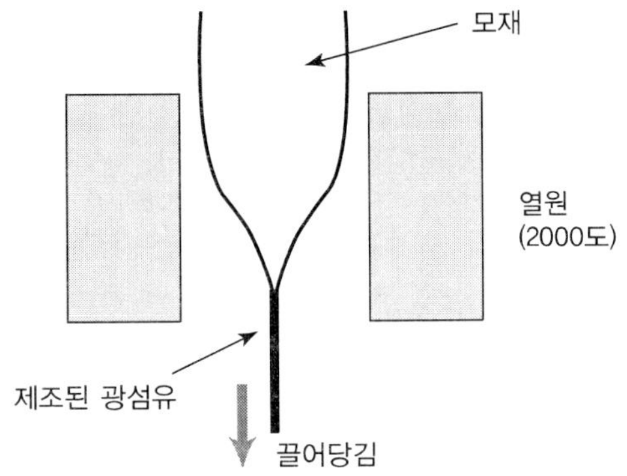

| 그림 2.8 | 모재 인출

몇 가지 장치들이 더 들어가게 된다. 먼저 직경 조절에 관련된 장치들이 들어가나. 광섬유의 직경의 조절은 광섬유에 큰 장력을 주어 잡아 늘리면 직경이 줄어들고 작은 장력을 주면 직경이 늘어난다는 간단한 원리에 의해 조절된다. 직경 조절은 매우 효과적이기 때문에 광섬유의 직경은 매우 신뢰할 만하다.

두 번째로 코팅과 관련된 장치들이 필요하다. 광섬유에는 추가적으로 플라스틱 코팅이 입혀진다. 광섬유가 유리이기 때문에 기계적으로 부러지기 쉽다. 특히 물에 약하기 때문에 물을 차단하기 위한 목적에서 즉시 코팅이 입혀져야 한다. 그렇지 않으면 광섬유는 중간 중간 끊어지게 된다.

세 번째로 냉각장치가 필요하다. 물론 공기 중에서 쉽게 냉각될 수 있지만 냉각의 속도가 빨라야 생산속도가 빨라지기 때문에 고속의 냉각이 필요하다. 고속 생산을 위한 여러 연구의 결과 현재 상업적인 광섬유 생산의 속도는 초당 수십 미터에 이른다. 이 정도 속도를 위해서는 추가적인 냉각장치가 필수적인 것이다.

위와 같은 추가 장치를 포함하는 광섬유 인출과정이 그림 2.9에 나타나 있다.

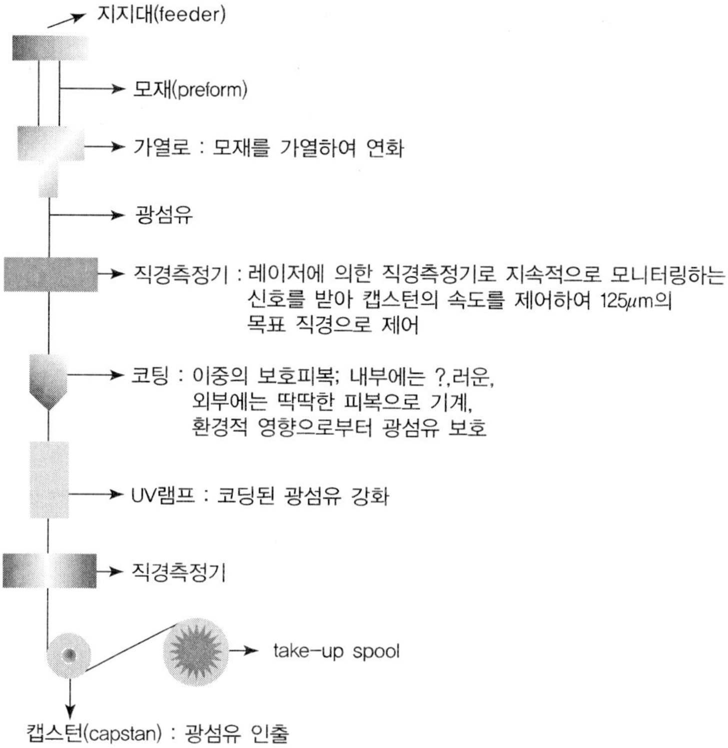

| 그림 2.9 | 광섬유 인출과정

최종적으로 생산된 광섬유는 표준화되어 광섬유의 경우 125마이크론 즉, 0.125mm이다. 머리카락의 두께보다 조금 두껍다고 생각하면 된다. 코팅을 포함하면 250마이크론에서 500마이크론이 된다. 여기 위에 다시 플라스틱 재킷을 입힐 수 있다. 이러한 광섬유 가닥을 여러 개 묶어 케이블을 만든다. 최종적으로 지하에 매설되는 것은 이러한 케이블로 광섬유 몇 가닥으로 구성되어 있느냐에 따라 다르지만 손가락 굵기 정도 수준이라고 생각하면 된다. 이정도 굵기면 광섬유 수십 가닥을 넣을 수 있다.

③ 기하구조 및 광학적 특성 검사

광섬유 클래딩·피복·코어의 구조적 특성과 손실, 대역폭 등의 광학적 특성, 신뢰성 검사를 통하여 엄격하게 품질을 관리한다.

- 기하구조(geometries)
  - 클래딩 직경
  - 클래딩 비원율
  - 피복 직경
  - 피복 비원율

- 피복 동심오차
- 코어/클래딩 동심오차
- 코어 비원율 - 코어 직경

• OTDR(Optical Time Domain Reflectometer)

광섬유를 통과하는 빛의 산란 및 반사를 이용하여 길이 및 결함의 위치를 찾아낸다.

2.5.5 광섬유의 특성

(1) 광섬유의 분산(dispersion)

광섬유를 따라 광신호가 전송될수록 광신호는 점점 더 왜곡현상을 보인다. 이 왜곡현상은 분산과 관계가 있고 이 분산은 여러 가지 원인에 의해 기인된다. 다시 말해서 분산이라고 말하면 광원으로부터 출발한 광신호가 광섬유를 통과하고 나면서 이 광신호가 시간의 영역에서 관찰될 때에 신호가 퍼지는 현상을 말한다.

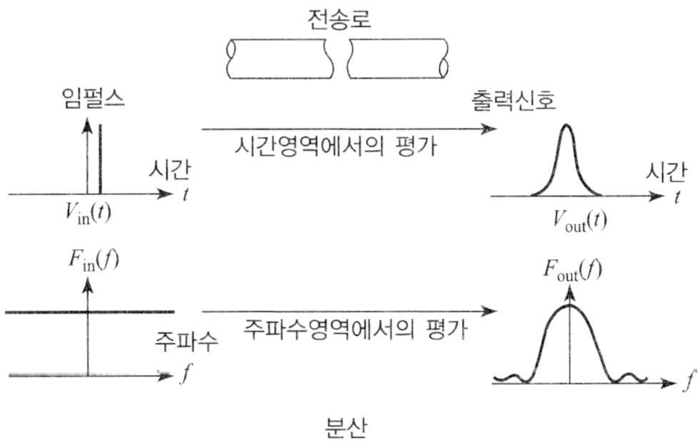

| 그림 2.10 | 광섬유의 분산

그림 2.10은 임의의 광신호가 전송로인 광섬유를 통과하고 난 다음의 광신호의 변화를 나타낸 것이다. 그림 2.10의 위 그림은 시간의 영역에서 본 광신호를 관찰한 값이고 아래의 그림은 주파수 영역에서 본 값이다. 광신호가 퍼짐을 알 수 있는데 이것이 분산의 영향에 의한 것이다.

이 현상은 일반적으로 모드간의 지연(intramodal dispersion)과 모드 내(intermodal dispersion)에서의 지연 등의 원인과 관계가 있다. 모드라고 말함은 각각의 독특한 전파상수를 가지는 광신호를 말한다. 이러한 왜곡효과는 전파되는 모드 내에서의 군속도

(group velocit)와 관계가 있다. 따라서 군속도의 변하를 해석하면 쉽게 분산에 대하여 설명을 할 수가 있다. 군속도는 광섬유 내에서 각각의 모드에서 에너지를 보내는데 대한 속도라고 할 수 있다.

① 모드 분산(modal dispersion)

모드 분산은 전파모드에 의하여 전파속도가 다르기 때문에 발생하는 광펄스 파형 폭의 증대이며, 이 모드분산은 특히, 계단형 다중모드 광섬유(step index multimode fiber)의 경우에 크다.

아래 그림에서, 계단형 다중모드 광섬유에 광펄스를 입사시키면, 그 에너지는 전파모드로 나누어지고, 각 전파모드는 축 방향으로 서로 다른 전파속도로 진행한다. 따라서 출사 단면에 도달한 시간은 전파모드에 따라 서로 다르고 시간적 차가 생겨 이것이 광펄스 파형폭의 증대 원인이 된다. 이것을 모드 분산이라 한다. 모드분산은 광원에는 관계없이 광섬유의 종류 및 구조에 따라 결정되며 단일 보드 광섬유에서는 일어나지 않는다.

모드 분산은 muti-mode 광섬유에서 입사할 때는 시간 폭이 짧은 펄스라도 mode에 따라 전파 route가 달라지므로 출사단에서는 도달시간이 다른 광 펄스가 발생하게 된다. 따라서 단일모드에서는 모드가 하나이므로 색 분산만 있고 multi-mode에서는 모드분산과 색 분산이 같이 있지만 색 분산은 모드분산보다 아주 작아서 모드 분산의 비중이 더 크다. 그러므로 다중모드 광섬유는 전송대역이 모드 분산에 의해 제한되어 짧은 거리에서 사용하고 단일모드 광섬유는 모드분산이 없으므로 광대역 통신에 사용된다.

② Intramoodal dispersion

intramoodal dispersion은 단일모드 내에서 일어나는 광신호의 퍼짐현상이다. 이것은 군속도가 파장에 대하여 변하기 때문에 (Intramoodal dispersion은 광원의 파장에 영향을 받기 때문에) 광신호의 왜곡현상은 광원이 선폭과 연관이 있다. 즉, 광원의 선폭이 크면 클수록 분산의 영향이 크게 나타난다. 이 선폭은 빛을 내는 광원의 파장 영역을 말한다. 이 선폭은 일반적으로 선폭의 루트 민 스퀘어(root-mean squre)로 나타낸다. 일반적으로 LED(lazer emitting diod)의 경우 대략적으로 중심파장의 5% 정도를 들 수 있다. 예를 들어 LED의 파장이 850nm라고 말하면 광원의 선폭은 일반적으로 49nm 정도이고 lawe diod의 경우에는 매우 좁은 선폭을 가지는데 일반적으로 1-2nm정도이다.

Intramoodal dispersion은 두 가지 주요한 원인이 있다. 하나는 material dispersion 이고 다른 하나는 waveguide dispersion이다.

매질 분산(material dispersion)은 광섬유의 코어의 매질이 상대적인 굴절률이 파장에 따라 변하기 때문에 일어나는 분산이다. 이 매질 분산은 때때로 색 분산(chromatic dispersion)이라고 말해진다. 이것은 프리즘을 통과한 햇빛이 여러 개의 스펙트럼으로 다른 색의 모양을 나타내는 것과 관련이 있다. 이것은 주어진 모드간의 군속도가 파장에 따라 다른 값을 가지기 때문이다. 심지어 다른 파장을 가지는 광신호가 같은 경로로 이동을 했을 때에도 나타날 수가 있다.

파장영역에 따라 동일 매질에서의 굴절률이 달라지는 현상을 볼 수가 있으며 또한 매질에 도핑된 도핑함량에 따라서 굴절률이 달라짐을 볼 수가 있다.

Waveguide dispersion은 단일모드인 경우 광신호 파워의 80%정도가 코어로 전파되기 때문에 일어난다. 즉, 분산은 코어로 한정되어 일어나는 광신호보다 클래딩으로 전파하는 빛이 20% 정도가 되기 때문이다. 이 분산은 만들어지는 광섬유를 의도에 맞게 디자인함으로 조절할 수 있다. 왜냐하면 모드전파상수 β가 코어의 반경에 따라, 상대굴절률에 따라 기타 여러 가지 구조적인 요인에 따라 바뀌기 때문이다.

(2) 광섬유의 감쇠

광섬유의 감쇠 손실은 0.2dB/km 이하까지 이루어진다. 그럼에도 불구하고 감쇠와 펄프퍼짐의 결함은 긴 선로에 주기적인 중계기의 삽입을 필요로 한다. 광섬유 내의 일차적인 감쇠 원인은 흡수와 산란에 있다. 흡수손실은 광에너지가 광섬유로 주입될 때 고유광섬유물질 또는 광섬유내의 불순물인 철, 니크미움, 코발트, 구리 등의 상호작용으로 생긴다. 이들 상호작용은 공유물질과 불순물에서 전자전달을 포함한다. 결국은 물질 내에서 광에너지를 열에너지로 바꾸게 된다.

산란 손실은 평균 물질 밀도의 미시적인 변화이다. 광섬유의 구성에서 국부적인 미소변화로부터의 결과이다. 이런 변화는 굴절률을 미소하게 변화시키고 분산을 일으킨다. 이런 형태의 산란에서 광에너지는 광섬유에서 복사된다. 다른 산란 손실은 광섬유가 구부러져서 변형될 때 생긴다.

2.5.6 플라스틱 광섬유

(1) 왜 플라스틱 광섬유인가?

잘 알려진 대로 광섬유는 유리로 만든다. 물론 일반적으로 유리창을 만들 때 쓰이는 유리는 아니고 광섬유용으로 특수하게 만들어진 유리이다. 순수한 실리카(silica) 즉, SiO2(산화규소)이다. 보통의 우리가 많은 불순물을 가지는데 비해 엄청난 고순도의 유리라고 할 수 있다. 순수한 실리카를 쓰는 이유는 그것이 가장 투명하기 때문이다. 순수 실리카의 투명도는 맑은 날의 공기 수준이라고 생각하면 된다.

실리카는 기본적으로 유리이기 때문에 깨지기 쉽고 가공하기 불편하다. 더구나 순수한 실리카는 그 자체가 상당히 비싸다. 그리고 녹은 온도가 섭씨 2000도 가량으로 극히 높기 때문에 다루기가 무척 곤란하다. 따라서 광섬유의 가격은 실리카 가격과 가공해서 최종적으로 광섬유를 만드는 가격을 합해서 비싸질 수밖에 없다. 더구나 유리 광섬유는 다루기가 쉽지 않다. 또한 가장 큰 문제의 근원은 광섬유가 극히 얇다는 점에 있다. 광섬유는 0.125mm의 크기지만 그 중에 코어의 크기는 0.001에서 0.065정도로 엄청나게 작다. 때문에 광섬유를 연결할 때 요구되는 정밀도는 상당한 비용을 요하게 된다. 물론 굵은 광섬유를 만들 수 있지만 그렇게 되면 가격이 높아질 수밖에 없다. 실리카 자체뿐 아니라 고아섬유를 만드는데 드는 비용도 굵기에 비례해서 높아지게 마련이기 때문이다. 이점이 플라스틱 광섬유가 주목받는 이유이다. 플라스틱은 물질 자체가 싼 편이고 가공 온도도 200도 정도로 낮기 때문에 구리선 보다 값싸게 그리고 굵게 만들 수 있게 된다.

플라스틱 광섬유는 애초 광섬유가 처음 개발되었을 때부터 연구되던 것이다. 하지만 당시에는 플라스틱의 투명도가 유리보다 워낙 낮았기 때문에 주목을 받지 못하였다. 당시 광통신은 수십에서 수백 킬로미터의 장거리 통신을 중심으로 연구되고 있었는데, 플라스틱 광섬유는 통신용으로 사용될 수 없을 만큼 불투명하였기 때문이다. 플라스틱의 투명도는 물 정도의 수준이라고 생각할 수 있는데, 아무리 물이 깨끗해도 100미터 이상 빛이 들어가기는 힘들다.

현재 수십에서 백 미터 정도의 통신에는 주로 구리선이 사용되고 있다. 여전히 단거리 사이의 정보 전달 요구는 수십 Mbps을 넘지 않기 때문이다. 그 정도 속도의 통신은 구리선이 월등한 가격 경쟁력을 가지고 충분히 신뢰할 만하기 때문에 굳이 광통신을 사용할 필요가 없다. 그러나 최근에 와서 대용량 정보에 대한 요구가 커지면서 단거리 통신도 수백 Mbps의 높은 속도가 요구되고 있다. 이것이 플라스틱 광섬유가 다시 주목 받은 이유이다. 즉, 단거리에서 고속의 정보를 주고받을 필요성이 커져가고 있기 때문이다.

아래의 표는 플라스틱 광섬유, 흔히 LAN선으로 불리는 UTP 그리고 유리 광섬유를 비교한 것이다. 플라스틱 광섬유가 100m이내의 단거리에서 저렴하면서도 고속의 정보 전송에 유리한 매체라는 것을 확인할 수 있을 것이다.

(2) 플라스틱 광섬유는 어떻게 만드는가?

두 가지 방법으로 플라스틱 광섬유를 만들 수 있다. 먼저 압출법에 의한 방법이다. 압출법은 플라스틱 봉이나 파이프를 만들 때 쓰이는 방법이다. 플라스틱의 녹는 온도 정도에서 높은 압력으로 밀면서 모양을 만드는 틀을 통과시키면 파이프나 봉 같은 형태를 만들 수 있게 된다. 이런 방법으로 플라스틱 광섬유를 만들 수 있게 된다. 다만 틀이 매우 작고 정밀해야 되고 상당한 순도의 플라스틱을 사용해야 하기 때문에 플라스틱을 만드는 공정과 모양을 만드는 공정이 함께 이뤄져야 한다. 현재 시중에서 구할 수 있는 플라스틱 광섬유는 이런 공정으로 만들어지고 있다. 이들 광섬유의 특성은 그렇게 좋지는 않지만 현재까지의 플라스틱 광섬유가 조명/장식용이기 때문에 큰 문제가 되지는 않고 있다.

두 번째 방법은 우리 광섬유 제조방법과 같은 모재 인출법이다. 이 방법은 더 좋은 특성의 플라스틱 광섬유를 제조할 수 있다. 다만, 아직까지 이런 방법으로 제조하는 것에 대해 충분한 연구가 이뤄지지 않았기 때문에 비용면에서 압출법과 비교해 얼마나 비용이 더 들게 될지는 결론이 나지 않은 상태이다. 모재 인출법에 의해 광섬유를 만들려면 모재가 먼저 만들어져야 한다. 이 부분이 가장 활발하게 연구되는 부분인데 아직 여러 가지 방법들이 제안되고 있는 단계이다. 기본적으로 플라스틱 모재의 제조는 플라스틱의 특성상 유리에 비해 그렇게 까다로운 공정은 아니다. 다만, 다음의 조건을 만족하는 가장 훌륭한 모재 제조 방법을 찾아야 한다.

먼저, 저렴해야 한다. 유리 광섬유 제조에서 모재 제조 과정은 상당한 시간과 비싼 장비를 필요로 하기 때문에 가장 비용이 많이 소요되는 부분이다. 가격이 저렴한 플라스틱 광섬유를 제조하기 위해서는 저렴한 모재 제조가 필수적이다.

두 번째, 굴절률 조절이 용이해야 한다. 굴절률 분포가 언덕형이 되면 계단형 굴절률 광섬유보다 10배가량 높은 전송속도를 가져다준다. 때문에 되도록 계단형 굴절률 모재를 저렴하게 제조할 수 있어야 한다.

세 번째, 불순물이 적게 들어가고 구조적으로 완전해서 투명도를 높여야 한다. 불순물이나 구조적 특성에 의해 플라스틱 광섬유의 투명도는 큰 차이를 보일 수 있다.

(3) 플라스틱 광섬유와 유리광 섬유, 구리선과의 비교

단거리 고속 데이터 통신 시장은 아직 그렇게 보편화된 시장은 아니다. 보통의 소비자에게 100Mbps는 고속 LAN 정도에서나 들을만한 속도이다. 요즘 화제가 되고 있는 USB도 8Mbps밖에 되지 않는다. 하지만 2010년부터 모든 방송은 디지털화된다. 그때쯤에는 DVD가 비디오테이프를 완전히 대체할 것이고 가정 내에서도 쉽게 수십에서 수백 Mbps 속도를 접할 수 있을 것이다. 디지털 TV를 중심으로 이러한 고속 디지털 네트워크의 성장은 플라스틱 광섬유에 큰 가능성을 열어두고 있다.

기본적으로 플라스틱 광섬유를 실용화하는데 필요한 기술은 유리 광섬유를 기반으로 한 기술과 비교해서 쉬운 기술이기 때문에 쉽게 구현될 수 있다. 하지만 여전히 해결해야 할 부분이 남아 있다. 기본적으로 유리 광섬유를 기반으로 한 광통신 분야는 유리 광섬유가 경쟁자인 구리에 비해 장거리 고속 데이터 통신 부분에서 워낙 특성이 좋기 때문에 시장에서 쉽게 받아들여질 수 있었다. 하지만, 플라스틱 광섬유는 많은 경쟁자들이 있다. 그 경쟁자들은 다음과 같다.

① 구리선

80년대 이후 구리선 관련 기술 역시 상당히 발전을 이루어왔다. 1980년대까지만 해도 구리선으로 100Mbps의 전송률을 얻을 수 있을 것이라고는 쉽게 예견되지 못했다. 하지만 100Mbps Fast Ethernet은 현재 보급 단계에 와 있다. 물론 구리선으로 622Mbps의 전송률을 얻었다는 결과도 발표되었지만 여전히 많은 이들은 100Mbps 이상의 속도로 100m의 거리를 달성하는 것은 무리라고 보고 있다. 그렇다고 해도 구리선은 여전히 상당한 경쟁력을 가지고 있다. 구리선은 다루기 쉽고, 관련 기술은 소비자와 생산자에게 매우 친근하다. 이러한 점에서 구리선은 여전히 무시할 수 없는 기술이다.

② 유리 광섬유

유리 광섬유는 가격과 설치비가 비싸다 하지만 가장 전송률이 높고 또 관련 기술이 잘 발전되어 있다. 만약 가정에서도 1Gbps 이상의 전송률을 요구하는 시대가 온다면 유리 광섬유만이 그 요구를 수용할 수 있을 것이다.

③ 굵은 광섬유(Hard Polymer Clad Silica Fiber)

PCF라고도 하고, HCF라고도 부르는 이 광섬유는 유리 광섬유이다. 하지만 유리 광섬유치고는 매우 굵다. 코어의 굵기가 0.2mm에서 0.4mm 정도 수준이다. 코어는 유리지만 클래드는 강한 플라스틱이기 때문에 기계적 강도가 좋아졌다. 하지만, 가격은 천차만별이다. 가장 저렴한 것은 플라스틱 광섬유 수준이고, 비싼 것은 유리 광섬유보다 훨씬 비싸다. 굵기 때문에 다루기 쉬워 설치비가 저렴하다는 것은 쉽게 예상할 수 있을 것이다. 0.2mm 굵기의 표준화된 저렴한 PCF를 기준으로 플라스틱 광섬유와 비교하자면, 비용은 약간 높은 수준이고 전송률은 비슷하지만, 최대 전송거리는 300m이상이다. 하지만 그보다 높은 전송률을 얻기 위해서는 가격이 비싸진다.

구리선, PCF와 비교했을 때 플라스틱 광섬유의 경쟁력은 아직까지는 그렇게 뛰어나게 보이지는 않는다. 플라스틱 광섬유가 해결해야 될 문제는 다음으로 압축될 것이다. "저렴한 가격은 유지하면서 좀 더 빠른 속도로 좀 더 멀리 보낼 수 있어야 한다." 먼저 전송속도의 문제는 언덕형 굴절률을 어떻게 저렴하게 만들 것 인가에 초점이 있다. 언덕형 굴절률을 적용하면 플라스틱 광섬유는 1Gbps까지 전송률을 올릴 수 있을 것이다. 그렇게 된다면 100Mbps에서 1Gbps사이의 전송률을 얻기 위한 가장 최적의 매체는 플라스틱 광섬유가 될 것이다. 이 정도 전송률은 구리선으로 얻기 힘들고, PCF의 경우에는 비용이 많이 들게 된다.

좀 더 멀리 보내는 문제는 플라스틱 광섬유의 가장 큰 문제이다. 유리와 비교했을 때 플라스틱은 너무 불투명하다. 좀 더 투명한 플라스틱을 찾기 위한 연구가 진행되는 것은 당연한 결과이다. 불소 수지 중에 두 가지 물질이 이 목적으로 개발되었다. 현재 이 새로운 플라스틱은 기존의 플라스틱 보다 2배 이상 투명하다. 물론 유리보다는 여전히 훨씬 투명도가 떨어진다. 하지만 단거리 통신은 0.5km 정도까지만 도달한다면 거의 완벽하다고 해도 좋을 것이다. 때문에 추가적인 연구로 플라스틱이 현재보다 10배정도만 투명하다면 유리 광섬유와 경쟁할 수 있을 것이다.

2.6 자기 기록 채널(Magnetic recording channel)

2.6.1 자기 기록 채널이란?

지금까지 기록 채널은 크게 자기(magnetic) 기록 채널과 광(optic) 기록 채널로 나뉘며, 자기 기록 채널은 자화 방향에 따라서 다시 수평(longitudinal) 자기 기록 채널과 수직(perpendicular) 자기 기록 채널로 분류된다.

수평 자기 기록 방식은 그림 2.11(a)와 같이 디스크의 자성 매체를 수평방향으로 자화시킨 것으로 일정 기록 밀도를 넘어서게 되면 기록면의 자성입자가 열 등에 의해 산화되어 기록된 데이터가 지워져 버리는 단점이 있다. 이러한 기록 밀도의 한계를 넘어서기 위하여 제안된 것이 수직 자기 기록 방식이다. 이는 그림 2.11(b)와 같이 디스크의 자성매체를 수직방향으로 자화시킨 것으로 그림 2.12와 같이 수평 자기 기록 방식보다 고밀도 기록이 가능하다.

그러나 수직 자기 기록 방식 또한 기록 밀도를 계속 증가시키면 초상자성의 한계라고 불리는 물리적 한계에 직면하게 된다. 이는 기록면 상에 다른 자화 비트들 간의 거리가 너무 가까워서 서로 자성 특성을 약화시키는 현상을 말하는데, 이런 상태가 되면 열 등에 매우 불안정하게 되어 데이터가 지워져 버리는 현상이 발생한다.

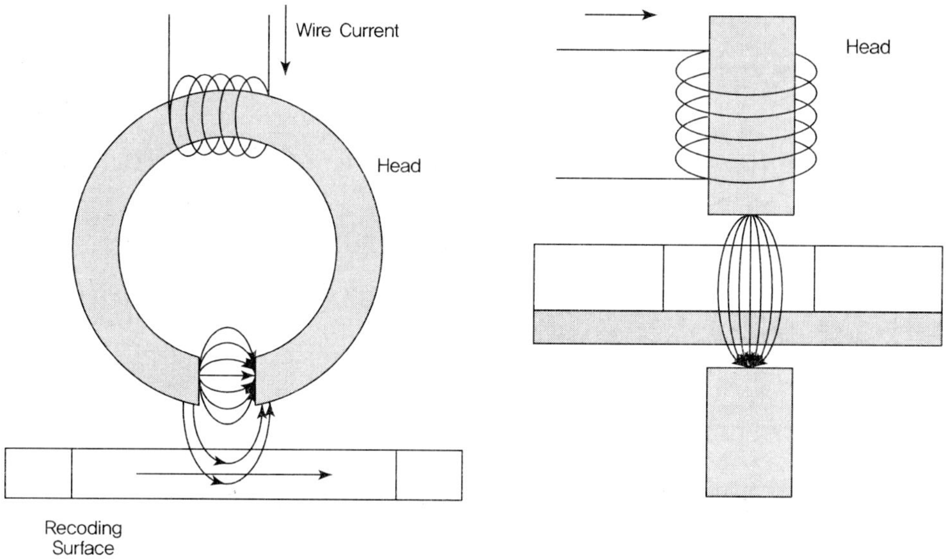

| 그림 2.11 | (a) 수평 자기 기록 (b) 수직 자기기록

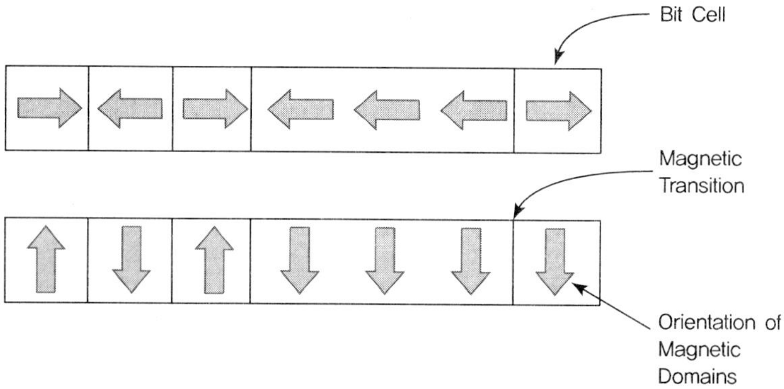

| 그림 2.12 | 비트로 표현한 자기 도메인

빛을 이용하는 CD나 DVD등의 광 기록 매체는 하드디스크에 비하여 개체의 탈착 및 휴대가 간편하고 수명이 길다는 점에서 차세대 휴대용 저장 매체로 각광받고 있다.

2.6.2 수평 자기 기록 채널

수평 자기 기록 채널은 일반적으로 Lorentzian 펄스를 사용하며 그림 2.13에서 고립 천이 응답 $g(t)$는 다음과 같다.

$$g(t) = \frac{T}{\pi t_{50}} \frac{1}{1+\left(\frac{2t}{t_{50}}\right)^2} = \frac{1}{\pi D} \frac{1}{1+\left(\frac{2t}{DT}\right)^2} \qquad \text{(식 2.40)}$$

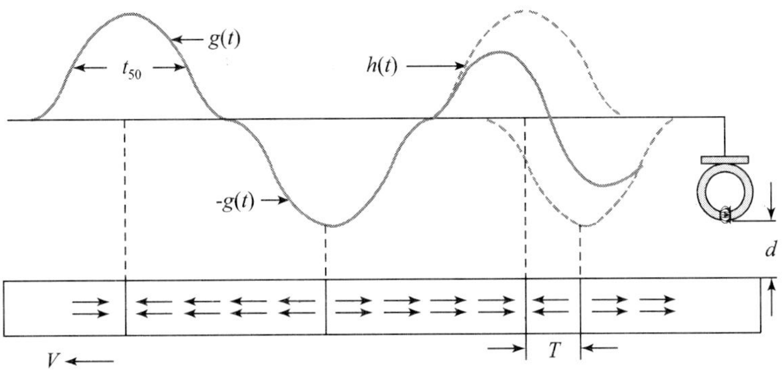

| 그림 2.13 | 자기 기록 채널에 대한 전형적인 재생 신호 파형

여기서 t_{50}은 펄스 최대 진폭의 50% 되는 지점에서의 펄스폭을 나타내며 정규화 밀도는 $D = t_{50}/T$로 정의한다.

좁은 공간에서 천이 응답이 연속적으로 발생한 경우 인접한 두 천이 응답은 서로 간섭을 일으켜서 부분적으로 상쇄가 되는데 이러한 현상을 Intersymbol Interference(ISI)라고 한다. ISI는 비트 구간 T가 좁을수록 더 크게 나타나며 비트 구간 T는 정규화 밀도 D에 의하여 결정된다. 물리적으로 인접한 두 개의 천이 응답은 이중 비트 응답 또는 심벌 응답으로 나타낼 수 있으며 식은 다음과 같다.

$$h(t) = g(t) - g(t-T) \qquad \text{(식 2.41)}$$

따라서 재생 신호 (readback signal) $r(t)$는 데이터 입력 시퀀스 $a_k = \{-1, 1\}$가 수평 자기 기록 채널의 이중 비트 응답 $h(t)$를 통과하여 잡음이 부가된 형태로 다음과 같이 표현할 수 있다.

$$r(t) = \sum_{k=-\infty}^{\infty} a_k h(t-kT) + n_w(t) \qquad \text{(식 2.42)}$$

여기서 $h(t) = g(t) - g(t-T)$이므로 고립 천이 응답 $g(t)$로 표현하면 다음과 같다.

$$r(t) = \sum_{k=-\infty}^{\infty} b_k g(t-kT) + n_w(t) \qquad \text{(식 2.43)}$$

여기서 b_k는 천이 시퀀스라고 하며 $b_k = a_k - a_{k-1}$로 나타낸다. 그리고 $n_w(t)$평균이 0인 백색 가우시안 잡음으로 가정하였다. 이때 재생 지점에서의 신호대잡음비 (SNR)는 다음과 같이 나타낸다.

$$SNR = 10\log_{10}\frac{E[x^2(t)]}{\sigma_w^2} \quad \text{(식 2.44)}$$

여기서 $x(t)$와 σ_w^2는 각각 이중 비트 응답 $h(t)$를 통과한 후의 출력 신호와 WGN 잡음 전력을 나타낸다.

정규화 밀도가 증가할수록 이중 비트 응답의 펄스 폭은 급격하게 좁아지며 채널에 심각한 ISI를 발생시키고 시스템의 성능 저하를 가져온다. 정규화 밀도에 따른 고립 천이 응답 $g(t)$와 이중 비트 응답 $f(t)$는 그림 2.14에 나타내었다.

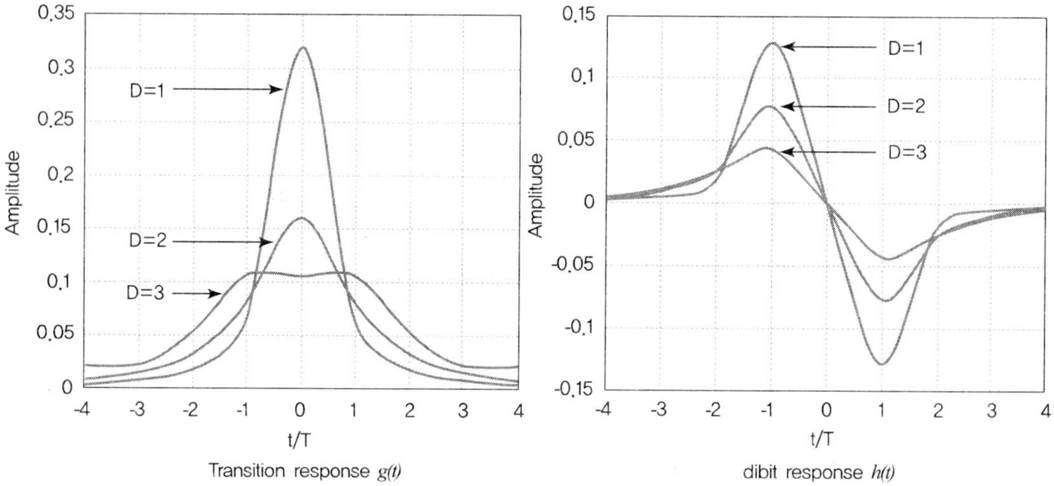

(a) 고립 천이 응답 $g(t)$ (b) 이중 비트 응답 $h(t)$

| 그림 2.14 | 수평 자기 기록 채널

2.6.3 수직 자기 기록 채널

수직 자기 기록 채널에서의 고립 천이 응답 $g(t)$는 다음과 같다.

$$g(t) = A\tanh\left(\frac{t}{0.579\pi \cdot t_{50}}\right) \quad \text{(식 2.45)}$$

여기서 t_{50}은 펄스 최대 진폭의 50% 되는 지점에서의 펄스 폭을 나타내고 정규화 밀도는 $D = t_{50}/T$로 정의한다. 또한 수직 자기 기록 채널의 이중 비트 응답 $h(t)$는 다음과 같다.

$$h(t) = g(t) - g(t-T) \quad \text{(식 2.46)}$$

정규화 밀도에 따른 고립 천이 응답 $g(t)$와 이중 비트 응답 $f(t)$는 그림 2.15에 나타내었다.

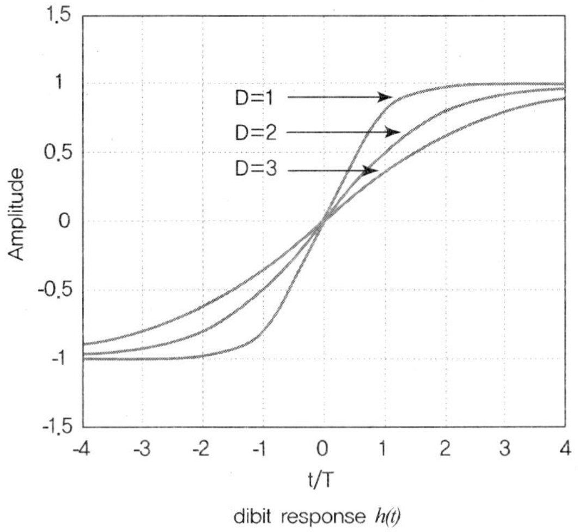

(a) 고립 천이 응답 $g(t)$

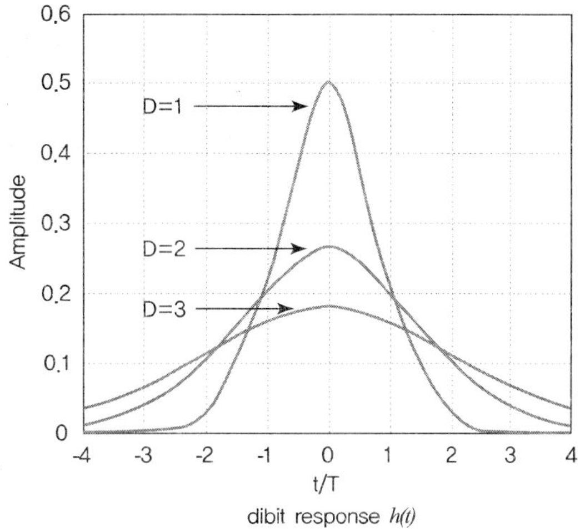

(b) 이중 비트 응답 $h(t)$

| 그림 2.15 | 수평 자기 기록 채널

2.7 기타 유선 채널

2.7.1 시내 CCP 케이블

기존의 시내 케이블은 심선의 색구별이 특별하게 없어서 심선을 선출하는데 일일이 양단에 대조해야 하였고 심선 절연 재료가 절연 강하하기 쉬운 성질이므로 절연성을 양호하게 유지하기 위해서는 여러 쌍을 연합할 수 없으며 간단히 심선을 단자함에 접속할 수 없기 때문에 배선법에 대한 연구가 필요하였다. 이 단전들은 전체 심선이 각각 색에 의해 구별될 뿐만 아니라 PE 절연을 하여 절연 특성이 양호하고 접속 단자함이 사용될 수 있는 충실형의 PE 케이블을 사용함으로써 해결되었는데 이를 CCP(color coded polyethylene) 케이블이라 한다.

그리고 페어수가 적은 케이블용으로 연구 개발된 것으로서 CCP-SS 케이블이 있다.

CCP는 색이 분별된 폴리에스틸렌이라는 뜻이고 또 SS(self supporting)는 자기 지지라는 뜻이다. 웰만텔 케이블 등은 가공으로 가설할 때 먼저 지지선으로서 스트랜드(strand)를 가설하고 이 스트랜드에 랫싱 와이어로 케이블을 달아맴으로써 2중 작업이 된다. 이에 비하여 이 케이블은 처음부터 스트랜드와 케이블이 한 덩어리가 되어 드럼에 감겨져 있으므로 스트랜드와 케이블이 한꺼번에 가설되어 작업량이 크게 줄어든다. 특히 케이블 심선이 CCP 절연으로 착색되어 있어서 케이블을 접속 또는 배선 작업을 할 때에 단지 색의 심선끼리 접속하면 충분하므로 심선 대조 작업이 필요 없게 된다. 심선 뭉치의 색깔표시는 폼스킨 케이블의 경우를 적용시킨다. 케이블은 25 페어 유니트 여러 개로 접속된 심선 뭉치를 고무 테이프프로 감고 그 위에 다시 알루미늄 테이프와 PE 외피로 이루어진 LAP(laminated aluminum polyethlene) 외피를 씌운다.

심선 도체는 0.4, 0.5, 0.65, 0.9[mm] 등 4종류이고, 또 케이블의 종류는 25페어 케이블에서 50, 100, 200, 300 페어 케이블까지 5종류가 있다.

시내 선로에서 가장 많이 활용되는 CCP 케이블은 PE 절연을 하여 가볍고 내수성, 가요성을 가지므로 회선의 신뢰도가 향상되며 압권 테이프로 플라스틱을 활용함으로써 흡습에 의한 절연 저항의 저하가 없다. 또한 심선 이용률이 양호하고 접속 단자함에서 심선을 꺼내기가 쉬우며 접속 단자함의 구조를 자유 개폐형으로 해야 하며 기계적 특성과 작업 능률이 우수하여 건설비, 보수비가 절감되고 방습성 및 내후성이 좋아야 된다는 특징이 있다.

2.7.2 F/S (foam skin) cable

현재 사용되고 있는 종이 절연 케이블은 음성급 통화 소통에는 지장이 없었으나 정보통신 수요의 증가에 따른 데이터 전송 등 동시에 많은 양의 통신을 소통시키기 위한 높은 주파수의 전송 시에는 선로 손실 등으로 인하여 전송 특성이 저하되는 단점이 있다. 이를 보완하기 위하여 심선 도체에 발포 폴리에틸렌을 피복하고 그 위에 다시 엷은 폴리에틸렌으로 절연한 케이블을 사용하게 되었고, 종이와 같이 우수한 실효 유전율을 갖게 하기 위하여 수분에 대한 저항성 즉, 절연성은 그대로 유지하면서 발포도를 조절하여 1.5~2.0까지 유전율을 내릴 수 있다. 이 때 기포의 크기는 30[㎛] 이하이고, 발포도는 25~40[%]로 하여 절연 피복의 두께를 0.06~0.2[mm]까지 제어할 수 있어, 지절연에서 곤란하던 0.32[mm] 이하의 1세심 도체의 피복도 가능하게 되었다. F/S 케이블의 특성은 아래와 같다.

① 통신망의 전송 품질을 향상시킨다.

② 경제적으로 유리하다.

③ 심신 대조 작업이 간편하다.

④ 미래 고도 정보 통신망에 대비한다.

(1) 구조

F/S 케이블의 심선 색상은 CCP 케이블 방식을 채택하였다.

① 심선 도체 (전송 매체)

② 절연체

③ 심선구조

④ 피복용 폴리에틸렌 (PE)

⑤ 케이블 외피 (LAP외피/스탈페스 외피)

⑥ 케이블 심선 색상 및 구성

* F/S 구형 신형 케이블

구분	구형 케이블	신형 케이블
그룹 바인더 유니트 바인더	단종 테이프 2종 테이프	2종 테이프 단종 테이프

쌍의 색별 구성은 CCP 케이블 구성과 동일하다.

⑦ 페어수

* F/S 케이블의 페어수

구성단위	페어수의 구역	수량
25Pr	25Pr, 50Pr, 75Pr	3
10Pr	100Pr, 200Pr, 300Pr, 400Pr	4
300Pr	600Pr, 300Pr, 1200Pr, 1500Pr, 1800Pr, 2100Pr, 2400Pr, 2700Pr, 3000Pr, 3600Pr	11

⑧ 케이블 1드럼 당의 길이는 250[m], 500[m], 1,000[m]

⑨ 외피의 선택에 의해 관로 케이블, 가공 케이블, 직매 케이블, 및 해저 케이블로 나뉜다.

(2) 전기적 특성(20[Ω]에서의 특정 기준치)

① 절연저항

② 절연내력 : 심선 도체 상호간 및 심선 도체와 대지 간에 직류 전압을 3분간 연속적을 인가하여도 이상이 없어야 한다.

③ 정전용량 : 1[kHz]에서 측정시 실회선 간 정전용량 평균치는 52 2[nF/km]이내

④ 누화 : 722[kHz]로 측정하여 케이블 1[km]당 60[dB]이상, 또 원단누화는

150[kHz]로 측정하여 68[dB] 이상

2.7.3 RD(rural distribution) wire

RD 와이어는 원래 나선 구간 대체용으로 미국에서 고안된 것으로서 일반적으로 가입자 밀도가 낮은 지역 배선 등에 활용되는 케이블로서 농어촌 지역의 유선 방송용 등에 사용된다. PE 절연한 도체를 다시 대연으로 구성하고 PVC 피복한 케이블을 보호, 지지하기 위하여 대연의 가운데에 강연선을 넣어 이를 PVC 절연한 것으로서 구조가 간단하며 분기가 용이하나 우천시 전기 특성이 변화되어 절연 불량 및 외상을 받기 쉬운 결점이 있다.

* 지절연 케이블과 F/S 절연 케이블의 특성 비교

<table>
<tr><th colspan="3"></th><th>종이</th><th>foam/skin</th></tr>
<tr><td colspan="3">절연저항</td><td>2000MΩ~km</td><td>1000MΩ~km</td></tr>
<tr><td colspan="3">정전용량 (1kHz/km)</td><td>50nF</td><td>32~52nF</td></tr>
<tr><td colspan="3">정전용량 불평형 (페어간)</td><td>260~390(pF/km)</td><td>45~52(pF/km)</td></tr>
<tr><td rowspan="2">절연 내력</td><td colspan="2">심선 상호간</td><td rowspan="2"></td><td>1.0~1.5kV</td></tr>
<tr><td colspan="2">심선 대지간</td><td>5.0~10.0kV</td></tr>
<tr><td colspan="3" rowspan="3">감쇄량 (0.4mm)</td><td>1kHz:2.9</td><td>1kHz:1.9</td></tr>
<tr><td>150kHz:20</td><td>150kHz:12.9</td></tr>
<tr><td>722kHz:41</td><td>722kHz:25.9</td></tr>
<tr><td colspan="3">내수성</td><td colspan="2">참습 및 습기로 전화 회선 불통침습
및 습기로 전화통화 가능</td></tr>
<tr><td colspan="3">칼러 코드</td><td>불가</td><td>가능</td></tr>
<tr><td colspan="3">심선 접속 방식</td><td>연합 방식 (수작업)</td><td>접속자 방식
(기계화 작업)</td></tr>
<tr><td rowspan="4">누화</td><td colspan="2" rowspan="2">원단누화 150kHz</td><td rowspan="2"></td><td>68dB/km이상</td></tr>
<tr><td>56dB/km</td></tr>
<tr><td rowspan="2">근단 누화</td><td>유니트내</td><td rowspan="2"></td><td rowspan="2">65dB/km</td></tr>
<tr><td>유니트간</td></tr>
</table>

2.7.4 SD(self supporting distribution) wire

SD 와이어는 PE를 2조의 1심선을 대연으로 하고 중심에 PVC 절연을 한 지지선을 설치한 형태로서 보수가 편리하고 RD 와이어의 단점을 개선한 것이다. SD 와이어의 도체는 직경 0.65 및 0.9[mm]의 연동선을 사용하였고, 심선의 대(pair)를 2.6[mm] PVC 피복 강선의 둘레에 필요한 수만큼 집합하게 된다. 그리고 표준 길이는 500[m]이다.

* SD 와이어의 전기적 특성

	규격
도체 저항	0.65mm 도체 : 표준치 52.5Ω, 최대치 56.5Ω 0.9mm 도체 : 표준치 27.4Ω, 최대치 29.0Ω
절연 내력	각 심선과 대지 간에 교류(50 또는 60Hz) 2,000V를 1분간 더 하여도 이상이 없을 것(지지선 및 다른 심선은 대지에 접속한다.)
절연 저항	각 심선과 대지 간에 직류 100~500V를 더하여 1분간 충전한 후의 전연 저항은 1000MΩ-km 이상일 것(지지선 및 다른 심선은 대지에 접속한다.)
정전 용량	1kHz의 교류로 측정했을 때 각 드럼마다의 평균치는 와이어 1km당 60nF 이하일 것.
정전 결합	인접 대 사이에서 최대치가 30pF/500m 이하일 것.

2.7.5 Screen cable(스크린 케이블)

스크린 케이블은 1조 케이블 운용 설계로 2조 케이블 설계 원리에 사용되는 것으로서 케이블 중간이 스크린 금속체로 분리되어 한 케이블 내에 두 개의 케이블 효과를 얻을 수 있는 것이다.

(1) 구조 및 특성

① 시분할 나중화 방식에 사용하기 위하여 연구 개발된 케이블 중간에 칸막이를 하여 상행군과 하행군을 분리시킴으로써 근단 누화를 경감시킨다.

② CCP 케이블 방식의 색깔 채택

* 25페어 기본 유니트 색깔

심선번호	1	2	3	4	5	6	7	8	9	10	11	12	13
1번 심선	백	백	백	백	백	적	적	적	적	적	흑	흑	흑
2번 심선	청	등	록	갈	회	청	등	녹	갈	회	청	등	녹
심선번호	14	15	16	17	18	19	20	21	22	23	24	25	
1번 심선	흑	흑	황	황	황	황	황	자	자	자	자	자	
2번 심선	갈	회	청	등	녹	갈	회	청	등	록	갈	회	

③ 심선 도체는 PCM-24 방식에 맞추어 0.65[mm] 심선 한 종류만 사용한다.

④ 색깔이 다른 예비 페어를 1% 정도 삽입한다.

⑤ 도체 저항은 섭씨 20[Ω]에 있어서 루프 저항으로 1[km]당 105[ ] 이하이고, 또 케이블의 도체 저항 불평성은 1% 이하가 되어야 한다.

⑥ 절연 저항은 각 김선 상호간 또는 심선과 대지간의 500[V]를 연속 1분간 충전시킨 후에 절연 저항계로 측정하여 1[km]당 1,000[M]이상이 되어야 한다.

⑦ 절연 내력은 각 심선 상호간에 교류 350[V] 또는 직류 500[V]를 연속 1분간 인가하여도 이상이 없어야 한다.

⑧ 정전 용량은 1[kHz]로 측정하여 1[km]당 실회선간의 평균치는 52 4[nF] 이내이어야 한다.

⑨ 감쇠량은 평균치는 772[kHz]로 측정하여 16[dB/km] 이하 또는 1,576[kHz]로 측정하여 22.6[dB/km] 이하가 되어야 한다.

Chapter 3

무선 채널 모델링 분석 기법

채널 모델링 분석 기법은 크게 두 가지로 나뉜다. 첫 번째는 많은 데이터를 바탕으로 채널 특성을 통계적으로 기술하는 stochastic 기법이고 다른 것은 전파전파 현상의 물리적 특성을 기반으로 채널 특성을 예측하는 deterministic 기법이다. 두 방식은 서로 다른 장, 단점이 있는데 stochastic 기법은 물리적 전파전파 현상을 무시하지만 많은 실험 데이터를 사용하면 정확도가 어느 정도 보장이 되며, 현재 통신 시스템을 평가하는데 사용되고 있는 표준화된 모델을 제공한다. 하지만 구축하는데 많은 시간이 필요하며 계속해서 개량해야 한다. deterministic 기법은 stochastic 기법과는 달리 물리적 전파전파 현상을 물리 이론을 바탕으로 예측하는데 중점을 둔다. 그러므로 이 기법은 환경, 주파수와 같은 외부 변수에 상관없이 사용할 수 있다. 그리고 전파전파 현상을 정확히 이해할 수 있어 안테나 배열 같은 RF 구조를 보다 정확하게 디자인할 수 있다. 그러나 이 기법은 계산에 시간이 많이 걸리고 실 환경을 단순화시켜 모델링하므로 정확도에 문제가 있을 수 있다.

3.1 Stochastic 분석 기법

전파전파 현상은 Maxwell 방정식을 주어진 환경에 맞추어 풀면 정확히 예측할 수 있다. 그러나 일반적으로 고려되는 대상 즉 채널환경의 복잡도가 매우 높아 Maxwell 방정식을 정확하게 풀 수 없어 여러 근사법이 사용된다. 전송 신호에 영향을 주는 것은 채널내의 여러 물체이다. 이러한 물체들은 다양한 모양을 가지고 있고 여러 매질로 구성이 되어 있어 전자기적 특성, 즉 유전율도 넓은 범위에 분포되어 있다. 그리고 이러한 물체의 위치 또한 환경에 따라 다르게 분포되어 있어 언급된 많은 환경 요소들이 전송 신호에 주는 영향을 분석하는 것은 실질적으로 불가능하다. 그러므로 실제 통신 채널을 분석하는 방법으로 stochastic 기법을 많이 사용한다.

3.1.1 Rayleigh/Ricean 채널

Random media 내의 전파전파 현상은 오래 동안 연구되어 왔다. 특히 라디오의 초기 역사에서 전파전파 현상을 이해하는 것은 군 통신, 레이더 같은 많은 응용 분야에서 매우 중요했다. Random media는 많은 물체들이 무질서하게 분포되어 있는 채널을 의미한다. 이 절에서는 채널 분석을 위해 그림 3.1에서와 같이 2D 환경을 고려하고 각 물체는 비슷한 크기와 형태를 갖는다고 가정한다. 물체의 위치는 정규분포와 같은 일정한 PDF(Probability Density Function)로 기술할 수 있고 위치를 사이의 correlation은 상대적으로 작다고 가정한다. 즉 많은 물체들이 전 공간에 균일하게 분포되는 상황이다. 이러한 매질을 여기서는 statistically uniform random media라 부른다. 일반적으로 물체가 전송 신호에 미치는 영향은 크게 두 가지이다. 첫 번째는 물체 자체의 손실에 의해 신호가 흡수되는 absorption 손실이고 다른 것은 물체가 신호를 다른 방향으로 산란 시켜 신호의 크기를 줄이는 scattering 손실이다. 그러므로 random media 내 위치하는 두 안테나 즉 송신기와 수신기의 거리가 멀어 질수록 전송 신호는 감쇠되어 직접 전달되는 신호의 크기는 아주 작아져 무시할 수 있어 수신단에 도착하는 신호는 물체에 의해 산란되는 들어오는 신호라고 가정할 수 있다. 이러한 환경을 NLOS 환경이라 부른다. 만약 물체의 밀도가 높아지면 statistically uniform random media 내한 점을 중심으로 관측되는 신호의 크기 분포는 공간적으로 균일해지는 경향이 있다. 이러한 현상을 diffusion scattering이라 부른다. 연기가 공간으로 퍼져나가는 것을 생각하면 쉽게 이해할 수 있다. 연기 분자는 많은 공기 분자와 충돌하면서 공간 속으로 퍼져 나간다. 문제를 간략하게 하기 위해 물체에 의해 산란되는 신호는 다음과 같이 입사 신호와 비례 관계가 있다고 가정한다.

$$E^S = R \cdot E^i \qquad \text{(식 3.1)}$$

여기서 E^S는 산란 신호이고 E^i는 물체의 입사신호이다. R은 물체의 영향을 나타내며 일반적으로 물체의 형상, 재질을 알면 정확하게 예측할 수 있으나 예측이 복잡하므로 여기서는 간단하게 complex RV(Random variable)로 모델링한다.

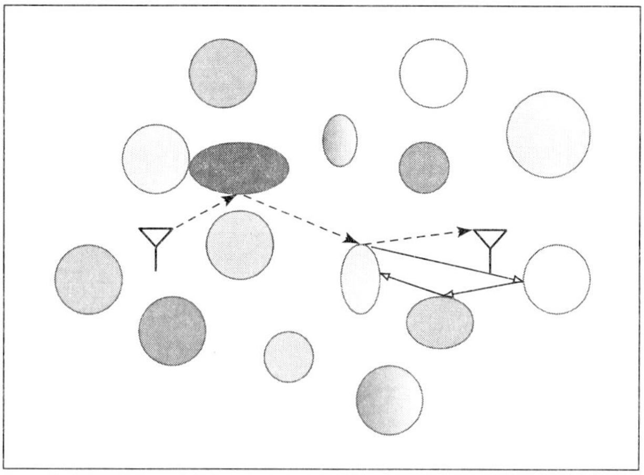

| 그림 3.1 | Random Medium과 random media 내의 전파전파 현상

그러므로 NLOS 환경에서는 한 점에서 받는 신호는 다음과 같이 쓸 수가 있다.

$$y = x_1 + x_2 + \cdots\cdots \qquad \text{(식 3.2)}$$

여기서 y는 수신신호고 x_j는 임의의 azimuth angle에서 오는 신호이다. 앞서 설명한대로 밀도가 높으면 diffusion scattering을 가정할 수 있어 x_j의 크기는 비슷하다 또 x_j는 각 물체에서 오는 무한개의 신호를 합한 것이고 또 이러한 신호는 random media의 특성 때문에 statistically independent하다고 가정할 수 있다. 그러므로 x_j의 real과 imaginary 부분 분포는 central limit theorem에 의해 가우시안으로 가정할 수 있어서 (식 3.2) 또한 가우시안으로 가정할 수 있다. 그러므로 한 점에서 수신되는 신호의 크기는 Rayleigh 분포가 되고 위상은 uniform 분포가 된다. 만약 LOS인 경우 Ricean channel이 되어 크기 분포는 Ricean 분포로 바뀐다.

Rayleigh 채널은 가장 기본이 되는 stochastic 채널 모델이고 통신 시스템 해석에 많이 사용하고 있다. 그러나 앞서 설명한대로 Rayleigh 채널은 채널의 randomness가 커질수록 정확하나 실제 채널 환경에서 물체의 위치는 일정한 규칙을 가지고 존재하므로 Rayleigh 채널의 효용성은 한계가 있다.

3.1.2 Shadow Fading

그림 3.2에서 보는 것과 같이 큰 물체는 일정한 방향에서 오는 신호를 막는 효과가 있어 이럴 경우 수신 신호특성을 앞서 설명한 Rayleigh 분포로는 정확하게 설명할 수 없다. 이러한 효과는 그림 3.2에서 보듯이 일정한 영역에 걸쳐 신호에 영향을 끼쳐 long-term fading이라 불린다. 이러한 현상은 보통 log-normal 분포를 가지고 기술이 된다. 이의 물리적 배경은 다음과 같다.

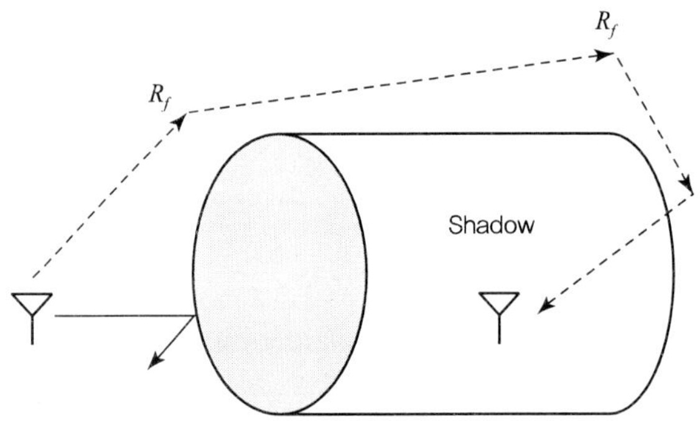

| 그림 3.2 | Shadow region

수신 신호는 그림 3.2에서 보듯이 적은 수의 신호의 합으로 이루어져 있다. 여기서는 하나로 가정하며 수신 신호는 다음과 같다.

$$y = R_1 + R_2 + \cdots \qquad \text{(식 3.3)}$$

앞서 설명한대로 R_j는 각 물체가 신호에 주는 영향이다. 만약 물체의 모양이나 매질이 다양하면 일정한 PDF로 R_j를 기술할 수 있다. 특히 object의 위치가 random하게 분포되어 있어 R_j를 random variable로 가정할 수 있고 또 앞서 설명한 것 같이 R_j는 statistically independent하다. 이러한 product는 central limit theorem에 의해 log-normal로 수렴한다. 그러므로 앞서 설명한 Rayleigh 채널에서와 같이 log-normal 분포 또한 random media에서는 정확하나 실제 환경에서의 정확도는 떨어진다.

3.2 Deterministic 분석 기법

앞 절에서 설명했듯이 stochastic 접근 방법은 random media에서 잘 맞는다. 현재에는 앞서 설명한 model 외에 많은 model이 알려져 있으나 정확도에 대해서는 비슷한 문제가 있다. 그러므로 stochastic 모델의 사용범위는 한정될 수 있다.

현재 컴퓨터의 급속한 발전에 따라 실 환경내의 전파전파 현상을 전자기이론을 바탕으로 예측할 수 있게 되었다. 이 방법을 사용하기 위해서는 다음 두 가지 사항을 고려해야 예측 결과의 정확도가 높아진다.

- 각 object의 scattering
- object 사이의 interaction

3.2.1 UTD(Uniform Theory of Diffraction)

전자기이론을 사용하여 전파전파 현상을 예측하기 위해서는 채널 내 물체의 산란현상을 계산하여야 한다. 일반적으로 빌딩 같은 물체의 크기는 매우 커 UTD 같은 high frequency technique를 사용한다. 일반적으로 건물들의 모양은 아주 복잡하다. 이러한 복잡한 모양을 정확하게 고려하는 것은 실질적으로 불가능하다. 그러므로 현재 사용 가능한 코드는 건물을 큰 박스 형태로 가정한다. 즉 건물 표면은 평평하고 건물의 전체 크기와 모양만 고려한다. UTD는 산란을 두 개의 mechanisms으로 분리한다.

- GO(Geometrical Optics) component
- Diffraction

GO는 건물 표면에서의 반사를 의미한다. 이 GO component는 존재범위가 한정되어 있어 diffraction을 고려해야 전 공간에 따른 물체의 산란을 어느 정도 정확하게 예측할 수 있다. 이런 diffraction은 건물 모서리에서만 발생한다고 가정한다. Diffraction을 고려하지 않으면 shadow region에서 전파가 전달이 않되 정확도가 떨어진다. GO 계산은 단순하나 diffraction 계산은 복잡하다. 특히 diffraction coefficient가 일반적인 dielectric corner에 대해 알려져 있지 않아 heuristic coefficient를 사용하여 dielectric object에 대한 UTD의 전반적인 정확도는 떨어진다. 그러므로 일반적으로 현재 사용하는 UTD의 문제점을 정리하면 다음과 같다.

- 건물 표면의 irregularity 무시
- dielectric wedge의 diffraction coefficient

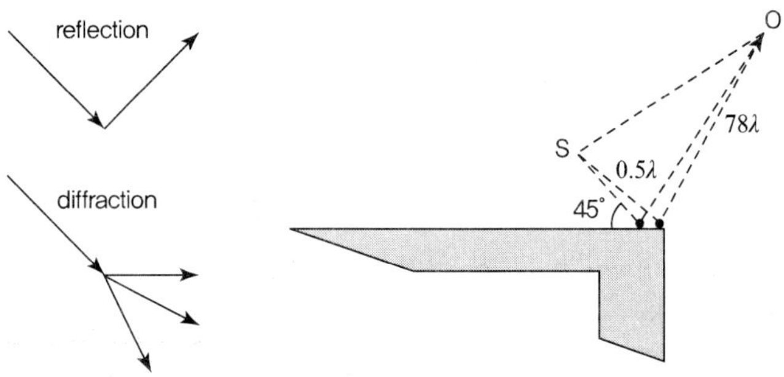

| 그림 3.3 | 건물의 scattering simulation 환경

간단한 예를 통해 reflection과 diffraction의 역할을 살펴보면 시뮬레이션 환경은 (그림 3.3)에 나타나 있다. S는 신호원, O는 관찰점이며 회절 wedge에서 각각 0.5λ, 78λ 떨어져 있고 신호원은 45도 각도로 wedge에 입사하고 있다. 이때 wedge는 콘크리트로 구성된 dielectric wedge이다. 관찰점은 0°에서 270°까지 변화시키며 전계강도 변화를 관찰하였으며 그림 3.4에 결과를 나타내었다[75].

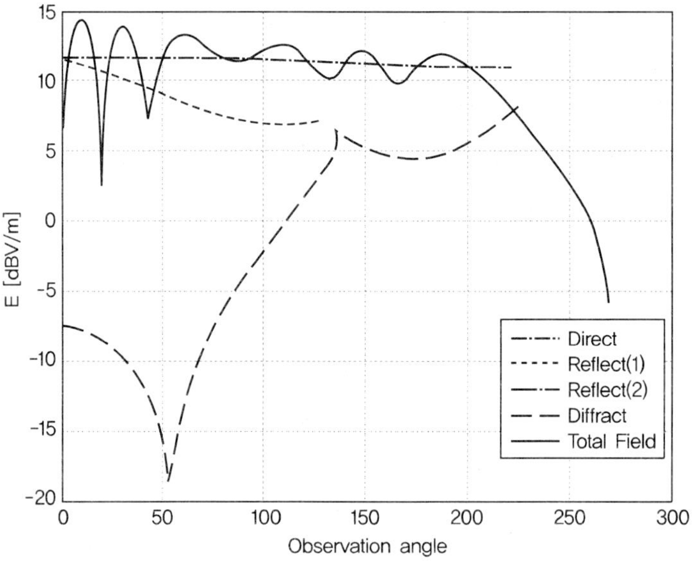

| 그림 3.4 | 건물의 scattering 특성

그림 3.4에서 보듯이 입사파와 반사파는 일정 영역에서만 존재하고 만약 회절파가 존재하지 않으면 신호는 연속하지 않고 특히 shadow region에서는 신호는 존재하지 않게 된다. 그러나 shadow region 내의 신호크기는 무시할 수 없다.

3.2.2 지표면 (Ground Plane)

지표면은 지구상 어디에나 존재하므로 이를 정확하게 고려하는 것은 매우 중요하다. 그림 3.5에서 보듯이 안테나가 지표면, 여기서는 half-space dielectric 위에 놓여 있는 경우의 exact solution은 Sommerfeld에 의해 1909년에 처음으로 알려졌다. Sommerfeld에 의해 제시된 해는 Sommerfeld integral 알려진 식을 포함하고 있어 이의 계산 방법은 오랜 기간에 걸쳐 연구되었다. 지표면을 정확하게 고려하는 것은 매우 복잡하므로 가장 많이 사용하는 근사법은 그림 3.5에서 보듯이 GO approximation이고 이는 2-ray model로 알려져 있다.이 방법은 송신기와 수신기의 높이가 높을수록 정확하다. 만약 송신기와 수신기의 높이가 낮으면 이 방법을 사용할 수 없다.

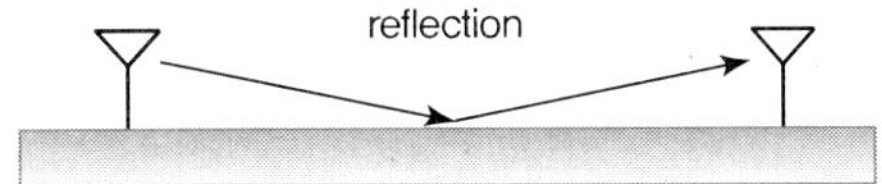

| 그림 3.5 | Sommerfeld Problem

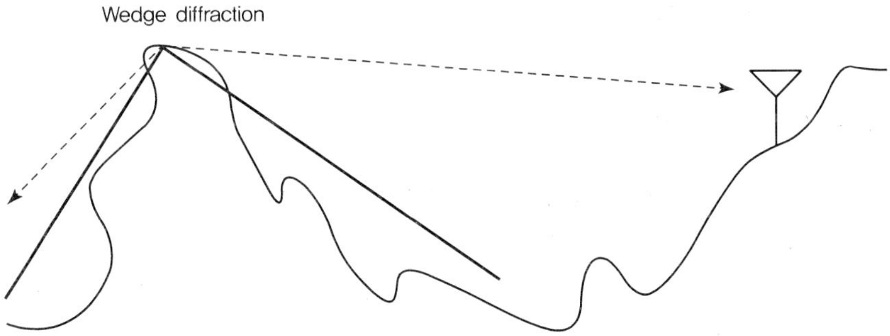

| 그림 3.6 | Wedge approximation of terrain

만약 지표면이 uniform하지 않고 굴곡이 있으면 그림 3.6과 같이 지형을 근사화한 후 UTD를 사용하여 전송 신호를 계산한다. 일반적으로 이러한 접근 방법은 실험에 기반을 둔 empirical model을 예로 들면 ITS model에 비해 좋은 정확도를 보인다.

3.2.3 Vegetation

지구 위의 많은 지역이 풀, 나무와 같은 vegetation으로 덮여 있어 이의 영향을 고려하는 것은 매우 중요하다. 특히 주파수가 올라 갈수록 vegetation의 영향은 더욱 커진다. 일반적인 vegetation 구조는 매우 복잡하고 많은 산란체를 포함하고 있어 vegetation을 정확히 모델링하기 매우 어렵다. 그러므로 vegetation의 구조를 무시하고 보다 단순화시키는 방법이 주로 사용된다. 숲과 같은 매질은 전체를 하나의 effective media로 모델링한다. 이때 effective dielectric constant는 보통 mean field를 보존하도록 예측한다. Foldy's approximation 같은 방법이 effective dielectric constant를 계산하는데 많이 사용되고 있다. 이때 안테나의 위치에 따라 물리적 전파 현상을 보여준다. 두 안테나가 숲속에 있는 경우 전파는 숲과 공기의 경계를 따라 전파되므로 실제 경로 손실은 일반적으로 UTD를 사용하여 예측하는 경로 손실보다 훨씬 적게 된다. 이러한 wave를 lateral wave라 불린다. 실제 넓은 주파수에 대해 나무의 경로 손실은 실험 및 모의실험에 따라 알려져 있다.

이러한 모델은 mean field 즉, coherent power만 예측할 수 있으므로 신호의 변동을 예측하기 위해서 다른 여러 방법이 사용되어 왔다. 하나의 접근 방법은 나무를 fractal geometry를 사용하여 정확하게 모델링한 후 각 나무의 구성물들의 산란을 계산하여 이를 coherent하게 합하는 모델이다. 이런 방법으로 나무 구조를 보다 정확하게 고려할 수 있고 또 나무를 statistically 생성하므로 신호의 변동 또한 예측할 수 있다.

도심 내에서는 나무가 숲과 같이 많이 존재하지 않아 한 그루의 나무 효과를 예측해야 한다. 앞서 언급한 fractal tree를 사용하여 이러한 효과를 계산할 수 있으나 보통 계산량이 많아 사용하기가 어렵다.

3.2.4 Ray-tracing

도시와 같은 많은 건물이 있는 경우에는 UTD를 사용하여 건물 하나의 산란을 계산하는 것 외 건물 사이의 상호작용을 정확하게 고려하는 것이 중요하다. 이러한 상호작용을 고려하는 방법 중 하나가 Ray-tracing이다. UTd를 사용하면 건물이 발생시키는 ray를 정확하게 알 수 있어 이 ray를 쫓아 다른 건물이 고려하고 있는 ray에 영향을 주는지를 예측하여 건물 사이의 상호작용을 고려할 수 있다. 일반적으로 두 개의 다른 알고리즘이 사용되고 있다. 하나는 shooting and bouncing 알고리즘이다. 이는 송신기에서 ray를 생성하고 이를 추적하여 만약 object에 ray가 부딪치면 UTD를 사용하여 크기나 방향을 계산하는 방법이다. 이때는 송신기에서 많은 ray를 생성하고 생성된 ray가 일정 한도 아래로 적어지면 추적을 멈춘다. 다른 방법은 각 건물의 위치 database를 바탕으로 ray가 발생할 수 있는 경우의 수를 미리 tree로 만들어 놓고 이를 바탕으로 ray를 추적하는 방식이다.

송신기에서 N차 반사-회절 볼륨으로 구성된 가시 트리를 구성하기 위해 가시 볼륨에 대한 검색을 수행한다. 그림 3.7과 같은 송신기와 object 구성에서 송신기는 object 1에 대해 O(1)L(1)과 O(1)L(4)가 가시 상태에 있으며 O(1)L(2)와 O(1)L(3)은 비가시 상태에 있다. 이 경우 가시 볼륨을 O(1)L(1)과 O(1)L(4)에 대해 생성하며 O(1)L(1)의 경우 꼭짓점을 ImTx로 하고 면 O(1)L(1)을 포함하는 볼륨 내에 object 2, 3이 존재한다. 그러나 object 2는 O(2)L(1)만 가시 상태에 존재하며 object 3은 모든 면이 O(2)L(1)에 의해 비가시 상태가 되기 때문에 트리 구성에서 제외된다. 이러한 Ray-tracing code에는 크게 세 가지 정보가 필요하다.

- 각 건물의 정확한 크기 및 위치 데이터베이스
- 구성 물질 유전율 정보
- RF spec : 주파수, 안테나 위치 등

Ray-tracing 방법은 입력변수만 바꾸어서 어떠한 통신 시나리오에서도 사용 가능하며 특히 주파수에 상관없이 사용 가능하다. 그러나 도심 지역에서는 많은 건물을 고려해야 하므로 계산 속도가 느리고 앞서 언급한대로 건물을 단순화시켜 모델링을 하여 높은 주파수에서는 정확도가 떨어진다. 그리고 앞서 언급한 vegetation 효과를 ray-tracing 방법과 정확하게 연계하기 힘들다. 최근에 건물 벽에서 발생하는 diffusion scattering을 고려하는 ray-tracing 방법이 제안되었다.

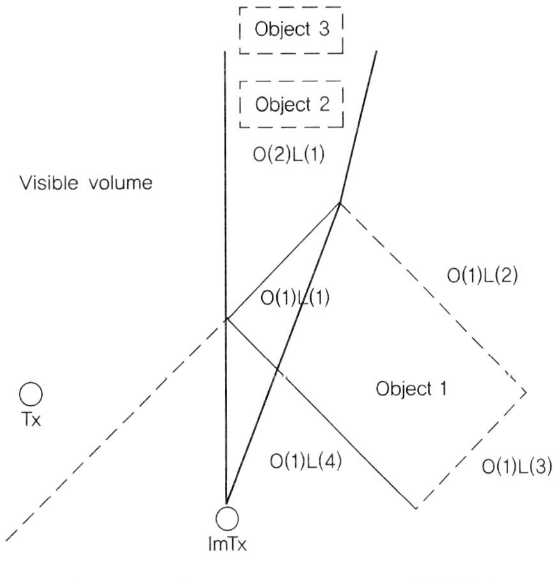

| 그림 3.7 | Ray-tracing tree 생성 환경

Chapter 4

무선 주파수 대역별 채널 특성

전파는 그 주파수에 따라 각각 가지는 물리적 특성이 다르다. 주파수의 물리적 특성은 직진성, 전송가능 정보량, 전송속도 등이 있다. 주파수가 높은 전파일수록 전송속도와 전송가능 정보량은 늘어나지만 직진성이 강하여 전파 수신율이 나쁘고, 이용 기술에 들어가는 비용이 높다. 이러한 주파수의 물리적 특성으로 인해 서로 다른 특성의 주파수를 이용하여 유사한 역무를 제공하는 통신사업자간의 비용 격차 문제가 제기되기도 한다. 표 4.1은 주파수 분류에 따른 명칭 및 이용 분야를 나타낸다.

| 표 4.10 | 주파수 분류에 따른 명칭 및 이용 분야

주파수	파장	명칭	용도	특성
3~30kHz	100~10km	VLF 초장파	무선항행	지표면을 따라 전달되는 성질이 있어 무선항행에 이용
30~300kHz	10~1km	LF 장파	무선항행	
300kHz~3MHz	1km~100m	MF 중단파	중파방송 선박, 항공 통신	중거리의 지표면을 따라 전달됨, AM 라디오, 선박통신 등에 사용
3~30MHz	100~10m	HF 단파	단파방송, 국제통신, 장거리 통신	전피층에 반사됨, 국제간 원거리 통신에 사용
30~300MHz	10~1m	VHF 초단파	TV방송, FM방송, 이동통신	원거리 통신에는 부적당, 비교적 근거리의 TV 방송, FM 방송, 이동 통신
300MHz~3GHz	1m~10cm	UHF 극초단파	TV 방송, 이동전화, PCS, CT-2등	도달거리가 일직선의 범위, TV 방송이나 장치의 소형화가 필요한 이동 통신
3~30GHz	10~1cm	SHF 마이크로파	국제통신, 위성방송 각종 레이더	대용량의 고정통신이나 위성통신
30~300GHz	10cm~1mm	EHF 밀리미터파	전파천문 위성통신 각종 레이더	빛과 비슷한 성질을 갖고 있어 비나 안개의 영향을 받기 쉽기 때문에 현시점에서는 용도가 제한적이나 정보의 대용량 전송을 가능하게 하는 등 큰 잠재력 가능성이 있음
300~3THz	1~0.1mm	서브 밀리미터파	리모트 센싱, 레이저 통신	

4.1 장파(LF) 대역의 채널

장파는 전리층파와 지상파 중에서 지표파로서 전파되는데 가까운 거리에서는 지표파에 의하며, 먼 거리에서는 지표파와 전리층파에 의해서 통신이 행하여진다.

(1) 지표파의 전파

지표파는 파장이 길수록, 그리고 지표의 도전율이 클수록 감쇠가 적다. 전파통로가 건조 지대이면 감쇠가 크고, 해면상에서는 도전율이 크므로 먼 거리까지 잘 전파된다.

(2) 전리층파의 전파

① 낮에는 D층의 반사로 전파되고, 야간에는 D층은 없어지고 E층의 반사로 전파된다. 주파수가 높을수록 D층에서는 D층 내부 중심에 가까운 곳에서 반사되므로 전리층 내로 깊이 침입하게 되어 감쇠를 많이 받으나 E층에서는 E층의 전자밀도가 저하하기 때문에 흡수가 적고 전계강도가 커진다. 그러나 주파수가 낮을수록 전리층의 영향은 적고 주야간 변동의 차도 적어진다.

② 전파통로가 주간 또는 야간일 때에는 비교적 안정된 수신전계를 얻을 수 있으나, 전파통로 도중에 일몰시가 되면 D층 전파에서 E층 전파로 옮겨지기 때문에 수신전계가 급격히 저하하고, 야간이 되면 D층이 없어지므로 수신전계는 상승한다. 반대로 전파통로 도중에 일출시가 되면 일몰시와는 반대로 E층 전파에서 D층 전파로 옮겨지는 동안 전계강도가 급격히 저하하지만 일몰시보다는 변화하는 정도가 심하지 않다. 이와 같이 일출, 일몰시 전계강도가 급해 약해지는 현상을 일출, 일몰효과라고 한다.

③ 송, 수신점이 가까이 있을 때에는 지표파전계와의 간섭으로 근거리 페이딩이 다소 발생하나 단파처럼 심하지는 않다.

④ 지표파가 강하기 때문에 도약점을 알기 어려우며, 반사는 주파수에 무관하므로 주파수변화에 의한 도약거리의 변화는 볼 수 없다.

⑤ 단파에 비하면 흡수가 적으나 공전방해를 많이 받으므로 소요 전계강도가 커서 원거리 통신에는 능률이 나쁘다.

⑥ 장파는 전리층을 투과하지 못하므로 지역별로 주파수를 공용할 수 없다.

⑦ 전계 강도는 태양의 흑점수에 관계되며, 약 11년을 주기로 하여 흑점수에 비례하여 변화한다.

4.2 중파(MF) 대역의 채널

중파의 전파는 지상파 중에서는 지표파, 전리층파로서는 E층 반사파에 의하여 전파된다.

(1) 지표파의 전파

① 주간의 수신전계는 지표파에 의한 것뿐이다.

② 단파보다는 대지에 의한 지표파의 감쇠가 적으나, 장파보다는 감쇠가 심하여 전파 거리가 장파보다 가깝다.

③ 주파수가 낮을수록 지표파의 감쇠가 적으므로 지표파전계는 커진다.

(2) 전리층파의 전파

① 주간에는 D층에 의해서 제 1종 감쇠를 받아 전리층파는 존재하지 않는다.

② 야간에는 D층이 없어지고 E층의 전자밀도가 저하하므로 전파의 흡수가 적어져서 수신전계는 커진다.

③ 여름보다도 겨울철에 야간 수신이 잘된다.

④ 중위도 지방에서는 자이로 주파수가 1~1.5MHz 근처에 있으므로 이 근처의 주파수는 감쇠가 심하다.

⑤ 일몰시에는 전리층파가 나타나기 시작하므로 지표파와의 간섭에 의한 근거리 페이딩 및 선택성 페이딩이 강하게 일어나고 또 전리층파간의 간섭에 의한 원거리 페이딩도 볼 수 있다. 계절에 의한 영향은 거의 없으나, 여름에 비하여 겨울의 페이딩이 약간 더 강하다.

⑥ 입사각이 커지면 감쇠가 증가하고 남북방향은 동서방향보다도 감쇠가 적다. 또 고위도 지방을 통과하는 전파일수록 감쇠가 심하다.

(3) 방송파의 전파

방송파는 중파대 중에서 535~1605KHz 범위로 할당되어 있고, 전파 특성은 다음과 같다.

1) 주간 전파는 지표파에 한한다.

① **제 1양청구역** : 지표파가 잡음에 방해됨이 없이 양호한 상태로 수신될 수 있는 전계는 0.25[mV/m]인데, 이러한 영역을 제 1양청구역이라 한다.

② **제 2양청구역** : 밤이 되면 E층 반사파가 지표에 도달하므로 원거리 수신이 가능하게 된다. 이 구역은 다소 잡음은 있으나, 제 2양청구역이라 한다.

③ **혼신구역** : 대도시와 같이 2개 이상의 방송국이 가까이 있어서 그들의 양청구역이 겹쳐져 있으므로 서로 혼신을 일으키게 된다. 이러한 혼신을 받는 범위를 혼신구역이라고 한다.

2) 양청구역은 수신점의 잡음강도, 송신전력, 대지의 전기정수 등에 의해서 정해진다. 일출, 일몰시에는 선택성 페이딩이 강하게 나타난다.

4.3 단파(HF) 대역의 채널

단파는 파장이 짧으므로 지표파는 감쇠가 심하여 거의 실용성이 없고, 전리층파는 F층 반사파로 전파되는 데 D층이나 E층을 통과할 때 받는 제 1종 감쇠가 적으므로 소전력으로 원거리통신이 가능하다. 편의상 도약거리 이내를 근거리, 도약거리 이외를 원거리라고 하자.

(1) 근거리의 전파

송신점 근처의 가까운 거리에는 직접파, 지표파 및 전리층파가 존재한다. 그러나 지표파는 감쇠가 심하여 이용될 수 없고, 직접파는 가시거리 이내에 국한되어 있기 때문에 그렇게 실용되지 않는다. 전리층파에 있어서는 사용주파수가 임계주파수 이하일 때에는 어떠한 입사각을 가진 전파도 반사하지만 경사 입사시에는 도약거리 내에 불감지대가 생긴다. 그러나 실제에 있어서는 전리층으로부터의 산란과 또는 스포래딕 E층의 반사에 의하여 불감지대 내에서도 미약하나마 수신이 가능하다.

(2) 원거리의 전파

단파통신은 F층 반사파에 의존하므로 M.U.F보다 낮은 주파수를 선택하여야 하며, 전파 특성은 전리층의 상태, 전리층에의 입사각 등에 의하여 달라진다. 전자밀도가 적을수록 임계주파수는 낮으며, 따라서 임계주파수는 전자밀도가 큰 낮에는 높고, 전자밀도가 작은 밤에는 낮다. 임계주파수보다 높은 주파수를 사용할 때에는 입사각이 작을수록 투과할 가능성이 많아지며 임계주파수보다 낮은 주파수의 전파는 반사는 잘되지만 주파수의 자승에 반비례하여 전리층 내에서 감쇠되므로 가능한 한 높은 주파수를 사용하여야만 큰 S/N비를 얻을 수 있다.

주간과 야간의 F.O.T를 주간파 및 야간파라고 부르며, 주간파는 야간파의 약 2배의 관계가 있으며, 일출, 일몰시에는 그들의 중간쯤 되는 박명파를 사용함으로써 안전한 통신을 할 수 있다. 전파통로가 고위도 지방을 통과하면 극광, 자기람 등의 영향을 받아 전파상태가 불안정해지며, 자기람에 의하여 수신전계가 저하되는데 이것이 그치면 평상시보다도 수신 상태가 좋아질 때도 있다. 그리고 고위도 전파시에는 Dellinger 현상의 영향을 받지 않는다.

단파의 원거리전파에 있어서는 동서방향에 전파할 때와 남북방향에 전파할 때 각각 다른 전파 특성을 나타내며, 동서 간 통신이 동일거리의 남북 간 통신에 비하여 신뢰도가 높고 연속적인 통신을 확보하기가 용이하다.

페이딩은 동서통신에 도약성 페이딩이 생기고 남북통신에는 flutter 페이딩이 발생하며, 공전에 의한 영향은 단파대에서 비교적 적으나 공전이 빈발하는 적도를 포함하는 남북통신에는 이 영향이 크다.

단파통신에 있어서 송, 수신점이 대척 근처에 있을 때에는 대척점효과에 의하여 전계강도가 대단히 커지고 페이딩도 적어진다. 이때 전파의 도래방향은 시간이나 계절에 따라 거의 규칙적으로 변화한다.

4.4 초단파(VHF) 대역의 채널

초단파대 이상의 주파수는 F2층까지도 투과하므로 전리층파는 이용할 수 없다. 초단파통신은 근거리 통신에 국한되며 가시거리통신과 초가시거리 통신으로 구분할 수 있다.

(1) 가시거리 내의 전파

① 지표파는 주파수가 높아서 감쇠가 크므로 이용될 수 없다.

② 직접파와 대지반사파에 의하여 수신전계가 정해진다.

③ 대기에 의한 굴절로 말미암아 초단파의 가시거리는 표준대기 하에 있어서 기하학적 가시거리보다 약간 멀다.

④ 초단파의 낮은 주파수대에서는 송신소로부터 원거리지점의 수신전계는 거리의 자승에 반비례하고, 송수신 공중선의 높이를 서로 곱한 값에 비례한다.

⑤ 송신소 근처에서는 직접파와 대지반사파의 간섭으로 수신전계가 거리에 대해서 진동적으로 변동하는 영역이 있으며, 파장이 짧을수록 이 진동현상은 멀리까지 미친다.

⑥ 위의 진동현상은 수신 공중선의 높이에 대해서도 발생하므로 송신소에 가까운 거리에서는 수신 공중선을 높이면 오히려 수신전계가 감소하는 영역이 있다.

⑦ 전파통로 내에 산, 건물 등의 장해물이 있으면 장해물 뒷면의 수신면에서 장해물 보다 높은 공간에는 직접파와 장해물에 의한 회절파와의 간섭으로 높이의 장해물보다 낮은 수신점들은 기하학적 음영부분에 들어가지만 회절파에 의한 전계는 약하나마 존재한다. 회절파에 의한 수신전계는 장해물과 페이딩 지역의 상대적 크기에 의해서 정해진다.

⑧ 신틸레이션형, K형, 덕트형 페이딩을 받으며, 해상전파는 육상전파보다 불안정

하고 심한 페이딩을 받는다.

(2) 초가시거리의 전파

① Radio Duct에 의한 초굴절전파로 원거리까지 전파될 수 있다.

② 대류권 산란파에 의하여 가시거리의 수배나 되는 수 100마일까지 통신을 할 수 있다.

③ 스포래딕 E층의 반사에 의하여 먼 거리에서 전리층파의 강한 수신전계가 나타날 때가 있다.

④ 회절파는 장해물 뒷면이나 지평선 너머의 가하학적 음영영역에까지 도달한다.

⑤ 초단파 및 극초단파는 대류권에 의한 굴절로 말미암아 전파통로가 아래로 만곡되기 때문에 기하학적 가시거리보다도 약간 먼 곳까지 도달한다.

4.5 밀리미터파(EHF) 대역의 채널

정보화 사회로의 급속한 발전과 더불어 무선통신에 대한 수요가 급격히 증가함에 따라 개인휴대전화(PCS), LMDS(Local Multipoint Distribution System), WLL(Wireless Local Loop), WLAN(Wireless Local Area Network) 등 새로운 개념의 무선통신 시스템이 개발되고 있으며 차량 레이더, 도로교통 종합정보 시스템 등 전파이용 분야도 날로 확대되고 있다. 또한, 사용주파수 대역도 기존의 UHF 대역에서 준 마이크로파 대역(1~3 GHz), 마이크로파대역(3~30 GHz), 그리고 밀리미터파 대역(30~300 GHz)으로 까지 확장되고 있다.

밀리미터파 대역 스펙트럼은 그 광대역 특성으로 인해 시스템 설계자나 서비스 제공업자에게는 매우 매력적일 것이다. 밀리미터파 대역 무선통신 및 응용 시스템의 설계를 위해서는 밀리미터파의 전파 특성을 잘 고려하여야 한다. 저주파 신호는 전파거리가 길고 건물 등을 잘 침투할 수 있으나, 밀리미터파 신호는 전파거리가 짧으며 건물 등의 물체를 잘 투과하지 못하는 단점이 있다. 그러나 이로 인해 무선통신 링크를 오히려 더 밀집되게 설계할 수 있어서 스펙트럼 이용효율을 높일 수 있고 무선통신의 보안성을 높일 수 있다.

4.5.1 밀리미터파 대역 전파의 일반적인 특성

전파는 "3,000GHz 이하의 전자기파"로 정의되며, 밀리미터파는 일반적으로 그 가운데 30~300GHz 대역으로서 밀리미터(mm) 단위의 파장을 갖는 전자기파를 의미한다. 지금까지 밀리미터파보다 낮은 주파수 대역에서는 기존의 전자회로 기술을 바탕으로, 높은 대역에서는 광학 기술을 기반으로 하여 시스템의 설계가 이루어져 왔으나, 밀리미터파의 경우는 컨트롤 방식이 여의치 않아 적절한 활용방식이 없어 주파수 활용도가 미미했다. 밀리미터파의 주파수로서의 장점이라면 전파의 특성상 파장이 짧아 안테나 및 기기의 소형, 경량화가 가능하고 대역폭을 넓게 사용할 수 있어 정보량을 대량으로 전송할 수 있으며, 근거리통신에 적합하고 주파수 재사용률이 높은 점을 언급할 수 있다. 반면 단점이라면 매우 강한 직진성으로 장거리 통신에는 다소 부적합하다는 점, 대기환경에 민감하게 반응하여 강우, 대기분자, 강설 등 대기요인에 영향을 크게 받아 감쇄가 심하여 지리적 위치, 기후, 지형, 계절 등의 영향을 많이 받는 점이 지적된다. 이러한 장·단점으로 인해 밀리미터파는 점 대 점 무선고정통신 및 100m 이내 근거리의 구내 통신시스템으로서의 활용가능성이 예상되고 있다. 특정한 여건 하에서 문자, 음성, 영상 등 멀티미디어 정보를 고품질로 전송할 수 있어 마이크로파의 통신량을 훨씬 상회하는 초고속통신이 가능한 것이다. 아울러 파장이 짧아 회로·부품 등의 소형화가 가능하다는 점 역시 강점으로 꼽히고 있다.

밀리미터파 대역 활용 서비스는 크게 군사용과 통신용으로 대분될 수 있으며, 이 외에도 아이디어에 따라 다양한 방식으로의 활용이 가능하여 앞으로 무궁무진한 발전가능성이 잠재되어 있다 할 수 있다. 먼저 전통적으로 군사용으로 주파수가 배분되어 활용됨에 따라 12-45GHz 대역의 군사용 위성통신, 3-95GHz 대역의 차량탑재 군사용 레이더 전자전 무기, 미사일 추적장치 등이 연구되어 왔으며, 앞으로도 군사, 항공우주 분야에서의 활용성이 큰 것으로 알려져 있다. 특히 60GHz 대역을 바탕으로 지상 기지국으로부터의 도청위험이 없는 위성 간 은닉통신에 응용할 수 있다는 점에서도 주목을 받고 있다. 그러나 이보다 더 큰 활용가능성을 예상할 수 있는 측면은 기지국과 가입자간의 통신로를 무선화하는 BWLL(Broadband Wireless Local Loop)과 무선 LAN 등 통신서비스와의 접목을 통해서이다. 밀리미터파 개발은 아직은 초기단계지만 초고속통신망과 연동되어 밀리미터파 멀티미디어 서비스를 제공할 수 있는 무선 전송기술로서의 연구가 진행되고 있다. 특히 고속데이터 통신은 가능하되 전파가 멀리 가지 않는다는 특성이 있어, 지능형 교통시스템(ITS) 기반 노변통신, 건물 내, 대학 캠퍼스, 병원 내 통신과 빌딩간 사내통신, 도서통신 등 점대점(P2P) 무선전송 고정통신의 백본망으로 활용가치가 높다. BWLL은 우리나라의 경우 준 밀리미터파에 해당하는 26GHz 부근의 주파수 대역을 통해 기지국과 가입자간에 고속 무선데이터통신 서비스를 제공할 수 있는 초고속 무선인터넷용으로 도입된 바 있으며, 실내용 초고속 무선 LAN으로는 60GHz 대역을 이용하여 100Mbps 이상의 초대용량 정보를 기존 케이블망 없이 사무실에서 송수신할 수 있어 쾌적한 네트워크 환경을 실현할 수 있을 것으로 예상되고 있다. 밀리미터파대역을 활용하면 병원·대학·제조공장 등 산업현장은 물론이고 광케이블 설치가 어려운 도서 및 산간지역에 초고속인터넷 서비스를 손쉽게 제공할 수 있게 된다.

밀리미터파 대역은 현재 UWB보다 시장성이 한발 더 가깝게 와 있는 것으로 평가되고 있다. 우리나라의 경우, 밀리미터파는 주파수 분배 역시 서비스(용도)와 기술을 지정하지 않고 주파수를 분배하는 첫 사례로 분배되었으며, 이에 따른 밀리미터파 기반 비즈니스는 그야말로 아이디어 경쟁의 장이 될 전망이다. 굳이 구체적인 서비스를 열거하지 않더라도 기업 규모나 업종에 관계없이 어떤 서비스든 발굴해 제공할 수 있는 가능성이 상당하여 활용도가 아이디어에 따라 굉장히 다양하게 개발될 수 있기 때문이다. 그 구체적인 한 예로 차량충돌방지 시스템은 77GHz 대역을 활용해 차량 간 충돌을 사전에 방지할 수 있는 시스템으로 미래 차량 안전 운행을 도모하는 데 효율적으로 활용될 수 있을 것으로 예측되고 있다.

(1) 각국의 동향

1) ITU

국가 간 전파의 효율적 사용과 국제적 주파수자원의 이용에 관한 협의?조정을 위한 UN산하기관인 국제전기통신연합(ITU)은 전파규칙(Radio Regulations)을 제정하고 매 2년마다 세계전파통신회의(WRC : World Radiocommunication Conference)를 개최하여 주파수자원 이용계획을 수립하고 있다.

1997년 10월 스위스 제네바에서 개최된 WRC-97에서는 CII(Global Information Infrastructure) 구축을 용이하게 하기 위한 HDFS(High Density Fixed System)용으로 30-60GHz대를 세계 공통 분배하였으며 이에 따라 세계 각국은 WLL(Wireless Local Loop)과 유사한 서비스 형태로 음성, 영상, 데이터 등 무선멀티미디어(광대역통신) 서비스를 제공할 수 있게 되었고 성층권 통신시스템 구축을 위한 새로운 개념인 HAPS(High Altitude Platform Station)용으로 47.2~47.5/47.9~48.2GHz 대역에 상하 각 300MHz 대역을 지정함으로써 위성의 대체 이용 수단으로도 사용할 수 있게 되었다.

2) 유럽

유럽은 유럽전파통신위원회(ERC) 산하의 ERO(European Raiocommunications

Office) 에서 결정된 DSI(Detailed Spectrum Investigation) 계획에 의거 주파수 자원의 조화로운 사용을 위해 범 유럽차원의 공통주파수 분배를 '91년부터 추진하고 있으며 2008년부터 제안된 주파수 분배표를 사용할 것을 목표로 하고 있다 EU내의 각국의 주파수 관리방안과 사용현황을 토대로 하여 3.4GHz에서 105GHz까지 미래의 효율적인 주파수분배 및 이용계획을 권고하고 있으며, 이에 따라 유럽각국은 텔레비전 망 운용에서 방송중계차와 카메라간의 통신(ENG/OB)은 중·단기적으로는 31.0~47GHz에서 공유하고 29.7MHz~960MHz의 고정업무를 37GHz~39.5GHz 대역으로 집중 재배치하도록 하고 있다. 또한 이동멀티미디어서비스, 마이크로파 영상분배서비스(MVDS), 전자뉴스수집(ENG) 또는 방송중계(OB), 도로교통정보시스(RTT)등과 같은 광대역 정보전송용과 이동 또는 고정링크용이 근간을 이룰 것에 대비하여 40.5~43.5GHZ, 47.2~48.5GHZ, 63.0~64.0GHZ, 65.0~66.0GHz, 76.0~77.0GHz 대역을 검토 중에 있다.

3) 미국

미국의 주파수자원정책은 주파수의 경제적 가치를 부여한 이용정책으로 밀리미터파도 상업성이 있는 일부 주파수에 대하여 경매를 통해 사업자를 선정할 계획으로 있다. 37~40GHz대역은 고정(점대점, 점대다점) 및 이동업무 등 업무에는 제한이 없으며, 기지국간 중계 및 교환국간의 중계 통신용, 광대역 가입자 회선용 등으로 사용이 가능하여 이 대역이 밀리미터파 대중 경매대상으로 주목받고 있다. 40GHz 이하의 대역은 이미 다양한 통신시스템들에 의해 사용 중에 있어 광대역 전송을 위해 40GHz 이상의 밀리미터파 대역에서 CATV 전송, ITS의 차량충돌 방지용 레이다, 근거리통신 등 새로운 광대역통신으로 검토 중에 있다.

4) 일본

일본에서는 20~40GHz 대역의 새로운 주파수대를 고정통신, 고정위성통신, 광대역 이동통신 및 이동위성통신에 주로 이용하고 있고 20/30GHz 대역을 이용하는 위성실험을 통해 HDTV(High Definition Television) 방송 및 고품질 오디오방송, 멀티미디어 방송을 가능하게 하는 NHK의 ISDB(Integrated Services Digital Network)서비스 및 지역방송을 위한 다중빔방송 서비스를 계획하고 있으며, CRL(Communication Research Laboratory)은 고속데이터 및 화상통신을 목적으로 하는 ATM을 기본으로 한 무선 LAN 개발을 위해 30~300GHz 대역을 연구개발하고 있다. 특히 '91년부터 "밀리미터파대 개발촉진 협회"를 구성하고 실험주파수대를 59-60GHz대로 지정하고 있는데 156Mbps까지 전송 가능한 초고속 무선 LAN(Ultra-high-speed Wireless LAN)을 목표로 하고 있다. 밀리미터파대의 지속적인 실험과 그 결과를 이용하여 광대역 디지털방송, 차량 레이다시스템, 고속 옥내무선시스템 등을 상용화할 계획으로 있다.

5) 국내 동향

우리나라에서 밀리미터파(30-300GHz)대의 사용은 선진외국과 마찬가지로 이용이 낮은 상태이고 미 사용주파수대역 개척과 관련기술개발을 위해 ITU의 주파수이용 계획에 의거하여 30~60GHz 대역의 고밀도 고정업무(HDFS)용 등으로 분배하였다.

4.5.2 밀리미터파 대역 전파의 모델링

(1) 자유공간의 전파특성

일반적으로 자유공간에서의 전파전파(wave propagation)는 송수신 안테나 사이에 임의의 어떤 장애물도 없는 이상적인 매질 내에서의 전파의 전파를 의미하며, 이 경우에 전자파는 신호원으로부터 모든 방향으로 균일하게 퍼져나가는 직접파로 나타내며, 모든 실제적인 전송 조건에서 상대적인 전송손실의 기준치로 쓰인다. 즉, 전자파가 벽과 같은 구조물에 반사나 투과할 때 전파의 전송손실은 같은 거리의 자유공간의 전파 전송 손실모델과의 차이로써 나타내며, 이를 반사전송손실, 투과전송손실이라고 한다.

기지국의 송신 안테나에서 거리 d만큼 떨어진 곳에서의 자유공간 전계강도 E_o는 아래와 같다.

$$E_o = \sqrt{\frac{Z_0 g_1 P_1}{4\pi d^2}} \ (V/m) \qquad \text{(식 4.1)}$$

여기에서, P_1은 송신 안테나의 송신출력이며, g_1는 송신 안테나의 전력 이득이며, Z_0는 자유공간의 특성 임피던스이다. 수신 안테나의 전력이득 g_2가 주어지고 수신 안테나의 실효안테나 넓이 $A_{eff} = \lambda^2 g_2 / 4\pi$를 구하면 다음과 같다.

$$P_2 = P_1 g_1 g_2 \left(\frac{\lambda}{4\pi d} \right)^2 \qquad \text{(식 4.2)}$$

위의 수식을 이용하여 가장 기본적인 전파손실 예측모델의 하나인 자유공간 전파손실 예측모델을 가정할 수 있다. 자유공간 모델을 사용할 경우의 전송손실 L은 아래와 같다.

$$L(dB) = 32.45 + 20\log f + 20\log d - 10\log g_1 - 10\log g_2 \qquad \text{(식 4.3)}$$

여기에서, d는 기지국과 이동체 수신 안테나 사이의 거리로서 m 단위이며, 주파수는 f는 GHz 단위이다. 또한 이 모델은 지면이나 다른 구조물에 의한 반사가 없이 송신 안테나에서 수신 안테나로 직접 전파되는 전파의 손실을 계산하는데 사용할 수 있으므로 다른 모델에 대한 전파전송손실을 비교하는 기준으로 사용한다. 즉, 다른 전송 손실 예측모델에서 자유공간 전파손실 예측모델보다 더 작은 손실이 나타나면 이득이 존재하며, 더 큰 손실이 나타나면 추가적인 손실이 존재한다.

(2) 단구간 평균치를 사용한 전파전파 모델

실내 환경에서의 밀리미터파 대역을 이용한 통신은 송수신 안테나의 높이가 낮고, 벽이나 칸막이 등의 실내 환경의 복잡성으로 인하여 송신 안테나에서 수신 안테나로 도달하는 전파는 직접파 또는 반사파, 다중반사파, 다중 투과파, 다중 투과한 후 반사한 다중 투과파, 회절파 등 과 같은 아주 복잡한 다중경로를 갖는 전파의 합성파가 되며, 이에 따라 신호레벨이 시간에 따라서 급속하게 변하거나 수신 안테나의 조그만 이동에도 신호레벨이 급속하게 변하는 페이딩이 생긴다. 그러므로 실제측정을 통하여 특별히 통계적 확인할 수 있는 장소는 매우 한정되었다.

일반적으로 측정신호는 단구간 페이딩과 장구간 페이딩(long-term fading)을 함께 포함하고 있고, 단구간 페이딩을 제거한 각 지점별 대표신호는 정규대수 분포하는 것이 알려져 있으며, 주요 발생요인으로는 기지국과 수신 안테나 사이의 지형, 지물의 불규칙성에 의한다.

위와 같이 실내 환경에서 밀리미터파 대역의 전파전파에서 송신 안테나에서 수신 안테나로 도달하는 전자파의 양의 측정은 단구간 페이딩에 의하여 신호레벨이 급속하게 변하므로 실제적으로 불가능하다. 그러므로 실내 환경에서 밀리미터파 대 전파전송 모델을 사용하기 위해서는 단구간 페이딩을 제거하는 것이 필수적이며, 단구간 페이딩을 제거한 각 지점별 대표치를 구한 것을 단구간 평균치(local mean value) 또는 구간평균(sector average)라고 정의한다.

실내 환경에서 밀리미터파 대역 전파전파의 예측모델이나 실제 측정을 통하여 단구간 평균치를 구하는 방법은 적정구간에 대하여 적분하여 평균과 중앙치를 구하는 방법이 있다. 실제 측정을 통하여 얻은 데이터를 이용한 단구간 평균치를 구할 때, 적분구간의 설정을 크게 하면 할수록 표준편차 σ_m와 $1\sigma_m$ spread가 작아지며, 적분구간을 매우 크게 하면 편차는 작게 할 수 있으나 지역적 특성인 장구간 페이딩 효과를 같이 제거함으로써 지점별 대푯값을 변형시키므로 일반적으로 적분구간을 40λ 이하로 하는 것이 좋으며, 또한 90% 이상의 신뢰도를 갖기 위해 이 구간 내에 50개 이상의 데이터를 수집하여 적분하여야 한다. 또한 실내 환경에서 밀리미터파 대역 전파전파 예측모델에서 단구간 평균치는 아래와 같은 방법을 사용하여 구한다. 실내 환경에서 전파전송손실예측은 여러 가지 다중경로를 갖는 다중광선모델을 사용하므로 각각의 전파 전송경로에 의하여 송신 안테나에서 수신 안테나로 수신되는 전계는 다음과 같이 나타낸다.

$$E_T = \sum_i |E_i| e^{-jk\Psi_i} \qquad \text{(식 4.4)}$$

여기에서, $|E_i|$와 Ψ_i는 각각 i번째의 전파전송경로에 의한 전계의 크기와 위상변화이다. 수신 안테나에 수신되는 전력의 양은 $|E_T|^2$에 비례하고, 또한 단구간 페이딩의 효과를 제거하기 위하여 수 파장에 걸쳐 적분할 때 전계의 크기 $|E_T|$의 단구간 평균치를 구하여야 한다. 수 파장에 걸쳐 적분할 때 전계의 크기 $|E_i|$는 그 변화 정도가 크지 않으나 위상항 Ψ_i는 많은 변화를 한다. 그러므로 $|E_T|$의 단구간 평균치는 다음과 같다.

$$\begin{aligned}\left\langle |E_T|^2 \right\rangle &= \left\langle \left| \sum_i |E_i| e^{-jk\Psi_i} \right|^2 \right\rangle \\ &= \sum_{ik} |E_i||E_k| \left\langle e^{-jk(\Psi_i - \Psi_k)} \right\rangle\end{aligned} \qquad \text{(식 4.5)}$$

여기에서, 위상은 수 파장 사이에 급격하게 변하므로 $i \neq k$일 때의 위상항의 평균, 즉, $\left\langle e^{-jk(\Psi_i - \Psi_k)} \right\rangle$의 평균은 거의 영이 된다. 그러므로 수신안테나에 수신되는 전파의 단구간 평균치와 도달되는 전력은 다음과 같다.

$$\langle E_{mean} \rangle = \sqrt{\sum_i |E_i|^2} \qquad \text{(식 4.6)}$$

$$P_2 = \sum_i |E_i|^2 / Z_o \qquad \text{(식 4.7)}$$

즉, 단구간 페이딩 효과를, 제거한 수신 전력은 각각의 전파 경로에 의하여 도달하는 전력의 합으로 구한다.

(3) 전파의 회절

1) Kirchhoff의 회절이론

Kirchhoff의 회절이론을 그림 4.1과 같은 칼날형 모서리에 적용시키면 관측점 P에서 전계에 대한 표현식은 입사파가 구면파인 경우 $d_1, d_2 \gg h$의 조건을 만족할 때

$$\begin{aligned}U_{KE}(P) &= \frac{e^{-jk(d_1+d_2)}}{d_1+d_2} \frac{1+j}{2} \int_x^\infty e^{-j(\pi/2)t^2} dt \\ v &= \sqrt{\frac{2(d_1+d_2)}{\lambda d_1 d_2}}\, h\end{aligned} \qquad \text{(식 4.8)}$$

로 주어진다. 이러한 knife-edge 회절공식은 스크인의 매질변수 및 편파와 무관하며, Kirchhoff의 경계조건은 그림자영역은 완전도체, 조사영역은 완전 흡수체의 경우와 동

일하다.

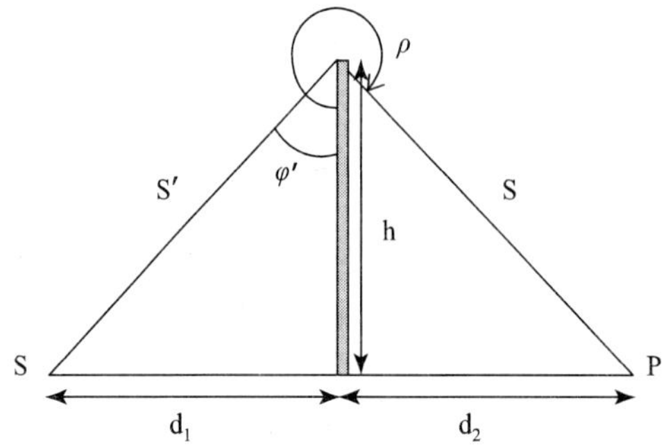

| 그림 4.1 | 칼날형 모서리에 대한 회절경로

2) GTD

고주파 전자파해석 방법 중 자주 쓰이는 GTD는 기하광학적인 광선법(ray tracing technique)을 이용하여 관찰점에서 관측될 수 있는 입사파와 반사파를 계산하고 구조물의 쐐기(wedge)에 의해 나타나는 회절파는 주어진 회절계수를 이용하여 계산한 다음 이들 각 성분들을 모두 합해줌으로써 관찰점에서 나타나는 전체전자파를 구하는 방법이다. 이러한 과정으로 해석을 함으로써 다른 해석방법에 비하여 실제 해석하는 과정에서 각 성분들의 물리적인 의미까지 바로 이해할 수 있는 장점이 있는 방법이다.

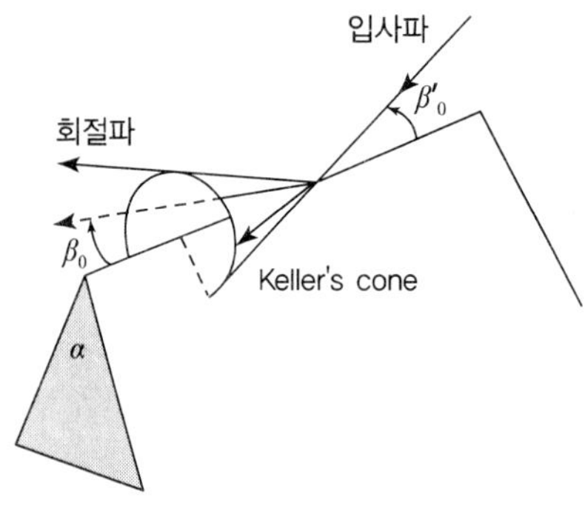

| 그림 4.2 | 쐐기에 의한 회절파

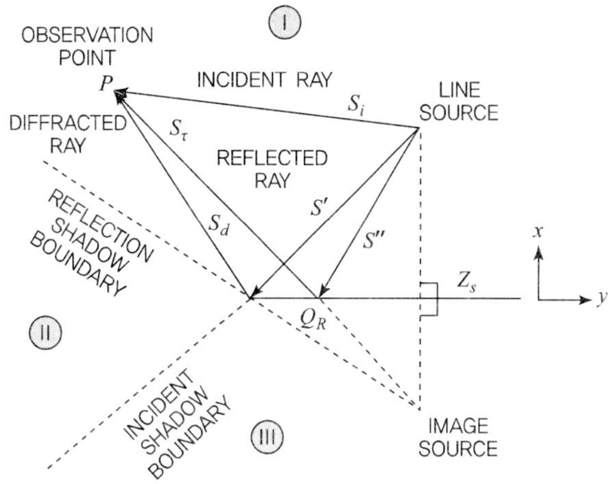

| 그림 4.3 | 반평면에 선전원이 입사하는 구조

GTD가 사용되는 것은 1950년대 기하광학의 확장으로서 Keller가 회절계수를 제안하여 기하광학(Geometrical Opitcs, GO)의 단점을 극복하면서 부터이다. 기존의 기하광학은 그림자영역(shadow region)에 전자파의 값이 '0'이 되기 때문에 가시영역(lit region)과 그림자 영역사이의 불연속적인 전자파 값을 제공해주는 단점이 있었다. Keller는 산란을 일으키는 구조가 GO파의 불연속을 제공하는 곳에서는 항상 회절파가 발생한다고 가정하여 회절파가 회절되는 법칙을 제안하였다. 이 법칙에 따르면 회절파는 항상 모서리(edge)와 입사파가 이루는 각과 동일한 각을 이루는 각으로 회절된다. 이것을 회절법칙이라고 하며 그림 4.2에 그 관계를 나타내었다. 2차원 구조는 그림 4.2에서 $\beta_o = 90^o$인 특수한 경우로 볼 수 있다. 그리고 그림 4.3에서 보인 바와 같은 완전도체로 된 반평면은 그림 4.2에서 α=0일 때이며, 이 반평면에 선전원에 의해 비춰질 때를 생각해 보면, 측정점 P가 위치한 영역에 따라 입사파, 반사파, 회절파 등이 나타나며, 각 항은 다음과 같다.

$$U^i(P) = \begin{cases} A_0 \dfrac{e^{-jks_i}}{\sqrt{s_i}} & ;\text{영 역 } 1,2 \\ 0 & ;\text{영 역 } 3 \end{cases} \quad \text{(식 4.9)}$$

$$U^r(P) = \begin{cases} U^i(Q_R) R_{s,k} \dfrac{e^{-jks_r}}{\sqrt{s_r}} & ;\text{영 역 } 1 \\ 0 & ;\text{영 역 } 2,3 \end{cases} \quad \text{(식 4.10)}$$

$$U^d(P) = U^i(Q_E) D_{s,k} \frac{e^{-jks_d}}{\sqrt{s_d}} \;;\text{영 역 } 1,2,3 \quad \text{(식 4.11)}$$

위에서 $S_i(S_r)$은 전원(반사점 Q_R)에서 측정점 P까지의 거리를, s_d는 모서리의 회절점(Q_E)에서 측정점 P까지의 거리를 나타낸다. 또한, 위 식에서 $R_{s,k}(D_{s,k})$는 각각 soft 경계조건과 hard 경계조건을 만족하는 입사파에 대한 반사계수(회절계수)를 나타내며, 여기에서 다루는 반평면(그림 4.2)에서 회절계수 $D_{s,k}$는 soft 및 hard 경계조건에서 다음과 같다.

$$D_{s,h} = D_1 + D_2 + R_{s,h}(D_3 + D_4) \qquad \text{(식 4.12)}$$

여기에서

$$D_1 = \frac{-e^{-j\pi/4}}{2n\sqrt{2\pi k}} cot\left[\frac{\pi + (\phi - \phi')}{2n}\right] F[kLa^+(\phi - \phi')] \qquad \text{(식 4.13)}$$

$$D_2 = \frac{-e^{-j\pi/4}}{2n\sqrt{2\pi k}} cot\left[\frac{\pi - (\phi - \phi')}{2n}\right] F[kLa^-(\phi - \phi')] \qquad \text{(식 4.14)}$$

$$D_3 = \frac{-e^{-j\pi/4}}{2n\sqrt{2\pi k}} cot\left[\frac{\pi + (\phi + \phi')}{2n}\right] F[kLa^+(\phi + \phi')] \qquad \text{(식 4.15)}$$

$$D_4 = \frac{-e^{-j\pi/4}}{2n\sqrt{2\pi k}} cot\left[\frac{\pi - (\phi + \phi')}{2n}\right] F[kLa^-(\phi + \phi')] \qquad \text{(식 4.16)}$$

$n = 2$; 반평명의 경우 (식 4.17)

$$a^{\pm}(\phi \pm \phi') = 2\cos^2\left(\frac{2n\pi N^{\pm} - (\phi \pm \phi')}{2}\right) \qquad \text{(식 4.18)}$$

$$L^i = \frac{s's}{s + s'} \qquad \text{(식 4.19)}$$

이며, 반사계수 $R_{s,h}$는 완전도체일 경우 soft 경계조건일 경우에는 −1이며 hard 경계조건일 경우는 +1이 된다. $N^{\pm}$은 아래 식을 가장 가깝게 만족시키는 정수값을 가진다.

$$2\pi n N^+ - (\phi \pm \phi') = \pi, \qquad \text{(식 4.20)}$$
$$2\pi n N^- - (\phi \pm \phi') = -\pi$$

$F(x)$는 Keller가 GTD를 개발했을 때 각각의 경계에서 나타났던 불연속을 해결해주기 위해서 도입된 전이함수이다. 이 값은 다음과 같이 주어진다.

$$F(x) = 2j\sqrt{2}\, e^{jx} \int_{\sqrt{x}}^{\infty} e^{-ju^2} du \qquad \text{(식 4.21)}$$

식 4.11의 GTD 모서리 회절계수는 높은 주파수에서 입사 그림자 경계 (Incident Shadow Boundary, ISB)와 반사 그림자 경계(Reflected Shadow Boundary RSB)에서

전체 전자파가 연속이 되게 한다.

그림 4.4에서 반평면에 입사하는 각도는 45°이고 반평면의 모서리(회절점)에서 측정점 P까지의 거리 $S_d = 5\lambda$이며, 선전원은 반평면의 모서리에서 매우 멀리 떨어져있는 경우(평면파 입사)이다. 그림 4.4에 보인 바와 같이 식 4.9와 4.10에 표현한 기하광학파는 입사 그림자 경계(ϕ=135°)와 반사 그림자 경계(ϕ=225°)에서 불연속을 보이며, 이것은 회절파의 불연속에 의하여 보상된다. 그림자 경계에서 회절파의 크기는 기하광학파의 불연속양의 반이며, 위상이 반전되어 전체적인 전자파는 연속이 된다.

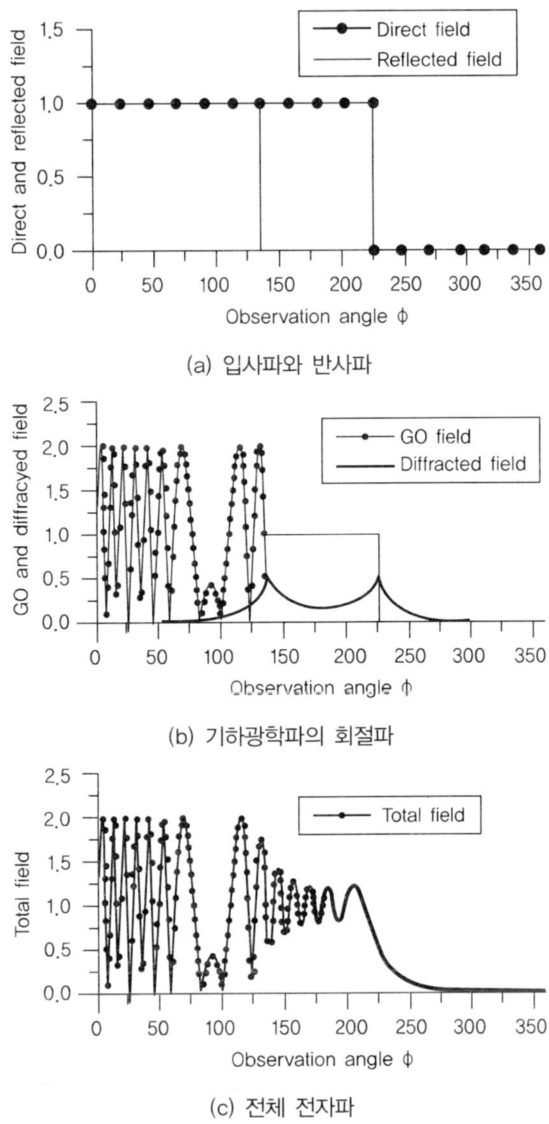

(a) 입사파와 반사파

(b) 기하광학파의 회절파

(c) 전체 전자파

| 그림 4.4 | 반평명에 평행파가 입사하는 구조

3) 완전도체에 대한 UTD

그림 4.5와 같이 내각이 α인 완전도체 쐐기로부터의 회절문제에 대해 Kouyoumjian과 Pathak은 균일점근적분을 이용하여 전 영역에서 유효한 UTD 이론을 도입함으로써 Keller의 GTD 이론의 단점을 보완하였다.

$$U_{UTD}^{d} = U^{i}(Q_e)D_{UTD}A(s)e^{-jks} \quad \text{(식 4.22)}$$

의 형태로 주어지며, $U^{i}(Q_e)$는 회절점 Q_e에서의 입사파, $A(s)$는 확산계수(spreading factor)를 나타낸다. 그리고 D_{UTD}는 회절계수로서

$$D_{UTD} = D_1 + D_2 + R(D_3 + D_4) \quad \text{(식 4.23)}$$

로 나타낼 수 있다. 여기서 R은 편파에 따른 완전도체에 반사계수 (± 1)를 나타내며 D_1, D_2, D_3, D_4는 내각 α(또는 $n = 2 - \alpha/\pi$), ϕ, ϕ', s, s'의 함수로써 D_2, D_4는 그림의 o-face로 전자파가 입사한 경우의 ISB 및 RSB와 관계된다. 따라서 D_1, D_2, D_3, D_4는 각각 n-face입사, o-face 입사, n-face 반사, o-face 반사 회절계수로 볼 수 있다.

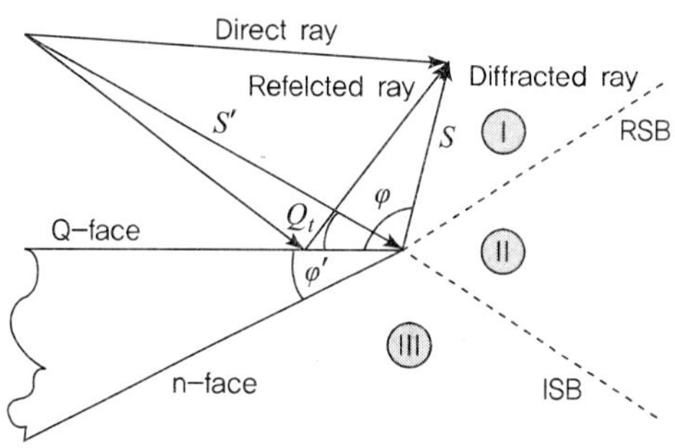

| 그림 4.5 | 쐐기에 입사하는 파의 반사 및 회절

4) Luebbers의 UTD

Luebbers는 쐐기가 유한한 전도도를 갖는 경우, 식 의 UTD 회절계수를 단순히 일반화시켜 반사계수 R을 D_3에는 n-face의 평면파 반사계수, D_4에는 o-face의 평면과 반사계수로 대체한 근사식을 제안하였다. 즉,

$$D_{LB} = D_1 + D_2 + R_n D_3 + R_0 D_4 \quad \text{(식 4.24)}$$

위 식에서 평면파의 반사 계수 R_0, R_n은 쐐기면으로부터의 각도를 Ψ라 할 때

$$R_S = \frac{\psi n\Psi - \sqrt{\hat{\varepsilon_r} - \cos^2\Psi}}{\psi n\Psi - \sqrt{\hat{\varepsilon_r} - \cos^2\Psi}},$$

$$p = \begin{cases} 1, & (\text{수직편파}) \\ \hat{\varepsilon_r}, & (\text{수평편파}) \end{cases} \qquad \text{(식 4.25)}$$

로 주어지며 쐐기의 유전상수를 ε_r, 전도도를 σ, 입사파의 파장을 λ라 할 때 유효유전상수 $\hat{\varepsilon_r}$는 $\hat{\varepsilon_r} = \varepsilon_r - j60\sigma\lambda$로 나타낼 수 있다. 위 식에서 R_s는 거울면 반사의 경우를 나타내며 쐐기의 표면이 거친 경우는 표면 거칠기도 고려할 수 있는 근사식을 제안하고 있다.

4.5.3 실내 환경에서의 채널 특성

본 절에서는 실내 환경의 기본적인 구조물 즉, 복도, 벽면, 칸막이 등의 구조물에 밀리미터파 대역에서 전파의 전파특성을 계산하는 방법을 설명한다. 실내의 환경에서 전자파의 전파전파특성을 구하는 문제는 일반적으로 전파를 광선(ray)으로 근사화하여 광선의 궤적(ray tracing)을 따라 전자파를 구하는 광선법(ray tracing technique)을 사용한다. 실내의 환경에서 전파를 반사, 투과 및 회절시키는 물체의 크기는 사용하는 전파의 파장(wave length)에 비하여 매우 크므로 저주파에서 사용되는 방법인 모멘트법(moment method)나 FDTD(finite difference time domain)등은 실질적인 계산에서 사용이 불가능하다. UHF 대역에서는 FDTD를 사용하여 실내 환경 중 복도에서의 전파전파특성을 예측한 경우가 있다. 그러나 밀리미터파 대역의 파장은 수 mm에서 수백 mm로 매우 작으므로 모멘트법이나 유한요소법과 같은 방법은 사용이 불가능하고 오직 광선법에 의한 예측만이 가능하다.

LOS에 의한 직접파에 의한 전파와 벽면과 같은 평면에 의한 반사파에 의한 전파가 존재하는 구조물에서는 전파전파특성을 예측하는 방법은 회절파를 고려하지 않는 기하광학에 의하여 해석한다. 일례로 실외환경의 전파전파특성을 예측하는 방법 중 교외지역이나 농촌지역의 전파강도예측을 Bertoni는 2개의 광선(직접파와 대지 반사파)으로 이루어진 two-ray model를 사용하였다. 그러나 직접파가 존재하지 않고 반사파의 크기가 크지 않을 경우에는 벽면의 모서리 같은 곳에서 회절되는 회절파가 전파강도 예측에 중요한 역할을 한다. Ikegami는 도심 내에서의 전파전파를 하나의 회절파와 하나의 반사파의 합성파(two-ray model)로 모델하였다. 이 모델은 일반 도심지역에서 적용하기 위하여 균일한 건물 높이를 갖는 도심 지역을 가정한 실험적인 예측 모델로서 거리의 폭과 방향도 고려한다. 그러나 실내 환경에서의 전파전파는 two-ray model로 해석하기에는 많은 요소가 있으므로 실외환경에서도 정확한 예측을 위하여 사용되고 있는 다중광선모델(multi-ray model)을 사용하여야 한다.

실내 환경에서도 직접파가 존재하지 않고 반사파의 크기가 작은 그림자 영역이 존재하는 구조가 있으며, 특히 40 GHz 이상의 밀리미터파대역에서의 투과파는 손실이 매우 심하므로, 이 경우에는 회절파 항을 고려하는 GTD에 의하여 전파전파특성을 예측하여야 하며, 기하광학 방법인 다중광선모델보다 좀 더 정확한 예측을 위하여서도 회절파 항을 고려하여야 한다.

실내 환경에서의 밀리미터파 대역의 전파전파 특성을 설명한다. 실내 환경에서 전파의 전파는 주로 벽 투과파, 복도 전송파, 그리고 재침입파의 3가지 모드로 이루어져 있고, 이 중에서 옥내에서의 전파전송의 주된 경로는 건물 내의 벽면을 투과하는 벽 투과파이며, 전파가 벽을 투과할 때 많은 전파의 감쇠가 있다. 그러므로 옥내에서의 전파환경은 옥외환경과는 달리 매우 많은 전송손실이 존재하게 된다.

복도와 같이 장애물이 없고, 사면에 전파의 전송방향에 나란한 반사면이 있는 특수한 구조에서는 복도의 벽에 의한 반사에 의한 전파 현상도 직접파와 같이 주된 전파현상을 이루어서 복도의 일부 구간에서는 자유공간의 전파전송보다 더 큰 전력을 전송하기도 한다. 이런 현상을 복도전송파라 한다.

건물 내의 다른 층 사이의 전파전송은 바닥이나 천장을 투과하여 전파하는 투과파가 중요한 전파전송현상이 된다. 그러나 송신 안테나와 수신 안테나가 여러 층을 사이에 두고 전파전송을 하거나 주파수가 높아짐에 따라 벽을 투과할 때 감쇠가 심하게 일어날 경우는 송신 안테나가 있는 층의 창문에서 회절되어 건물 밖으로 나간 전파가 건물의 외벽을 따라 전파하다가 수신 안테나가 있는 다른 층의 창문에 회절되어 다시 건물 내로 전파하는 재 침입파가 중요 전송현상이 된다.

(1) 벽면에 의한 전파전파 특성

실내 환경에서 벽면이 존재할 때 송신 안테나(전원)에서 수신 안테나(측정점)으로 전파하는 전원과 측정점의 위치에 따라 입사파, 반사파, 투과파의 조합으로 이루어진다. 반사파와 투과파의 경우에 벽면에 의한 반사감쇠와 투과감쇠를 해석하기 위한 반사계수 및 투과계수를 설명한다. 반사계수 및 투과계수는 같은 거리를 전파하는 자유공간의 전파손실 예측모델과 비교하여 산출하며, 반사 및 투과계수를 구하기 위하여 벽면은 전기적으로 평탄하다고 가정하였고, 일반적으로 반사 및 투과계수는 입사파가 평면파 일 때의 값을 구한다.

1) 반사계수

실내 환경에서 벽면이 존재할 때 전원과 측정점이 벽면의 같은 방향에 존재하면 반사파가 존재하며, 상당한 양의 전력이 이 반사파에 의하여 전달된다. 그림 4.27에서 보인 바와 같이 벽면에 의한 반사되는 전파는 직접 반사파와 벽면을 투과한 후 상대편 벽면에서 반사하여 측정점으로 투과하는 전자파 등등의 여러 가지 모드로 구성된다. 밀리미터파 대역에서는 벽면의 두께가 파장에 비하여 매우 크므로 다른 주파수 대역에 비하여 상대적으로 밀리미터파 대역의 전파는 벽면 내에서도 많은 거리를 전파하게 된다. 그러므로 다중 반사, 투과되어 다시 측정점으로 오는 전파는 이에 따른 위상의 변화를 충분히 고려하여야 하며, 실내 환경 내의 벽면을 이루는 물질은 이상적인 유전체가 아니라 손실이 존재하므로 이에 따른 효과는 주파수가 증가함에 따라 벽 투과에 의한 감쇠가 증가하므로 실제적으로 다중 반사 및 투과하는 전자파가 반사계수에 미치는 영향은 매우 작다. 그러나 이 보고서에서는 정확성을 높이기 위하여 다중반사 및 투과하는 전자파까지도 고려하였다.

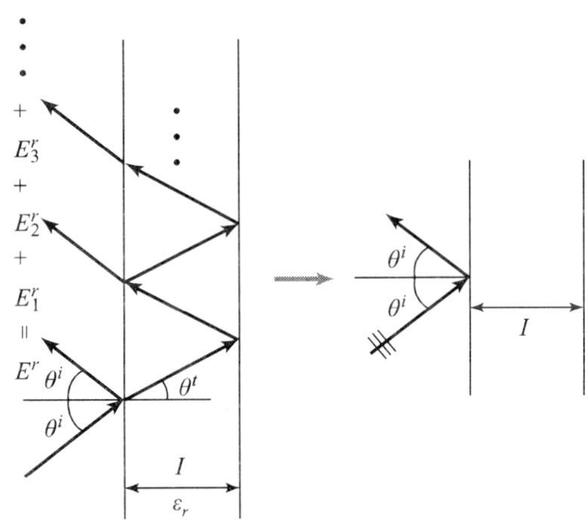

| 그림 4.6 | 유전체로 된 벽면에 의한 반사

전체 반사파 $E^r(P)$의 각 성분을 전원에의 입사파의 각 성분에 관련하여 행렬로 나타내면 다음과 같다.

$$E^r(P) = \hat{x}E_x^r(P) + \hat{y}E_y^r(P) + \hat{z}E_x^t(P) \quad \text{(식 4.26)}$$

여기에서

$$\begin{bmatrix} E_x^r(P) \\ E_y^r(P) \\ E_z^r(P) \end{bmatrix} = [R] \begin{bmatrix} E_x^i(Q_R) \\ E_y^i(Q_R) \\ E_z^i(Q_R) \end{bmatrix} \cdot e^{-jks_r} \quad \text{(식 4.27)}$$

Q_R은 반사점이고 S_r은 반사점 Q_R에서 측정점 P까지의 반사 전파된 거리이고 $[R]$

은 반사계수 행렬이며 그림 4.6에서 보인 모든 반사 전자파는 무한 공비수 열을 이루어져 있으므로 이를 고려한 반사계수는 아래와 같다.

$$[R] = [R_1] + \frac{[T_1]P_L[R_2]P_L[T_2]}{1 - P_L[R_2]P_L[R_2]} \tag{식 4.28}$$

여기에는 P_L은 유전체 안에서 전파가 전파한 전파경로 S_l에 의한 위상변화와 크기 변화량이며 아래와 같다.

$$P_L = \exp(-jk\sqrt{\varepsilon_r}\, s_l) \tag{식 4.29}$$

반사계수행렬 $[R_1]([R_2])$은 자유공간에서 유전체에 입사할 때의 반사계수값이며, 투과계수행렬 $[T_1]([T_2])$은 전원에서 입사하여 유전체로 투과할 때의 값이며 아래와 같다.

$$[R_m] = \begin{bmatrix} -R_s\cos^2\phi^i + R_{mh}\sin^2\phi^i & -(R_{ms}+R_{mh})\sin\phi^i\cos\phi^i & 0 \\ -(R_{ms}+R_{mh})\cos\phi^i\sin\phi^i & -R_{ms}\sin^2\phi^i + R_{mh}\cos^2\phi^i & 0 \\ 0 & 0 & R_{ms} \end{bmatrix} \tag{식 4.30}$$

$$[T_m] = \begin{bmatrix} -T_s\cos^2\phi^i + T_{mh}\sin^2\phi^i & -(T_{ms}+T_{mh})\sin\phi^i\cos\phi^i & 0 \\ -(T_{ms}+T_{mh})\cos\phi^i\sin\phi^i & -T_{ms}\sin^2\phi^i + T_{mh}\cos^2\phi^i & 0 \\ 0 & 0 & T_{ms} \end{bmatrix} \tag{식 4.31}$$

여기에서 m=1, 2이며, 각 경우의 $R_{s(h)}$와 $T_{s(h)}$는 입사평면에 평행하게 분극된 전장에 대한 Fresnel 반사계수와 Fresnel 투과계수이며 아래와 같다.

$$R_s = \frac{\cos\theta^i - \sqrt{\varepsilon_r}\sqrt{1-\sin^2\theta^i/\varepsilon_r}}{\cos\theta^i + \sqrt{\varepsilon_r}\sqrt{1-\sin^2\theta^i/\varepsilon_r}} \tag{식 4.32}$$

$$R_h = \frac{-\cos\theta^i + \sqrt{1/\varepsilon_r}\sqrt{1-\sin^2\theta^i/\varepsilon_r}}{\cos\theta^i + \sqrt{1/\varepsilon_r}\sqrt{1-\sin^2\theta^i/\varepsilon_r}} \tag{식 4.33}$$

$$T_{ms} = \frac{2\cos\theta}{\cos\theta + \sqrt{\varepsilon_r}\sqrt{1-\sin^2\theta/\varepsilon}} \tag{식 4.34}$$

$$T_{mh} = \frac{2\cos\theta/\varepsilon}{\cos\theta + \sqrt{1/\varepsilon_r}\sqrt{1-\sin^2\theta/\varepsilon}} \tag{식 4.35}$$

여기에서 m이 1(2)일 때는 θ는 $\theta^i(\sqrt{1-\sin^2\theta^i/\sqrt{\varepsilon_r}}$ 이며 ε의 값은 $\epsilon_r(1/\epsilon_r)$이다. 식 4.29에서 식 4.35까지 나타는 θ^i, ϕ^i는 그림 4.7과 그림 4.8에 표시하였다.

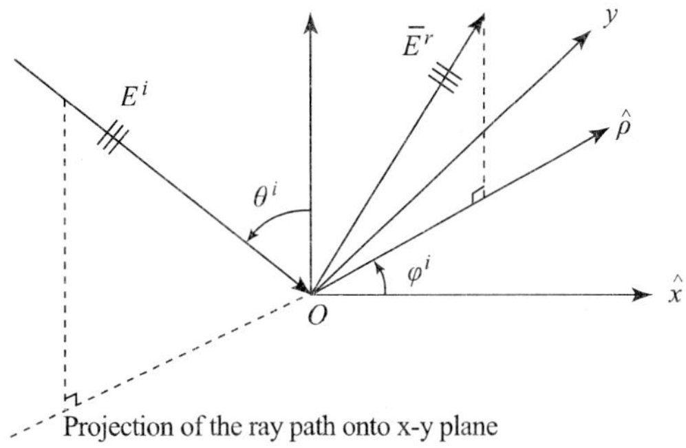

| 그림 4.7 | xy 평면에 전파가 입사하는 구조

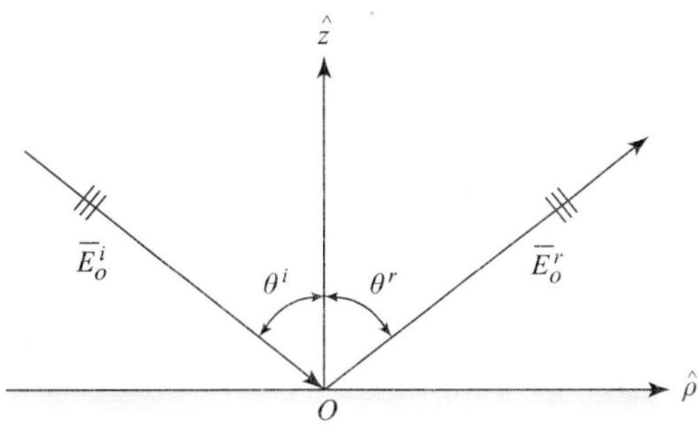

| 그림 4.8 | 입사평면에서 바라본 모양

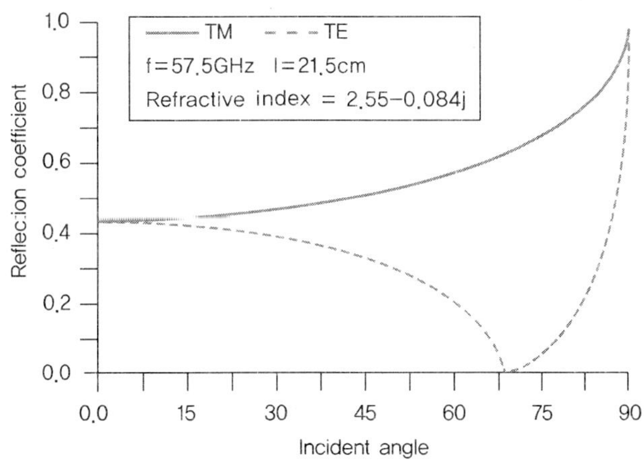

| 그림 4.9 | 57.5GHz에서 콘크리트 벽돌 벽에 대한 반사 계수

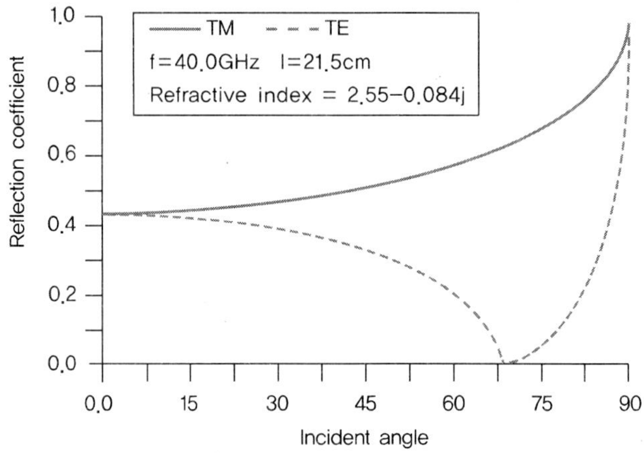

| 그림 4.10 | 40.0GHz에서 콘크리트 벽돌 벽에 대한 반사 계수

밀리미터파 대역에서 벽면은 손실이 존재함으로 상대 유전율 값은 실수가 아니라 복소수 값이 되며, 57.5GHz에서 콘크리트로 된 벽면의 복소 굴절율 $\sqrt{\epsilon_r}$ 값은 2.55-0.084j이다. 이 값을 사용하여 콘크리트 벽의 두께가 21.5cm인 벽에 의한 반사계수를 수직편파와 수평편파에 대하여 57.5GHz와 40GHz에서 계산한 값을 그림 4.9와 그림 4.10에 나타냈다. 그림에서 보인 바와 같이 반사계수는 수직입사 ($\theta^i = 0°$)의 경우에 0.44(-7.2dB)의 손실이 나타나며, 40GHz의 경우나 57.5GHz의 경우나 모두 비슷한 값을 보이는데 이는 반사파의 크기가 기본 모드가 가장 크고 나머지 고차 모드는 모든 주파수에서 기본 모드에 비하여 무시할 수 있을 정도로 작기 때문이다.

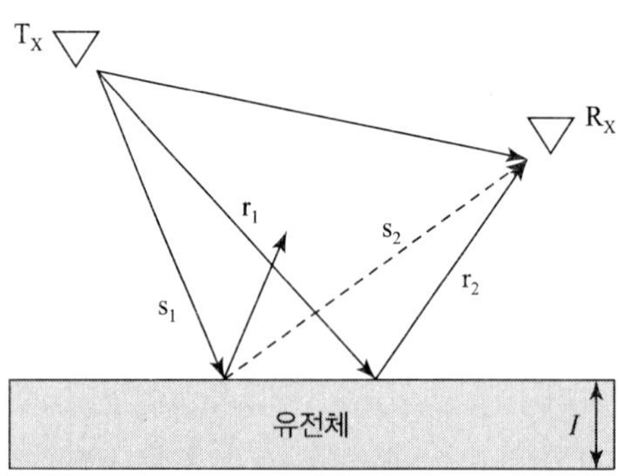

| 그림 4.11 | 콘크리트 벽돌 벽의 반사와 diffuse scattering

위에서 계산한 반사계수는 벽면이 전기적으로 평탄하다고 가정하여 계산한 값이나, 실제로 밀리미터파 대역에서 건물 내의 벽면은 파장에 비하여 평탄하지 않고, 콘크리

트 벽돌 벽은 또한 주기적 구조를 가지고 있다. 이런 현상들에 의하여 그림 4.11에 보인 바와 같은 Fresnel 반사법칙을 만족하지 않은 반사가 일어나며 이를 diffuse scattering이라 한다. 그림 3.32에 보인 바와 같이 송신 안테나에서 유전체 벽에 반사하여 수신 안테나로 수신되는 반사되는 전력은 경로손실 $1/(r_1+r_2)^2$에 비례하고 diffuse scattering 되어 수신 안테나에 전달되는 전력은 경로손실 $1/(s_1^2 s_2^2)$에 비례하므로 전체전파전송에서 diffuse scattering에 의한 전파전송은 고려하지 않아도 된다.

2) 투과계수

실내 환경에서 벽면이 존재할 때 전원과 측정점이 벽면의 다른 방향에 존재하여 직접파가 존재하지 않을 때는 벽 투과파에 의하여 전력이 전달된다. 실내 환경에서는 여러 가지 벽이 존재하므로 전파의 전파는 벽면을 투과하는 벽 투과파 모드에 의하여 전달된다. 밀리미터파 대역에서는 벽면의 두께가 파장에 비하여 매우 크므로 다른 주파수 대역에 비하여 상대적으로 밀리미터파 대역의 전파는 벽면 내에서도 많은 거리를 전파하게 된다. 그러므로 이에 따른 위상의 변화를 충분히 고려하여야 하며, 실내 환경내의 벽면을 이루는 물질은 이상적인 유전체가 아니라 손실이 존재하므로 이에 따른 효과는 주파수가 증가함에 따라 벽 투과에 의한 감쇠가 증가한다.

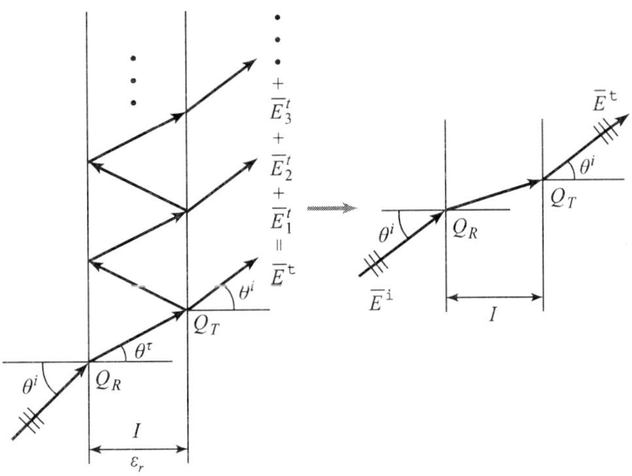

| 그림 4.12 | 유전체로 된 벽면을 투과하는 광선

그림 4.12에서는 유한 두께를 가진 유전체에 전파가 입사할 때의 투과계를 구하는 방법을 도시하였다. 그림에서 보인 바와 같이 벽면 반대편에 있는 측정점 P에서 투과파는 전원에서 벽면으로 투과되고 다시 벽면 내에서 측정점 방향으로 투과되어 전파하는 전자파만으로 근사화시킬 수 있다. 벽면에서 측정점쪽으로 할 때 반사가 있고 이

반사된 파가 전원쪽으로 전파할 때 다시 반사되어 측정점쪽으로 투과되는 등의 여러 투과파 모드가 존재하며, 벽 투과파 $E^t(P)$의 각 성분을 전원에의 입사파의 각 성분에 관련하여 행렬로 나타내면 다음과 같다.

$$E^t(P) = \hat{x}E_x^t(P) + \hat{y}E_y^t(P) + \hat{z}E_z^t(P) \qquad \text{(식 4.36)}$$

여기에서

$$\begin{bmatrix} E_x^t(P) \\ E_y^t(P) \\ E_z^t(P) \end{bmatrix} = [T] \begin{bmatrix} E_x^i(Q_R) \\ E_y^i(Q_R) \\ E_z^i(Q_R) \end{bmatrix} \cdot e^{-jks_t} \qquad \text{(식 4.37)}$$

Q_R은 반사점이고 s_t은 투과점 Q_T에서 P까지의 투과파가 전파된 거리이고 $[R]$은 투과계수행렬이며 반사행렬의 경우와 같은 방법으로 구하면 아래와 같다.

$$[T] = \frac{[T_1]P_L[T_2]}{1 - P_L[R_2]P_L[R_2]} \qquad \text{(식 4.38)}$$

그림 4.13에는 콘크리트 벽의 두께가 21.5cm인 벽에 의한 투과계수를 수직편파와 수평편파에 대하여 57.5GHz에서 계산한 값을 나타냈다. 그림에서 보인 바와 같이 투과 계수는 수직입사의 경우에 57.5GHz에서의 약 187dB의 손실을 보이며, 그림 4.14에 보인 바와 같이 40GHz의 경우의 투과손실은 약 130dB이다. 이와 같이 밀리미터파 대역에서 벽면은 거의 도체와 같은 투과파의 감쇠를 나타내므로, 이와 같은 주파수 대역에서 콘크리트 벽면을 투과하여 전파하는 전송경로는 고려할 수 없으며, 벽면에서 반사하여 전파하는 전파경로만이 존재한다.

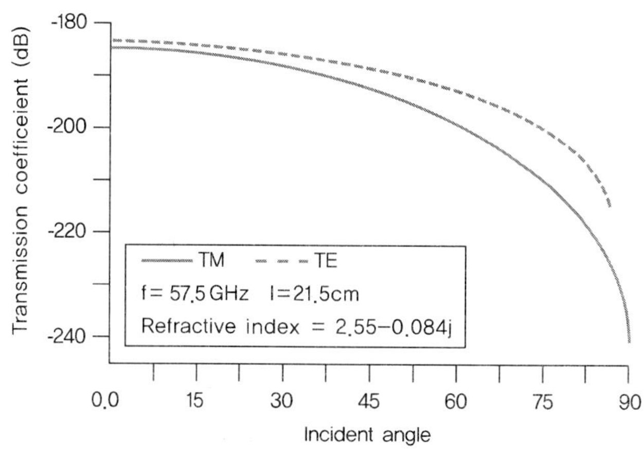

| 그림 4.13 | 57.5GHz에서 콘크리트 벽돌 벽에 대한 투과계수

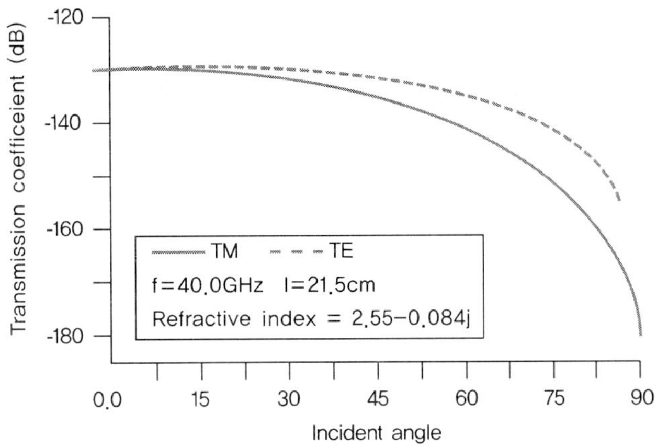

| 그림 4.14 | 40.4 GHz에서 콘크리트 벽돌 벽에 대한 투과 계수

Chapter 5

무선 채널

5.1 무선 통신이란?

케이블이나 광케이블 등의 전송로를 사용하지 않는 통신 방식으로 유선 통신과 다르다. 무형의 주파수 자원을 통하여 이들이 연결되어 있으므로 전자파를 이용하여 정보를 전송하는 통신 방식을 말한다. 특히 무선 통신의 경우 전송 선로를 의식하지 않고 전파가 도달하는 범위 내에서는 언제, 어디서라도 자유롭게 쓸 수 있다는 장점으로 널리 보급되기 시작하여 최근에서 이동 셀룰러 통신, 개인 휴대 통신, 위성 통신 등의 분야에서 사용되고 있다. 넓은 의미의 무선 통신은 적외선을 이용하는 텔레비전 리모컨과 같이 수 미터 이내에서 작동하는 것에서 부터 위성 통신과 같이 수 천 킬로미터 떨어진 곳에서 이루어지는 것까지 다양하다. 전파(공간파)를 이용하는 "Radio Communication"은 일반적으로 "무선 통신"이라 불리지만 그 외에 적외선, 가시광선 등 (레이저, LED 등)을 이용한 광무선 통신, 음파 또는 초음파를 이용한 음향 통신도 광의의 무선 통신(Wireless)에 속한다. 일반적인 무선 통신은 전파를 이용하는 무선 통신을 말한다. 흔히 RF(Radio Frequency) 통신이라 불리기도 한다.

무선 통신은 "주파수 3,000GHz 이하의 전파를 이용하여 모든 종류의 기호, 문자,

신호, 영상, 음향 또는 정보를 송신, 발사 또는 수신하는 것"으로 국내 전파법에서 정의하고 있다. 이와 같이 무선 통신에 사용되는 전자파의 주파수에는 현재 3,000GHz라는 상한이 정해져 있으며 이 범위 내에서 사용되는 주파수의 대역별로 국제적인 명칭이 정해져 있으며 표 5.1에 나타내었다. 주파수 f [Hz]와 파장 λ 사이에는 $f=\frac{v}{\lambda}$의 관계가 있는데 여기서 v는 1초 동안 전파가 전파하는 속도로서 대략 3×10^8m/s이며, 파장이 짧아질수록 주파수가 높아짐을 알 수 있다. 표 5.1에서는 주파수 범위, 대역의 명칭, 대역의 전파 전파 형태와 특징, 주된 용도를 나타내었는데 주파수 대역으로 분할하는 경우도 있으며 파장에 의하여 분할하는 경우도 있다. 파장에 의하여 분할하는 경우 1~20GHz 부근의 주파수 대역을 파장이 짧음을 의미하는 마이크로파 대역이라 한다. 30GHz 이상의 주파수 대역은 파장의 단위가 밀리미터이므로 밀리미터파 대역이라 한다. 무선 통신에서 사용되는 주파수 대역이 점점 높아짐에 따라 표 5.1과 같이 UHF 대역과 SHF, EHF 대역을 분할하던 방식에서 표 5.2와 같이 더욱 세분화하여 사용하고 있다.

| 표 5.1 | 주파수 대역별 명칭과 용도

주파수 범위	대역 명칭	전파 형태	용도	특징
3kHz~30kHz	VLF	지표파	군용 선박 통신, 소나 통신	주야 안정된 전파
30kHz~300kHz	LF	지표파	장거리 고정 통신, 무선항행	주야 계절에 따라 상태 변화
300kHz~3MHz	MF	지표파 (단거리)	표준 반송	주간은 지상파, 야간은 공간파
		공중파 (장거리)	항공, 선박 등	
3MHz~30MHz	HF	전리층 반사파	대륙 간 통신, 원거리 선박통신	시간, 계절에 따라 전파 상태 상이
30MHz~ 300MHz	VHF	공간파 산란파	텔레비전 방송, 다중 통신	가시거리 통신
300MHz~3GHz	UHF	공간파 산란파	레이더 이동통신	
3GHz~30GHz	SHF	직접파	위성통신 레이더	
30GHz~300GHz	EHF	직접파	미래통신 전파 천문	초가시 거리 사용 전파의 감쇄 심함
300GHz~3THz	Decimillimeter Wave	직접파	전파 천문 우주연구	

※ VLF : Very Low Frequency　LF : Low Frequency
MF : Medium Frequency　HF : High Frequency
VHF : Very High Frequency　UFH : Ultra High Frequency
SHF : Super High Frequency　EHF : Extremely High Frequency

| 표 5.2 | 주파수 대역별 명칭

명칭	주파수 대역 [GHz]
P-band	0.23~1
L-band	1~2
S-band	2~4
C-band	4~8
X-band	8~12.5
Ku-band	12.5~18
K-band	18~26.5
Ka-band	26.5~40
V-band	40.5~50.2
W-band	50~60
Millimeter wave	40~300
Sub-millimeter wave	300~3000

5.1.1 무선통신의 장 · 단점

무선통신은 유선통신에 비하여 다음과 같은 장점과 단점을 갖는다. 유선의 전송 선로로부터 자유롭게 통신이 가능하고 시스템을 설치하는 경우 운영 유지 보수비가 유선통신에 비해 저렴하다는 장점이 있다. 단점으로는 동일한 복조 방식의 수신기를 갖는 경우 통신 내용의 도청 가능성, 무선의 전송 선로를 이용하므로 전파 전파의 영향이 지배적이다. 그리고 시스템을 설치하는 경우 초기의 설치비가 고가이며 전파는 한정된 자원을 갖는다는 단점 또한 가진다. 다음 그림은 이용 방법 관점에 따라 무선 통신을 나눈 것이다.

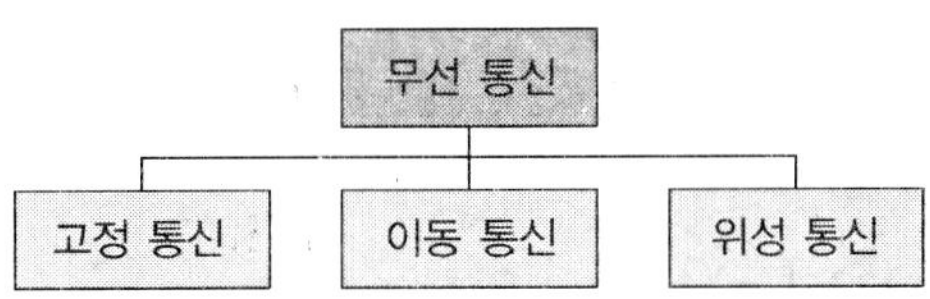

| 그림 5.1 | 무선 통신

1) 고정 통신

- 전파를 발사하는 송신기와 수신기의 위치가 고정되며 마이크로파대를 이용.
- 사용되는 주파수대가 3~12GHz이며 신호대 잡음비가 높고 주파수 대역폭이 큼.

  (예) : 국가 기간 통신망, 유선 통신망의 예비용 등

2) 이동 통신

- 전파를 발사하는 송신기와 또는 수신기의 위치가 이동하며 극초단파대를 이용

  (예) : 셀룰러 이동 전화, 무선 호출기, 개인 휴대 통신, 무선 인터넷 등

3) 위성 통신

- 전파를 발사하는 송신기와 수신기의 위치가 고정 또는 이동하며 반드시 상공의 위성체를 통하여 통신이 이루어지며 마이크로파대를 이용.
- 국제 통신용으로 고정 방식을 이용하는 INTELSAT 위성과 해상 통신용으로 고정 방식을 이용하는 INMARSAT.

  (예) : 고정 위성 통신 서비스, 이동 위성 통신 서비스.

5.1.2 무선 전송 매체

- 무선 통신에서 전자파를 실어 나르는 공간
- 주파수에 따라 장파에서 밀리미터까지 구분하여 다양하게 사용

지상 마이크로 웨이브 (terrestrial microwave)	• 포물선 모양의 접시형 안테나인 마이크로 웨이브파를 이용하여 정보를 전송하는 무선 선로 • 광 대역 통신, 다중 통신, 특히 장거리 통신이 가능 • 대용량의 정보 통신이 가능 • 고속 통신이 가능 • 외부 영향을 적게 받음 • TV, 레이더 탐지, 인공위성에 이용
위성 마이크로 웨이브 (satallite microwave)	• 마이크로 웨이브의 중계국인 통신 위성을 이용하여 정보를 전송하는 무선 회선 • 광역 통신이 가능 • 다수의 지역에 공동 정보를 제공 • 대용량, 고품질의 정보 전송이 가능 • 전파 지연과 폭우로 감쇠 현상이 나타날 수도 있음 • 국제 전화, 전신, TV 등의 통신에 적합
라디오 웨이브	• 단 방향성인 라디오 웨이브를 이용하여 정보를 전송하는 무선 회로 • 패킷 라디오, 텔레텍스트 등의 분야에 적합

5.2 무선 채널이란?

무선 채널은 공기를 통해서 전파 신호가 전달되면서 생기는 특성을 나타낸다. 무선 채널 모델은 송신기에서 보내는 신호가 반사·굴절·산란 등에 의해 수신기에 도달했을 때 전파감쇄 등 신호의 크기와 위상이 달라지는 현상에 대한 수학적 모델을 의미한다. 유선 채널에서 h는 일반적으로 시간에 따라 가변하는 랜덤한 값으로 표현되는 반면에 무선 채널에서 받은 신호의 신호 대 잡음비는 시간이 지남에 따라 가변적으로 변한다.

간단한 수학적인 채널 모델의 예는 다음과 같다.

$$y = h \cdot x + n \qquad \text{(식 5.1)}$$

여기서 x는 송신 신호, h는 채널, n은 가산 잡음 그리고 y는 수신 신호이다. 이 경우에 채널의 특성을 나타내는 신호대 잡음비는 다음과 같다.

$$SNR = \frac{|h|^2 P_x}{N_o} \qquad \text{(식 5.2)}$$

여기서 P_x는 송신 신호인 x의 평균 크기이며 N_o는 가산 잡음인 n의 스펙트럴 덴시티이다. 이 채널의 최대 용량(capacity)을 구해보면 다음과 같다.

$$C = \log_2(1 + SNR) = \log_2\left(1 + \frac{|h|^2 P_x}{N_o}\right) \qquad \text{(식 5.3)}$$

여기서 C의 단위는 bps/Hz이다. 오류 없이 보낼 수 있는 최대 데이터 전송률은 최대 용량인 C보다 작다는 것을 의미한다.

이러한 무선 채널 모델은 무선 인터페이스 구간 내에서의 신호 처리 모델로서 이동통신 시스템 개발에 필요한 알고리듬 구현 기술의 검증에 사용된다. 그림 5.2에서와 같이 이동통신 시스템의 구성 요소의 포함 여부에 따라 다음의 네 종류로 크게 나눌 수 있다.

다중 안테나 사용의 중요성이 제기되기 이전에는 주로 전파 채널에 관한 물리 현상의 분석이 무선 채널 모델의 주류를 이루었다. 전송속의 증가 및 전송 용량 증가를 위한 다중안테나 사용이 본격화되면서 안테나를 포함한 공간 채널의 수학적 표현 및 전파 현상 분석이 이동통신 시스템 개발에 중요한 역할을 차지하게 되었다.

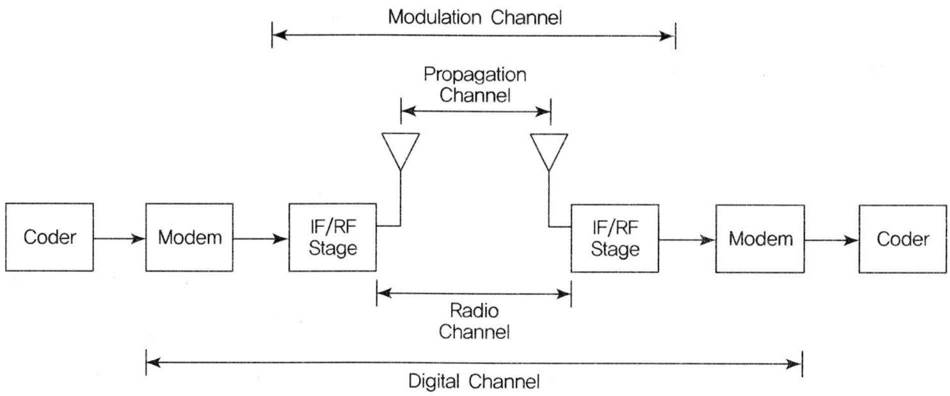

| 그림 5.2 | 무선 채널의 분류(출처 : ETRI 이광천)

이동통신 시스템 개발에서 정확한 성능 검증을 위하여 무선 채널 모델은 다음 세 가지의 정성적인 조건을 만족시켜야 한다.

① 이동통신 환경에서의 실제적인 전파전파(wave propagation) 현상을 정확하게 모사.

② 사용자의 용도에 맞는 환경(채널 파라미터)을 제공.

③ 실행시간 및 복잡도에 관한 현실적인 요구와 같은 성능검증의 객관성 만족.

이동통신 환경에서의 실제적인 전파전파 현상은 반사, 투과, 회절 및 분산 현상에 의하여 매우 복잡한 특성을 나타내며 분석적인 도구(수학적 모델링)를 이용하여 표현하는 데는 한계가 있다. 즉 전파 전파 현상은 반송 주파수, 대역폭, 전파환경(실내외, 도시지역, 거주 지역, 지형 및 건물 재질 구조 등)에 따라 다르므로 채널 측정 시스템(channel sounder)을 이용한 반복적인 실측 데이터를 이용하여 현상을 규명한다. 전파전파 현상을 표현하기 위하여 채널 모델은 통계적인 방법(stochastic model)과 확정적인방법(deterministic model)을 사용하는데, 전자는 주어진 전파환경에서의 반복 측정을 통하여 통계적으로 대표되는 모델 파라미터를 이용하고, 후자는 송수신에 이르는 전파환경을 수학적으로 표현하여 전파를 추적하는 ray tracing 방법을 사용한다. 통계적인 방법은 전파환경을 대표할 수 있는 파라미터의 확률함수로서 표현되며, ray tracing 방법은 특정한 전파환경을 정확히 묘사할 수 있다. 최근 제안되는 이동통신 채널모델인 SCM은 위의 두 방법을 혼합하는 geometry-based stochastic 모델로서 두 가지의 장점을 효과적으로 이용하기도 한다. 채널모델이 제공하는 두 번째 요소로서, 사용자 용도에 맞는 채널 파라미터는 성능 검증에 필요한 채널 특성을 표현하며 예를 들면 다음과 같다.

- 최대 또는 rms 지연확산 및 분포
- 다중경로의 수 및 분포
- Power Delay Profile(PDP)
- 다중경로별 small-scale fading 및 complexgain
- 도플러 효과
- MIMO channel matrix
- 송수신 안테나간의 공간 상관관계
- 송수신 안테나의 도래각 및 발산각(azimuth 및 elevation)
- 편파
- Shadowing 효과 및 거리에 따른 감쇄 등

위의 파라미터는 반송 주파수 대역(VHF, UHF, 마이크로웨이브, 밀리미터웨이브), 협대역/광대역 bandwidth, 다중안테나, 전파환경(실내외, urban, suburban, rural 등)에 따라 동일하지 않으므로 이동통신 시스템의 운용 환경에 따라 적합한 채널 모델이 요구된다. 또한 실행시간 및 복잡도에 관한 현실적인 요구사항은 채널모델의 정확도 및 간편한 실행환경으로 서로 trade-off 관계가 있다.

5.3 다중 경로 페이딩

5.3.1 small-scale 다중경로 전파

1) 다중경로는 다음과 같은 영향을 끼친다.

- 작은 지역에서의 신호의 강도가 매우 빠르게 변하거나 시간간격이 변할 경우
- 임의의 주파수 변조가 생길 경우
- 사용자의 매우 빠른 이동: 신호의 진폭과 위상의 빠른 오르내림
- 광대역신호(디지털) : 분산과 ISI(inter symbol interference)
- 아날로그 텔레비전 신호 : "유령"영상(오른쪽으로 약간 움직이는 현상)
- 다중 반송파 신호 : 다른 지역 및 다른 보조 반송파에서 다른 감쇄현상
- 협대역 시스템의 정지상태의 사용자 : 몇몇 지역에서의 양호 수신과 주파수 몇몇 다른 지역에서의 안 좋은 수신

- 위성 위치 시스템 : 강한 지연된 반사신호는 사용자와 위상간의 거리를 매우 잘못 측정하게 될 수 있다.

2) 모바일 수신기가 정지해 있을 경우에도, 수신 신호는 주변 물체의 움직임으로 인해 페이딩을 겪는다.

3) 안테나 공간의 차이는 페이딩이 매우 심하게 생기는 것을 막아준다.

4) Small-scale fading에 영향을 주는 인자들

① **다중경로 전파** : 다른 다중경로 성분의 임의의 위상과 진폭은 신호의 강도의 오르내림을 야기한다. 그로 인해 small-scale 페이딩, 신호 왜곡 또는 두 가지 모두가 발생하게 된다.

② **자동차의 이동속도** : 랜덤한 주파수 변조는 다른 도플러 이동(Doppler shift)을 야기한다.

a. 주변 환경의 속도

b. 신호의 전송 대역폭

- 수신신호의 대역폭 〉〉 다중경로 채널 대역폭

  : 수신신호의 세기는 전체지역에 걸쳐 페이딩을 겪지 않는다. 시간 축에서 왜곡된 신호는 small-scale 페이딩이 매우 중요하지 않다.

- 수신신호의 대역폭 〈〈 다중경로채널 대역폭

  : 신호의 진폭이 빠르게 변하지만 시간 축에서의 왜곡은 없다.

5) 도플러 이동

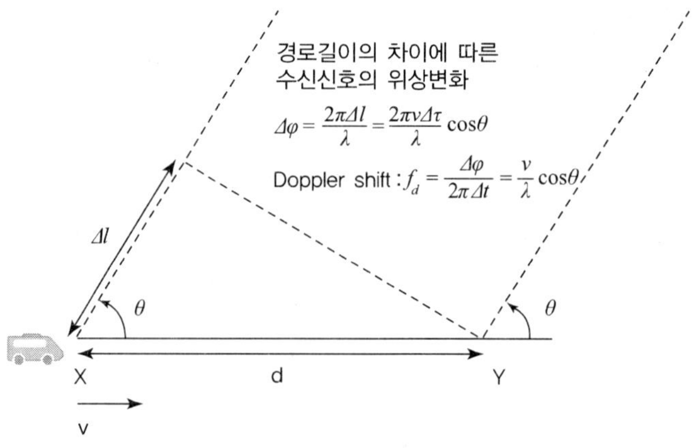

| 그림 5.3 | 도플러 이동

5.3.2 다중경로 채널의 임펄스 응답 모델

1) 채널 임펄스 응답

$$y(d,t)=x(t)\oplus h(d,t)=\int_{-\infty}^{\infty}x(\tau)h(d,t-\tau) \qquad \text{(식 5.4)}$$

$$y(vt,t)=\int_{-\infty}^{\infty}x(\tau)h(d,t-\tau)d\tau$$

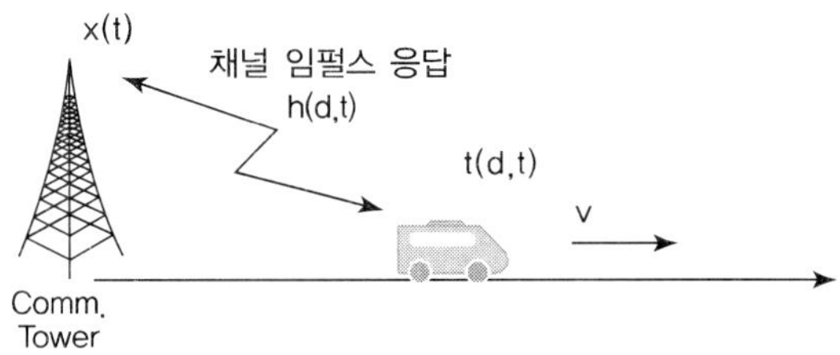

| 그림 5.4 | 임펄스 응답 모델

2) 밴드패스 채널 임펄스 응답모델

$$\begin{aligned} x(t) &= Rec(t)e^{jw_c t}\rightarrow h(t,\tau)=Reh_b(t,\tau)e^{jw_c t}\rightarrow y(t) \\ &= Rer(t)e^{jw_c t}=x(t)\otimes h(t) \end{aligned} \qquad \text{(식 5.5)}$$

3) 베이스밴드 채널 임펄스 응답 모델

$$c(t)\rightarrow\frac{1}{2}h_b(t,\tau)\rightarrow r(t)=\frac{1}{2}c(t)\oplus h_b(t) \qquad \text{(식 5.6)}$$

4) 시간이 t일 때 i번째 다중경로

$$h_b(t)=\sum_{i=0}^{N-1}a_i(t,\tau)\exp[j(2\pi f_c\tau_i(t)+\phi_i(t,\tau))]\delta(\tau-\tau_i(t)) \qquad \text{(식 5.7)}$$

$a_i(t,\tau)$: 실수 진폭, $\tau_i(t)$: 초과 지연

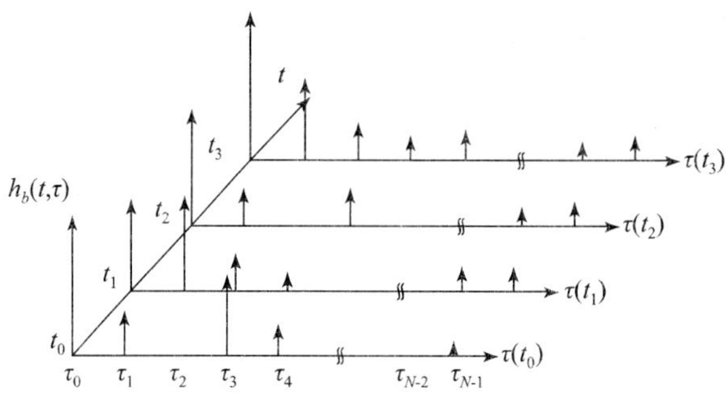

| 그림 5.5 | 다중경로 모델

5) 파워지연을 찾기 위해서 전체 영역에 대해 $|h_b(t,\tau)^2|$의 평균값을 취한다.

6) 대역폭과 수신된 파워의 관계

① 다중경로 채널 측정

② 광대역 신호를 위한 small-scale 페이딩

$$x(t) = Rec(t)e^{j,t} \quad \text{(식 5.8)}$$

$$p(t) = \sqrt[2]{\tau_{\max}/T_{bb}} \ (0 \le t \le T_{bb})$$

매우 좁은 펄스 폭 T_{bb}를 가지는 베이스밴드 신호열, 주기 $T_{REP} \gg \tau_{\max}$

$$r(t) = \frac{1}{2}\sum_{i=0}^{N-1} h_b(\tau_i)p(t-\tau_i) = \frac{1}{2}\sum_{i=0}^{N-1} a_i e^{-j\theta_i} p(t-\tau_i) \quad \text{(식 5.9)}$$

$$= \frac{1}{2}\sum_{i=0}^{N-1} a_i e^{-j\theta_i} \sqrt{\frac{\tau_{\max}}{T_{bb}}}\, rec[tt - \frac{T_{bb}}{2} - \tau_i]$$

③ CW 신호(협대역 신호)에서의 small-scale 페이딩

$$c(t) = 2, r(t) = \sum_{i=0}^{N-1} a_i e^{j\theta_r(t,I)}, |r(t)|^2 = \left|\sum_{i=0}^{N-1} a_i e^{j\theta_r(t,I)}\right| \quad \text{(식 5.10)}$$

a_i는 전 영역에서 매우 조금 변하지만, θ_i는 전파거리의 변화로 인해 매우 크게 변한다.

| 표 5.3 | 협대역과 광대역의 전력비교

	협대역	광대역
순시치 전력	-다중경로는 수신신호에 의해 해결할 수 없다. -수신기에서의 큰 신호의 변동은 많은 알지 못하는 다중경로 성분의 위상변화를 야기한다.	-다중경로 구조는 완전히 아무 시간에나 수순신호에 의해 알아 낼 수 있다. -수신 전력은 매우 조금 변한다.
총 평균 전력	같 다	

5.3.3 Small-scale 다중경로의 측정

(1) 직접 펄스 측정

① 장점 : 매우 단순하다.

② 단점

a. 광대역 패스밴드 필터에 요구되는 다중경로의 해상도로 인해 간섭이나 잡음에 영향 받기 쉽다.

b. envelope 검출기를 사용하므로 각각의 다중경로 성분의 위상을 측정할 수 없다.

⇒ Coherent Detector를 사용하여 측정 가능하다.

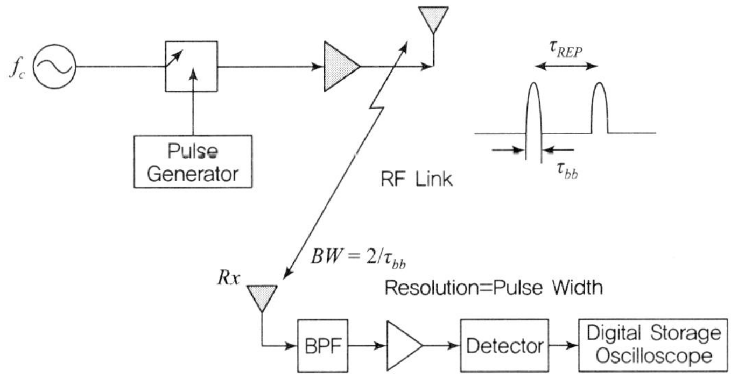

| 그림 5.6 | 펄스 송수신기

(2) Spread Spectrum Sliding Correlator 채널 조사

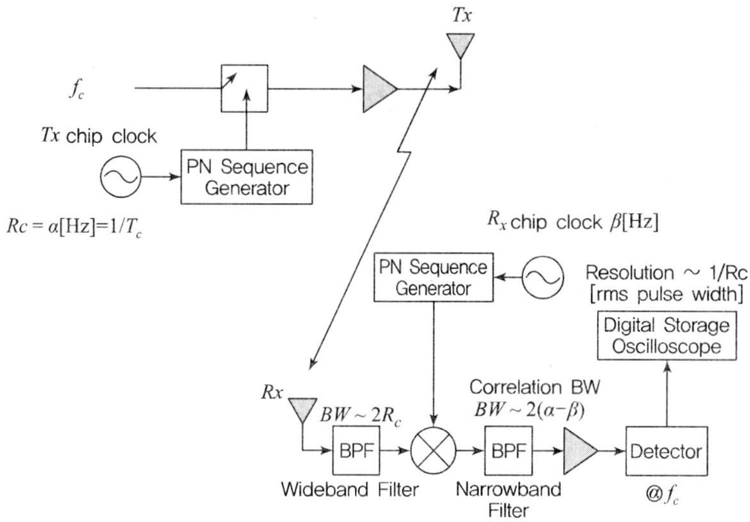

| 그림 5.7 | Spread spectrum sliding correlator

① 장점

a. 시스템의 작동가능 범위를 향상 시킨다: 패스밴드 잡음을 줄일 수 있다.

b. 송신된 spread spectrum의 파워 스펙트럼 envelope

$$S(f) = \left[\frac{\sin\pi(f-f_c)T_c}{\pi(f-f_c)T_c} \right]^2 \Rightarrow \text{null-to-null BW} = 2Rc \qquad (\text{식 } 5.11)$$

$$\text{Processing Gain(PG)} = \frac{2R_c}{R_{bb}} = \frac{2\tau_{bb}}{T_c} = \frac{(S/N)_{out}}{(S/N)_{in}}$$

② 단점

a. 실수 시간 축 상에서 측정이 어렵다

b. Non-coherent 검출기 : 위상에 대한 정보가 없다.

c. Coherent 검출기 : Spread Spectrum 신호는 상당히 다른 시간으로 측정된다.

(3) 주파수 도메인 채널 조사

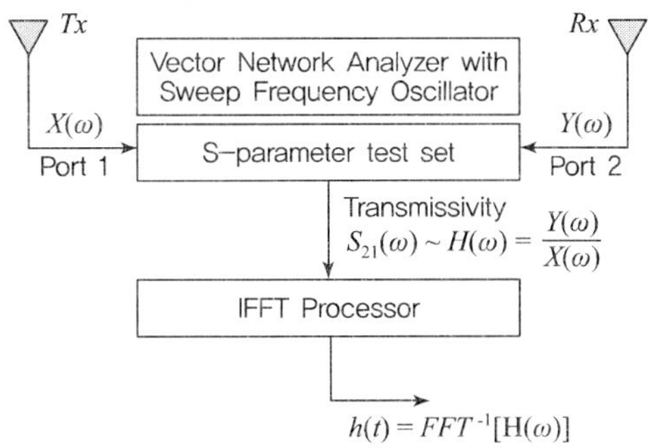

| 그림 5.8 | Vector network analyzer with sweep frequency oscillator

① 장점 : 복잡한 채널응답을 측정할 수 있다.

② 단점

a. 매우 조심스럽게 측정해야 하며, Tx와 Rx사이의 동기가 맞아야 한다.

b. 매우 근접한 거리의 측정에 유용하다.

c. 채널이 시간에 따라 바뀌고, 채널 주파수 응답이 매우 빨리 변하므로 Real-time 측정이 어렵다.

5.3.4 모바일 다중경로 채널의 인자들

- 지연 스프레드, 같은 대역폭: 다중경로, 채널의 시간 분산특성
- 도플러 스프레드, 같은 시간: 도플러 이동, 채널의 시간변화 특성

(1) Time Dispersal Parameters

① 평균 초과 지연(Mean Excess delay)

$$\bar{\tau} = \frac{\sum_k a_k^2 \tau_k}{\sum_k a_k^2} = \frac{\sum_k P(\tau_k)\tau_k^2}{\sum_k P(\tau_k)} \qquad \text{(식 5.12)}$$

② RMS 지연 스프레드

$$\sigma_I = \sqrt{\overline{\tau^2} - (\bar{\tau})^2}, \ \overline{\tau^2} = \frac{\sum_k a_k^2 \tau_k}{\sum_k a_k^2} = \frac{\sum_k P(\tau_k)\tau_k^2}{\sum_k P(\tau_k)} \qquad \text{(식 5.13)}$$

③ RMS 지연 스프레드의 일반적인 측정값

| 표 5.4 | RMS 지연 스프레드의 일반적인 측정값

환경	주파수(MHz)	RMS 지연 스프레드 σ^2	비고
도시	910	평균 1300ns, 최고 3500ns	뉴욕
도시	892	10-25μs	샌프란시스코
외곽	910	200-310ns	일반적인 경우
외곽	910	1960-2110ns	예외의 경우
실내	1500	10-50ns, 평균 25ns	사무실
실내	850	최대 270ns	사무실
실내	1900	평균 70-94ns, 최대 1470ns	샌프란시스코

④ 최대 초과 지연(Maximum excess delay) : τ_X(XdB) 다중경로를 겪는 동안 시간 지연 에너지가 평균에서 XdB 이하로 떨어질 때

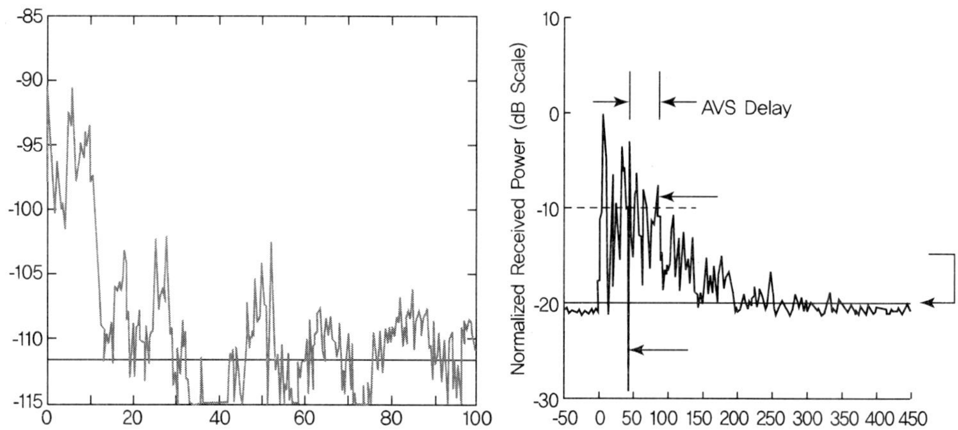

〈샌프란시스코에서의 900MHz cellular 시스템〉 〈실내환경〉

| 그림 5.9 | RMS 지연 스프레드(출처 : [Rap90]ⓒ IEEE]

(2) Coherent 대역폭(Bc)

① 두 개의 주파수 성분의 주파수 범위는 주파수 상관에 매우 큰 가능성을 가지고 있다.

② 주파수 차이가 B_c보다 큰 두 사인신호는 채널에 따라 상당히 다르게 영향을 받는다.

③ 만약 Coherent 대역폭이 주파수 상관함수가 0.9일 때와 같다면,

$$B_c \approx \begin{Bmatrix} \frac{1}{50\sigma_x}, & frequency\_correlation \geq 0.9 \\ \frac{1}{50\sigma_x}, & frequency\_correlation \geq 0.5 \end{Bmatrix}$$

④ 기하급수적 지연 측면을 가지는 레일리 페이딩 채널에서는, 오직 하나의 대역폭만 존재한다. $B_c = \frac{1}{2\pi\sigma_i}$

⑤ 만약 $Tb > 0.1\ \sigma_i$이면 ISI가 생긴다.

(3) 각각의 시스템들이 지연 스프레드를 다루는 법

① 아날로그 협대역 전송 방식 사용

② GSM

- Adaptive Channel equalization
- Channel estimation training 시퀀스다.

③ DECT

- 조그만 셀에서 핸드셋 사용
- 차이와 채널 선택은 적은 비트를 사용할 수 있게 한다.

④ IS95 Cellular CDMA 레이크 수신기를 초과 지연을 가지는 전체 경로의 신호에 분리하여 사용

⑤ 디지털 오디오 방송(DAB)

- OFDM 다중 반송파 변조 : 무선 채널은 많은 협대역 채널로 나눈다.

(4) 도플러 스프레드과 Coherence 시간(TC)

① 도플러 스펙트럼 범위 $(f_c - f_d) \sim (f_c + f_d)$

② 만약 베이스 밴드 신호 대역폭이 $\gg B_D$일 때: 수신기에서의 도플러 스프레드의 효과는 무시할 수 있다. ⇒ 느린 페이딩 채널

③ Coherence 시간 : 시간 축에서 채널의 주파수 분산의 시간에 따른 변화 특성으로 특징짓는다.

- 두 개의 수신된 신호의 시간 간격은 매우 큰 진폭 상관 가능성을 가진다.
- $T_C \approx \frac{1}{f_m}$, $f_m = B_D \frac{\nu}{\lambda}$ 도플러 이동

- $T_C \approx \dfrac{9}{16\pi f_m}$ 시간 상관 함수의 시간이 0.5보다 클 경우
- $T_C \approx \sqrt{\dfrac{9}{16\pi f_m}} = \dfrac{0.423}{f_m}$: 가장 많이 사용하는 방법

④ $T_C = 2.22\text{ms} \Rightarrow 1/T_C = 454\text{bps}$

- 만약 심볼 비율이 454bps 보다 크다면 채널은 움직임에 의한 왜곡을 일으키지 않을 것이다. 하지만, 왜곡은 다중경로 시간 지연 확산에 의해 야기될 수 있으며, 채널의 임펄스 응답에 의존한다.

(5) 시스템이 도플러 확산을 다루는 방법

① 아날로그

- 캐리어 주파수가 문제를 피할 수 있을 만큼 충분히 낮다.

② GSM

- 채널 비트 비율이 도플러 확산 보다 좋다.
- 각각의 비트가 전송 되는 채널에서 TDMA는 항상 일정하다.
- 전송되는 동안 수신기는 계속 업데이트된다.
- 피드백 주파수로 수정한다.

③ DECT

- 보행자의 사용에 적합하다.
- 약간의 도플러 확산이 예상된다.
- 도플러 확산에 비해 비트 율이 매우 크다

④ IS95 셀룰라 CDMA

- 다운링크 : 신호의 일치와 채널의 평가를 위해 파일럿 신호 사용
- 업링크 : 각각의 신호의 계속 적인 추적

5.3.5 Small-scale 페이딩의 종류

(1) 평평한 페이딩(Flat fading)

① 채널이 변하는 진폭

② 협대역 채널

③ 일반적으로 평평한 페이딩 채널은 깊은 널의 원인이 되며, 20 또는 30dB이상의

송신 파워를 필요로 한다.

④ 평평한 채널 페이딩의 순시치 이득의 분포 : 레일리 분포

| 표 5.5 | 다중경로 시간지연과 도플러 확산에 의한 페이딩 영향

다중 경로 시간 지연 확산의 영향	
평평한 페이딩	주파수 선택적인 페이딩
1. 신호 대역폭〈채널대역폭 (Bs〈Bc) 2. 지연 확산〈심볼주기 (σ_s〈Ts)	1. 신호 대역폭〈채널대역폭(Bs〉Bc) 2. 지연 확산〈심볼주기(σ_s〉Ts)
도플러 확산에 의한 영향	
빠른 페이딩(시간 선택적인 페이딩)	느린 페이딩
1. 높은 도플러 확산 2. 채널 coherence 시간〈심볼주기(Tc〈Ts) 3. 채널 변화가 베이스 밴드 신호의 변화보다 크다(Bd〉Bs)	1. 낮은 도플러 확산 2. 채널 coherence 시간〈심볼주기(Tc〉Ts) 3. 채널 변화가 베이스 밴드 신호의 변화보다 작다(Bd〈Bs)

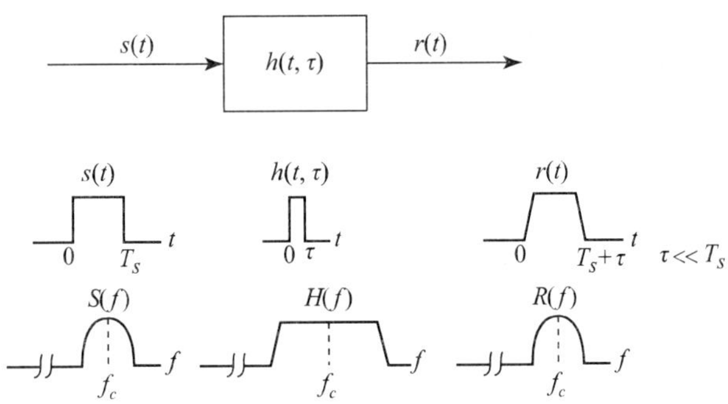

| 그림 5.10 | 평평한 페이딩 효과

(2) 주파수 선택적 페이딩(Frequency selective fading)

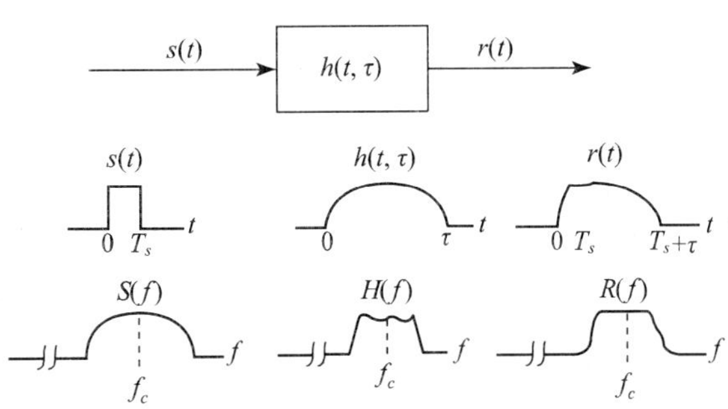

| 그림 5.11 | 선택적 페이딩 효과

① ISI

② 광대역 채널

(3) 빠른 페이딩(Fast fading)

① 빠르고 느린 페이딩은 채널의 시간비율의 변화와 전송 신호 사에의 관계에 따르고, 전파 경로 손실 모델과는 다르다.

② 평평한 페이딩, 빠른 페이딩 채널: 델타함수의 진폭을 가지는 채널은 전송 베이스 밴드 신호의 변화율 보다 빠르게 변한다.

③ 주파수 선택적, 빠른 페이딩 채널: 진폭, 위상, 어떤 다중경로 성분 시간지연은 송신 신호의 변화율 보다 빠르게 변한다.

④ 실제 빠른 페이딩은 낮은 데이터 율일 때만 발생한다.

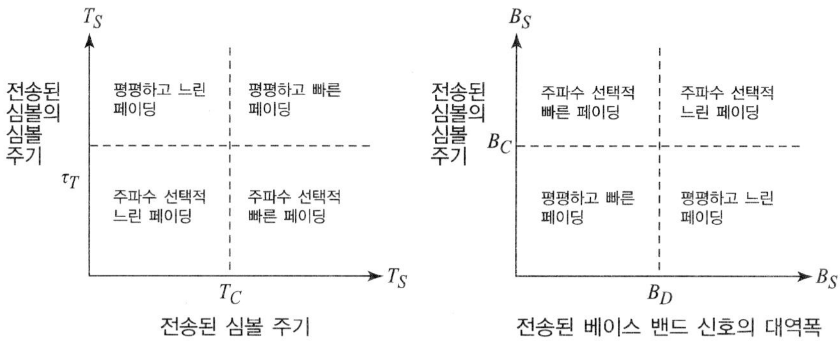

| 그림 5.12 | 심볼주기와 대역폭에 대한 페이딩의 변화

5.4 실내 무선 채널

PCS(Personal Communication System)의 출현으로 건물 내에서 무선 전파의 특징에 관심이 증가하고 있다. 실내 무선 채널은 두 가지 면에서 전통적인 무선이동 채널과는 다르다. 우선 커버할 수 있는 거리가 짧아졌고, 환경에 대한 변화성은 아주 작아진 송신기와 수신기 사이의 분리 거리 때문에 좋아졌다. 건물 내에서의 전파는 건물의 배치, 건축 재료, 건물 유형과 같은 특정 특성에 강하게 영향을 받는다.

실내 전파는 실외와 같은 메커니즘(반사, 회절, 산란)에 의해 통제되어진다. 그러나 조건이 너무 많이 변화한다는 어려움이 있다. 예를 들어 신호 레벨은 건물 내의 문이닫혔는지 열렸는지에 따라 크게 달라진다. 구역화된 사무실에서 책상높이에 설치되어 있는 안테나는 천장에 장치되어 있는 것보다 광범위한 다른 신호를 받는다. 또한 더 짧은 전파 거리는 모든 수신단 위치와 안테나 종류에 대해 원방 방사를 확신하기가 어렵다.

일반적으로 실내 채널은 다양한 혼잡물의 정도에 따라 line-of-sight(LOS)나 장애물이 있는 환경으로 분류된다.

5.4.1 분할 손실(Partition Losses)

건물은 내부부터 외부까지 다양한 분할과 장애물들을 가지고 있다. 주택은 전형적으로 내부벽을 형성하는 석고 보드를 가진 나무틀을 사용하고, 층 사이에 나무나 보강된 콘크리트를 가지고 있다. 반면에 사무실 건물은 공간이 쉽게 재배치될 수 있도록 이동할 수 있는 사무실 칸막이를 사용하여 구성된 큰 열린 지역(open plan)을 가지고 있고, 층 사이에 금속과 강화된 콘크리트를 사용한다. 건물 구성물의 일부분으로써 구역화하는 칸막이는 hard partition이라고 하며, 천장까지 뻗치지 않고 이동할 수 있는 칸막이는 soft partition이라고 한다. 칸막이는 특정한 실내 설치에 일반적인 모델을 적용하기 어렵게 하는 다양한 물리적인 혹은 전기적인 특성을 가지고 있다.

표 5.7은 일반적인 건물 물질에 의해 방해되는 무선 경로에 대한 다양한 조사원에 의해 보고된 평균 신호 손실 측정치이다.

5.4.2 층 사이의 분할 손실

건물의 층 사이의 손실은 외부의 두께와 물질뿐만 아니라 층과 외부환경을 만들기 위해 사용하는 건축물의 형태에 의해서도 영향을 받는다. 빌딩의 유리의 개수와 전파의 에너지를 감쇠시키는 페인트의 존재조차도 층 사이의 손실에 영향을 줄 수 있다. 표 5.8은 샌프란시스코의 세 건물에서의 층 감쇠 인수(FAF : floor attenuation factor)에 대한 값들을 나타낸다. 모든 세 건물에 대해 한 층 사이의 감쇠는 층이 추가됨으로서 야기되는 증가된 감쇠보다 훨씬 더 클 수 있다는 것을 보여준다. 표 5.9는 표 5.8와 아주 비슷한 경향을 보인다. 5층이나 6층의 분리 후에는 아주 작은 추가적인 경로 손실이 실험으로 측정되었다.

5.4.3 로그-거리 경로 손실 모델(Log-distance Path Loss Model)

실내 경로 손실은 식 5.14와 같이 거리 전력 법칙에 적용함으로써 나타낼 수 있다.

$$PL(dB) = PL(d_0) + 10\log\left(\frac{d}{d_0}\right) + X_\sigma \qquad \text{(식 5.14)}$$

여기서 n은 외부환경이나 건물형태에 의존하는 값이고, X_σ는 σ의 표준 편차를 가지는 dB 단위의 정규 랜덤변수로 나타낼 수 있다. 다양한 건물에 대한 전형적인 값은 표 5.6과 같다.

$$PL(dB) = \overline{PL}(d_0) + X_\sigma = PL(d_0) + 10\log\left(\frac{d}{d_0}\right) + X_\sigma \qquad \text{(식 5.15)}$$

| 표 5.6 | 다른 건물에서 측정된 경로 손실 지수와 표준편차

건물	주파수	n	σ [dB]
소매점	914	2.2	8.7
식료품점	914	1.8	5.2
사무실 (hard partition)	1500	3.0	7.0
사무실 (soft partition)	900	2.4	9.6
사무실 (soft partition)	1900	2.6	14.1
공장 LOS			
섬유/화학	1300	2.0	3.0
섬유/화학	4000	2.1	7.0
제지/곡물	1300	1.8	6.0
금속	1300	1.6	5.8
교외 가정			
실내 거리	900	3.0	7.0
공장 OBS			
섬유/화학	4000	2.1	9.7
금속	1300	3.3	6.8

| 표 5.7 | 빌딩 재료에 따른 무선 경로의 방해에 의한 평균 신호 손실 측정값

물질 종류	손실 [dB]	주파수
All metal	26	815MHz
Aluminum siding	20.4	815MHz
Foil insulation	3.9	815MHz
Concrete block wall	13	1300MHz
Loss from one floor	20–30	1300MHz
Loss from one floor and one wall	40–50	1300MHz
Fade obsereved when transmitter turned a right angle corner in a corridor	10–15	1300MHz
Light textile inventory	3–5	1300MHz
Chain–like fenced in area 20ft high containing tools, inventory and people	5–12	1300MHz
Metal blanket — 12 sq ft	4–7	1300MHz
Metalic hoppers which hold scrap metal for recycling–10 sq ft	3–6	1300MHz
Small metal pole — 6" diameter	3	1300MHz
Metal pulley system used to hoist metal inventory – 4 sq ft	6	1300MHz
Light machinery 〈 10 sq ft	1–4	1300MHz
General machinery — 10–20 sq ft	5–20	1300MHz
Heavy machinery 〉20 sq ft	10–12	1300MHz
metal catwalk/stair	5	1300MHz
Light textile	3–5	1300MHz
Heavy textile inventory	8–11	1300MHz
Area where workers inspect metal finished products for defects	3–12	1300MHz
Metallic inventory	4–7	1300MHz
Large 10beam — 16–20"	8–10	1300MHz
metallic I–nventory racks — 8 sq ft	4–9	1300MHz
Empty cardboard inventory boxes	3–6	1300MHz
Concrete block walls	13–20	1300MHz
Ceilling duct	1–8	1300MHz
2.5m storage rack with small metal parts (loosely packed)	4–6	1300MHz
4m metal box storage	10–12	1300MHz
5m storage rack with paper products (loosely packed)	2–4	1300MHz
5m storage rack with large paper products (tightly packed)	6	1300MHz
5m storage rack with large metal parts (tightly packed)	20	1300MHz
Typical N/C machine	8–10	1300MHz
Semi–automated assembly line	5–7	1300MHz

| 표 5.7 | 계속

물질 종류	손실 [dB]	주파수
0.6m sqare reinforce concrete pillar	12–14	1300MHz
Stainless steel piping for cook–cool process	15	1300MHz
Concrete wall	8–15	1300MHz
Concrete floor	10	1300MHz
Commercial absorber	38	9.6GHz
Commercial absorber	51	9.6GHz
Commercial absorber	59	9.6GHz
Sheetrock(3/8 in) — 2 sheets	2	9.6GHz
Sheetrock(3/8 in) — 2 sheet	2	9.6GHz
Sheetrock(3/8 in) — 2 sheets	5	9.6GHz
Dry plywood(3/4 in) — 1 sheet	1	9.6GHz
Dry plywood(3/4 in) — 1 sheet	4	9.6GHz
Dry plywood(3/4 in) — 1 sheet	8	9.6GHz
Dry plywood(3/4 in) — 2 sheets	4	9.6GHz
Dry plywood(3/4 in) — 2 sheets	6	9.6GHz
Dry plywood(3/4 in) — 2 sheets	14	9.6GHz
Wet plywood(3/4 in) — 1 sheet	19	9.6GHz
Wet plywood(3/4 in) — 1 sheet	32	9.6GHz
Wet plywood(3/4 in) — 1 sheet	59	9.6GHz
Wet plywood(3/4 in) — 2 sheets	39	9.6GHz
Wet plywood(3/4 in) — 2 sheets	46	9.6GHz
Wet plywood(3/4 in) — 2 sheets	57	9.6GHz
Aluminum(1/8 in) — 1 sheet	47	9.6GHz
Aluminum(1/8 in) — 1 sheet	46	9.6GHz
Aluminum(1/8 in) — 1 sheet	53	9.6GHz

| 표 5.8 | 세 건물에서의 층 감쇠인자와 표준 편차(각 점은 20λ 이상의 측정경로에 걸친 평균 경로손실을 나타낸다)

빌딩	915 MHz 층 감쇠 인수 [dB]	σ [dB]	Number of location	1900 MHz 층 감쇠 인수 [dB]	σ [dB]	Number of location
Walnut Creek						
1층	33.6	3.2	25	31.3	4.6	110
2층	44.0	4.8	39	38.5	4.0	29
SF Pacbell						
1층	13.2	9.2	16	26.2	10.5	21
2층	18.2	8.0	10	33.4	9.9	21
3층	24.0	5.6	10	35.2	5.9	20
4층	27.0	6.8	10	38.4	3.4	20
5층	27.1	6.3	10	46.4	3.9	17
San Ramon						
1층	29.1	5.8	93	35.4	6.4	74
2층	36.6	6.0	81	35.6	5.9	41
3층	39.6	6.0	70	35.2	3.9	27

| 표 5.9 | 두 건물에서의 일층, 이층, 삼층, 사층에서의 평균 층 감쇠 인수 [dB]

건물	층 감쇠 인수 [dB]	σ [dB]	위치의 수
사무실 건물 1			
1층	12.9	7.0	52
2층	18.7	2.8	9
3층	24.4	1.7	9
4층	27.0	1.5	9
사무실 건물 2			
1층	16.2	2.9	21
2층	27.5	5.4	21
3층	31.6	7.2	21

5.4.4 Ericsson Multiple Breakpoint Model

에릭슨 무선 시스템은 다양한 층 사무실 건물에서의 측정치에 의해 얻을 수 있다. 이 모델은 4개의 중지점을 가지고 있으며, 경로손실에 대해 상단경계와 하단경계 모두 고려해야 한다. 또한 f=900MHz와 단일이득안테나에서 정확하게 d0=1m에서 30dB 감쇠가 있다고 가정한다. 로그 정규 쉐도잉 구성요소를 가정하기 보다는 에릭슨 모델은 특정 거리에서 경로 손실의 범위에 대해 결정적인 한계를 제공한다. Bernhardt는 건물 내의 시뮬레이션을 위해 거리에 대한 식으로써 최대와 최소 범위 안에 경로 손실 값을 일반화하기 위해 균일 분포(uniform distribution)를 사용하였다. 그림 5.13은 거리에 대한 식으로서 에릭슨 모델을 기반으로 하는 건물 내에서의 경로손실을 나타낸다.

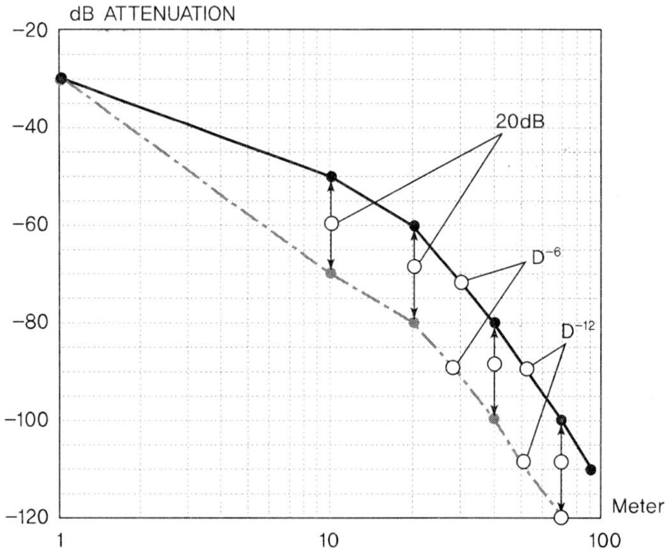

| 그림 5.13 | 에릭슨 건물 내 경로 손실 모델

5.4.5 감쇠 인수 모델(Attenuation Factor Model)

건물 내에서 특정 지역의 전파 모델은 장애물에 의한 변화뿐만 아니라 건물 형태의 영향을 포함하다. 감쇠 인수 모델은 유연성을 제공하고 측정값과 예상 경로 손실 둘 다 표준 편차 값을 약 4dB까지 줄일 수 있다. 이 값은 두 다른 건물에서 로그-거리 경로 손실 모델을 사용됐을 때 13dB이었던 것과 비교하면 큰 성능의 향상을 보여준다. 감쇠 인수 모델의 식은 아래와 같다.

$$\overline{PL}(d)[dB] = \overline{PL}(d_0)[dB] + 10n_{SF}\log\left(\frac{d}{d_0}\right) + FAF[dB] + \sum PAF[dB] \quad (\text{식 } 5.16)$$

여기서 n_{SF}는 같은 층(same floor) 측정치에 대한 지수 값을 나타내며, FAF는 특정 건물 층수에 대한 층 감쇠 인수를 나타낸다. PAF는 3-D에서 전송단과 수신단 사이에 그려지는 광선들이 특정 장애물에 부딪혀서 생기는 층 감쇠 인수를 나타낸다. 송신단과 수신단 사이의 단일 광선을 그리는 기술은 주요 광선 투사법(primary ray tracing)이라고 불린다. 누적되는 경계 손실을 주요 광선에 따라 더하는 것은 많은 컴퓨터 계산량을 발생시키는 반면에 훌륭한 정확도를 제공한다. 그러므로 같은 층에서 n에 대해 정확한 평가를 표 5.6과 표 5.8을 통해 하게 되면, 다른 층에서의 경로 손실은 FAF의 적합한 값을 더하고 표 5.9에서 선택된 칸막이 손실을 더함으로써 예측할 수 있다. 식 5.16에 대한 대안으로 FAF는 다수의 층 분리의 영향을 고려한 지수로써 대체할 수 있다.

$$\overline{PL}(d)[dB] = \overline{PL}(d_0)[dB] + 10n_{MF}\log\left(\frac{d}{d_0}\right) + \sum PAF[dB] \quad \text{(식 5.17)}$$

여기서 n_{MF}는 다수의 층을 고려한 측정을 기반으로 한 경로 손실 지수를 나타낸다. 표 5.10은 많은 건물 내에서의 다양한 위치에 대한 전형적인 n값을 나타낸다. 또한 이 표는 평균 지역이 작아지고 지역 특정화되어감에 따라 얼마나 표준편차가 줄어드는지를 보여준다.

| 표 5.10 | 다양한 건물에 따른 경로 손실 지수와 표준편차

	n	σ [dB]	위치의 수
모든 건물			
모든 위치	3.14	16.3	634
같은 층	2.76	12.9	501
1층을 통한 경우	4.19	5.1	73
2층을 통한 경우	5.04	6.5	30
3층을 통한 경우	5.22	6.7	30
식료품점	1.81	5.2	89
소매점	2.18	8.7	137
사무실 건물 1			
전체 건물	3.54	12.8	320
같은 층	3.27	11.2	238
서쪽 건물 5층	2.68	8.1	104
중앙 건물 5층	4.01	4.3	118
서쪽 건물 4층	3.18	4.4	120
사무실 건물 2			
전체 건물	4.33	13.3	100
같은 층	3.25	5.2	37

표 5.11에서 나타난 것처럼, Devasirvatham은 건물 내 경로 손실은 자유 공간 경로 손실에 추가적인 손실 인수 즉, 거리에 따라 지수적으로 증가하는 추가적인 손실 인자

를 더한 값이라고 나타내었다. 다층의 건물 내에서 이런 동작을 기반으로, 식 5.16은 아래의 식과 같이 수정하는 것이 가능하다.

$$\overline{PL}(d)[dB] = \overline{PL}(d_0)[dB] + 20\log(\frac{d}{d_0}) + \alpha d + FAF[dB] + \sum PAF[dB] \quad (\text{식 } 5.18)$$

여기서 α는 미터 당 dB의 단위 [dB/m]를 가지는 채널의 감쇠상수이다. 표 5.11은 주파수에 대한 식으로서 α의 전형적인 값을 제공한다.

| 표 5.11 | 자유공간 경로 손실에 선형적인 경로 감쇠를 더한 모델

위치	주파수	α-감쇠 [dB/m]
건물 1 : 4 층	850 MHz	0.62
	1.7 GHz	0.57
	4.0 GHz	0.47
건물 2 : 2 층	850 MHz	0.48
	1.7 GHz	0.35
	4.0 GHz	0.23

5.4.6 UWB(Ultra wide Band)

초광대역 무선기술은 디지털 부호정보를 나노세컨드(10^{-9}초) 이하의 매우 짧은 폭을 가지는 임펄스 신호로 변환해서 무선으로 전송하는 기술로 광통신과 같은 수백 Mbps의 초고속 통신이 가능하며 매우 낮은 송신전력의 사용으로 동일 용량 배터리로 기존 무선통신 방식보다 수십 배 이상 오래 사용 가능할 뿐 아니라 송수신 장치도 획기적으로 소형화 할 수 있어 기존 무선통신의 한계를 극복할 수 있는 기술이다. 즉, 수 MHz 이하의 좁은 대역으로 보다 더 많은 정보를 보내는 협대역 무선 통신(Narrowband Communication)과는 대치되는 개념으로, 상대적으로 넓은 주파수 대역을 사용할 수 있어 CDMA에서와 같은 확산 효과와 처리 이득(Processing Gain)을 갖게 되며, 주파수영역에서 전력 밀도치를 아주 작게 제어할 수 있어 다른 통신신호가 혼재하는 주파수에 중첩되어 사용하더라도 간섭을 거의 주지 않을 수 있으므로 휴먼 인터페이스를 비롯하여 정보가전용 홈 네트워크, WLAN, WPAN 등의 구축은 물론, 자동차용 ITS(Intelligent Transport System) 통신, 산업 물류 분야, 장비 제어, 자동차 충돌 방지, 산업용 거리 측정기, 초정밀 3차원 레이더, 보안감시, 재난구조 및 의료기기 등 광범위한 활용이 예상된다. 이러한 초광대역 무선통신 시스템은 잡음신호 이하의 낮은 송신 전력을 사용해야 하므로 장거리보다는 단거리 통신에 적합하다.

초광대역 무선통신의 목적은 다른 통신시스템에 영향을 주지 않기 위하여 신호에너지를 초광대역으로 분산하여 송신함으로써 다른 협대역 신호에 간섭을 주지 않고 통신을 할 수 있도록 하는 것이다. 주파수 스펙트럼상의 파형은 시간축 상의 신호파형의 모양과 밀접한 관계를 가진다. 정현파는 어느 특정주파수에서만 큰 값을 가지지만 임펄스 신호는 비교적 넓은 주파수 대역에서 에너지가 분포한다. 최근에 발표된 미국 FCC(Federal Communications Commission)의 주파수 제약 조건을 따르기 위해서는 주파수 대역폭 제약에 따른 사항을 고려해 주어야 한다.

펄스를 이용하여 통신을 하기 위해서는 일정한 시간 주기로 펄스를 내보내야 한다. 펄스가 하나만 있을 때에는 주파수 영역에서 광대역 잡음처럼 나타났으나, 일정한 시간 주기를 가지는 펄스열 신호를 주파수 영역에서 보면 규칙적인 주기 때문에 스파크 현상(Comb line)이 나타나게 된다. 주파수 영역에서 이러한 현상이 나타나게 되면 다른 통신에서 사용하는 협대역(Narrow Band) 신호에 간섭을 주기 때문에 펄스열의 규칙성을 없애야 된다.

UWB 신호는 주파수 영역에서 광대역 잡음과 같은 특성을 보이므로 코드를 이용하여 여러 사용자가 동시에 통신할 수 있다. 여러 사람이 동시에 사용할 수 있도록 다중화하는 방법은 일정한 펄스 시간보다 큰 시간구간(프레임)을 정해서 특별한 코드를 이용하여 프fp임 내에 정해진 구간에 펄스를 위치시키면 된다. 이렇게 하면 여러 사용자가 동시에 통신을 하여도 자기 신호를 구분해 낼 수 있을 뿐만 아니라 규칙적인 펄스열로 인해 주파수 영역에서 나타났던 스파크 현상도 사라지게 된다.

FCC에 의한 초광대역 무선통신 시스템의 정의는 두 가지로 분류될 수 있는데, 첫 번째는 다음을 만족하는 시스템으로서 정의된다.

$$Fractional\,Bandwidth \equiv \frac{f_u - f_l}{\frac{(f_u + f_l)}{2}} \geq 0.2 \qquad \text{(식 5.19)}$$

여기서 f_u는 신호의 최대값으로부터 10dB 떨어진 지점이고, f_l은 신호의 최저값으로부터 10dB 올라간 지점이다. 그리고 $f_u - f_l$은 10dB 대역폭이고, $\frac{f_u + f_l}{2}$는 중심주파수이다.

두 번째는 위 식에서의 Fractional Bandwidth와 관계없이 절대적인 대역폭인 $f_u - f_l$이 500MHz 이상인 시스템으로 정의된다. 기존의 임펄스 라디오(Impulse Radio) 등의 초광대역 무선통신 시스템은 송신단에서 nano second 단위의 매우 좁은 폭을 갖는 가우시안 모노사이클 펄스(Gaussian Monocycle Pulse) 혹은 임펄스를 펄스 위치 변조(PPM : Pulse Position Modulation) 및 펄스 극성 변조(BPM : Bi-Phase Modulation)

등의 방식을 통해 단속적으로 전송하고, 수신된 신호는 상관기(Correlator)를 거쳐 복조된다. 이 때문에 초광대역 무선통신 시스템은 수백 MHz~수 GHz의 대역에 걸쳐 매우 낮은 전력의 초광대역 특성을 갖게 되어 기존의 무선통신 시스템과의 공존이 불가피하지만, 일반적으로 펄스열의 형태로 신호가 구성되기 때문에 시간 부호화에 의해 랜덤한 시간도약(Time Hopping)과 선 스펙트럼(Line Spectrum)의 억제가 가능하여 높은 비화성과 낮은 간섭 특성을 갖게 된다. 또 다른 초광대역 무선통신 시스템의 장점으로 다중 경로에 대한 섬빌한 분해가 용이하여 Rake 수신 및 수 센티미터 정도의 위치 추적 분야에의 응용이 가능하다는 점을 들 수 있다. 이에 비해서 PPM과 시간도약 등에 요구되는 동기 획득이 어렵고 높은 순시 펄스 전력으로 인한 전자기적 문제가 초래될 수 있으며, 초광대역 특성 때문에 안테나의 설계가 복잡하다는 단점을 가지고 있다.

한편, 초광대역 무선통신 시스템은 그 초광대역 특성으로 인해 큰 채널 용량(Capacity)을 제공하고, 시스템 설계에 있어서 데이터 전송률과 적용 가능 거리(Range)는 서로 절충(Trade-Off) 관계를 가지게 된다. 따라서 펄스 반복 전송 측면에서 보면 반복 횟수가 늘어남에 따라서 데이터 처리량(Throughput)은 감소하지만 신호대 잡음비, 즉 적용 가능한 거리가 증가하게 되고 또한 Rake 수시닉에 의한 수신 다이버시티 등의 성능에 의해서도 위 특성들이 향상될 수 있다. 그림 5.14는 이러한 초광대역 무선통신 시스템의 데이터 처리량과 적용 가능 거리에 대한 성능을 기존의 무선통신 시스템들과 비교하여 도시하고 있다. 그림에서 알 수 있듯이 초광대역 무선통신 시스템은 매우 낮은 전력 사용에도 불구하고 기존의 블루투스나 HomeRF 시스템보다 훨씬 방대한 데이터 처리량, 즉 높은 데이터 전송률을 나타내고 있음을 알 수 있다. 또한 초광대역 무선통신 시스템은 상대적으로 높은 전력을 사용하는 IEEE 802.11 계열의 WLAN(Wireless Local Area Network) 시스템들과 비교했을 때, 근거리뿐만 아니라 원거리 통신에 대해서도 더 유리하다는 장점을 가지고 있다.

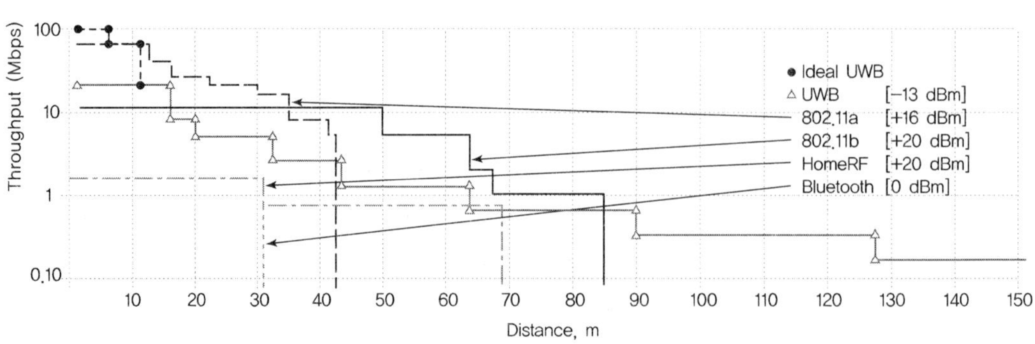

| 그림 5.14 | 초광대역 무선통신 시스템과 기존 시스템들 간의 처리량과 Range 특성 비교

이러한 초광대역 무선통신 시스템만의 독특한 장점들 때문에, 향후 W-PAN 환경에서 100Mbps 이상의 초고속 근거리 데이터 전송이 요구되는 AV기기, 게임기, 프린터, 스캐너, 모니터 등과 더불어 초단거리의 정밀함이 요구되는 위치 추적, 레이더, 의료기기 등의 응용분야에서 초광대역 무선통신 시스템의 필요성이 더욱 절실해질 것으로 예상된다. 최근 유럽무선통신사무국(ERO : European Radio Communications Office)의 발표에 따르면 향후 UWB 시스템의 주요 응용분야로서 실내 무선 홈네트워크 및 이동통신과 같은 통신 분야가 약 98%의 대부분을 차지할 것으로 예상되고 있으며, 이와 관련한 초광대역 무선통신 시장은 2003년부터 2010년까지 매년 약 61%의 급속한 성장률을 보일 것으로 예상된다.

(1) 초광대역 무선통신 기술의 특성

1) 송수신기의 소형화, 저 전력화, 저가격화

기존의 무선 통신 방식은 대부분 1918년에 Howard Armstrong에 의해 개발된 슈퍼헤테로다인(Super-heterodyne) 방식을 이용하고 있다. 반면에 UWB 시스템은 그림 5.15와 같은 기저대역에서의 직접 변환에 의한 호모다인(Homodyne) 방식을 사용하므로 협대역(Narrow band) 통신 방식과 달리 송/수신기에서의 주파수 천이 과정(carrier- free)이 필요치 않으므로 슈퍼헤테로다인 구조에 비해 구성이 상대적으로 간단하여, 기준 오실레이터(Reference oscillator), 위상 동기 루프(Phase-Lock Loop : PLL), 신디사이저(synthesizer), 믹서(mixer), 또는 증폭기(power amplifier) 등이 필요하지 않다.

2) 높은 주파수 전송량

UWB 시스템은 기존 시스템보다 더 낮은 비용과 전력 소비로 훨씬 넓은 주파수 대역을 이용하여, 비트/초/평방미터(bits/sec/square-meter)로 정의되는 공간용량(spatial capacity)을 제공할 수 있다. 블루투스 그룹(Bluetooth Group)과 IEEE.802에서 향상된 표준을 개발하고는 있지만 제한 주파수 폭 때문에 이러한 시스템들은 공간 용량(spatial capacity) 향상에 한계를 가질 수밖에 없으며, 그에 비해 매우 넓은 주파수 대역폭을 이용하는 UWB 시스템은 높은 공간용량을 제공할 수 있는 잠재성을 가지고 있다.

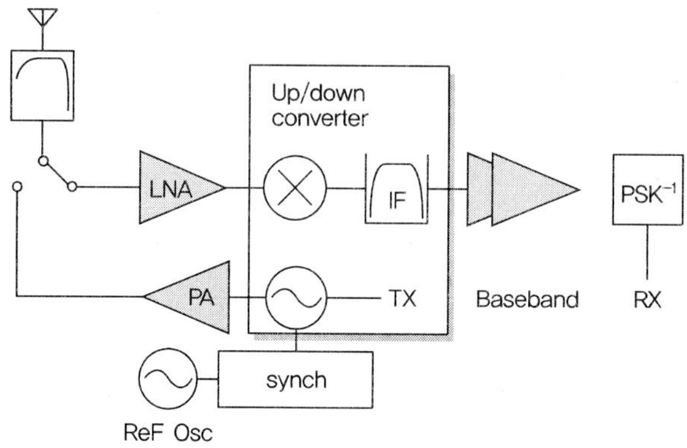

(a) 기존의 무선통신 : Heterodyne 방식

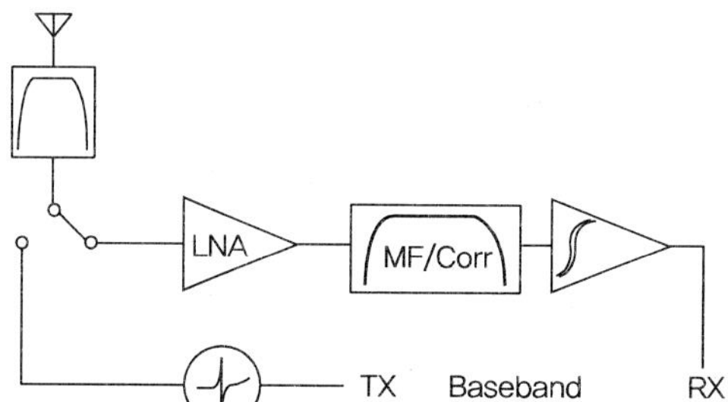

(b) 초광대역 무선통신 : Homodyne 방식

| 그림 5.15 | 통신 방식의 비교

3) 채널 용량과 거리와의 상관관계로 인한 거리 제한조건

UWB 시스템은 기본적으로 기존 협대역(Narrow band) 시스템들과 주파수를 공유하여야 하기 때문에 상호 간섭을 고려하여 사용 주파수 대역과 송신 출력이 제한될 수밖에 없다. 펄스의 형태와 펄스폭(Pulse width)에 의해 사용 주파수 대역이 결정될 수 있으며, 일단 사용 주파수 대역이 결정되면 전송 가능한 데이터 율이 결정되기 때문에 일정 거리에서 보았을 경우 한 채널이 전송할 수 있는 데이터 율과 사용자에게 할당 가능한 채널수는 상호 연동관계가 없다. 또한 UWB 시스템에 대한 전력에 제한이 있기 때문에 일정 신호 대 잡음비(S/N)를 유지하기 위해서는 거리가 멀어질수록 프로세스 이득(processing gain)을 높여야 하며, 이를 높이기 위해서는 듀티 사이클 (Duty Cycle)과 한 비트(bit)를 전송하기 위한 반복 주기를 길게 하여야 하므로, 전송 거리가 멀어질수록 전송 가능한 데이터 율은 감소하게 된다.

(2) 실내 무선 채널

실내 무선 채널은 일반적으로 시변 선형 필터로 모델링된다. 다음은 특성을 임펄스 응답으로 나타낸 것이다.

$$h(t,\tau)=\sum_{k=0}^{N(\tau)-1} a_k(t)\delta[\tau-\tau_k(t)]e^{j\theta_k} \qquad \text{(식 5.20)}$$

여기서 t는 observation time, τ는 시간 지연이다. $N(\tau)$는 다중 경로 성분의 개수이다. 채널은 이러한 경로 변수들에 의해 완전히 표현 될 수 있다. Turin에 의해 제안되었던 시불변 채널 모델은 이동통신의 여러 분야에 잘 적용된다. 이와 같은 시불변 채널 모델은 식 5.20을 다음과 같이 간략화시킬 수 있다.

$$h(t)=\sum_{k=1}^{N-1} g_k\delta(t-t_k)e^{j_k} \qquad \text{(식 5.21)}$$

송신 신호를 $s(t)$라 한다면 채널의 출력 $y(t)$는 다음과 같이 주어진다.

$$y(t)=\int_{-\infty}^{\infty} s(\tau)h(t-\tau)d\tau+n(\tau) \qquad \text{(식 5.22)}$$

여기에서 $n(\tau)$는 Low-pass 복소합 가우시안 잡음이다.

위의 수학적 모델을 이용하면 송신 신호 $x(t)=Re\{s(t)\exp[jw_0t]\}$가 채널을 통과하면 $y(t)=Re\{\rho(t)\exp[jw_ot]\}$가 수신된다.

$$\rho(t)=\sum_{k=0}^{N-1} a_k s(t-t_k)e^{j\theta_k}+n(t) \qquad \text{(식 5.23)}$$

실내 채널의 특성을 위해 이산 시간 임펄스 응답이 사용된다. 이산 시간 임펄스 응답 모델은 시간축 상에서 bin이라 불리는 작은 시간 간격으로 나누게 된다. 이렇게 나눈 각각의 bin은 다중 경로 성분이 하나 존재하던지 아니면 존재하지 않는다고 가정한다. 하나 이상의 다중 경로 성분은 제외한다.

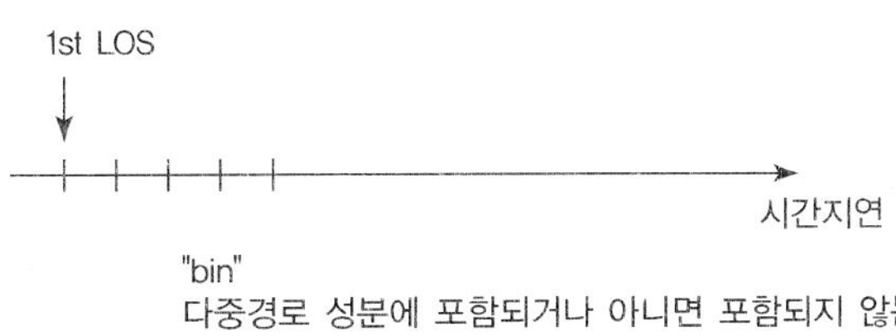

| 그림 5.16 | bin의 개념

측정 장비가 하나의 bin에서는 서로 다른 다중 경로 성분으로 인식하지 못하기 때문에 bin의 크기는 측정 장비의 해상도에 의해 결정이 된다. 이러한 이산 시간 모델의 임펄스 응답은 "0"과 "1"로 표현이 되고 "0"은 주어진 bin에 다중 경로 성분이 없다는 것을, "1"은 주어진 bin에 다중 경로 성분이 포함되어 있다는 것을 의미하게 되고, 이러한 모델은 시뮬레이션 과정에서 단순화를 가져다주는 장점을 가진다.

이전의 연구들에서는 $\{\theta_k(t)\}$의 위상에 대한 특성은 0부터 2π사이에서 uniform 분포를 가지게 되어 생략하고 해석을 하였다. 그림 5.17은 실내 환경의 UWB 전파 전파 모델에 대해 나타내었다.

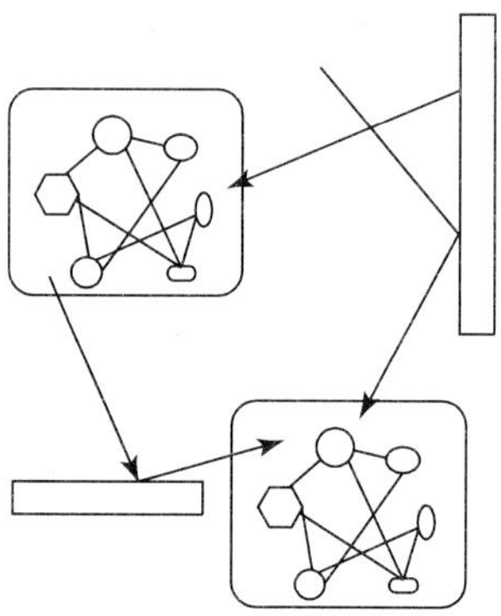

| 그림 5.17 | 실내 환경에서 UWB 전파 전파 모델

1) Saleh-Valenzuela 모델

① 10ns, 1.5GHz, 레이더와 같은 펄스 사용

② 실내 채널은 멈춰 있는 듯한(quasi-static) 또는 매우 느린 시간 변화 채널이다.

③ 만약 그들 사이에 어떤 LOS도 존재하지 않는다면, 채널 임펄스 응답의 통계는 송신, 수신 안테나의 극 방향성에 독립적이다.

④ 최대 다중 경로 지연 확산 : 100ns~200ns

⑤ 방에서의 rms delay 확산 : 평균 25ns, 최대 50ns

⑥ LOS가 없는 Large-scale 경로 손실 : 60dB 이상의 범위에서 변하며, log-distance 전력 법칙에 따른다.

여기서 다중 경로 성분은 Cluster와 Ray의 형태로 도착하게 되고 이들의 진폭은 일반적인 Rayleigh 분포대신 Log-Normal 분포에 의해 산출된다. 또한 채널을 통과한 신호의 위상은 양의 값(0°) 또는 음의 값(180°) 중에서 랜덤하게 결정된다고 모델링된다. 더욱이 다중 경로 페이딩은 Cluster 내에서 독립적으로 존재한다고 가정하고 있기 때문에, 다중 경로 모델은 다음과 같은 채널 임펄스 응답으로 표현될 수 있다.

$$h(t) = X\sum_{l=0}^{L}\sum_{k=0}^{K}\alpha_{k,l}\delta(t - T_l - \tau_{k,l}) \qquad \text{(식 5.24)}$$
$$20\log_{10}(X) \propto Normal(0, \sigma_x^2)$$

위 식에서 Normal(a, b)는 평균 α, 분산 b인 가우시안 분포를 나타낸다. 한편 X는 Log-Normal 분포의 Shadowing 성분, $\alpha_{k,l}$은 다중경로 페이딩 계수, T_l은 l번째 Cluster의 지연, $T_{k,l}$는 l번째 Cluster내에서 k번째 경로의 지연을 나타낸다. 또한 Λ는Cluster의 도착율, λ는 각 Cluster 내에서 경로의 도착률을 나타낸다. 여기서 다중 경로 페이딩 채널계수들은 다음과 같이 정의된다.

$$\alpha_{k,l} = p_{k,l}\xi_l\beta_{k,l} \qquad \text{(식 5.25)}$$
$$20\log_{10}(\xi_l\beta_{k,l}) \propto Normal(\mu_{k,l}\sigma_1^2 + \sigma_2^2)$$
$$\text{or } |\xi_l\beta_{k,l}| = 10^{(\mu_{k,l} + n_1 + n_2)/20}$$
$$E\left[|\xi_l\beta_{k,l}|^2\right] = \Omega_0 e^{-T_l/\Gamma} e^{\tau_{k,l}/\Upsilon}$$

위 식에서 ξ_l은 l번째 Cluster와 관련된 페이딩 성분이고 $\beta_{k,l}$은 l번째 Cluster의 k번째 Ray의 페이딩 성분이다. 도한 $n_1 \propto Noraml(0, \sigma_1^2)$과 $n_2 \propto Noraml(0, \sigma_2^2)$는 각각 독립으로 Cluster와 Ray의 페이딩에 해당된다. 그리고 Ω_0는 첫 번째 Cluster에서 첫 번째 경로의 평균 에너지이며, Γ와 γ는 Cluster와 Ray의 감쇠 성분을 각각 나타낸다. 또한 아래 식과 같이 $\mu_{k,l}$은 다음과 같이 정의된다.

$$\mu_{k,l} = \frac{10\ln(\Omega_0) - 10T_l/\Gamma - 10\tau_{k,l}/\gamma}{\ln(10)} - \frac{\sigma_1^2 + \sigma_2^2\ln(10)}{20} \qquad \text{(식 5.26)}$$

여기서 σ_1과 σ_2는 Cluster 및 Ray의 Log-Normal 페이딩 표준 편차이다.

UWB 채널 모델은 환경과 조건의 특성에 따라 다음과 같이 4가지 서로 다른 채널들로 분류되며, 표 5.12에서는 IEEE 802.15 TG3a에서 분류된 4가지 UWB 채널 모델을 위한 파라미터들을 제시하고 있다.

- 채널 모델 1(CM1) : LOS 채널(송수신단 거리 0~4m)
- 채널 모델 2(CM2) : non-LOS 채널(송수신단 거리 0~4m)

- 채널 모델 3(CM3) : non-LOS 채널(송수신단 거리 4~10m)
- 채널 모델 4(CM4) : 25 nsec 실효 지연 확산을 갖는 극단의 non-LOS 채널

| 표 5.12 | IEEE 802.15 TG3a에서 분류된 4가지 UWB 채널 모델을 위한 파라미터

파라미터	CM1	CM2	CM3	CM4
Λ [1/nsec]	0.0233	0.4	0.0667	0.0667
λ [1/nsec]	2.5	0.5	2.1	2.1
Γ	7.1	5.5	14.00	24.00
γ	4.3	6.7	7.9	12
σ_1 [dB]	3.3941	3.3941	3.3941	3.39413.3941
σ_2 [dB]	3.3941	3.3941	3.3941	3.3941
σ_x [dB]	3	3	3	3

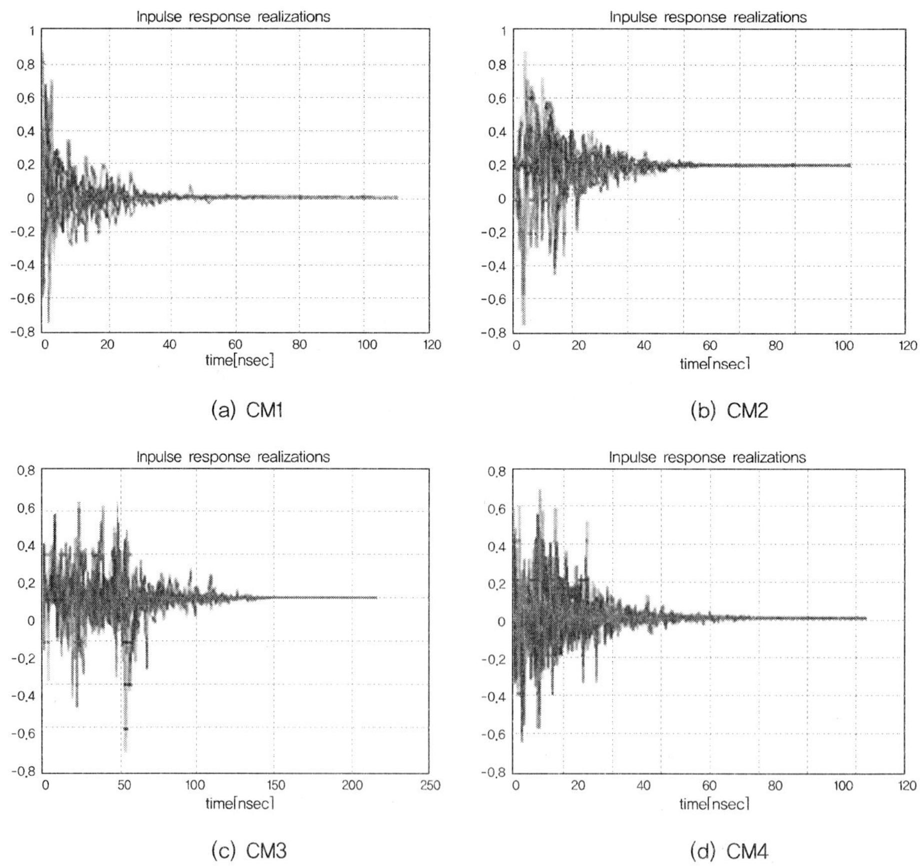

| 그림 5.18 | 채널 모델 분류에 따른 IEEE 802.15 TG3a UWB 채널 모델의 임펄스 응답

2) TDL(Tapped Delay Line) 모델

Intel의 J. Foerster가 2001년에 제안한 모델이다. 채널의 임펄스 응답은 다음 식과 같다.

$$h(t) = \sum_{l=0}^{L-1} \alpha_1 \delta(t - lT_m) \qquad \text{(식 5.27)}$$

식 5.27에서 α_1은 1번째 경로에서의 신호 진폭 감쇄를 나타내고, T_m은 분해 가능한 최소 시간 단위를 나타내며, L은 다중 경로 성분의 수, 즉 총 경로 수를 나타낸다. 한편, 채널인 MIP(Multipath Intensity Profile)는 식 5.28과 같이 해당 경로에서 채널 계수들에 의해 표현되는 평균 수신 신호 전력에 의해 정의될 수 있다.

$$E[\alpha_1^2] = \Omega_0 e^{-\delta l},\ \delta \approx -\ln(0.001)/L \qquad \text{(식 5.28)}$$

위에서 Ω_0는 전체 수신 전력 정규화를 위한 값이고, δ는 페이딩 파라미터를 나타내는데, 실제적으로 유효한 전력을 직진 경로의 전력으로부터 30dB까지 떨어지는 전력까지로 감안한다며, 위와 같이 근사될 수 있다. 한편, 채널의 실효 지연 확산(RMS Delay Spread)을 δ_τ라 할 때, 이는 식 5.29와 같이 다중 경로에서의 신호 지연과 감쇄를 이용하여 구할 수 있다.

$$\sigma\tau \equiv \sqrt{E[\tau^2] - (E[\tau])^2},\ E[\tau^2] \equiv \frac{\sum_1 (\tau_1) n \alpha_1^2}{\sum_1 \alpha_1^2} \qquad \text{(식 5.29)}$$

여기서, $\tau_1 = 1T_m$으로서 1번째 경로의 시간 지연을 나타낸다. T_m을 0.7626ns로 가정하고, 일반적인 실내 채널 환경에서의 단거리 통신을 고려한 25ns를 실효지연 확산 σ_τ로 사용한 결과, 총 다중 경로 수 L은 233이며 그에 따른 페이딩 파라미터 δ는 0.029647이 됨을 알 수 있다. 그림 5.19는 이에 따른 채널 임펄스 응답의 예를 나타낸다.

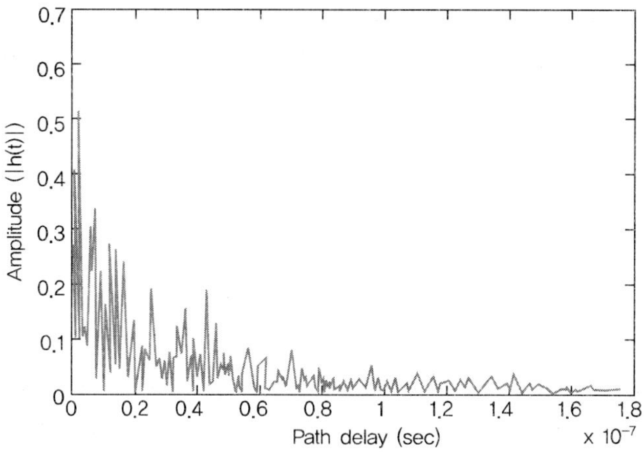

| 그림 5.19 | 도출된 파라미터들에 의한 채널 임펄스 응답

5.4.7 IrDA

IrDA(Infrared Data Association)는 적외선 통신 링크에 사용되는 하드웨어와 소프트웨어에 대한 국제표준을 만들기 위해 산업계가 후원하는 비영리 조직으로 1993년에 결성되었다. IrDA는 데스크톱, Notebook PC, 개인 휴대 정보 단말기(PDA 등), 휴대폰 간에, 적외선을 이용하여 데이터를 전송하는데 필요한 하드웨어와 소프트웨어의 지원 및 협력을 위하여 1993년 설립된 민간 표준화 단체로 미국 Califonia 주 Walnut Creek에 소재하고 있다. 세계의 PC 메이커와 통신기기 등이 참여하고 있으며, 마케팅, 기술, 테스트 등 3개의 워킹 그룹으로 구성되어 있다.

IrDA(Infrared Data Association) 통신기능이 포함된 노트북 PC나 PDA, 휴대폰을 사용할 경우 사용자들은 데스크톱 PC의 적외선 포트를 향해 노트북, PDA, 휴대폰의 적외선 포트를 대향시키고 데이터 송신 버튼을 클릭하기만 하면 원하는 기기에 필요한 정보를 보낼 수 있다. 적외선 포트는 데스크톱, 노트북 컴퓨터 PDA, 휴대폰, 디지털 카메라, 각종 산업용기기 및 시험기 등에 내장될 수 있다. 이것을 이용하여 사람들은 무선으로 파일을 전송하고 별도의 프린터 케이블 없이 원하는 문서의 인쇄도 가능하게 된다. IrDA는 다른 기종간의 호환성을 해결하기 위하여 다양한 범위의 전송속도를 가지는 저비용, 근거리, 일대일 통신을 위해 최적화된 통신 표준을 제정하였다.

적외선 데이터 통신은 데스크톱 컴퓨터, 노트북 컴퓨터, PDA, 디지털 카메라, 휴대폰, 무선호출기, 프린터 등의 대중화에 따라, 이제 무선데이터 통신 분야에서 중요한 역할을 수행하고 있으며 노트북 컴퓨터에서 프린터로 문서를 보내고, PDA를 이용하여 명함을 교환하거나, 데스크톱 컴퓨터와 노트북 컴퓨터 사이에 스케줄이나 전화번호부를 동기화시키거나, 디지털 카메라에서 컴퓨터에 이미지를 보내는 일에 적용되어지고 있고 그 응용 분야가 점점 더 증대되고 있다.

IrDA 기술은 일반 리모컨 등에서 활용하고 있는 적외선을 이용해 전파를 이용한 통신 방식처럼 상호 간섭하거나 다른 기기를 오작동시키는 등 예기치 않는 현상이 거의 발생하지 않기 때문에 안정성이 매우 높은 기술로 평가받고 있으며 이러한 안정성 때문에 휴대폰 등을 이용한 전자지갑에의 응용에도 관심이 증대되고 있으며, 보안성이 뛰어나고, 투자비도 최소화할 수 있는 적외선 통신이 차세대 금융 결제 시스템으로 가장 적합한 수단으로 인식이 되고 있다. 또한 공장의 창고 관리 시스템에의 적용, 고속도로에서의 톨게이트 무인화 시스템, 적외선 명함 교환기 등으로 그 활용범위를 점점 넓혀가고 있다. 무선 통신 시스템에서 적외선 무선통신기술은 RF 기술보다 몇 가지 이점이 있다.

(1) 적외선 통신의 특성

IrDA(Infrared Data Association)는 적외선 통신 링크에 사용되는 하드웨어와 소프트웨어에 대한 국제표준을 만들기 위해 산업계가 후원하는 조직으로서 전자기기간에 적외선을 이용해 데이터를 주고받을 수 있는 통신표준을 이끌어 내기 위해 1993년에 결성된 비영리단체이다.

무선전송의 특별한 형태인 적외선 통신에서는 테라 헤르츠 또는 트릴리온 헤르츠에서 측정되는 적외선 주파수 스펙트럼 내의 모아진 광선이 정보로 변조되어 송신기로부터 비교적 짧은 거리 내에 있는 수신기로 보내어진다. 적외선 방사는 리모콘으로 TV를 제어하는데 사용되는 것과 같은 기술이다. 적외선의 반사성과 직진성을 이용한 통신을 실현하였다. 따라서 케이블 없이 적외선으로 데이터를 전송하는 기술을 통칭하는 용어로도 사용된다.

반사환경이 좋은 사무실 환경에 적합하며 최근 노트북 컴퓨터와 PDA, 디지털 카메라, 휴대폰 등의 대중화에 따라 이제 무선데이터 통신 내에서 중요한 역할을 해오고 있다.

적외선 통신에서는 쌍방의 장치에 모두 송수신기가 있어야 한다. 특별한 마이크로 칩이 이 기능을 위해 제공되고 있으며, 그 외에도 통신을 동기화시켜주는 특별한 소프트웨어가 하나 또는 모든 장치들에 필요하게 된다.

Microsoft 윈도우즈 운영체제에서는 IR(Infrared Transmission)에 관한 지원을 하고 있다. PC99를 위한 IrDA 규격에서는 짧은 길이, 고속전송이 필요하며, 가까운 거리의 무선 접속에 권장되고 있다. 이는 HPCs, 디지털 카메라 등에 사용될 수 있다. 현재, IrDA 표준에서 전송될 수 있는 가장 긴 데이터의 길이는 2,048바이트이며, 최대 전송속도는 4Mbps이다. IR은 어느 정도 먼 거리의 상호연결에도 사용될 수 있으며, 근거리 통신망 내의 상호연결이 가능하며, 최장 유효거리는 약 1.5마일 정도이며, 계획되는 최고의 대역폭은 16Mbps이다. 경쟁관계에 있는 Bluetooth나 HomeRF에 비해 저가이며 기술과 인프라가 좋으며 IrDA 포트가 TV나 노트북, PDA 등에 세계적으로 대부분의 IrDA 포트가 사용되고 있다. Bluetooth 등 다른 표준들과 어플리케이션 호환성이 있다. Bluetooth와 IrDA는 데이터전송 프로토콜이 OBEX(Object EXchange protocol)로 동일하다. 상호 간섭이나 다른 기기를 오작동시킬 우려가 거의 없다. 하지만, IR은 가시광선을 전송하는 것이므로, 안개와 같은 대기조건에 민감하며 LoS(Line of Sight) 거리에서 1m 정도의 거리밖에 지원하지 못한다. 또한 30도의 좁은 각도 내에서만 연결이 가능하다.

1) 응용분야

① 짧은 거리에서 적은 사이즈의 데이터를 전송하는 각종 전자기기에 주로 이용.

② 적외선 통신기술이 가장 먼저 적용된 분야는 TV 리모컨임.

③ 휴대폰과 PC간의 데이터 전송.

④ 노트북 컴퓨터에서 프린터로 문서를 보낸다.

⑤ 포켓용 PC를 이용하여 명함을 교환한다.

⑥ 데스크톱 컴퓨터와 노트북 컴퓨터 사이에 스케줄이나 전화번호부를 같게 맞춘다.

⑦ 노트북컴퓨터에서 공중전화를 이용하여 멀리 있는 팩시밀리에 팩스를 보낸다.

⑧ 디지털 카메라에서 컴퓨터에 이미지를 광선으로 보낸다.

2) 기술 개발 동향

IrDA는 적용거리와 전송속도 그리고 제품에 따른 사용 용도에 따라 몇 가지의 표준규격으로 나누어져 있는데, 1995년도에 IrDA1.0을 개량한 최대 4Mbps의 [IrDA1.1]이 표준화되었다. 1998년 3월에는 1대의 호스트와 1대의 호스트 또는 다수의 호스트와 통신할 수 있는 적외선 규격 [IrDA Control(구 IrBus)]을 표준화에 합의하였다. (최대통신거리가 8m, 최고 8대까지의 기기접속이 가능하여 윈도OS에 인텔이 칩을 제공함에 따라 PC와 주변기기간의 연결 장치와 접속하기 위한 규격임.) 이 외에 속도를 향상시킨 [VFIR], 디지털 카메라의 이미지를 프린터로 무선 전송하기 위한 규격인 [IrTran-P], 적외선 이동 통신 표준인 [IRMC] 등 여러 표준이 있고 계속적으로 진행되어 오고 있다. 하지만 최근에 블루투스 등 여러 무선 네트워킹 기술들이 지속적으로 개발되어오고 기술들과 경쟁관계에 있어서 현재 추세는 얼마나 소형으로 만들 수 있는가 그리고 얼마나 빠른 데이터 속도를 구현할 수 있는가가 무선이동통신 분야의 활성화를 부채질할 것으로 예상된다. 여기에 대하여 세계적으로 IrDA 기술을 주도하고 있는 ACTiSYS의 Keming Yeh 박사는 IrDA와 Bluetooh 기술을 비교하여 'The 5X Rule'을 발표하였다. 내용을 보면 다음과 같다.

"The IR 5X Rule" - IR is ALWAYS:

- 5X faster than Bluetooth @:
- 100000 better BER(Bit Error Rate) (IrDA=0.00000001)
- 5X lower cost than Bluetooth(10X for now)
- 5X smaller than Bluetooth
- 5X lower power than Bluetooth
- 5X easier to use than Bluetooth(for now)

3) IrDA 기술의 장/단점

① 장점

전파가 아닌 빛을 사용하기 때문에 주파수 사용 허가(IEEE)가 필요 없음

a. 넓은 대역폭과 높은 전송속도

b. 보안성이 높음

c. 무선이므로 기동성이 뛰어남

d. 소비전력이 적고 부품의 가격이 저렴

e. Data 통신(File 전송 가능), 음성, 화상 통신도 가능

f. 근접 주파수에 대한 간섭이 없고 전자파 장애가 없음

g. 검증된 다양하고 일반적인 무선 접속

h. 블루투스보다 훨씬 낮은 BER(Bit Error Rate)

i. 2억 5000만 유닛 이상에 설치돼 있으며, 매년 40% 이상 성장

j. 지원되는 하드웨어, 소프트웨어의 범위가 넓음

k. 추후 개발되는 버전과 이전 버전과의 호환됨

l. 다른 전자장비와 간섭이 없음

m. 정지된 장치를 위한 낮은 수준의 보안성

n. 높은 데이터 전송 속도, 현재 4Mbps, 16Mbps 개발 중

② 단점

a. 안개, 대기 중의 먼지 등에 의해 제한됨

b. 직사광선이나 형광등 및 백열등 같은 여러 가지 빛들이 잡음으로 작용

c. 한정된 거리에서 사용 가능

d. 1:1, 30°의 좁은 각도, 짧은 거리에서 사용

(2) 실내 채널 모델

1) 무선 광링크의 연구동향

지향성 가시거리방식은 광전력을 유효하게 사용하고 다중경로 분산(multipath dispersion)의 영향을 받지 않는다는 장점 때문에 실험적인 무선링크로 여러 곳에서 연구되어 왔다. 그 예로 1985년에 Yun과 Crawford가 여러 개의 터미널과 중심에 위치한 한 개의 기지국(base station)사이를 연결하는 1Mb/s 지향성 가시거리 광무선링크를 들 수 있다. 이 시스템에서 기지국은 165mW의 광전력을 수직방향으로 3°로 퍼지고 수평으로는 원형 대칭인 평면광으로 전송하고 터미널은 기지국으로 5mW의 광전력을 2°의 폭이 좁은 빔을 사용하여 50m까지 전송할 수 있었다. 비슷한 시스템으로 기지국에서 터미널로 전송할 때 모든 방향으로 보내는 평면광 대신에 각각 1mW의 광전력을 지닌 여러 개의 불연속적이고 퍼짐각이 1°인은 빔(pencil beam)을 사용하여 50Mb/s의 전송속도로 30m까지 전송할 수 있었다. 지향성 가시거리방식을 사용하여 제작된 제품 중 판매되고 있는 것은 BICC에서 개발한 것으로 4 Mb/s의 스루풋(throughput)으로 24m까지 전송하는 시스템이다.

지향성 가시거리방식을 one-to-many(broadcast) 또는 many-to-one 모드로 동작시킬 수 없는 단점을 보완한 것이 지향성 무가시거리 방식이다. 이 방식은 광송신기와 광수신기를 보통 방 천정의 중앙에 위치한 diffusive reflecting surface에 지향시켜 신호를 온 방안에 퍼지게 하는 방식이다. 대부분의 사무실천정에 사용되는 painted plaster나 ceiling tile은 실험결과 거의 이상적인 Lambertian reflector 특성을 보여준다. Lambertian reflector 특성이란 입사각에 관계없이 단위 입체각당(solid angle) 반사되는 에너지가, 표면의 수직에 대한 각도를 θ라고 할 때, cos(θ)에 비례하는 것을 일컬으며 이는 표면의 변화가 적외선 신호의 파장에 비하여 크기 때문에 거의 완벽한 diffuse reflector로 작용하기 때문이다. 이 방식은 1985년 Photonics Corp.에서 Photolink라는 제품을 제작하는 데 사용하였으며 이 제품은 22m까지 230Kb/s의 전송속도를 유지할 수 있었다. 비슷한 시스템으로 다수(multiple)의 지향성 무가시거리 방식과 다수의 target reflector를 사용하여 음영현상에 대비한 것이 Yun과 Kavehred에 의해서 제안되었다.

하이브리드 가시거리 구조를 이용한 시스템은 여러 가지가 존재하여 왔다. 그 예의 하나는 Minami 등이 보고한 것으로 기지국에서는 135mW의 전력을 120°의 넓은 빔으

로 전송하고, 터미널에서는 75mW의 전력을 60°의 각도로 확산시켜 전송한 것을 들 수 있다. 이 시스템은 19.2Kb/s의 전송속도로 가시거리가 방해받지 않는 상태로는 10m까지, 가시거리가 방해받은 상태로는 5m까지 전송할 수 있었다. Takashi와 Touge는 Minami의 연구결과를 전송전력을 증가시키고 변조방식을 반송파(subcarrier) FSK 방식에서 반송파 PSK 방식으로 바꿈으로서 같은 거리에 48Kb/s의 전송속도를 얻을 수 있었다. 비슷한 방법으로 Nakata 등은 기지국으로부터는 120°의 넓은 빔으로 300mW의 전력으로 전송하고 터미널에서는 10°의 좁은 빔을 사용하여 5m까지 전송하였다. Fusi와 Kikkawa는 비슷한 시스템으로 150°의 다운링크(down-link)빔과 10°의 업링크(up-link)를 사용하여 19.2Kb/s의 전송속도로 10m를 전송할 수 있었다.

무지향성 무가시거리 방식은 Gfeller 등에 의해 처음으로 제안되었다. 이 시스템에서 기지국은 800mW의 넓게 퍼지는 빛을 천정에 보내어 천정이 제 2차 분배 소스로 동작하게 함으로 125Kb/s의 전송속도로 주변광잡음의 세기에 따라 10-20m의 범위에서 동작하도록 하였다. Photonics Corp.는 포터블 컴퓨터에 사용하기 위하여 1Mb/s의 속도로 동작하는 작은 광송수신기를 개발하였고, Spectric Corp.도 2Mb/s에서 동작하는 시스템을 제작하였다. 무지향성 무가시거리 방식은 사용자의 입장에서 볼 때 가장 편리한 방법이나 심각한 신호감쇄와 다중로 분산 때문에 디자인이 매우 어렵다.

이를 보완하기 위한 방법으로 무지향성 가시거리방식이 사용되며, 이는 가시거리 경로가 방해받지 않는 환경에서 고속전송과 더 먼 거리 전송에 사용될 수 있다. 그 예로는 Poulin 등이 다채널 공중접속전화 시스템에 이와 비슷한 방식을 사용한 것을 들 수 있다. 이 시스템에서 기지국은 각각 다른 방향을 지향하고 있는 좁은 지향성 빔의 어레이로 구성되어 전체적으로는 넓은 빔의 효과를 나타내도록 되어 있다. 기지국에 있는 수신기는 각각은 다른 방향을 바라보고 있는, 좁은 FOV(field-of-view)를 갖는 검출기(detector)들의 어레이로 구성되어 있어 실제효과는 넓은 FOV를 갖는 수신기로 간주될 수 있고, 이 시스템은 230Kb/s의 전송속도에서 20m까지 전송할 수 있다.

2) 전력분포 계산

일반적인 실내구조를 고려하여 가시거리 경로가 방해를 받지 않는 경우에 가시거리 무지 향성방식을 사용하거나 또는 무가시거리 무지향성방식인 확산형 시스템을 구성할 수가 있다. 확산형 시스템은 천정 같은 커다란 확산반사기를 사용하여 신호를 확산시킨다. 이 두 경우 모두 확산된 신호가 벽이나 또는 다른 반사체로부터 다시 반사되어 오는 신호가 존재하기 때문에 ISI(inter-symbol-interference)가 발생하여 고속으로 동작하는 것을 방해하게 된다. 송신기와 수신기의 위치가 고정되게 되면 이와 같은 다중 경로 분산은 임펄스응답(impulse response) h(t)로 특성 지을 수 있으며 이때 수신된 광신호는 송신된 광신호의 세기와 임펄스응답 h(t)의 콘벌루션(convolution)으로 정의된다.

적외선 신호의 실내반사 모델은 실내에서의 전력분포를 계산하기 위하여 주로 사용되어 왔다. 즉 수신되는 전체전력을 계산하여 링크버짓분석(link budget analysis) 에 사용되었다. 그 예로 Gfeller와 Bapst가 한 번 반사되는 것까지만 포함하여 분석하였고, Hash 등은 두 번 반사되는 것까지 확장시켜 결과를 구하였다. 그 후 Hortensius가 Gfeller와 Bapst의 모델을 확장시켜 한번 반사되는 양까지 포함하는 임펄스응답 h(t)를 구하였고, Barry는 여러 번 반사되는 것까지도 포함할 수 있는 임펄스응답을 구하는 방법을 제안하였다. 이 방법은 임펄스응답의 시간에 대한 적분인 전력분포를 더 정확하게 계산할 수 있어 매우 유용하다. 특히 고속전송에서는 두 번 이상 반사되어 도달하는 신호들이 한번 반사하여 도달하는 신호보다 늦게 도착하게 되므로, 두 번 이상 반사되어 도달하는 신호들을 포함하는 것이 필수적이다. 이 책에서는 방안의 공간에 가구나 사무용품들이 없다고 가정한다.

3) 소스와 수신기 모델

넓게 퍼지는 광원은 위치벡터 r_s, 단위길이 방향벡터 $\hat{n_s}$, 전력 P_s 그리고 복사강도 패턴(radiation intensity pattern) $R(\phi)$로 나타내진다. 여기서 복사강도패턴 $R(\phi)$는 $\hat{n_s}$를 기준으로 (ϕ)방향으로 단위 입체각당 소스로부터 방출되는 광전력으로 정의된다. Gfeller의 논문을 참조하면 소스는 θ에 무관하고 ϕ방향으로 대칭인 일반적인 Lambertian 복사패턴으로 모델링될 수 있다. 이를 수식으로 표현하면 아래와 같다.

$$R(\phi) = \frac{n+1}{2\pi} P_s \cos^n(\phi), \quad \text{for}\, \phi \in \left[-\frac{\pi}{2}, \frac{\pi}{2}\right] \qquad \text{(식 5.30)}$$

여기서 n은 소스의 방향성을 결정하는 복사로브(radiation lobe)의 모드 수이다.

모드 번호가 증가할수록 방향성이 커지는 것을 의미하며 이를 나타낸 것이 그림 2.20이다. 계수 $(n+1)/2\pi$는 $R(\phi)$를 모든 각도에 대하여 적분하면 그 결과가 소스전력 P_s가 되도록 해주기 위하여 필요한 계수이다. 모드번호 $n=1$인 경우가 전통적인 Lambertian 소스이다. 표기를 간단히 하기 위하여 기준시간에 단위 임펄스로 표시되는 빛의 강도를 방출하는 점소스 S를 다음과 같은 순서로 된 세 개의 요소로 표시할 수 있다.

$$S = \{r_s, \hat{n_s}, n\} \qquad \text{(식 5.31)}$$

여기서 r_s는 소스의 위치벡터이고 $\hat{n_s}$는 소스의 단위방향이고 n은 모드수이다.

비슷한 방법으로 수신기 R은 위치벡터 r_R과 방향벡터 $\hat{n_R}$과 수신면적 A_R 그리고

field of view(FOV)로 다음식과 같이 표시된다.

$$R = \{r_R, \widehat{n_R}, A_R FOV\} \quad \text{(식 5.32)}$$

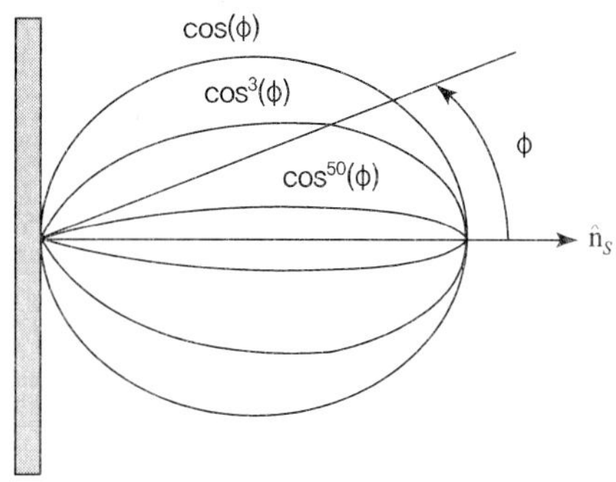

| 그림 5.20 | Lambertian radiation patter

여기서 스칼라 양인 FOV는 검출기의 법선방향을 기준으로 하여 FOV보다 작은 각도로 신호가 입사될 때만 수신기가 신호를 검출할 수 있는 각도를 의미한다.

4) 반사기 모델

반사를 정확히 고려하려면 거울같이 반사되는 성분과 확산성분을 함께 고려하여야 하나, 보고된 실험결과에서 보여주는 바와 같이 실내에 사용되는 대표적인 재질들(plaster walls, acoustic-tiled walls, carpets, and unvarnished woods)은 매우 근사적으로 확산특성을 나타내는 Lambertian 반사기 모델로 표시되므로 이 계산에서는 순수한 Lambertian 반사기(확산형 반사기)로 실내 벽이나 천정을 나타낸다. 이상적인 확산형 반사기의 미분면소(differential element)에서 방출되는 복사강도패턴 $R(\phi)$는 입사각에 무관하게 된다. 따라서 반사하는 벽의 미분면소의 면적을 dA라 하고 반사계수를 ρ라 하면, 벽에서 반사현상을 다음과 같이 두 단계의 스텝으로 구분하여 나타낼 수 있다. 첫째 면적이 dA인 미분면소를 수신기로 생각하여 이 수신기가 수신하는 전력 dP를 계산한다. 두 번째로 미분면소가 전력 $P = \rho dP$를 이상적인 Lambertian 복사강도패턴으로 방출하는 것으로 모델링한다. 이것은 식 5.30에 $n = 1$을 대입한 것에 해당한다.

5) 가시거리 임 펄스응답(line-of-sight impulse response)

소스 S와 수신기 R을 각각 식 5.31과 식 5.32로 나타내고 그림 5.21과 같이 반사면이 없는 경우를 고려해 보자. 송신기와 수신기 사이의 거리 R이 검출기의 크기보다 훨씬 커서 $R^2 \gg A_R$이 성립되면 수신된 신호는 검출기의 표면에서 일정하다고 간주될 수 있고, 도착 시간도 거의 같다고 생각할 수 있다. 따라서 임펄스응답은 도착시간과 크기의 변화를 고려하여 다음과 같은 Dirac delta 함수로 표시될 수 있다.

$$h^{(0)}(t;S,R) \approx \frac{n+1}{2\pi} cos^n(\phi) d\Omega \, rect(\theta/FOV) \delta(t-R/c) \quad \text{(식 5.33)}$$

이 식에서 $d\Omega$는 $A_R << R^2$라는 가정 하에서 검출기의 미분면적에 대응하는 입체각이고 c는 빛의 속도를 나타낸다. 즉

$$d\Omega \approx \cos(\theta) A_R / R^2 \quad \text{(식 5.34)}$$

이 된다. 수신기와 송신기 사이의 거리 R은 다음 식으로 표시되고

$$R = \| r_S - r_R \| \quad \text{(식 5.35)}$$

$\hat{n_R}$과 $(r_s - r_R)$ 사이의 각 θ는 다음 식으로부터 계산된다.

$$\cos(\theta) = \hat{n_R} \cdot (r_s - r_R)/R \quad \text{(식 5.36)}$$

그리고 ϕ는 $\hat{n_s}$와 $(r_R - r_s)$ 사이의 각도를 나타내고 다음 식으로부터 얻어질 수 있다.

$$\cos(\phi) = \hat{n_s} \cdot (r_R - r_s)/R \quad \text{(식 5.37)}$$

또한 rectangular function은 다음 식으로 표시된다.

$$rect(x) = \begin{cases} 1 & \text{for} |x| \le 1 \\ 0 & \text{for} |x| > 1 \end{cases} \quad \text{(식 5.38)}$$

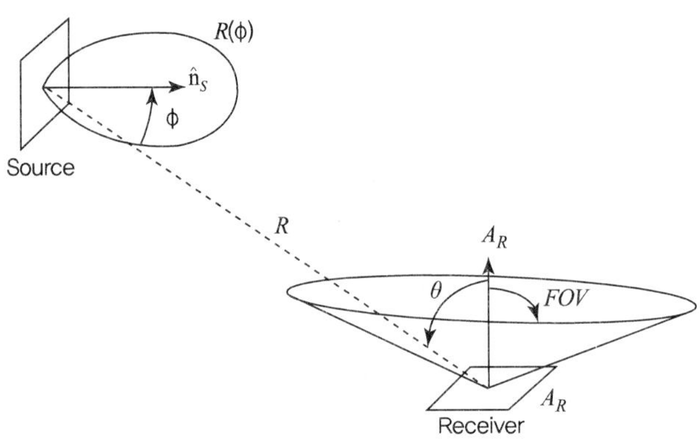

| 그림 5.21 | 소스와 검출기의 위치

6) 다중반사 임펄스응답(multiple-bounce impulse response)

① 알고리즘(algorithm)

반사면을 지니고 있는 방안에서 어떤 특정한 소스 S와 수신기 R이 주어지면 소스로부터 방출된 빛은 여러 번 반사한 후에 도달할 수 있으므로 임펄스응답은 다음 식과 같이 무한대의 합으로 표시될 수 있다.

$$h(t;S,R)=\sum_{k=0}^{\infty}h^{(k)}(t;S,R) \qquad \text{(식 5.39)}$$

여기서 $h^{(k)}(t)$는 정확히 k번 반사한 후 도달하는 신호의 임펄스 응답이다. 가시거리응답 $h^{(0)}(t)$는 식 5.33로 주어지며, 고차항은 다음 식으로 나타내진다($k>0$).

$$h^{(k)}(t;S,R)=\int_S h^{(0)}(t,S,\{r,\hat{n},\pi/2,dA\})\otimes h^{(k-1)}(t,\{r,\hat{n},1\},R) \qquad \text{(식 5.40)}$$

여기서 ⊗ 콘볼루션을 표시한다. 위 식에 식 5.33를 대입하고 콘벌루션을 수행하면 그 결과 식은 다음과 같다.

$$\begin{aligned}&h^{(k)}(t;S,R) \qquad \text{(식 5.41)}\\&=\frac{n+1}{2\pi}\int_S\frac{\rho_r\cos^n(\phi)\cos(\theta)}{R^2}rect(2\theta/\pi)h^{(k-1)}(t-R/c,S,\{r,\hat{n},1\},R)dA\end{aligned}$$

위 두 식에서의 적분은 모든 반사면 S상에 있는 위치벡터 r에 대하여 행해진다. 그리고 $\hat{n}$은 반사면 S에 있는 위치 r에서의 단위법선 벡터이며, dA는 반사면의 위치 r에서의 미분면소이다. ρ_r은 위치 r에서의 반사계수이며, $R=\|r-r_s\|$, $\cos(\phi)=\hat{n}\cdot(r-r_s)/R$ 그리고 $\cos(\theta)=\widehat{n_s}\cdot(r_s-r)/R$이다. 이 식들의 의미를 살펴보면 점 소스 S로부터 방출되어 k번 반사한 후 도달한 신호의 임펄스응답은 소스 S에 의한 각 벽면에서의 전력분포와 도달시간을 계산하고, 이어서 각 벽면을 분산된 광원으로 생각하여 $(k-1)$번 반사된 임펄스응답을 구하면 된다.

5.5 실외 무선 채널

이동통신 시스템의 무선 전송은 대개 불규칙한 지형에서 일어난다. 개개의 지역의 지형 윤곽은 경로 손실 추정을 위해 고려되어야 한다. 다수의 전파 모델은 불규칙한 지형의 경로 손실을 예측하는데 유용하며, 이 모델들이 개개의 수신 지점이나 특정 로

컬(local) 지역에서의 신호 강도 예측에 목적을 두며, 이러한 방법들은 접근성, 복잡성과 정확성에 변화한다.

5.5.1 Longley-Rice Model

Longley-Rice 모델은 다른 지형의 40MHz-100GHz까지의 주파수 범위의 점대점 통신 시스템에 적용시킬 수 있다. 전송 손실의 중앙값은 지형 윤곽과 대류권 굴절성의 경로 기하학을 이용하여 예측하고 기하학적인 광학 기술들(주로 두 광선의 지표 반사 모델)은 무선을 사용한 범위 안에서 신호 강도를 예측하기 위해 사용한다. 그리고 격리된 장애물들 위의 회절 손실은 Fresnel-Kirchoff knife-edge 모델을 사용하여 추정한다. 전방 산란 이론은 원거리의 대류권 산란을 예측하기 위해 사용되고, 두 개의 지평선 경로에서의 원방 회절 손실은 수정된 Van der Pol-Bremmer 방법을 사용하여 예측한다. 또한 Longley-Rice 전파 예측 모델은 ITS 불규칙 지형 모델이라고도 불리어진다. Longley-Rice 모델은 20MHz와 10GHz 사이의 주파수 대역에서 불규칙 지형의 자유 공간 손실에 따른 large-scale 중앙 전송 손실을 계산하기 위한 컴퓨터 프로그램에도 적용이 가능하다.

Longley-Rice 방법은 두 개의 모드에서 동작하는데, 자세한 지형 경로 윤곽이 사용될 때, 경로 특정 파라미터들을 쉽게 결정할 수 있고 그 예측은 점대점 모드 예측이라 하고, 지형 경로 윤곽이 사용되지 않는다면 Longley-Rice 방법은 경로 특정 파라미터들을 추정하기 위한 기술들을 제공하고 이런 예측을 지역(area) 모드 예측이라 한다.

Longley-Rice 모델은 발표된 이래 많은 수정과 교정이 있었다. 중요한 수정중의 하나는 도심지역에서의 전파 전파(radio propagation)를 다루며 이것은 특히 이동 통신에 적절하다. 이러한 수정은 수신 안테나 근처의 도시 소음으로 인한 추가적인 감쇠를 고려한 초과된 항목을 소개한다. urban factor(UF)라 하는 이 항목은 기존의 Longley-Rice 모델과 Okumura에 의해 얻어지는 것들을 비교함으로써 유래되었다.

Longley-Rice 모델의 하나의 단점은 이동 수신기의 근처의 환경적인 요소들을 수정 결정하는 방법을 제공하지 못 하고, 빌딩이나 나뭇잎의 영향을 설명하기 위한 수정 요소를 고려하지 않는다는 점이다. 또한 다중경로를 고려하지 않았다.

5.5.2 Durkin's Model

Longley-Rice에 의해 사용된 것과 비슷한 고전적인 전송 예측 접근은 Dadson 뿐만 아니라 Edwards와 Durkin에 의해 논의되었다. 이들은 불규칙한 지형의 전계 강도를 예측하기 위한 컴퓨터 시뮬레이터를 설명하였으며 이 시뮬레이터는 이동 무선 시스템

통신 가능 구역에 효과적인 추정을 위하여 영국의 Joint Radio Committee(JRC)에 의해 채택되었다. 비록 이 시뮬레이터는 오직 large-scale 현상을 예측하지만 이것은 불규칙한 지형에서의 전송의 성질과 무선 경로의 장애물로 인한 손실의 예측을 제공한다.

Durkin 경로 손실 시뮬레이터의 실행은 두 부분으로 구성된다. 첫 파트는 제안된 서비스 지역의 토포그래픽 데이터베이스에 접근하고 송신기와 수신기에 잇는 방사부에 따른 지표면 윤곽의 정보를 재건한다. 수신 안테나는 방사부의 모든 에너지를 받으므로 다중경로 전파가 없다고 가정한다. 설계된 전파 현상은 간단하게 방사부의 장애물로부터의 LOS(Line of Sight)와 회절이며 다른 주위의 장애물과 로컬(local) 산란으로부터의 반사를 차단한다. 두 번째 파트는 방사부의 예상된 경로 손실을 계산한다. 이후에, 시뮬레이션 된 수신기 위치는 신호 강도 등고선이 감소되는 쪽으로 추론된 서비스 지역에서 다른 장소로 반복적으로 움직일 수 있다.

토포그래픽 데이터베이스는 2차원의 배열로 생각될 수 있다. 이러한 디지털 상승 모델(DEM : Digital Elevation Model)은 United States Geological Survey(USGS)으로부터 이용이 가능하다. 서비스 지역 높이의 양자화된 지도를 사용하여 프로그램은 송신기에서 수신기까지의 방사부를 따라 지표면 윤곽을 재건한다. 삽입 방법은 방사부가 이산 데이터 지점들을 항상 지나가지는 않기 때문에 방사부를 따라 관찰된 간략화된 높이들을 결정하기 위해 사용한다. 그림 5.22a에서는 임의의 송신기, 수신기의 장소와 토포그래프 격자를 보여주고 사선의 선형 삽입을 사용되는 점을 보여준다. 그림 5.22b에서는 전형적인 재건된 방사부 지형 윤곽이 무엇으로 보이는지를 보여준다. 실제로, 값들은 하나의 삽입 순서에 의해 간단히 결정되지 않고, 증가되는 정확성을 위한 세 개의 조합에 의해 결정된다. 그러므로 재건된 윤곽의 각각 점은 대각, 열 그리고 행의 삽입 방법에 의해 얻어지는 높이의 평균으로 구성된다.

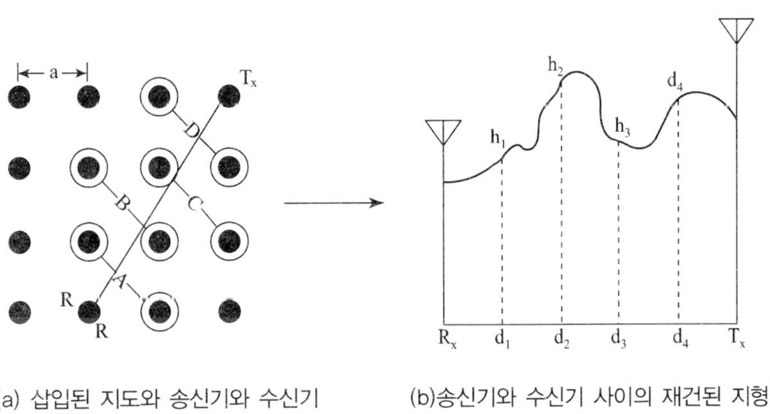

(a) 삽입된 지도와 송신기와 수신기 사이선의 윗 모습

(b)송신기와 수신기 사이의 재건된 지형 윤곽의 옆모습

| 그림 5.22 | 대각 삽입을 사용한 지형 윤곽 재건

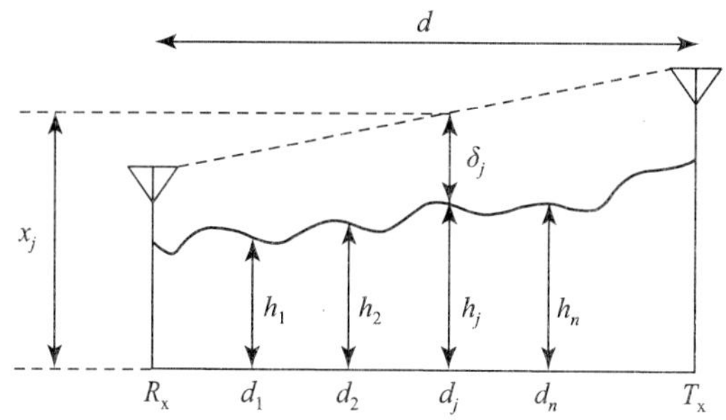

| 그림 5.23 | LOS 결정 프로세스의 예

수신기로부터의 거리의 행렬과 방사부에 따른 고려된 높이는 이러한 삽입 순서로부터 발생된다. 지금 문제는 1차원적 점대점 고리 계산이 제거되는 것이다. 문제의 이러한 유형들은 앞에서 설명한 예리한(knife-edge) 회절 기술을 사용하여 경로 손실을 계산하는 순서들에 사용된다.

또한 알고리즘은 예상되는 전송 손실이 무엇인지 결정해야 한다. 첫 번째 단계는 송신기와 수신기 사이에 LOS가 존재하는지를 결정한다. 이것을 행하기 위해, 프로그램은 방사부에 따른 각각의 점에 대한 지표면 윤곽의 높이로부터 송신기를 수신기에 이은 선의 높이들의 차이를 계산한다(그림 5.23).

만약 어떤 $\delta_j(j=1,......,n)$이 윤곽을 따라 뚜렷하게 찾아지면 그것은 LOS 경로가 없다고 종결하며 찾아지지 않으면 LOS 경로가 있다고 종결한다. 경로가 명백하게 LOS가 있다고 가정하면 알고리즘은 첫 번째 Fresnel 구역 제거가 이루어지는 곳을 찾는다. 앞에서 본 것과 같이, 무선 경로의 첫 번째 Fresnel 구역이 가로막히지 않는다면 손실 메커니즘은 자유공간으로 간략화된다. 만약 거기에 송신기를 수신기에 있는 선이 간신히 닿는 방해가 있다면 수신기의 신호 강도는 방해와 다른 곳의 수신기에 의해 에너지 회절 때문에 자유공간보다 6dB 낮다. 첫 번째 Fresnel 구역 제거를 결정하기 위한 방법은 식 5.42에 정의된 Fresnel 회절 파라미터 ν를 처음으로 계산하는 것부터 시작한다.

$$\frac{E_d}{E_o} = F(v) = \frac{(1+j)}{2}\int_v^{\infty} \exp((-j\pi t^2)/2)dt \qquad \text{(식 5.42)}$$

만약 $\nu_j \leq -0.8(j=1,....,n)$이면 자유공간 전파 조건이 중요성분이 된다. 이런 경우에, 수신 파워는 식 5.80의 자유공간 전송식으로 계산한다.

$$P_r(d) = \frac{P_t G_t G_r \lambda^2}{(4\pi)^2 d^2 L} \qquad \text{(식 5.43)}$$

만약 지형 윤곽이 첫 번째 Fresnel 구역 테스트에서 떨어지면 두 가지 가능성이 있다.

① LOS가 없음(Non-LOS)

② LOS 존재, 하지만 첫 번째 Fresnel 구역 제거가 불충분

이 경우 모두, 프로그램은 식 5.43을 사용하여 자유 공간 파워와 주어진 평면 지표 전파 공식을 사용하여 전송 파워를 계산한다. 알고리즘은 그 때 지형 윤곽의 전송 파워에 어울리는 식 5.43과 식 5.44에 의해 계산된 파워 중에서 작은 값을 선택한다. 윤곽이 불충분한 Fresnel 구역 제거의 LOS라면 다음 단계는 불충분한 Fresnel 구역 제거 때문에 증가하는 손실을 계산하고 그것을 적합한 전송파워를 위해 더한다(dB).

$$P_r(d) = P_t G_t G_r \frac{h_t^2 h_r^2}{d^4} \qquad \text{(식 5.44)}$$

$$G_d(dB) = 20\log|F(v)| \qquad \text{(식 5.45)}$$

LOS가 없는 경우에 시스템은 문제를 4개의 부문으로 나눈다.

① 단일 회절 모서리

② 2단 회절 모서리

③ 3단 회절 모서리

④ 3단 이상의 회절 모서리

위의 방법들은 주어진 윤곽에 적절한 한 점을 찾을 때까지 순차적으로 각각의 경우를 테스트한다. 회절 모서리는 송신기를 수신 안테나에 잇는 선과 수신기 안테나를 재건한 지형 윤곽의 각각 점을 잇는 선 사이의 각도를 계산하여 얻을 수 있다. 이 각도들 중 최대값은 윤곽 점 (d_i, h_i)에 의해 설치되고 분류된다. 다음으로 알고리즘 단계는 송신기를 수신 안테나에 잇는 선과 수신기 안테나를 재건된 지형 윤곽의 각각 점에 잇는 선 사이의 각도를 계산하는 과정을 역으로 하여 이루어진다. 이 각도들 중에서 찾아지는 최대값은 지형 윤곽 (d_i, h_i)에서 발생한다. 만약 $d_i - d_j$이면 윤곽은 단일 회절 모서리로 설계할 수 있다. 이 모서리와 관계된 Fresnel 파라미터 ν_j는 송신기와 수신기를 잇는 선위의 장애물의 길이로부터 결정된다. 손실은 식 5.82를 사용하여 PL을 계산해서 구할 수 있다. 장애물로 인한 이 가외 손실은 자유공간 손실 혹은 평면 지표 손실에 더해진다.

만약 단일 회절 모서리의 조건이 만족하지 못하면 2단 회절 모서리가 수행되는지를 체크한다. 테스트는 컴퓨터가 서로 다른 보기에서 2단의 모서리를 예상하는 것을 제외하곤 단일 회절 모서리와 비슷하다.

Edward와 Durkin 알고리즘은 2단 회절 모서리와 관련된 손실을 계산하기 위하여

Epstein과 Peterson 방법을 사용한다. 간단하게 그것은 2개의 감쇠를 더하는 것이다. 첫 번째 감쇠는 소스의 송신기와 첫 번째 회절 모서리에 의해 발생되는 2단의 회절 모서리에서의 손실이다. 두 번째 감쇠는 소스의 첫 번째 회절 모서리와 두 번째 회절 모서리에 의해 수신단에서 일어나는 손실이다. 이 두개의 감쇠는 자유공간의 손실이나 평면 지표 손실을 더한 장애물에 의해 증가하는 손실을 주기위해 더한다.

3단 회절 모서리에서 바깥쪽의 회절 모서리는 단일 회절 모서리를 포함하여야 한다. 이것은 2단 바깥쪽의 회절 모서리 사이의 선을 계산함으로써 감지된다. 만약 2단 바깥쪽의 회절 모서리 사이의 장애물이 선을 통과하면 3단 회절 모서리 존재가 포함된다. Epstein과 Peterson 방법은 장애물에 의한 음영 손실을 계산되기 위해 다시 사용된다. 3단 이상의 회절 모서리의 경우는 바깥쪽의 2단의 장애물 사이의 윤곽이 가상의 예리한 모서리 한 개에 의해 간략화된다. 간략화 후에, 문제는 3단 모서리 계산이다.

이 방법은 해발 데이터에서 위치 특정 전파 계산을 수행할 수 있고 디지털 해발 지도에서 읽힐 수 있기 때문에 매우 유용하다. 그것은 신호 강도 등고선을 만들어 낼 수 있다. 단점은 나무, 빌딩 등 사람이 만든 구조물 때문에 만족할만한 예측 전파 효과를 얻지 못한다. 지형 정보를 이용한 전파 예측 모델은 전형적으로 현대 무선 시스템의 디자인에 사용된다.

5.5.3 Okumura Model

Okumura 모델은 도시 지역에서 신호 예측 모델로 가장 널리 쓰이는 것 중의 하나이다. 이 모델은 150MHz에서 1920MHz까지의 주파수와 1km에서 100km까지의 거리를 적용시킬 수 있고 30m에서 1000m 범위의 기지국 안테나 높이에 사용이 가능하다.

Okumura는 200m 높이의 기지국 안테나 (h_{te})와 3m의 단말기 안테나 (h_{re})의 약간 매끄러운 지형의 도시 지역에서 자유공간 (A_{mu})과 관계된 중앙 감쇠를 곡선으로 나타내었다. 이 곡선은 기지국과 단말기 모두에 수직 무지향성의 안테나를 사용하여 광범위한 측정으로부터 전개되고 100MHz에서 1920 MHz까지의 주파수의 함수와 기지국에서 1km에서 100km까지의 거리 함수로 그려졌다. Okumura 모델을 사용하여 경로 손실을 결정하기 위해서는 유입되는 지점들 사이의 자유공간 경로손실을 먼저 결정하고 $A_{mu}(f, d)$의 값들은 지형의 유형을 고려한 교정 인수와 더해진다. 이 모델은 아래의 식과 같이 표현된다.

$$L_{50}(dB) = L_F + A_{mu}(f,d) - G(h_{te}) - G(h_{re}) - G_{AREA} \quad \text{(식 5.46)}$$

여기서 L_{50}은 전파 경로 손실의 평균값이며 L_F는 자유공간 전파 손실이다. A_{mu}는 자유공간과 관련된 중앙 감쇠이고, $G(h_{te})$는 기지국 안테나 해발이득 요소, $G(h_{re})$는 단말기 해발이득 요소, 그리고 G_{AREA}는 환경의 유형에 의한 이득이다. 안테나 해발이득은 엄밀히 높이의 함수이다.

주파수의 넓은 범위의 A_{mu}와 G_{AREA}의 그림은 그림 5.38과 그림 5.39에서 보여준다. 게다가, Okumura는 3m보다 낮은 높이에서 20dB/decade의 비율로 변하는 $G(h_{te})$와 10dB/decade의 비율로 변하는 $G(h_{re})$를 찾는다[257].

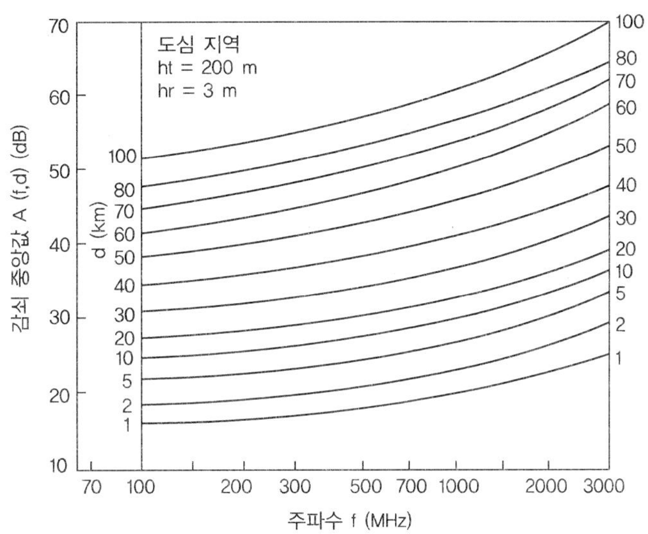

| 그림 5.24 | 약간 매끄러운 지형에서 자유공간 $A_{mu}(f,d)$과 관련된 중앙 감쇠

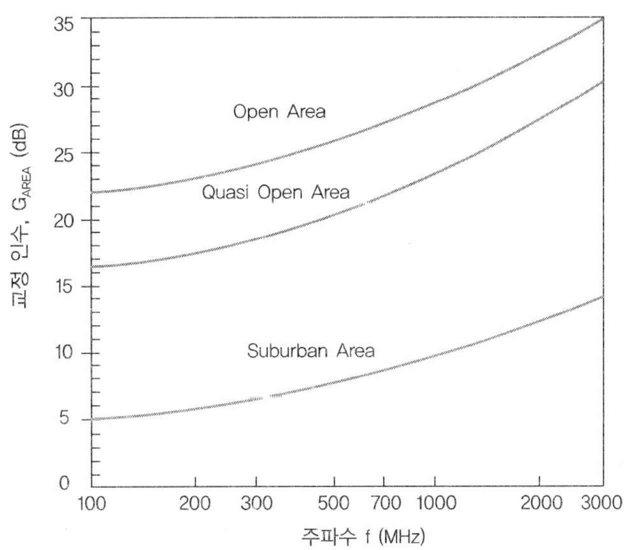

| 그림 5.25 | 다른 지형 유형들에 대한 교정 요소 G_{AREA}

$$G(h_{te}) = 20\log\left(\frac{h_{te}}{200}\right) \quad 1000m > h_{te} > 30m \qquad \text{(식 5.47a)}$$

$$G(h_{re}) = 10\log\left(\frac{h_{re}}{3}\right) \quad h_{re} \leq 3m \qquad \text{(식 5.47b)}$$

$$G(h_{re}) = 20\log\left(\frac{h_{re}}{3}\right) \quad 10m > h_{re} > 3m \qquad \text{(식 5.47c)}$$

다른 교정들 또한 Okumura의 모델에 적용될 수 있다. 중요한 지형과 관련된 몇 개의 파라미터들은 지형 기복 높이($\triangle h$), 격리된 능선 높이, 지형의 평균 기울기 그리고 육지와 바다의 혼합된 파라미터이다. 지형과 관계된 파라미터는 계산되었고, 필수 교정 요소는 요구에 따라 더해지거나 뺄 수 있다. 이 모든 교정 요소들은 Okumura 곡선에 이용될 수 있다.

Okumura 모델은 전체적으로 측정된 데이터를 기본으로 하며 어떤 분석에 의한 설명을 제공하지 않는다. 많은 상황에서, 그려진 곡선외의 위치한 것은 타당성이 주위 사정과 곡선의 매끄러움에 의존할지라도 측정 범위 밖에서 값들을 얻기 위해 만들어진다.

Okumura 모델은 혼란스러운 환경의 셀룰러와 지상 이동 무선 시스템을 위한 경로 손실 예측에서 가장 간단하고 정확한 것들만을 고려한다. 이 모델의 주요 단점은 지형에서의 빠른 변화에 대한 느린 반응이다. 그러므로 모델은 도시지역과 교외 지역에서는 좋지만 시골에서는 좋지 않다. 예측되고 측정된 경로 손실 값들 사이의 공통 표준편차는 10dB~14dB이다.

| 표 5.13 | Okumura 모델에서의 전파 경로 손실 파라미터

L_{50}	전파 경로 손실의 평균값
L_F	자유공간 전파 손실
A_{mu}	자유공간과 관련된 중앙 감쇠
$G(h_{te})$	기지국 안테나 해발이득 요소
$G(h_{re})$	단말기 해발이득 요소
G_{AREA}	환경의 유형에 의한 이득

(1) Okumura 모델 간섭분석 예

900MHz 주파수를 사용하는 디지털 이동전화 기지국이 이동국에 43dBm의 전력을 송신할 때, 이것을 Okumura 모델을 이용하여 전파 손실 및 이동국에 수신되는 수신

전력을 계산을 위한 파라미터는 표 5.14와 같다. 그림 5.26과 5.27은 거리에 따른 전파 손실과 수신기에서의 수신 전력을 각각 나타내고 있다.

| 표 5.14 | Okumura 모델에서 전파 손실과 수신 전력 계산에 필요한 파라미터

파라미터	값
중심 주파수 (MHz)	900
송신기와 수신기 사이의 거리 (km)	10 – 100
송신기 안테나 높이 (m)	30
수신기 안테나 높이 (m)	1.5
송신 전력 (dBm)	43
송신 안테나 이득 (dBi)	15.64
수신 안테나 이득 (dBi)	0
유효 등방성 복사 전력 (EIRP) (dBm)	58.64
거리 (10–100 km)에 따른 자유공간에서의 감쇠 중앙값 (A_{mu})	29, 32, 36, 41, 46, 50, 53, 56, 58.5, 61
환경 유형에 의한 이득 (G_{AREA})	Suburban Area : 9.5 Quasi Open Area : 23 Open Area : 28.5

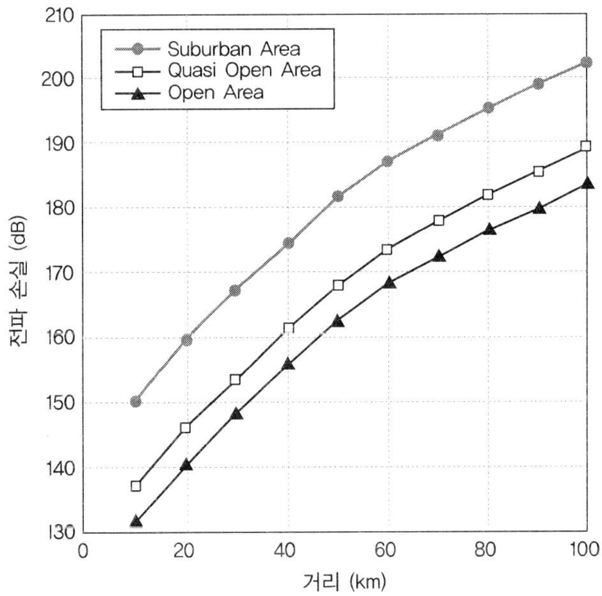

| 그림 5.26 | Okumura 모델에서의 거리에 따른 전파 손실

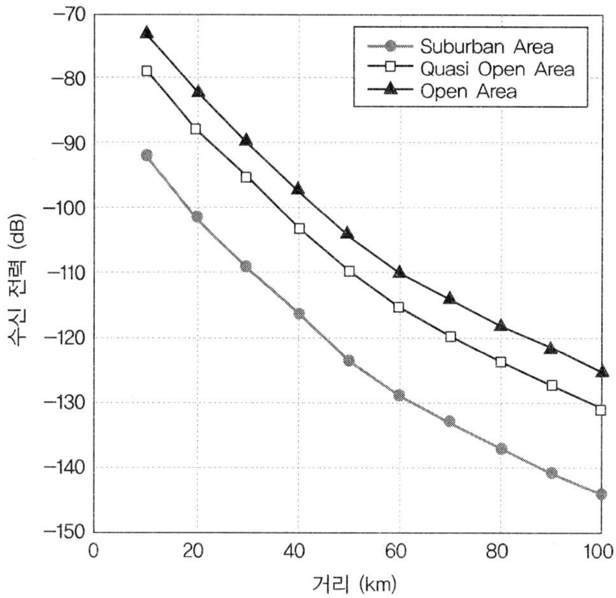

| 그림 5.27 | Okumura 모델에서의 거리에 따른 수신 전력

5.5.4 Hata Model

Hata 모델은 Okumura에 의해 제공된 그래프로 나타낸 경로 손실 데이터의 경험적 공식이고 150MHz부터 1500MHz까지의 주파수 범위에서 유효하다. Hata는 도시 지역 전파 손실을 표준 공식으로 나타냈고 다른 상황에 응용을 위한 수정 공식을 지원한다.

도심 지역에서의 경로 손실 중앙값의 표준식은 아래의 식과 같다.

$$L_{50}(urban)(dB) = 69.55 + 26.16\log f_c - 13.82\log h_{te} - a(h_{re}) + (44.9 - 6.55\log h_{te})\log d \quad \text{(식 5.48)}$$

f_c는 150MHz에서 1500MHz까지의 주파수이고, h_{te}는 송신 안테나(기지국) 높이(30m-200m), h_{re}는 수신 안테나 (단말기)의 높이(1m-10m), d는 송신기와 수신기의 분리 거리(km), 그리고 $a(h_{re})$는 서비스 구역의 사이즈의 함수인 단말기 안테나 높이의 교정 요소이다. 작거나 중간 크기의 도시에서는 단말기 안테나 높이의 교정 요소에 관한 식은 아래의 식과 같다.

$$a(h_{re}) = (1.1\log f_c - 0.7)h_{re} - (1.56\log f_c - 0.8) \quad [dB] \quad \text{(식 5.49)}$$

그리고 큰 도시에서의 단말기 안테나 높이의 교정 요소에 관한 식은 중심 주파수 범위에 따라 식 5.50과 식 5.51로 나눌 수 있다.

$$a(h_{re}) = 8.29(\log 1.54h_{re})^2 - 1.1\,dB \qquad \text{for}\, f_c \le 300MHz \qquad \text{(식 5.50)}$$

$$a(h_{re}) = 3.2(\log 11.75h_{re})^2 - 4.97\,dB \qquad \text{for}\, f_c \ge 300MHz \qquad \text{(식 5.51)}$$

교외 지역에서의 경로 손실을 계산하기 위한 표준 Hata 모델은 아래의 식과 같다.

$$L_{50}(dB) = L_{50}(urban) - 2[\log(f_c/28)]^2 - 5.4 \qquad \text{(식 5.52)}$$

그리고 시골 지역에서의 경로 손실에 관한 Hata 모델은 식 5.53과 같다.

$$L_{50}(dB) = L_{50}(urban) - 4.78(\log f_c)^2 + 18.33\log f_c - 40.94 \qquad \text{(식 5.53)}$$

비록 Hata 모델이 Okumura 모델에 적용할 수 있는 경로 특정 교정을 가지진 않지만, 위 표현은 중요한 실제 값을 가지고 있다. Hata 모델의 예측은 기존의 Okumura 모델과 매우 근접하다. 이 모델은 큰 셀 이동 시스템에 적합한 반면 개인 통신 시스템(PCS)에는 적합하지 않다.

(1) Hata 모델 간섭분석의 예

900 MHz 주파수를 사용하는 디지털 이동전화 기지국이 이동국에 43dBm의 전력을 송신할 때, 이것을 Hata 모델을 이용하여 전파 손실 및 이동국에 수신되는 수신 전력을 계산을 위한 파라미터는 표 5.15와 같다. 그림 5.28과 5.29는 거리에 따른 전파 손실과 수신기에서의 수신 전력을 각각 나타내고 있다.

| 표 5.15 | Hata 모델에서 전파 손실과 수신 전력 계산에 필요한 파라미터

파라미터	값
중심 주파수 (MHz)	900
송신 안테나 높이 (m)	30
수신 안테나 높이 (m)	1.5
송신기와 수신기 사이의 거리 (km)	10 – 100
송신 전력 (dBm)	43
송신 안테나 이득 (dBi)	15.64
수신 안테나 이득 (dBi)	0
유효 등방성 복사 전력 (EIRP) (dBm)	58.64

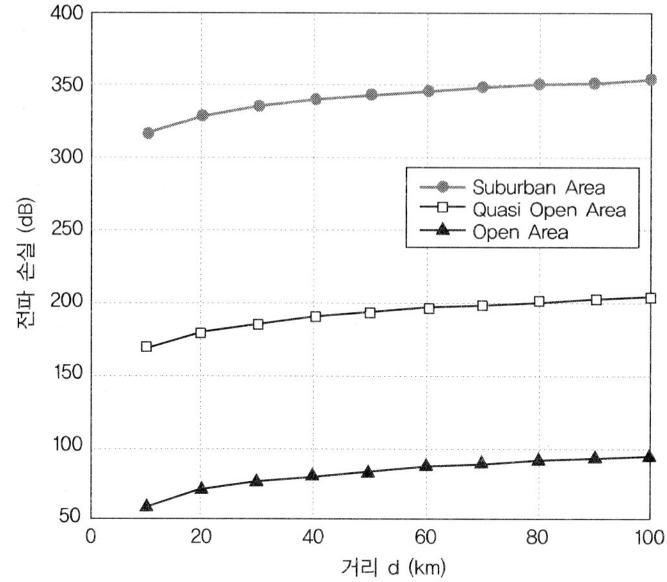

| 그림 5.28 | Hata 모델에서의 거리에 따른 전파 손실

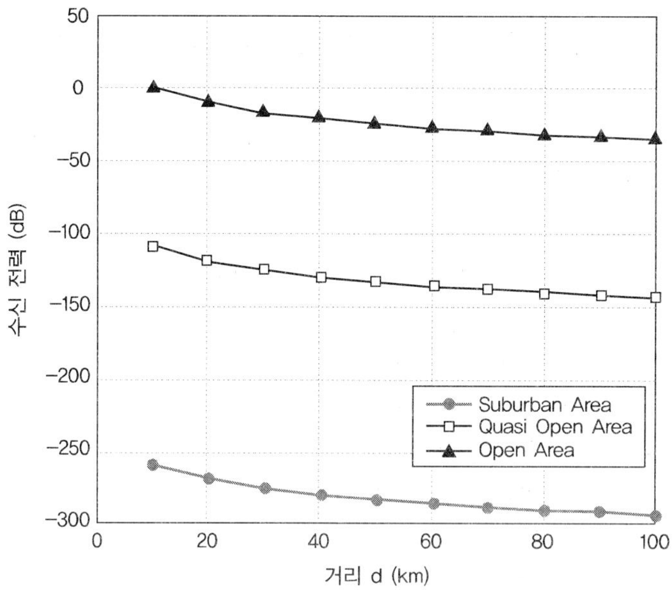

| 그림 5.29 | Hata 모델에서의 거리에 따른 수신 전력

5.5.5 Extended Hata 모델

EURO-COST에서는 Hata 모델의 확장된 버전을 개선하기 위해 COST-231위원회를 조직하였다. COST-231에서는 2GHz에서의 Hata 모델의 확장된 공식을 제안하였으며 경로 손실에 대한 제안된 모델은 아래의 식과 같다.

$$\begin{aligned} L_{50}(urban) = &\ 46.3 + 33.9\log f_c - 13.82\log h_{te} - a(h_{re}) \\ &+ (44.9 - 6.55\log h_{te})\log d + C_M \end{aligned} \qquad \text{(식 5.54)}$$

위의 식에서 C_M은 중간 사이즈의 도심이나 교외의 경우에 0dB이고, 대도시 중심지의 경우일 때는 3dB의 값을 갖는다.

Hata 모델의 COST-231 확장은 파라미터의 범위가 아래와 같이 제한된다.

- f(중심 주파수) : 1500MHz-2000MHz
- h_{te}(송신 안테나 높이) : 30m-200m
- h_{re}(수신 안테나 높이) : 1m-10m
- d(송신기와 수신기 사이의 거리) : 1km-20km

(1) Extended Hata 모델 간섭 분석의 예

900MHz 주파수를 사용하는 디지털 이동전화 기지국이 이동국에 43dBm의 전력을 송신할 때, 이것을 Extended Hata 모델을 이용하여 전파 손실 및 이동국에 수신되는 수신 전력을 계산을 위한 파라미터는 표 5.16과 같다. 그림 5.30과 5.31은 거리에 따른 전파 손실과 수신기에서의 수신 전력을 각각 나타내고 있다.

| 표 5.16 | Extended Hata 모델에서 전파 손실과 수신 전력 계산에 필요한 파라미터

파라미터	값
중심 주파수 (MHz)	900
송신 안테나 높이 (m)	30
수신 안테나 높이 (m)	1.5
송신기와 수신기 사이의 거리 (km)	1 -20
송신 전력 (dBm)	43
송신 안테나 이득 (dBi)	15.64
수신 안테나 이득 (dBi)	0
유효 등방성 복사 전력 (EIRP) (dBm)	58.64

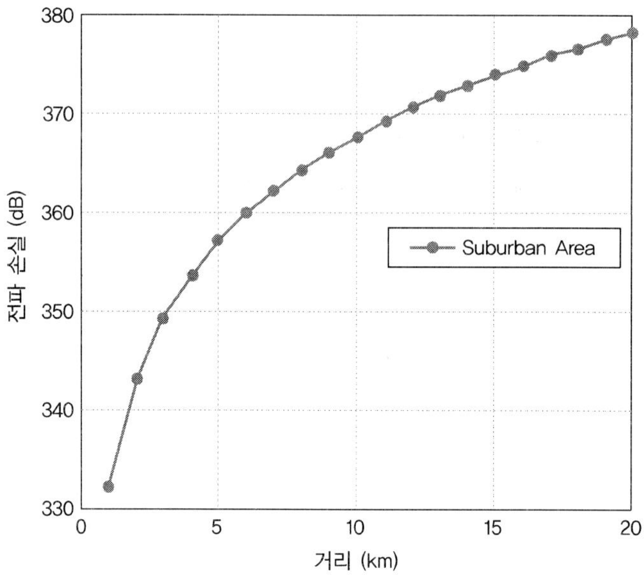

| 그림 5.30 | Extended Hata 모델에서의 거리에 따른 전파 손실

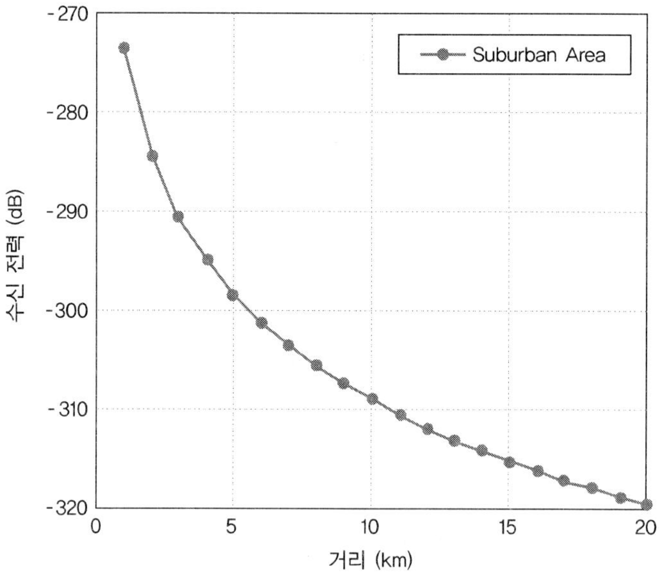

| 그림 5.31 | Extended Hata 모델에서의 거리에 따른 수신 전력

5.5.6 Walfisch and Bertoni Model

Walfisch와 Bertoni에 의해 개선된 모델은 거리 높이에서 평균 신호 강도를 예측하기 위하여 회절을 사용한 지붕과 빌딩 높이의 영향을 고려한다. 모델은 세 가지 요소들의 곱으로 나타내어지는 경로 손실 S을 고려한다.

$$S = P_0 Q^2 P_1 \qquad \text{(식 5.55)}$$

P_0는 등방성의 안테나 사이의 자유공간 경로 손실을 나타낸다.

$$P_0 = \left(\frac{\lambda}{4\pi R}\right)^2 \qquad \text{(식 5.56)}$$

인수 Q^2은 거리 (street) 높이의 수신기에 음영을 넣는 빌딩들 때문에 옥상에서의 신호 감소를 준다. P_1항목은 회절에 기초를 두고, 옥상에서 거리까지 신호 감소를 결정한다. Walfisch Bertoni 모델의 경로 손실 (dB)은 아래의 식과 같다.

$$S(dB) = L_0 + L_{rts} + L_{ms} \qquad \text{(식 5.57)}$$

L_0는 자유공간 손실을 L_{rts}는 옥상과 거리까지의 회절과 산란 손실을 나타낸다. 그리고 L_{ms}는 빌딩들 때문에 생기는 멀티스크린(multiscreen) 회절 손실을 나타낸다. 그림 5.32는 Walfisch Bertoni 모델에 사용한 기하학을 나타낸다. 이 모델은 IMT-2000 표준 활동에서 ITU-R에 의해 사용하기 위해 고려되었다.

| 표 5.17 | Walfisch Bertoni 모델에서의 경로 손실 파라미터

S	경로 손실
P_0	등방성의 안테나 사이의 자유공간 경로 손실
L_0	자유공간 손실
L_{rts}	옥상과 거리까지의 회절과 산란 손실
L_{ms}	멀티스크린(multiscreen) 회절 손실

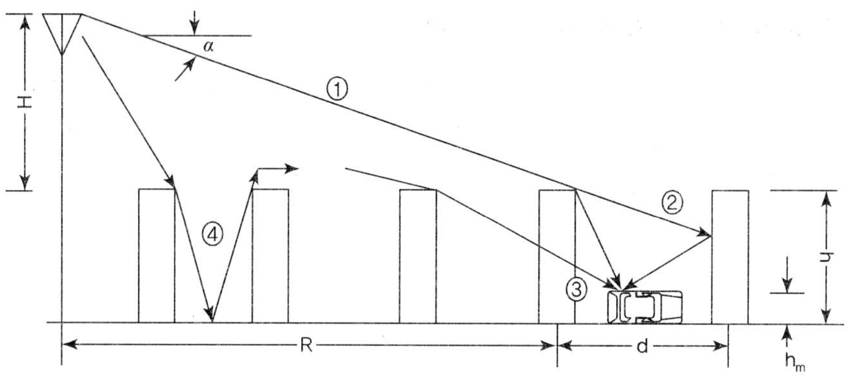

| 그림 5.32 | Walfisch와 Bertoni에 의해 제안된 모델을 위한 전파 기하학

5.5.7 Wideband PCS Microcell Model

Feuerstein을 포함한 몇 명은 1991년에 샌프란시스코와 오클랜드에서 전형적인 마이크로셀룰러(microcellular) 시스템의 지역 확산(delay spread)과 경로 손실을 측정하기 위해 1900MHz 대역에서 20MHz 펄스 송신기를 사용하였다. 3.7m, 8.5m, 13.3m 높이의 기지국 안테나와 지표면 위에서 1.7m 높이의 모바일 수신기를 사용하여 LOS와 장애물(OBS : obstructed)이 있는 환경에서 광범위한 측정으로부터 경로 손실, 다중 경로 그리고 서비스 구역 통계 수치가 나타내었다. 두 광선 지표면 반사 모델은 LOS 마이크로셀(microcell)에서 경로 손실을 추정하는데 좋으며, 간단한 로그-거리(log-distance) 경로 손실 모델은 장애물이 있는 마이크로셀(microcell) 환경에 적합하다.

평평한 지표면 반사 모델에서(첫 번째 Fresnel 구역 제거) 지표면에 의해 방해되어지는 첫 번째 Fresnel 구역의 거리 d_f는 다음과 같이 주어진다.

$$\begin{aligned} d_f &= \frac{1}{\lambda}\sqrt{(\Sigma^2-\Delta^2)^2-2(\Sigma^2+\Delta^2)(\frac{\lambda}{2})^2+(\frac{\lambda}{2})^2} \\ &= \frac{1}{\lambda}\sqrt{16h_t^2h_r^2-\lambda^2(h_t^2+h_r^2)+\frac{\lambda^4}{16}} \end{aligned} \quad \text{(식 5.58a)}$$

LOS의 경우에는 첫 번째 Fresnel 구역 제거에서 복귀 정지 지점(breakpoint)을 사용하는 두 배의 복귀 경로 손실 모델을 측정하기 위해 적합하다. 이 모델은 무지향성의 수직 안테나를 가정하며 다음과 같이 평균 경로 손실을 예측한다.

$$\overline{PL}(d) = \begin{Bmatrix} 10n_1\log(d)+p_1 & \text{for } 1<d<d_f \\ 10n_2\log(d/d_f)+10n_1\log d_f+p_1 & \text{for } d>d_f \end{Bmatrix} \quad \text{(식 5.58b)}$$

p_1은 $\overline{PL}(d_0)$ ($d_0 = 1m$의 거리에서 dB 단위의 경로 손실)과 같고 d는 미터 단위이며 n_1, n_2는 그림 5.33과 같이 송신기 높이의 함수인 경로 손실 멱지수이다. 그것은 p_1=38.0dB, 1900MHz 대역에서 쉽게 나타난다.

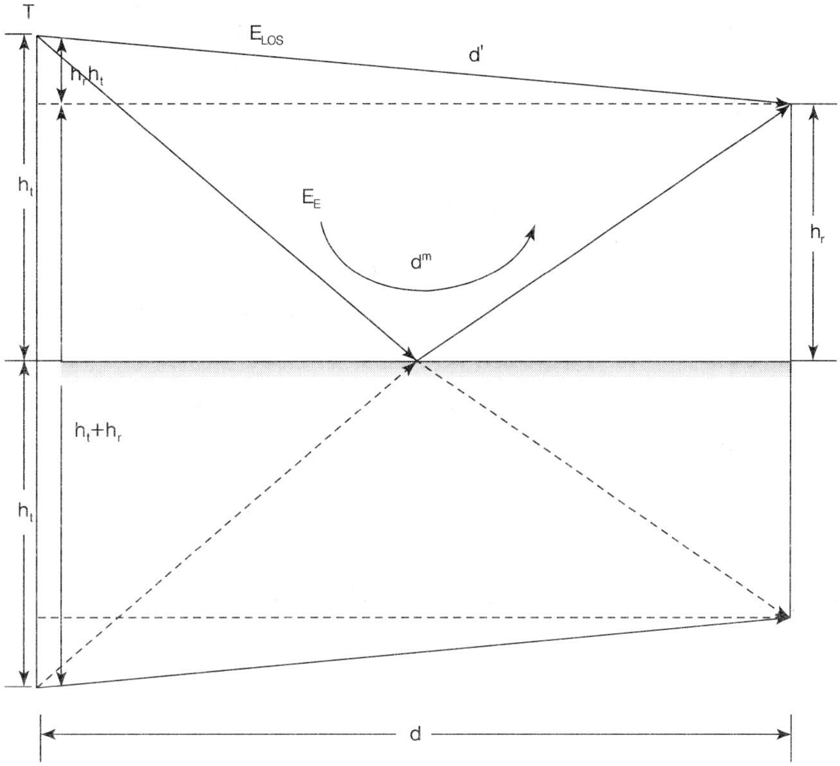

| 그림 5.33 | LOS와 지표 반사 경로 사이의 경로 차이점을 찾기 위해 사용된 이미지 방법

장애물이 있는 환경인 경우에 경로 손실은 공식 식 5.58에 나온 표준 로그-거리 경로 손실이 적절하기 위해 찾아진다.

$$PL(d)[dB] = \overline{PL}(d) + X_\sigma = \overline{PL}(d_o) + 10nlog(\frac{d}{d_0}) + X_\sigma \qquad \text{(식 5.59)}$$

$$\overline{PL}(d)[dB] = 10nlog(d) + p_1 \qquad \text{(식 5.59)}$$

n은 송신기 높이의 함수와 같이 장애물이 있는 환경에서의 경로 손실 멱지수이다. 표 5.18에서는 안테나 높이에 상관없는 7-9dB 사이의 로그-표준 쉐도잉(log-normal shadowing)을 나타낸다. 그리고 표 5.19는 Wideband PCS microcell 모델의 파라미터

를 나타낸다.

| 표 5.18 | 1900MHz 대역에서 광대역 마이크로셀 모델의 파라미터

송신 안테나 높이	1900 MHz LOS			1900MHz OBS	
	n_1	n_2	$\sigma(dB)$	n	$\sigma(dB)$
낮음 (3.7 m)	2.18	3.29	8.76	2.58	9.31
중간 (8.5 m)	2.17	3.36	7.88	2.56	7.67
높음 (13.3 m)	2.07	4.16	8.77	2.69	7.94

| 표 5.19 | Wideband PCS microcell 모델의 파라미터

d_f	첫 번째 Fresnel 구역의 거리
p_1	$\overline{PL}(d_0)$ $(d_0 = 1m$의 거리에서 dB 단위의 경로 손실)
n_1, n_2	송신기 높이의 함수인 경로 손실 멱지수
n	송신기 높이의 함수에서 OBS 경로 손실 멱지수
$\sigma(dB)$	표준 편차(dB)
X_σ	0의 평균을 가진 가우시안 분포의 random variable

5.5.8 클라크(Clarke)의 평평한 페이딩에서의 모델

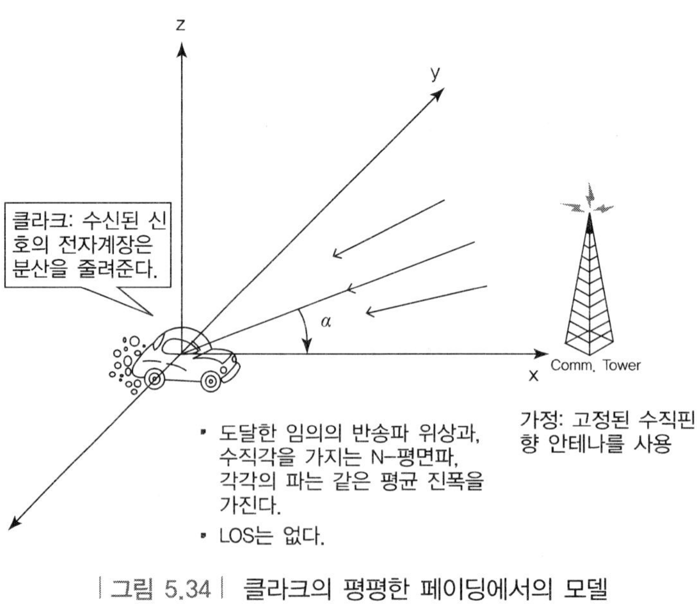

| 그림 5.34 | 클라크의 평평한 페이딩에서의 모델

자동차로부터 도달한 E, H-field :

$$E_Z = E_o \sum_{n-1}^{N} C_n \cos(2\pi f_c t + \theta_n)$$

$$H_x = \frac{E_0}{\eta} \sum_{n-1}^{N} C_n \sin\alpha_n \cos(2\pi f_c t + \theta_n)$$

$$H_y = -\frac{E_0}{\eta} \sum_{n-1}^{N} C_n \cos\alpha_n \cos(2\pi f_c t + \theta_n) \tag{식 5.60}$$

E_0 : local 평균 전기장의 실수 진폭

C_n : 각각의 파의 진폭을 나타내는 실수 랜덤변수

η : 자유공간에서의 intrinsic impedance

f_c : 캐리어 주파수

$\theta_n = 2\pi f_c^t + \phi_n$: n번째 도착성분의 랜덤 위상

만약 N이 충분히 크다면, E_c, H_x, H_y는 가우시안 pdf이다.

$$E_X = T_c(t)\cos(2\pi f_c t) - T_x \sin(2\pi f_c t) \tag{식 5.61}$$

$$T_c(t) = E_0 \sum_{n-1}^{N} C_n \cos(2\pi f_c t + \phi_n),\ T_n(t) = E_0 \sum_{n-1}^{N} C_n \sin(2\pi f_c t + \phi_n) \tag{식 5.62}$$

$$T_c, T_s \sim N(0, E_0^1/2) \tag{식 5.63}$$

$$|E_z(t)| = \sqrt{T_c^2(t) + T_s^2(t)} = r(t) \tag{식 5.64}$$

$$p(r) = \begin{cases} \frac{r}{\sigma^2} exp(-\frac{r^2}{2\sigma^2}), 0 \le r \le \infty, \sigma^2 = E_0^2/2 \\ 0 \qquad\qquad r < 0 \end{cases} \tag{식 5.65}$$

1) 주파수 모양은 클라크 모델에서의 도플러 확산에 기인한다.

$$S(f) = \frac{A[p(\alpha)G(\alpha) + p(-\alpha)G(-\alpha)]}{f_m\sqrt{1-\left(\frac{f-f_c}{f_m}\right)^2}},\ S(f) = 0 \text{ for } |f - f_c > f_m| \tag{식 5.66}$$

A : 등방성 안테나의 평균 수신 전력

$G(\alpha)$: 이동 안테나의 수직성분의 이득 패턴

α : 도달하는 각

f_m : 최대 도플러 이동

- 도플러 확산의 주파수 모양은 시간 축의 페이딩 파형에 의해 결정되고, 일시적인 상관에 따르며, 점차 감소하는 모양을 가진다.
- 레일리 페이딩 시뮬레이터는 반드시 현실적인 페이딩 파형을 만들어 내기 위해 페이딩 스펙트럼을 사용해야 한다.

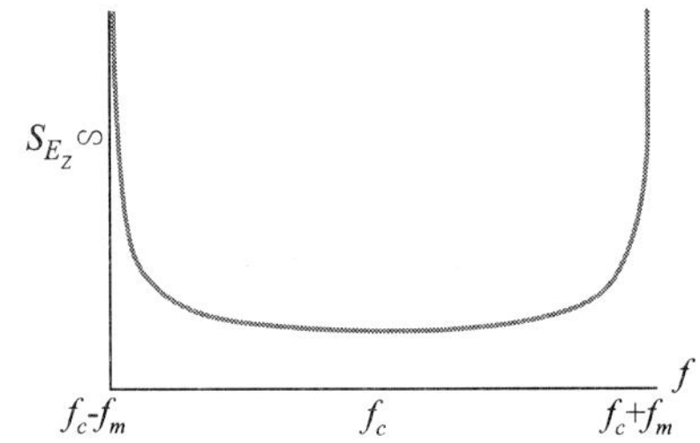

변조되지 않은 CW 반송파에서의 도플러 전력 스펙트럼

| 그림 5.35 | 변조되지 않은 CW 반송파에서의 도플러 전력 스펙트럼

2) 클라크와 페이딩 모델이득의 시뮬레이션 주파수 선택적 페이딩 효과

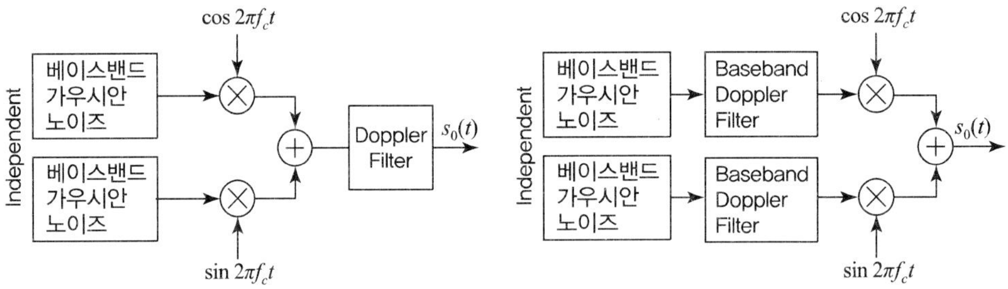

RF도플러 이동 필터를 이용해 QAM을 사용한 시뮬레이터

베이스 밴드 도플러 필터를 이용해 QAM을 사용한 시뮬레이터

| 그림 5.36 | 클라크와 페이딩 모델 이득 시뮬레이션 모델

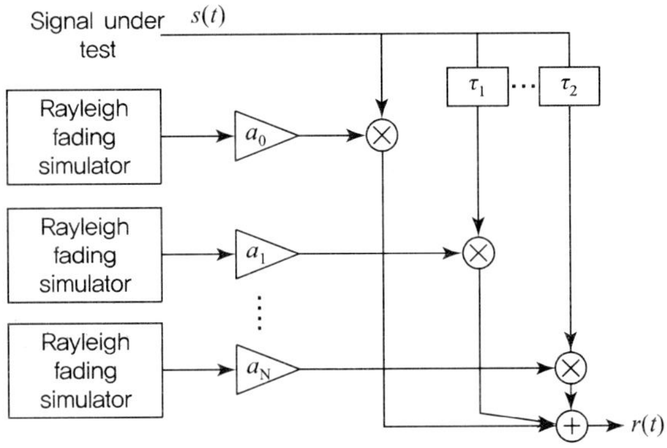

| 그림 5.37 | 주파수 선택적 페이딩

3) level crossing rate와 페이딩 통계

① LCR

- 래일리 페이딩 엔벨롭의 예측된 비율은 local rms 신호 레벨로 일반화되며, 특정 레벨 R을 양의 방향으로 가로지른다.
- 초당 양의 방향으로 가로지르는 횟수는 다음과 같다.

$$N_R = \int_0^{\infty} rp(R,r)dr = \sqrt{2\pi} f_m p e^{-p^2} \quad \text{(식 5.67)}$$

$r = dr(t)/dt(slope), p(R,r)$

$p = R/R_s$ 일 때의 r의 결합밀도 함수

R_{rms} : 페이딩 엔벨롭의 local rms 진폭

② 평균 페이드 간격(AFD)

- 수신된 신호의 평균 주기 시간은 특정 레벨 R보다 아래이다.
- 대부분의 신호 비트 수의 결정은 페이딩되는 동안 잃을 수 있다.
- 페이딩되는 동안 관계된 SNR 값은 유용하다.

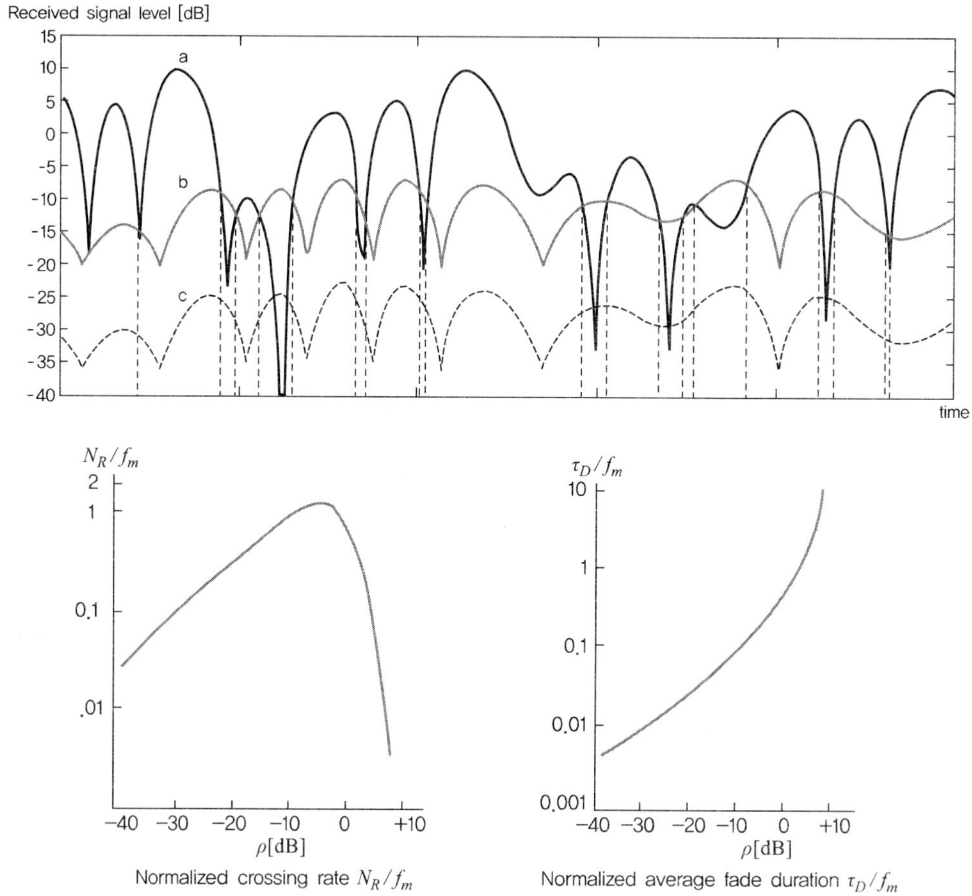

| 그림 5.38 | 평균 페이딩 간격에 따른 시스템 성능

5.5.9 SIRCIM & SMRCIM 실내, 실외에서의 통계적 모델

① Rappaport와 Seidel

- 다섯 개의 공장에서 1300MHz주파수에서 측정
- SIRCIM (Simulation of Indoor Radio Channel Impulse response Model)
- SMRCIM (Simulation of Mobile Radio Channel Impulse-response Models)

1.3GHz에서 SIRCIM에 의한 실내 광대역 충격응답. rms 지연 확산의 분포, 협대역 신호 전력 분포, 열린 공간의 빌딩에서의 장애, T-R 사이의 거리: 25m 1.3GHz에서 SIRCIM에 의한 도시에서의 광대역 충격 응답. rms 지연 확산 : 3.8μs.

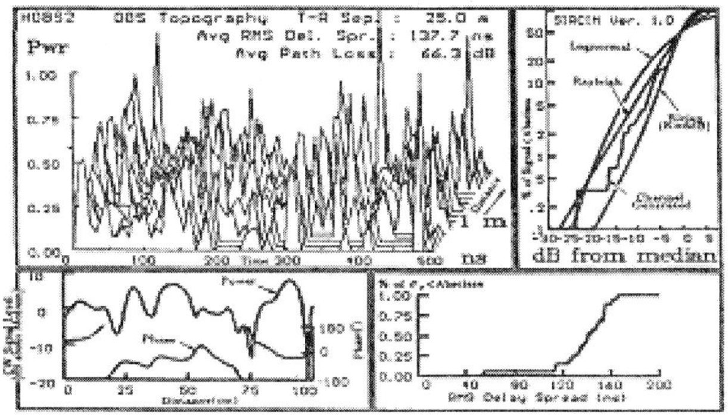

| 그림 5.39 | SIRCIM &SMRCIM 실내, 실외에서의 통계적 모델(출처 : [Rap93a])

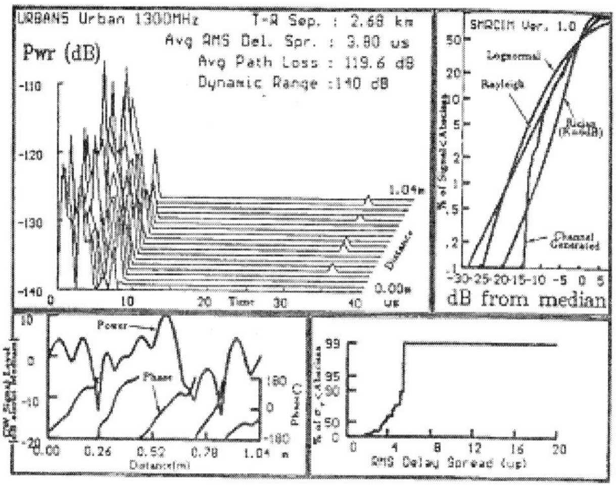

| 그림 5.40 | SIRCIM &SMRCIM 실내, 실외에서의 통계적 모델

5.5.10 Jakes 페이딩 채널 모델

저주파 발생기의 수를 줄이는데 목적을 둔 Jakes 페이딩 채널 모델은 다중 전파 경로를 거쳐서 수신기에 모아진 서로 다른 경로를 거친 다중 전파 경로 페이딩 채널 모델을 블록화 한 것으로 볼 수 있다.

Jakes 페이딩 채널 모델은 통계적 및 시간적 특성을 만족하게 하기 위하여 다음과 같은 조건을 적용하였다.

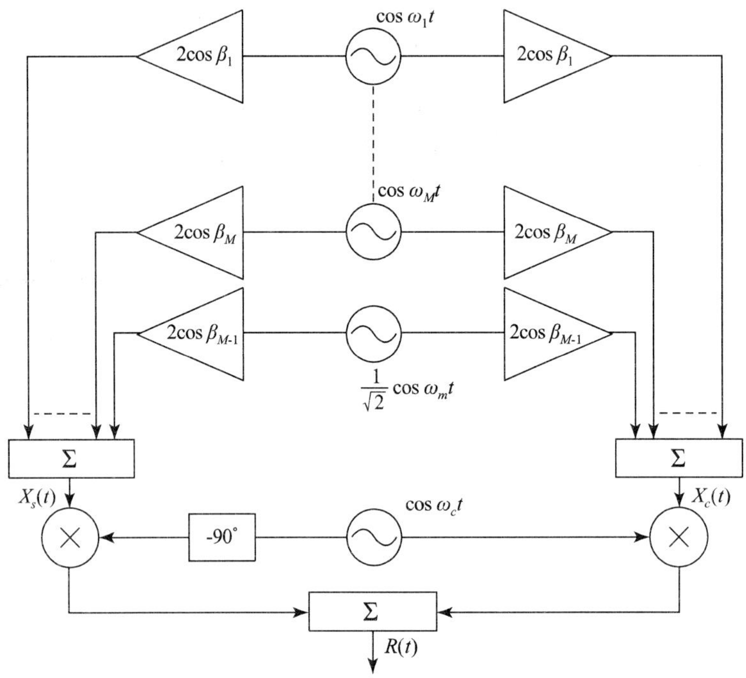

| 그림 5.41 | Jakes 페이딩 채널 모델

$$C_n = \frac{1}{\sqrt{N}}, n = 1,2,3,...,N \quad \text{(식 5.68)}$$

$$A_n = \frac{2\pi n}{N}, n = 1,2,3,...,N \quad \text{(식 5.69)}$$

$$N = 4M + 2 \quad \text{(식 5.70)}$$

위의 조건을 적용하여 저주파 발생기의 수를 N개에서 $M+1$개로 줄였다. 수식으로 표현하면 다음과 같다.

$$R(t) = X_c(t)\cos w_c t + X_s(t)\sin w_c t \quad \text{(식 5.71)}$$

$$X_c(t) = \frac{2}{\sqrt{N}}(\sqrt{2}\,cos\beta_{M+1}\cos w_m t + 2\sum_{n=1}^{M}\cos\beta_n \cos w_n t) \quad \text{(식 5.72)}$$

$$X_s(t) = \frac{2}{\sqrt{N}}(\sqrt{2}\,sin\beta_{M+1}\cos w_m t + 2\sum_{n=1}^{M}\sin\beta_n \cos w_n t) \quad \text{(식 5.73)}$$

Jakes 페이딩 채널 모델은 도플러 주파수 천이 $w_n = w_m \cos A_n$을 가지는 M개의 저주파 발생기와 최대 도플러 주파수 w_m을 가지는 한 개의 저주파 발생기를 가지고 있다. 이 저주파 발생기는 변조에 이용되는 반송파 주파수 w_c의 주파수 천이에 이용된다.

5.5.11 Lee 페이딩 채널 모델

중심극한정리결과로서, 복소 가우시안 과정은 위상이 Uniform 분포를 가진 다수의 정현파의 합에 의하여 근사화된다. Lee 페이딩 채널 모델에서도 이산적인 신호의 정현파의 합으로 다음과 같이 표현된다.

$$T(t) = \sum_{n=0}^{N-1} C_n e^{j(w_n t + \phi_n)} \quad \text{(식 5.74)}$$

C_n, w_n, ϕ_n은 n번째 복소 수신 신호의 진폭과 주파수 그리고 Uniform 분포를 가진 랜덤 위상을 표현한다.

$$w_n = w_m \cos A_n,\ n = 0, 1, 2, \ldots, N-1 \quad \text{(식 5.75)}$$

$$B_n = \frac{2\pi n}{N} + \alpha_0,\ n = 0, 1, 2, \ldots, N-1 \quad \text{(식 5.76)}$$

다른 페이딩 채널 모델들과의 차이점은 수신각 B_n에서 찾아 볼 수 있다. Clarke 채널 모델과 Jakes 채널 모델의 수신각은 식 5.69와 같이 동일한 4개의 수신각을 가지는 페이딩 채널 모델이다. 이러한 과정에서 저주파발생기의 수를 줄 수 있었다. 그러나 Lee 페이딩 채널 모델은 이러한 수신각을 조절하여 동일한 수신각을 갖지 않게 하여 동일한 도플러 주파수 천이를 존재하지 않게 제안된 페이딩 채널 모델이다. 식 5.76에서 a_0를 처음 수신각으로 설정하여 Jakes 페이딩 채널 모델과 Clarke 페이딩 채널 모델에서 설정한 식 5.69의 수신각 A_n을 a_0만큼 천이하여 설정하였다. 이러한 과정에서 최대 도플러 주파수는 나타나지 않게 되고 서로 다른 수신각 B_n을 가지게 된다. 그림 5.42와 같이 수신각 B_n을 설정한다. 또한 위상 천이 ϕ_n은 전체 다중 전파 경로의 수가 $N=4M$일 때 그림 5.42에서 1상한과 3상한의 위상 천이 관계와 2상한과 4상한의 위상 천이 관계는 다음과 같이 설정하여야 한다.

$$e^{j\phi(n+2M)} = e^{-j\phi_n},\ n = 0, 1, 2, \ldots, M-1 \quad \text{(식 5.77)}$$

$$c^{j\phi_{(n+M)}} = c^{-j\phi_{(n+3M)}} - c^{-j\phi_n},\ n - 0, 1, 2, \ldots, M-1 \quad \text{(식 5.78)}$$

그러므로 Lee 페이딩 채널 모델을 다음과 같이 표현된다.

$$T(t) = T_c(t) + jT_s(t) \quad \text{(식 5.79)}$$

$$T_c(t) = 2C\sum_{n=0}^{M-1}\cos(w_m t cos B_n + \phi_n) \qquad \text{(식 5.80)}$$

$$T_s(t) = 2C\sum_{n=0}^{M-1}\sin(w_m t sin B_n + \phi_n) \qquad \text{(식 5.81)}$$

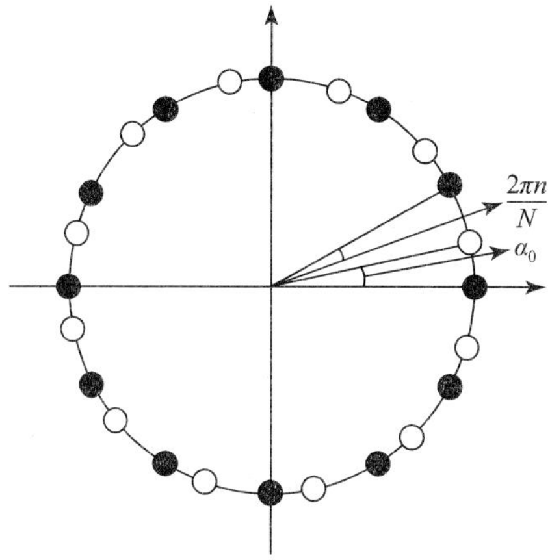

| 그림 5.42 | 수신각 B_n의 배열

5.6 유성 버스트 통신 채널(Meteor-burst communication channel)

5.6.1 유성 버스트 통신이란?

지구 표면에는 일일 수백억 개 이상의 유성이 강하하고 있는데 이들은 대기권에 돌입하면서 80-100km 상공에 수 100km 길이의 유성 트레일(meteor trail)라 불리는 전리기체주를 발생한다. 유성 트레일은 수 밀리 초에서 수 초 동안 존속하고는 확산, 소실되지만 그 동안 VHF/UHF 대역의 전자파를 잘 반사하기 때문에 이것을 이용하면 중계소 없이 2000km 이상 되는 안정된 BLOS(Beyond Line of Sight) 무선 전송로를 구현할 수가 있다. 이렇게 생성되는 전송로는 유성이 발생하는 순간에만 터지기 때문에 유성 버스트(meteor burst) 전송이라 한다. 두 지점 간에 통신을 가능케 하는 유성 버스트는 송신출력, 주파수, 거리등에 따라 차이는 있으나 대체로 수백 밀리 초에서 수 초에 1회 정도의 빈도로 발생하며 수십 밀리 초에서 수초 동안 지속되기 때문에 적절한 디지털 신호처리 기술을 이용하면 우수한 data 전송로가 될 수 있다.

유성버스트 통신(meteor Burst Communication : MBC)은 지상 100km 근방의 유

성 트레일을 중계점으로 하기 때문에 위성통신(satellite communication)과 흡사한 안정된 전파로를 형성하지만 그 유지비와 시설비는 위성통신보다는 월등히 저렴하다. 따라서 MBC를 "가난한 자의 위성통신"(poor mans satellite communication)이라고도 하며 VHF대역의 가장 경제적인 통신방식으로 알려져 있다.

5.6.2 유성 트레일의 특징

우주에 부유하고 있는 우주진(cosmetic dust)은 지구 궤도와 조우하면 고속으로 지표에 낙하하여 유성이 된다. 이 때 대기권에 진입하면서 대기와의 마찰에 의해 가열되어 빛을 발하는데 육안으로 인식되는 유성은 대체로 질량이 수십mg 이상의 크기인 것들로 알려져 있다. 대부분의 유성은 도중에서 소진, 증발하는데 1kg 이상이 되면 간혹 지상에 낙하하여 운석(meteror stone)이 된다. 지구상에 매일 10^{12}개 이상 낙하하고 있다고 알려져 있는 우주진은 이것보다는 크기가 작은 것이 대부분이며 통신에 이용이 가능한 우주진은 대체로 10^{-4}g 이상, 직경으로는 0.2mm 이상의 것들로 알려져 있다.

유성은 그 발생과 분포 형태에 따라 유성우(meteor shower)와 산재유성(sporadic meteor)으로 나누어진다.

유성우는 혜성의 통과에 의해 발생한 비교적 미소한 우주진이 시간이 경과함에 따라 주위의 여러 천체들과의 역학적 상관관계로 인하여 유성 군 유성군을(meteor stream) 형성하여 태양을 공전하다가 지구 궤도와 조우할 때 일시에 집단적으로 유성이 되어 낙하는 현상을 말한다. 이때에는 수많은 미소한 유성 트레일이 일시에 발생하므로 그 때를 선택하면 특히 100MHz 대역에 있어서의 우수한 전파로로서 이용이 가능하다. 그러나 유성우의 계속시간은 대체로 2시간 이내로서 대단히 짧고 발생 빈도도 1년에 한 두 번 정도로서 실용 통신로로서의 이응가치는 적다.

한편, 산재 유성은 개별적으로 태양 주위를 공전하고 있는 비교적 큰 우주진으로 되어있으며 그 발생은 랜덤하나 발생 수는 훨씬 많고 대체로 균등한 비율로 발생하고 있으므로 통신시스템의 설계는 주로 이 산재 유성을 대상으로 하게 된다. 그러나 산재 유성도 지구의 공전 운동에 따라 북 반구에서는 겨울 철 보다 여름철에 발생 빈도가 높고 지구의 자전의 영향으로 저녁보다 아침녘에 발생 빈도가 높다. 측정 결과에 의하면 대체로 8월이 2월보다 4배 정도, 그리고 오전 7시경이 오후 6시경 보다 4배정도 발생수가 많은 것으로 보고되어 있다. 산재 유성은 질량이 적을수록 발생 수가 많은데 그 질량과 발생 수의 적은 일정치가 된다는 성질이 있다. 즉, 10^{-4}g의 유성의 수는 10^{-3}g의 유성의 10배 많다.

우주진이 대기권에 돌입하는 속도는 유성의 돌입각도 공전속도 등에 따라, 차이가 있는데 그 최대 속도는 태양 궤도로 부터의 탈출속도에 지구의 공전속도를 합한

70km/s 부근이 된다. 돌입 속도가 빠를수록 유성의 가열로 인한 증발현상은 빨리 진행되며 이때 증발한 원자는 주변의 공기 분자에 고속으로 충돌하여 발광 및 이온화 현상을 일으켜서 유성 트레일을 생성하게 된다.

이 현상이 발생하기 시작하는 곳은 대체로 고도 120km 근처이고 고도 80km에 이르기 전까지 거의 완전 소멸되어 버린다. 이와 같이 유성 발생 영역이 비교적 좁은 것은 고도에 따른 공기의 농도 경사가 급격하기 때문으로 해석되고 있는데 대체로 입자의 평균 자유 행정이 120km-80km 사이에서 약 5m-4mm로 변할 정도로 급격하다. 발생한 트레일의 길이는 질량이 클수록 길어지지만 대체로 최대 50km에서 15km 정도가 대부분인 것으로 알려져 있다. 유성 트레일은 극히 단시간에 형성되며 그 초기반경은 평균 자유 행정에 의해 결정되는데 전파에 의한 측정에 의하면 고도 80km에서는 55 cm, 120km에서는 4.35m가 된다고 보고되어 있다. 형성된 트레일은 확산에 의해 서서히 팽창을 하여 발생 후 t초 후에는 그 반경은 $r=\sqrt{fDt+r_0}$가 된다. 여기서 r_0는 초기 반경으로서 유성의 크기에 의해 결정된다. D는 확산 계수로서 많은 실험에 의하여 다음과 같은 실험식이 도출되어 있다.

$$\log(D_a) = 0.067h_a - 5.6 \qquad \text{(식 5.82)}$$
$$h_a = 124 - 17\log(f)$$

여기서 h_a(km)는 평균고도이고 는 주파수다. 이 값은 f(MHz), 대체로 80km에서는 1㎡/s, 120km에서는 140㎡/s정도로 알려져 있다.

트레일의 존속기간은 전자밀도가 초기치의 1/e이 되는 시간으로서 정의되며 통신에 사용될 수 있는 시간은 수십 ms에서 수초이고 간혹 수분에 달하는 것도 보고되어 있다. 유성 트레일은 VHF 대역의 전자파가 입사하는 경우 원추형으로 전방으로 재방사시키는데 그 일부가 수신 안테나에 입력되면 송, 수신기 간에는 통신로가 터져서(burst) 데이터 전송에 기여하게 된다.

지금까지 레이더 등을 이용하여 유성 트레일로 부터의 반사파의 형태를 관측 통계한 바에 의하면 대체로 세 가지 형으로 나눌 수 있으며 이들은 유성 트레일의 전자 선밀도에 의해 차이가 나는 것으로 알려져 있다.

이 중에서 트레일 내부의 전리 전자의 선밀도가 파장에 비해 적은 트레일에 의해 발생하는 것으로서 저밀도 트레일(underdense trail)이 있다. 저밀도 트레일에 입사된 전자파는 트레일을 투과하면서 내부의 전리 전자에 의해 산란되어 이와 같은 형상을 일으키는 것으로 해석되고 있다. 이 트레일은 발생 시초에 급격히 최대치에 도달하고는 지수 함수적으로 감쇄하는 비교적 단순한 형으로 되어 있어서 특성의 예측은 비교적 간단하다. 트레일은 시간이 갈수록 점차 팽창하게 되는데 거기 따라 트레일의 내부에 있어서의 전자파의 산란 위치가 점차 달라져서 수신점에 도달한 전자파의 위상이 서로 상쇄 되는 시간이 버스트의 소멸점이 된다.

한편, 비교적 큰 유성에 의해 발생하는 트레일은 전자선 밀도가 파장에 비해 크기 때문에 고밀도 트레일이 되는데 그 전자 선밀도는 서서히 최대치에 도달하고 산란된 전자파의 수신점에서의 위상차가 서로 상쇄하는 시점이 되면 급격히 0으로 떨어지는 형태가 된다. 따라서 반사파의 최대치도 저밀도 트레일 보다는 크고 지속시간도 길다.

대체로 VHF 대역의 파장에서는 전자의 선밀도가 2×10^{14}/m 근처를 경계로하여 고밀도와 저밀도 트레일로 나누어진다. 해석 결과에 의하면 이 경계 밀도의 트레일은 대체로 유성의 질량이 10^{-3}g 근방일 때 발생하는 것으로 보고되어 있다.

고밀도 트레일은 발생 빈도가 그리 크지 않으므로 유성 버스트 통신에는 주로 저밀도 트레일을 대상으로 설계할 필요가 있다.

5.6.3 유성 버스트 채널의 해석적 특성

유성 버스트 통신 시스템은 기본적으로 송신 안테나, 유성 트레일, 수신 안테나로 된 수동중계 무선 패스(passive relayed radio path)로 되어 있다. 일반적으로 무선 전송 패스에 있어서는 전송 신호의 품질은 수신 안테나에 입력되는 전자파의 전력에 좌우된다. 특히 데이터 통신에 있어서는 입력전력이 수신기의 문턱전력 값(threshold level)을 얼마나 초과할 수 있는가에 따라서 에러율이 정해지기 때문에 수신전력 또는 스펜 손실(span loss) 특성의 파악이 모든 것에 우선한다.

유성 버스트 통신에서는 이 밖에도 스팬의 도통율이란 중요한 파라메터가 (duty cycle) 있다. 이것은 유성 버스트 통신이 전적으로 유성 트레일의 발생에 의존하여 간헐적으로 구성되기 때문에 이 특성에 관한 정확한 정보가 없으면 효과적인 시스템을 구성 할 수가 없다. 이것을 위해서 특별히 고찰하여야 할 요건으로 다음과 같이 3가지를 들 수가 있다.

- 사용 가능한 버스트의 발생 수
- 버스트의 지속시간(duration)
- 버스트의 간격(대기시간: waiting time)

이것은 유성 버스트 통신이 전적으로 유성 트레일의 발생에 의존하여 간헐적으로 생성되기 때문에 이 특성에 관한 정확한 정보가 없으면 효과적인 시스템을 구성 할 수가 없기 때문이다. 이것을 위해서 특별히 고찰하여야 할 요건으로 다음과 같이 3가지를 들 수가 있다.

(1) 수신 전력의 해석

1) 저밀도 버스트에 의한 수신 전력

유성 버스트 통신 시스템과 같은 수동 중계 전송(passive relay transmission) 시스템에 있어서 수신 전력의 특성을 고찰하는데는 먼저 송·수신기의 위치가 동일 지점에 위치하는 일종의 레이더 시스템을 가정하고 고전적인 레이더 방정식을 유도하는 방법을 인용하는 것이 편리하다. 여기서 고찰하는 레이더는 목표 물체(target)가 저밀도 유성 트레일로 되어 있고 트레일 축의 방향은 입사 및 반사 전파로와 직각이 되어 있다고 가정한다. 이 경우 송신 안테나로 부터의 전자파는 트레일 내부를 투과하면서 내부의 전자에 의해 산란되어 그중에서 후방 산란파가 수신 안테나에 입력된다. 따라서 수신 안테나에의 총 입력 에너지는 유성 트레일 내부의 모든 전자로 부터의 후방 산란파를 적분하면 구할 수 있다. 이 시스템에서 수신 안테나에 입력되는 전력 P_R은 다음과 같은 레이더 방정식으로 구해진다.

$$P_R = P_T \cdot \frac{G_T G_R \lambda^2}{16\pi^2 R^4} \cdot \sigma(t) \qquad \text{(식 5.83)}$$

$G_T G_R$: 송신 및 수신 안테나의 이득
$\sigma(t)$: 트레일의 산란면적 (m2)
R : 트레일까지의 거리 (m)
λ : 파장 (Hz)

이때 입력되는 후방 산란파는 트레일 내부에서의 산란 전자의 위치에 따라 서로 다른 위상차를 지니고 있기 때문에 서로 합해지는 부분, 즉 차 영역의 것만을 1차 Frensnel로 취하여 적분하여야 한다. 이 모델에서는 발사의 중심점 P_o로부터의 거리차가 λ/2가 되는 점을 P+, P−라고 하고 그 사이의 길이를 2L이라 한다면 1차 Frensnel 영역은 2L의 중점을 반사 중심점으로 하는 길이

$$L = \sqrt{2\lambda R} \qquad \text{(식 5.84)}$$

가 되는 영역이 된다. 단, 여기서 R은 점 Po와 안테나와의 거리이고 λ는 파장이다. (예: R이 100km인 경우 60MHz에서는 길이가 1000m가 된다.)

- r_e (m) : 전자장의 반경(2.81×10×−16)
- q (/m) : 트레일 내의 전자의 선밀도

라 한다면 길이 L 속에 존재하는 전자의 수는 $a\sqrt{R\lambda/2}$ 이고 그 산란전자계는 $r_e a\sqrt{R\lambda/2}$ 에 비례한다. 따라서 실효 산란 단면적은 이 값의 제곱이 되어

$$\sigma(t) = (\sqrt{R\lambda/2} \cdot qr_e)^2 \qquad \text{(식 5.85)}$$

이 된다.

위의 식은 트레일이 전자 1개의 선으로 되어 있는 경우(즉, 트레일의 초기 반경은 전자 1개의 반경으로 본 경우)를 가정한 것인데 실지로는 수 m의 초기 반경이 있고 이 반경도 확산에 의하여 점차 커져서 p1점과 p2점간의 간격이 파장에 비해 무시 못 할 수준으로 된다. 이 때 이 두 점에서의 산란파에는 위상차가 발생하여 수신점에서의 총 에너지는 상호 건섭에 의하여 점차 감소하게 된다.

트레일내부의 전자 분포는 직경을 따라 Gaussian 분포를 하는데 그 유효반경을 $\sqrt{4Dt}$ 로 볼 수가 있고 이것이 λ/2π가 될 때 신호 강도는 1/e가 된다. 이 현상에 의한 시간에 따른 감쇄를 고려하면 산란면적은 다음과 같이 된다.

$$\sigma(t) = (\sqrt{R\lambda/2} \cdot qr_e)^2 \cdot \exp(-\frac{32\pi^2 D}{\lambda^2}t) \qquad \text{(식 5.86)}$$

단 여기서 D (m^2/s)는 확산 계수이다.

그러나 트레일의 최초 직경은 0이 아니고 유한의 값을 지니기 때문에 처음부터 P1점과 P2점 간의 위상차로 인한 감쇄가 있다고 보아야 한다. 위 식에 $\sqrt{4Dt}$ 의 관계를 적용하여 계산하연 트레일의 초기 반경을 r_o라 할때 그로 인한 추가적인 감쇄는 $-8\pi e^2 r_0^2/\lambda$이 된다.

이상을 종합하면 유성 트레일의 반사 면적은 다음과 같은 식으로 나타나게 된다.

$$\sigma(t) = \left(\sqrt{\frac{R\lambda}{2}} \cdot qr_e\right)^2 \cdot \exp\left(-\frac{8\pi^2 r_0^2}{\lambda^2}\right) \cdot \exp\left(-\frac{32\pi^2 D}{\lambda^2}t\right) \qquad \text{(식 5.87)}$$

최종적으로 수신 전력은 다음과 같은 식이 된다.

$$P_R = P_T \cdot K_1 \cdot K_2 \cdot \exp\left(\frac{2}{\tau}t\right) \qquad \text{(식 5.88)}$$

$$K_1 = \frac{G_T G_R \lambda^3 q^2 r_e^2}{32\pi^2 R^3} \qquad \text{(식 5.89)}$$

$$K_2 = \exp\left(-\frac{8\pi^2 r_0^2}{\lambda^2}\right) \qquad \text{(식 5.90)}$$

$$\tau = \left(-\frac{\lambda^2}{16\pi^2 D}\right) \qquad \text{(식 5.91)}$$

이 식에서 반사파 수신전력은 시간에 따라 지수 함수적으로 감쇄하는 모양이 된다.

시간 $t = \tau$가 되면 진폭은 1/e이 되고 전력은 1/e2로 감소한다. 그러나 일반적인 통신 path에서는 후방 산란파가 아니고 유성 트레일에서 전방 산란된 과이다. 전방 산란파가 수신 안테나에 도달할려면 송신 안테나, 유성 트레일 그리고 수신 안테나의 셋 위치 사이에는 트레일에의 입사각과 반사각이 정확히 동일하여야만 한다는 기하학적 조건이 만족되어야 하는데 이것은 유성 트레일이 송·수신 안테나를 초점으로 하는 타원의 원주 상에 정접하여 발생하는 경우이다.

실지로 유성 트레일은 어느 정도의 경사각을 지니고 있기 때문에 반사파의 1차 Frensnel 영역의 크기가 커져서 등가적으로는 파장이 길어진 것과 같은 효과를 나타내게 되어 K1에서 λ의 값이 커진 것처럼 작용한다. 또한 트레일의 직경 차로 인한 전파로의 길이 차도 적어지는데 이것 역시 등가적으로는 파장이 길어진 것처럼 작용하여 A에서의 실효 λ가 커진다. 즉, 후방 산란의 경우에 비하여 수신 신호는 강해지고 버스트의 지속시간은 길어진다.

2) 고밀도 버스트에 의한 수신 전력

고밀도 트레일에서는 전자 선밀도가 높아져서 트레일은 반경 r_c의 금속 원통으로 가정 할 수 있게 된다. 시간이 경과함에 따라 원통의 반경은 점차 팽창하여 전자 선밀도는 낮아져서 결국은 저밀도 트레일로 변하게 되는데 이때에는 이미 굵기가 너무 커져서 버스트로서의 효과는 거의 없어진다. 레이더에 있어서 타겟(target)이 반경 r_c인 금속 원통인 경우 그 반사 단면적은 $R \gg r_c$의 조건이 성립한다면

$$\sigma_c(t) = \frac{Rr_c(t)}{4} \tag{식 5.92}$$

이 된다. 그러나 시간에 따라 팽창하는 Gaussian 분포의 트레일의 경우에는 그 유효 단면적은 다음과 같이 된다.

$$r_c(t) = \sqrt{4Dt \cdot \ln\left(\frac{r_e q \lambda^2}{4\pi^2 Dt}\right)} \tag{식 5.93}$$

따라서 수신 전력은

$$\begin{aligned} P_R &= P_T \cdot \frac{G_T G_R \lambda^2}{16\pi^2 R^4} \cdot \sigma_c(t) \\ &= P_T \cdot \frac{G_T G_R \lambda^2}{64\pi^2 R^3} \cdot \sqrt{4Dl \cdot \ln\left(\frac{r_e q \lambda^2}{4\pi^2 Dl}\right)} \end{aligned} \tag{식 5.94}$$

와 같이 계산 된다. 시간이 경과하여

$$\tau' = \frac{r_e q \lambda^2}{4\pi^2 D} \tag{식 5.95}$$

이 되면 괄호 속이 0이 되어 금속 원통의 특성을 없어진다.

식 (5.94)를 시간에 관하여 미분하여 최대점을 구하면 수신 전력 P_R는 시간 $t=\tau'/e$ 에서 다음과 같은 최대 전력이 됨을 알 수가 있다.

$$P_R(\tau'/e) = P_T \cdot \frac{G_T G_R \lambda^3}{64\pi^2 R^3} \cdot \sqrt{\frac{r_e q}{e}} \tag{식 5.96}$$

즉, 고밀도 버스트의 수신 전력은 q의 1/2 승에 비례하며 저밀도 버스트의 경우의 2 승과 좋은 대조가 된다. 여기서 $q=0.75\times10^{14}$로 두면 고밀도와 저밀도 트레일의 경계점으로 하는 논자도 있다. 식 (5.93)을 전방 산란의 경우로 확대하여 해석하면 다음과 같이 된다.

전방 산란의 경우 금속 원통의 유효 반경은

$$r_c(t) = \sqrt{4Dt \cdot \ln\left(\frac{r_e q \lambda^2 \sec^2\phi}{4\pi^2 Dt}\right)} \tag{식 5.97}$$

와 같이 되고 수신 전력은 저밀도 트레일의 경우와 같은 방법으로 다음과 같이 계산된다.

$$\begin{aligned} P_R &= P_T \cdot K_5 \cdot \sigma_c(t) \\ &= P_T \cdot \frac{G_T G_R \lambda^2 \sin^2\alpha}{32\pi^2 R_t R_r/(R_t+R_r)(1-\cos^2\beta \cdot \sin^2\phi)} \\ &\quad \cdot \sqrt{\frac{4Dt}{\sec^2\phi} \cdot \ln\left(\frac{r_e q \lambda^2 \sec^2\phi}{4\pi^2 Dt}\right)} \end{aligned} \tag{식 5.98}$$

이 식은

$$\tau' = \left(\frac{r_e q \lambda^2 \sec^2\phi}{4\pi^2 D}\right) \tag{식 5.99}$$

와 같은 조건이 만족될 때 까지 유효하고 그 후는 저밀도 트레일의 특성이 적용된다.

5.6.4 유성 버스트의 도통율과 문턱 전압

유성 버스트는 수신기의 입력 전압이 특정 문턱치를 초과하는 경우에만 수신 가능하며 이 때 신호전송이 이루어진다. 전체 수신 시간에 대한 버스트 시간의 비 즉, 도통율은 MBC 패스의 효율성의 가장 큰 척도가 된다.

문턱전압 V_1에서 지속시간(duration) t인 버스트는 그 최대치가 $V_0 = V_1 \cdot \exp\left(\frac{t}{r}\right)$이다.

최대치가 V_0과 $V_0 + dV_0$ 사이에 있는 버스트의 수는

$$dN = acV_0^{-a-1} dV_0 \qquad \text{(식 5.100)}$$

와 같으므로 이들의 지속시간을 전부 합하면

$$\begin{aligned} dT &= tdN = tacV_0^{-a-1} dV_0 \\ &= tac[V_1 \exp(\mu/\tau)]^{-a-1}(V_1/\tau)\exp(\mu/\tau)dt \end{aligned} \qquad \text{(식 5.101)}$$

가 된다.

따라서 문턱값 V_1을 초과하는 총 시간은

$$\begin{aligned} T &= \int tdN = cV_1^{-a}\int_0^{\infty}(a/\tau)t \cdot \exp(-a\mu/\tau)dt \qquad \text{(식 5.102)} \\ &= (\tau/a)cV_1^{-a} \text{ 또는 } T(r/a)N \end{aligned}$$

와 같이 된다. 여기서 (r/a)는 버스트의 평균 지속 시간이다.

5.6.5 버스트 지속 시간 특성

앞에서 설명한 것과 같이 언더덴스 버스트의 경우, 버스트의 지속시간이란 신호의 진폭이 1/e이 될 때까지의 시간을 말한다. 따라서 다음과 같이하여 간단히 구해질 수가 있다.

$$N\left(V_0 > V_1 e^{\frac{l}{\tau}}\right) = N(t > t_x) = N_1 \exp\left(\frac{-at_x}{\tau}\right) \qquad \text{(식 5.103)}$$

언더렌스 트레일에서는 a=1로 하여

$$N(t > t_x) = N_1 \exp\left(\frac{-t_x}{\tau}\right) \qquad \text{(식 5.104)}$$

와 같이 된다.

5.6.6 버스트 지속 간격특성

많은 실험에서 유성 버스트의 발생 시간 간격(대기시간 : waiting time)은 극히 랜덤(random)한 것으로 보고되어 있으므로 Poisson 분포로 생각할 수가 있다.

따라서 특정 대기 시간 t0를 초과하는 대기 시간이 나타날 확률은

$$P(t > t_0) = \exp(-\bar{n}t_0) \qquad \text{(식 5.105)}$$

와 같이 된다. 여기서 $\bar{n}$는 버스트의 초당 평균 발생수이고 t_0는 대기시간(sec)이다.

5.7 인체 채널

5.7.1 무선 통신에서 인체 채널 모델

인체는 갈비뼈나 등뼈 혹은 피부나 근육 등 각 부분마다 다른 유전율과 전도율을 가지는 복잡한 조직의 형태로 구성되어 있다. EM wave는 인체에 대하여 두 가지 경로로 전파한다. 한 가지는 인체 내부로 투과하는 경우이고 나머지는 인체 표면을 따라서 돌아다니는 경우이다. FDTD(Finite-difference time-domain) EM(electromagnetic) 시뮬레이터를 사용하여 인체 환경에 대한 field propagation과 EM wave의 propagation에 대한 투과 손실을 시뮬레이션 할 수 있다. 뿐만 아니라 이 시뮬레이터는 인체 해부학의 정밀한 모델에 사용되며, 조직의 EM 특성뿐만 아니라 인체의 형태의 정확한 묘사도 가능하다. Creeping wave라 불리는 이 모델은 EM wave의 회절 현상에 대응된다. 인체 주변의 field에 대한 전파 특색을 알아보기 위하여 인체 가까이에 수평으로 향하는 5Cm의 dipole antenna를 놓은 후 그때 주위에 형성되는 전계를 분석하였다. 인체에 대한 각각의 parameter는 전도율 $\sigma = \sigma(w, \vec{r})$, 유전율 $\varepsilon = \varepsilon(w, \vec{r})$, 투과율 $\mu = \mu_0$로 표현된다.

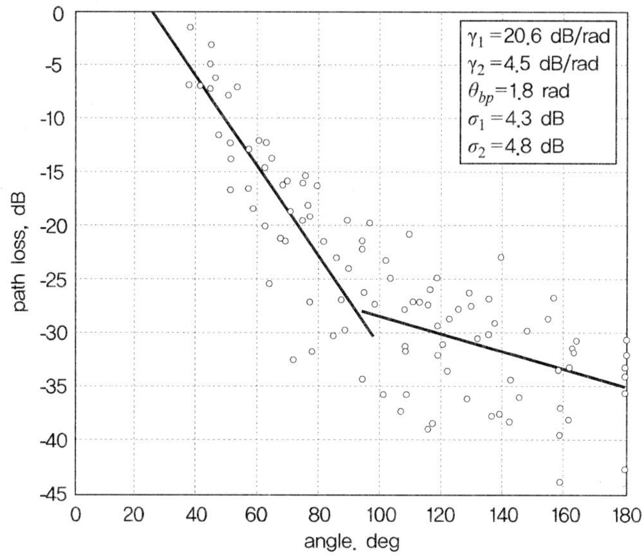

(a)

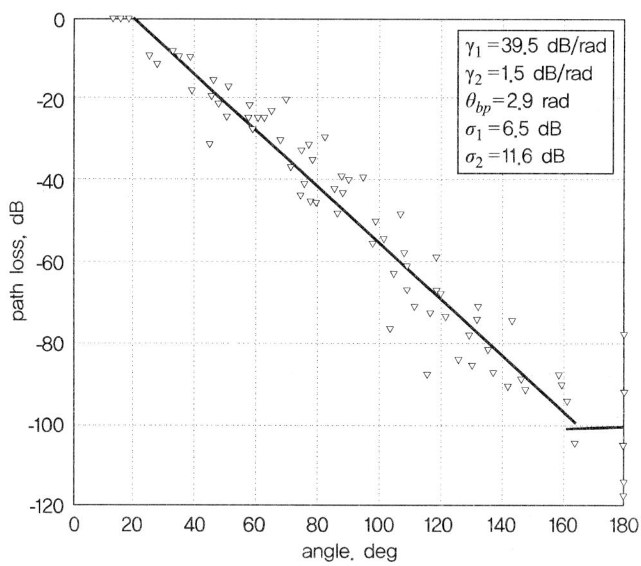

(b)

| 그림 5.43 | 400MHz와 2.4GHz에서 안테나 위치에 따른 신호의 전파 손실(dB)

그림 5.43는 ISM(Industrial Scientific and Medical) 주파수 대역 중 400MHz와 2.4GHz의 주파수에 대한 실험결과이다. 위의 결과 경로 손실은 인체에 대한 전도율, 유전율 및 투과율에 의하여 정해진다 [258].

5.7.2 Electrode의 위치와 수신 신호의 관계

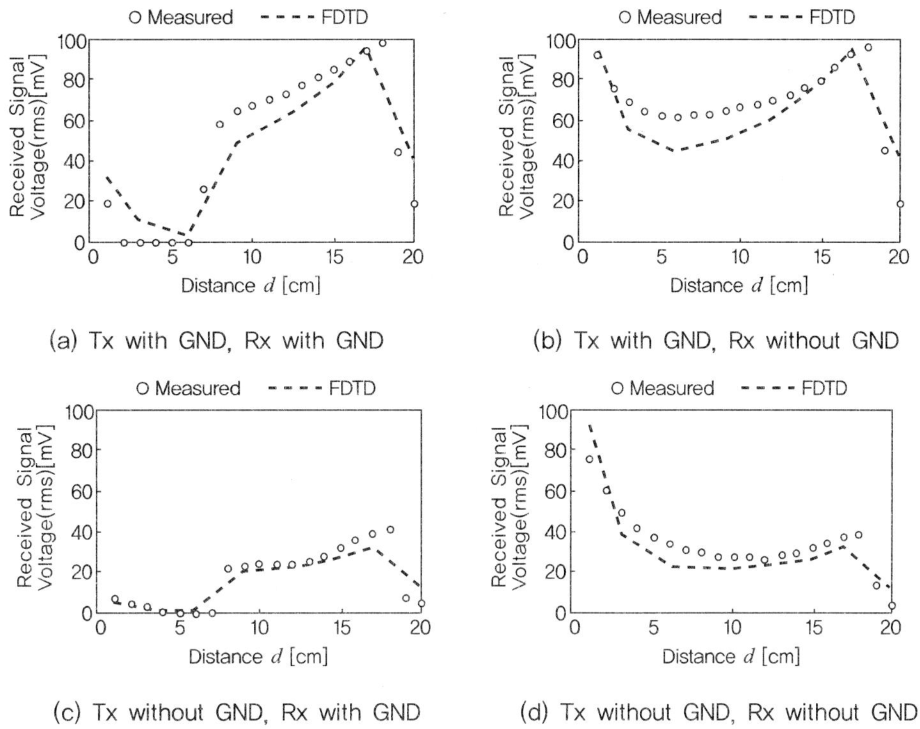

| 그림 5.44 | Electrode의 거리에 따른 수신 신호 크기 변화[258]

그림 5.44는 팔위에 위치한 송신기의 electrode와 수신기의 electrode 사이의 거리에 따른 수신 신호의 전압 크기를 직접 측정에 의한 결과와 FDTD 시뮬레이션의 결과를 비교하여 보여준다. (a)의 경우에서 electrode의 거리가 0cm~6cm 사이 일 때 수신 신호는 감소한다. 그러나 거리가 8cm이상 일 때 수신기의 GND electrode는 팔과 접촉되어 있지 않고 수신 신호의 크기는 거리가 멀어질수록 증가한다. 거리가 19cm에서 수신신호의 크기는 급속히 떨어진다. 왜냐하면 수신기의 electrode가 팔의 표면에 접촉하지 않기 때문이다. 이것은 수신기의 GND electrode가 신호의 수신을 방해하고 인체를 전송 채널처럼 여기는 것을 의미한다.

(b)의 경우는 거리의 변화에 따른 수신 신호 크기의 변동은 (a)보다 적다. 더욱이 거리가 8cm보다 큰 경우에 수신 신호의 크기와 거리의 관계는 그 경향이 (a)와 비슷함을 알 수 있다. 그러므로 (a)와 (b)의 수신 신호 크기 차이는 GND electrode의 존재에 의해 영향을 받음을 알 수 있다.

(c)에서 수신 신호의 크기는 전체적으로 4가지 형식 중 가장 적다. 수신 신호의 크기

는 8cm이상의 거리에서 수신기의 GND electrode가 팔의 표면에 접촉되지 않게 되어 대략 40mV보다 작다. 더욱이 (a)와 비교했을 때 이 결과는 송신기 GND electrode의 존재가 송신기에서 수신기까지의 송신 신호 전달이 영향을 끼친다는 것을 알 수 있다.

(d)의 경우 8cm이상의 거리에서는 거리와 수신 신호 크기의 관계에서 그 영향은 거의 (c)와 같다. 그러나 7cm 이하의 거리에서 수신신호 크기는 거리가 증가함에 따라 급격히 감소하는 것을 보여준다. 이 결과는 실제에 사용할 경우 매우 불리함을 보여준다.

5.7.3 체내와 Airborne 사이의 전파에 따른 이득

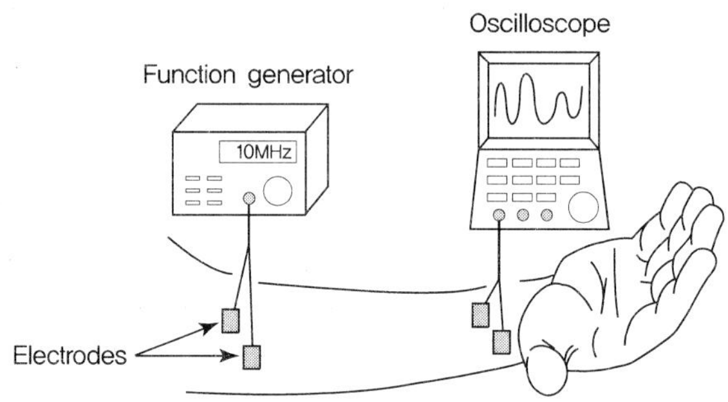

| 그림 5.45 | 전파에 따른 이득 측정

Waveguide의 형식에 따른 인체의 기본적인 전송 특성을 지정하기 위해 신호의 입력과 출력에 따른 그 이득값을 조사하였다. 그림 5.45는 체내의 전파에 따른 이득 측정을 위해 oscilloscope와 function generator를 이용하여 측정하는 실험을 보여주고 있다. 두 쌍의 Ag-AgCl electrode가 손목과 상완에 전기적으로 전도성 접합되어 있다. 입력 신호는 1MHz~40MHz 주파수 범위를 가지는 1Vpp의 Sine 파형이다. 이 신호는 function generator를 이용하여 생성되고 상완에서 공급된다. 출력 신호는 oscilloscope를 사용하여 측정된다.

측정값에 따라 airborne 전파에 따른 I/O 이득과 체내 전파에 따른 I/O 이득을 비교해 보았다.

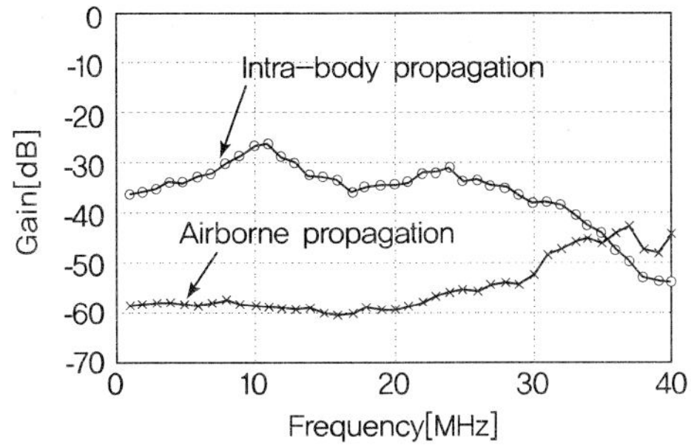

| 그림 5.46 | 체내와 Airborne에서의 전파 이득 비교

그림 5.46에서는 30MHz 이하의 주파수 범위에서 체내를 통한 전파 이득이 airborne을 통한 전파 이득보다 더 상위에 있다는 것을 알 수 있다. 이는 30MHz 이하의 주파수에서는 airborne보다는 체내를 통한 신호의 전파가 더 크다는 것을 의미한다 [259].

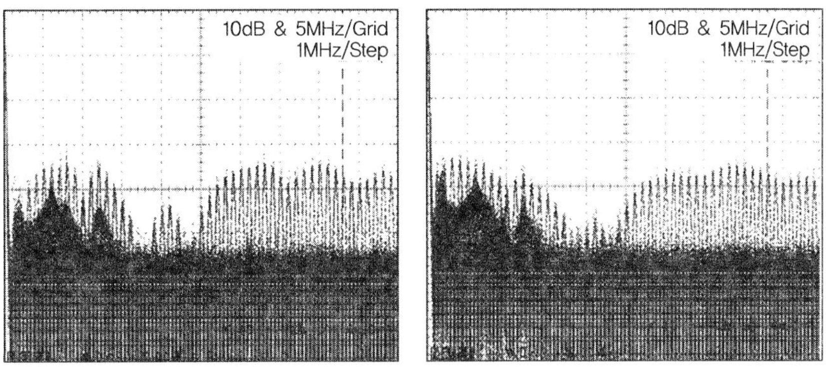

| 그림 5.47 | 인체 채널 특성

그림 5.47에서 주파수에 따른 신호 전파의 스펙트럼을 보여주고 있다. 5~15MHz 사이에서는 체내를 통하여 전파되는 신호의 스펙트럼을 보여주고 있고, 8MHz 대역에서 그 크기가 가장 크다는 것을 알 수 있다. 그러므로 10MHz가 전송 데이터의 최소 에너지 소비면에서 반송파의 주파수로 적당하다. 25MHz 이후에서는 airborne을 통한 전파 이득이 체내를 통한 전파 이득보다 더 상위에 있으므로 모든 신호는 공기를 통하여 전파된다.

실험에 사용된 electrode는 피부에 염증을 일으킬 가능성이 있다. 따라서 electrode는 전기적 전도성 접합 보다는 피부에 알맞은 전기적 접촉이 필요하다. 6개의 전극에 무관한 공업용 금속(알루미늄, 구리, 청동, 황동, 스테인리스 스틸, 양은)의 접촉 임피던스를 측정하기 위해 손목과 상완에 280m 만큼 떨어뜨려 전도성 접합이 없는 electrode로 사용하였다. 각 Electrode들의 면적은 30mm x 30mm이다. 접촉 임피던스는 simple circuit model 방식을 사용하여 측정하였다. 왜냐하면 입력과 출력은 waveguide model 방식과 동일하기 때문이다.

각 electrode들의 접촉 임피던스는 그림 5.48에 보이고 있다. 보는 바와 같이 electrode들의 접촉 임피던스는 electrode에 사용된 금속과는 거의 무관하다. 이것은 인체를 통한 안정적인 통신은 다른 여러 종류의 electrode들을 사용할 수 있다는 것을 의미한다.

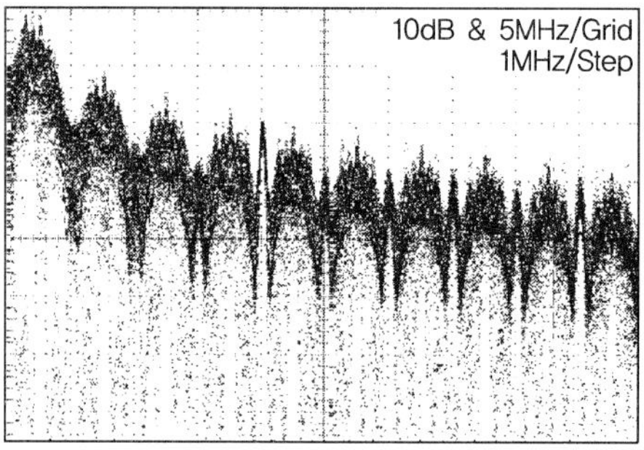

| 그림 5.48 | 송신기 스펙트럼[259]

그림 5.48은 송신 주파수가 2.5MHz인 송신기의 스펙트럼을 보여주고 있다.

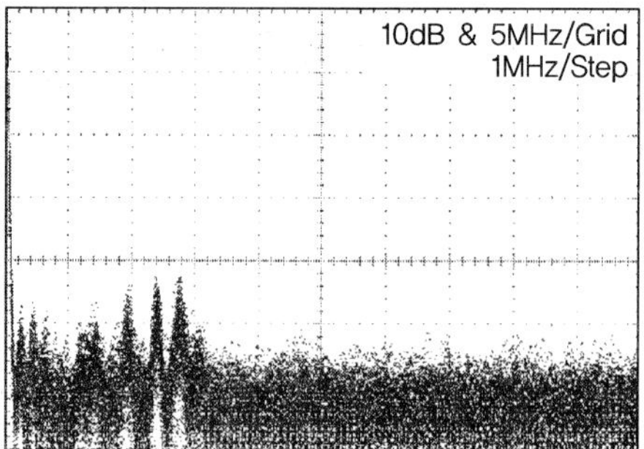

| 그림 5.49 | 송신기 OFF인 경우[259]

그림 5.49는 송신기 전원을 끈 상태에서의 스펙트럼을 보여주고 있다. 10MHz~15MHz의 잡음은 인체마다 조금씩 달라진다. 그림 5.50은 송신기를 켠 상태로 하여 신호를 전송한 경우의 스펙트럼을 보여주고 있다. 송신기를 켰을 때 인체를 통하여

2.5MHz의 신호가 전송되고, 그림 49와 비교하여 30dB정도 신호가 감소된 것을 알 수 있다.

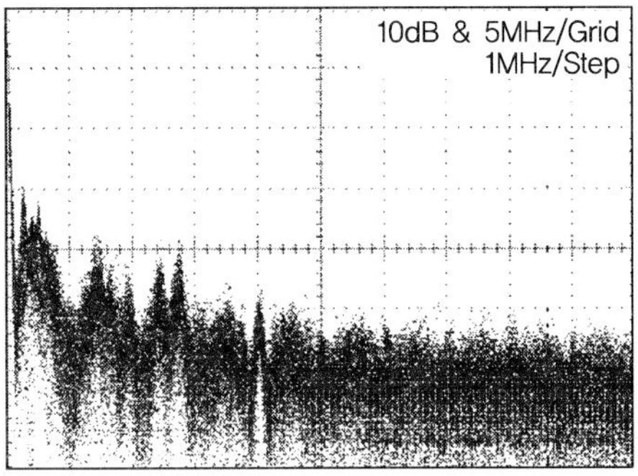

| 그림 5.50 | 송신기 ON인 경우[259]

Chapter 6

다중 안테나 시스템의 채널 특성

6.1 MIMO(Multiple Input Multiple Output)란?

모든 무선 기술들은 신호감쇄, 다경로, 간섭증가 및 스펙트럼 제약이라는 문제에 당면하게 된다. MIMO 기술은 다경로를 이용하여 보다 높은 데이터 처리 속도를 제공하고 범위와 신뢰성을 동시에 높여주면서도 무선 주파수 자원을 추가로 소모하지 않는다. 이술은 오늘날의 모든 무선 기술이 당면하고 있는 속도와 범위라는 가장 어려운 두 가지 문제를 해결해 준다.

MIMO 프로세싱을 이용한 디지털 통신은 혁신적인 무선 시스템을 위한 돌파구로서 등장했다. 이 변조 포맷은 스펙트럼 컴플라이언시를 가짐을 보여주었다. 이 방식은 보다 높은 데이터 전송 속도와 스펙트럼 효율을 달성함으로써 보다 큰 범위를 가능케 해주며, 기존 OFDM 표준들과의 역호환성을 지원한다.

6.1.1 MIMO의 기초

모든 기술에 대해 그 두드러지는 특징들을 요약해 보여주는 짧은 정의를 제공하는 것이 유용할 때가 많다. MIMO는 두 개 이상의 데이터 신호들을 동일한 무선 채널로 동신에 전송하는 기술이라고 정의할 수 있을 것이다.

그림 6.1을 보면, 하나 이상의 간섭성 무선 업컨버터와 안테나를 사용하여 다수의 신호들을 송신하며, 하나 이상의 간섭성 무선 다운컨버터와 안테나를 사용하여 다수의 신호들을 수신한다.

MIMO의 경우, 채널당 최대 데이터 전송 속도는 동일 채널로 전송되는 서로 다른 데이터 스트림들의 수에 정비례하여 증가한다.

MIMO의 접근 방법은 두 개 이상의 데이터 스트림들을 하나의 무선 채널을 통해 송수신하는 것이다. 이는 시스템이 채널당 두 배 이상의 데이터 전송 속도를 제공할 수 있음을 뜻한다. 다수의 데이터 스트림들을 동시에 전송할 수 있도록 해줌으로써 MIMO는 추가적인 주파수 스펙트럼을 사용하지 않고도 무선 데이터 용량을 몇 배로 늘려준다.

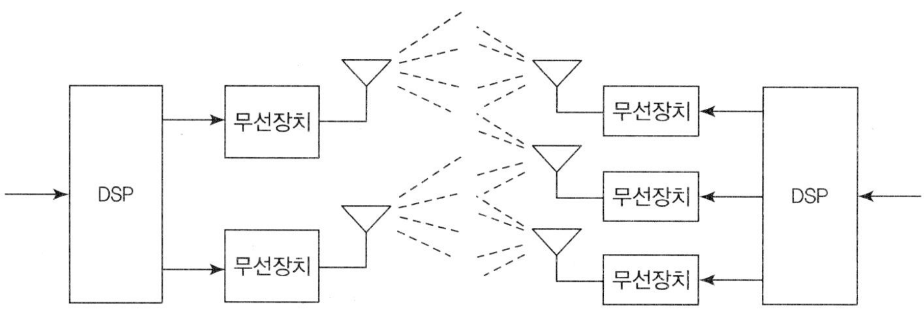

| 그림 6.1 | MIMO 구성도

6.1.2 최고 처리속도

MIMO 시스템의 최고 처리속도는 무선 채널로 전송되는 신호 스팀림의 수와 똑같은 배수만큼 증가한다. 여러 개의 신호들이 있고 그 각각은 서로 다른 무선 장치와 안테나로부터 전송되므로, MIMO 신호들을 때때로 다차원적 신호라고 부른다. 종래의 무선 신호들은 일차원적 신호라고 부르는데, 이는 이들이 다수의 안테나를 사용할 때조차도 하나의 데이터 스트림만을 무선 채널을 통해 전송하기 때문이다.

보다 높은 데이터 전송 속도에 대한 요구는 인터넷과 이메일 액세스처럼 대역폭 요구가 큰 어플리케이션들에 대한 소비자들의 요구가 커져 게임과 A/V 스트림까지 망라

하게 됨에 따라 계속 증가하고 있다.

핸드폰 프로세서의 발전과 보다 높은 해상도의 카메라 및 비디오 기능들이 핸드폰에 통합되는 추세로 인해 대역폭 소비가 보다 큰 어플리케이션들을 보다 먼 거리에서 가능케 해주고 네트워크 사업자들에게 주어진 제한된 스펙트럼을 보다 효율적으로 사용할 수 있도록 해야 하는 문제가 심화되고 있다.

WLAN 분야에서 MIMO를 연구, 혁신, 개발하여 OFDM에 적용한 데 이어 802.11n 표준단체에서 MIMO를 채택한 것은 MIMO가 훨씬 더 높은 데이터 전송 속도를 제공할 수 있는 능력을 가지고 있으며, Wi-Fi의 범위를 확장하여 보다 많은 모바일 고객 분야에 손을 뻗을 수 있음을 보여주었다. 이러한 능력에 주목한 다른 표준 단체들은 MIMO가 유무선과 셀룰러를 모두 포함하는 다른 기술들에 대해 어떤 일을 할 수 있는지를 깨달았다. 3G, WiBro, WiMAX, 802.20 및 4G와 같은 표준 단체들은 MIMO의 사용을 모색해 왔으며, 어떤 이들은 이를 자신들 각자의 기술 분야에 이미 채택했다.

MIMO 기술은 3G 셀룰러 시스템, 광대역 고정 무선 시스템, 고속 WLAN 및 모바일 애드훅 네트워크에서 서로 다른 채택 단계나 배치 단계에 있다.

경제적인 MIMO-OFDM 기반의 WLAN 시스템들은 2003년에 구현되어 무선업계의 경로를 바꿔 놓았다. MIMO-OFDM은 802.11n WLAN을 위한 기본적인 변조 포맷이 될 것이다. 이 표준을 위해 제출된 모든 제안 사항들이 MIMO-OFDM을 802.11a/g 표준들에 비해 보다 큰 범위와 처리 속도를 달성하기 위한 일차적 방법으로 사용하고 있기 때문이다.

6.1.3 폭넓은 수용

지난 수년간 MIMO 기술은 WLAN 외에도 다른 중요한 상용 무선 시장들에 진출해 왔다. 셀룰러 분야에서도 다수의 MIMO 기반 표준들이 계획되고 있다. MIMO는 이미 HSDPA 및 W-CDMA를 위한 3GPP 로드맵의 일부로서 표준화되고 있다.

WiMAX 광대역 무선 액세스 네트워크와 3G 셀룰러 모바일 네트워크에서는 이미 MIMO를 성능 향상을 위한 옵션 동작 모드로 채택했다. MIMO-OFDM은 WiBro의 일환으로서 제인 및 구현되고 있으며, 이미 3GPP의 장기적 발전 표준을 위한 타당성 검토의 일부가 되고 있다.

일부 핸드폰 OEM 업체들과 네트워크 제공업체들은 이미 차세대 네트워크와 MIMO 구현제품들을 위한 MIMO-OFDM 기반의 셀룰러 시스템들을 제한된 테스트 환경에서 개발 및 테스트하고 있다. Nortel, Ericsson, Motorola 및 Siemens사가 행한 테스트에 따르면 그 전망은 매우 좋다고 한다.

6.1.4 MIMO의 구현

Airgo사가 MIMO 기반 WLAN 칩셋의 개발 및 론칭에 성공한 것은 MIMO가 표준적인 OFDM 기반의 제품들보다 데이터 전송 속도와 커버리지를 향상시키고 보다 높은 스펙트럼 효율을 제공하는 데 있어서 보다 효과적임을 입증했다. MIMO의 성능 이득은 기저 무선 프로토콜들을 변경하지 않고도 이를 다른 표준에 적용함으로써 달성할 수 있다. 그러나 구현이라는 관점에서 볼 때 MIMO 시스템들은 아키텍처 및 연산적인 면에서 복잡해서 훨씬 더 정교한 알고리즘들과 보다 높은 데이터 처리 능력을 필요로 한다.

그림 6.2는 MIMO-OFDM 트랜시버 체인에서 수신측의 전형적인 구성 요소들을 보여준다. 이 체인은 MIMO 부품들로 구성되어 있는데, 여기에는 동기화, 채널 추정, 간섭 처리 및 MIMO 감지를 위한 모듈들은 물론, FFT, 디인터리빙 및 디코딩과 같은 OFDM 부품들도 포함된다.

Airgo사는 상당한 IP를 축적하여 자사의 기술들을 향상시켰는데, 여기에는 복잡성이 낮은 수신기 알고리즘, MIMO 채널 추정 알고리즘, MIMO와 비 MIMO 트랜시버의 혼합, MIMO 아키텍처, 최적의 수신기 시스템 그리고 무선 장치를 위한 알고리즘들이 포함된다.

게다가 MIMO 모듈들을 OFDM 부품들과 함께 최적화 하는 데도 상당한 시간과 노력을 쏟았는데, 여기에는 MIMO-OFDM 디코딩, MIMO 디콤포지션 그리고 알고리즘 및 아키텍처적인 복잡성과 전력 소모를 줄이기 위한 최적의 방법들도 포함되어 있다.

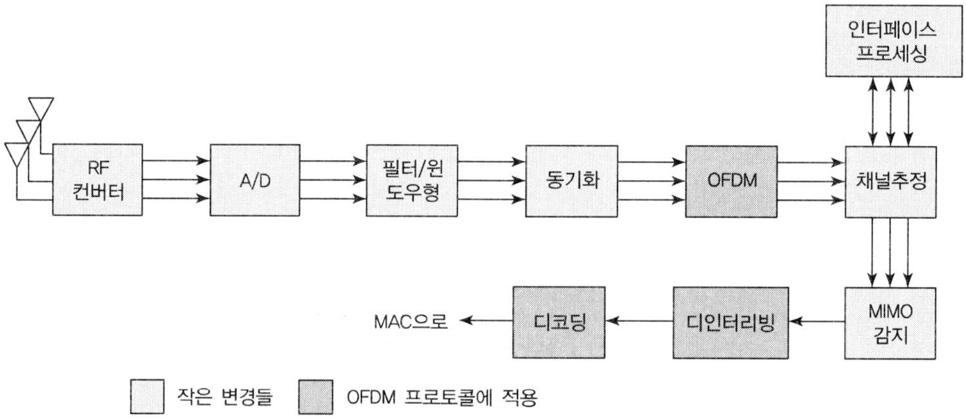

| 그림 6.2 | MIMO OFDM 시스템의 수신측 구성 요소

6.1.5 시스템 부품

그림 6.2는 또한 WLAN을 위한 MIMO-OFDM 시스템을 3G, WiBro, WiMAX, 802.20 또는 4G와 같은 다른 표준에 얼마나 손쉽게 이용할 수 있으며, 어떤 구성 요소들을 새로운 표준에 적응시켜야 하는지를 보여준다. 그림 6.2에서 보듯이, 대부분의 구성 요소들은 모든 MIMO 시스템에 공통이며, 손쉽게 이용할 수 있다. 반면에 변경을 필요로 하는 구성 요소들은 시스템의 OFDM 및 코딩 부분들로 제한된다.

MIMO는 향후 십년 동안에 무선업계의 사업 판도를 바꿔놓을 혁신적인 기술이다. 이 기술은 무선 기술의 모든 표준에 침투하고 있다. 오늘날 일부 업체들에서는 이미 MIMO-OFDM이 제공하는 데이터 전송속도, 커버리지 및 스펙트럼 효율의 이점들을 극대화하고 있다.

6.2 MIMO 채널 모델과 채널 용량

6.2.1 MIMO 채널 모델

n_T개의 송신 안테나와 n_R개의 수신 안테나로 구성된 MIMO 시스템의 채널은 다음과 같은 행렬의 형태로 표기할 수 있다.

$$H = \begin{bmatrix} h_{11} & \cdots & h_{1n_T} \\ \vdots & \ddots & \vdots \\ h_{n_R 1} & \cdots & h_{n_R n_T} \end{bmatrix} \qquad \text{(식 6.1)}$$

여기서 h_{ij}는 j번째 송신 안테나와 i번째 수신 안테나 사이의 복수 채널 이득으로, 레일레이 채널의 경우 평균이 0이고 분산이 1인 가우시안 분포를 갖는 확률변수로 볼 수가 있다. MIMO 채널에 대해 우리는 다음 두 가지 상황을 가정할 수 있다.

상황 1. h_{ij}는 확률 변수이며, 수신단만이 그 값을 알 수 있는 경우

상황 2. h_{ij}는 확률 변수이며, 송신단만이 그 값을 알 수 있는 경우

상황 1은 이동통신 시스템에서 일반적인 경우로 송신단에서 전송한 파일롯과 같은 신호를 통해 수신단의 각 채널 정보를 유추할 수 있다. 상황 2는 특수한 경우로 송신단이 송신 채널을 알 수 있기 때문에 송신단의 전처리를 통해 시스템의 성능을 개선할 수 있는 경우에 해당한다. 그러나 이를 위해서는 수신 단에서 채널 상태를 송신단에 보고하는 궤환 채널 구조가 필요하거나, TDD(time division duplex) 시스템에서와 같

이 순방향과 역방향 링크의 채널이 동일하다는 가정이 성립되어야 한다.

(식 6.1)과 같은 채널 모델을 기초로 MIMO 시스템의 송수신 신호 모델을 표현하면 다음과 같다.

$$y(t) = Hx(t) + z(t) \qquad \text{(식 6.2)}$$

$x(t) = \left[x_1(t) \cdots x_{n_T}(t)\right]^T$와 $y(t) = \left[y_1(t) \cdots y_{n_R}(t)\right]^T$는 각각 송신 신화와 수신신호를 표기한다. 송신 신호 $x(t)$는 다음과 같은 조건을 만족한다고 가정한다.

$$Ex^H(t)x(t) \le P_T \qquad \text{(식 6.3)}$$

이는 $x(t)$의 총 송신 전력이 P_T로 제한되어 있음을 나타낸다.

$z(t) = \left[z_1(t) \cdots z_{n_R}(t)\right]^T$는 수신 열 잡음을 나타내며 평균이 0이고 분산이 σ_z^2인 AWGN으로 구성된 벡터이다.

6.2.2 송신단이 채널을 모르는 경우의 채널 용량

송신단이 채널을 모르는 상황에서 h_{ij}들의 통계적 특성은 동일하다면, 각 안테나에 동일한 전력을 할당하는 방법이 최적인 것으로 밝혀져 있다. 송신단이 채널을 모르는 경우의 채널 용량은 다음과 같이 유도된다.

$$C = \log_2 \det\left(I_{n_R} + \frac{\bar{r}}{n_T} HH^H\right) \qquad \text{(식 6.4)}$$

여기서 I_n은 $n \times n$ 단위행렬을 나타내며, $\bar{r}$는 송·수신 안테나가 하나씩인 시스템에서 송신 안테나와 수신 안테나 사이의 평균 SNR을 나타낸다.

그림 6.3은 MATLAB 프로그램을 이용하여 송신단과 수신단의 안테나 개수에 따른 채널 용량을 시뮬레이션한 결과이다.

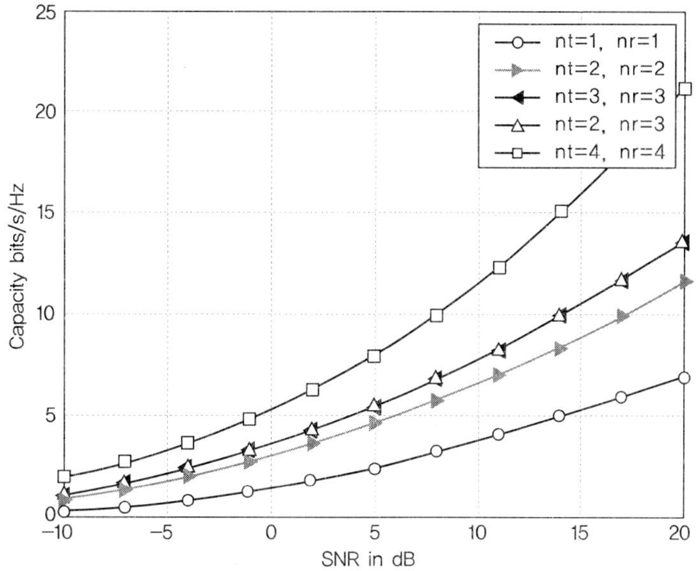

| 그림 6.3 | 송신단과 수신단의 안테나 개수에 따른 채널용량

6.2.3 송신단이 채널을 아는 경우의 채널 용량

송신단이 채널을 아는 경우 송신단은 채널의 상태에 따라 적합한 왜곡신호를 전처리 과정을 통해 적응적으로 생성할 수 있다. 이에 대표적인 방법이 송신 빔 형성이다. 간략화된 송신 빔 성형 방법 중의 하나인 TXAA의 경우 3세대 이동통신 시스템의 표준으로 제시되어 있다. 빔 성형은 동시에 여러 정보를 보내는 방법이 아니기 때문에 채널 용량을 극대화하는 효과를 보지 못하지만 신호 대 잡음비를 최대화하는 측면에서 최적화된 방법이다. 채널 용량을 증가시키기 위해서는 동시에 여러 신호를 전송할 수 있어야 한다. SVD를 이용하면 MIMO 채널에서 서로 직교하는 가상의 병렬 채널을 구성할 수 있으며 각 부채널에 서로 다른 정보를 할당하여 채널 용량을 증대할 수 있다.

6.2.4 MIMO 채널 모델 개발 동향

(1) 국내 동향

채널 모델 연구는 IT 기술연구에 수반되는 기초 연구이며, 이동통신 연구의 국가적 인프라에 해당하는 중요한 자원이다. 채널 특성에 관한 국내의 연구 수준은 초보적인 단계로서 그 주된 이유는 직접적인 경제적 효과를 창출할 수 없는 기반 기술연구의 요인, 채널 측정에 소요되는 장비의 고가격, 통계적 데이터를 위한 측정기술 미비, 측정 데이터의 postprocessing 알고리듬 부재, 사용 주파수 허가 문제 등으로 집약된다. 대학의 경우 주로 WLAN 응용을 분석하기 위한 indoor 환경 또는 캠퍼스에서의 측정이 주류를 이루고 있으며, 주요 연구내용을 요약하면 다음과 같다.

① 실내 환경 무선 MIMO 채널 측정

② 측정 결과 모델링 기법 개발 및 모델링 수행

③ 5.2~5.8GHz 대역에서의 안테나 간 상관특성 규명 및 차세대 이동통신에의 활용 방안 연구

④ IEEE 802.11 b/g 시스템과 휴대인터넷(WiBro)주파수 대역 연구

⑤ 간섭 분석을 위한 차세대 이동통신 시스템 레벨 시뮬레이터 연구

이동전화 사업자의 경우 셀 설계 등 사업의 수익성과 직접적인 연관성이 있으므로 커버리지 측정을 위하여 경로손실 위주로 측정 수행을 하고 있으며, 또한 일부 사업자의 경우 지상파 디지털 방송 서비스 제공을 위한 주파수 이용 방안 연구를 수행하고 있다. 차세대 이동통신 기술로서 다중안테나의 사용은 MIMO 공간 채널 모델의 필요성을 증가시키고 있으며 개발 시스템의 검증 기구로서 그 필요성에 대한 공감대가 형성되고 있다. 한국전자통신연구원 방송통신융합연구부문에서는 MIMO 채널 모델 개발을 위하여 '차세대 이동통신용 무선 공간 채널 특성연구' 과제를 정보통신부 정책지정 과제(2005년~2008년)로 수행하고 있으며 주요 목표는 다음과 같다.

① 광대역 MIMO 채널 측정시스템 개발

② 한국지형 채널측정 수행

③ 무선채널측정 데이터베이스 구축

④ 한국형 무선 공간 채널 모델 개발

(2) 국제 동향

차세대 이동통신 시스템 개발을 위한 무선 채널 특성 연구는 사용 주파수 대역 측면에서의 주파수 연구와 통신 시스템 설계측면에서 무선 채널 파라미터 연구로 분류할 수 있다. 차세대 이동통신 서비스를 제공하는 주파수 대역 연구는 WRC-2007에서 본격적인 논의가 시작되었으며, 후보 주파수 대역에서의 전파 특성을 고려하여 global harmonization을 위해 공용 주파수 대역을 선정하기 위한 국제적인 노력이 진행 중이다. 통신시스템 설계측면에서 무선 채널 파라미터 연구는 기존의 propagation channel 연구에서 다중안테나를 포함한 radio channel로 발전하고 있으며 무선 전송기술의 성능 평가를 위하여 digital channel을 포함하는 종합적인 통신 채널 연구가 진행 중이다. 기존의 전파 채널 연구는 커버리지 계산을 위한 전파 감쇄 모델 개발을 중심으로,

주로 유럽에서 측정 기반의 전파 모델을 ITU에서 채택함에 따라 전 세계적으로 사용하고 있다. 무선 채널 모델은 협대역과 광대역으로 분류되며 협대역 모델은 CW 전파 송신에 대해 전파 환경에서의 전력전달 특성을 분석한 모델이며, 광대역 모델은 통신 시스템의 ISI 환경을 제시하기 위한 다중 경로의 통계적 분석 모델이다. 협대역 모델로는 1968년 Okumura가 지형적 특성을 고려한 100~1920MHz 대역에서의 전파특성 연구를 발표한 이래, 1980년 Hata에 의해 측정 데이터를 이용하여 수식화한 경로 손실 모델이 있으나 1~20km의 셀 반경에 대한 제한적인 사용으로 반경 1km 이내의 마이크로 셀에의 적용 불가한 단점이 있다. PCS의 확장 적용을 위하여 EURO(European Cooperative for Scientific and Technical research)에서는 2GHz까지 확장 가능한 COST-231 모델을 제시한 바 있다. 또한 ITU-R M.1225의 Walfisch-Ikegami 모델은 도시 환경에서의 회절 현상을 고려한 마이크로 셀 환경의 전파 감쇄 모델로 사용되고 있다. 광대역 모델은 무선 전송의 대역폭에 반비례하는 time-resolution의 배수로 표현되는 무선 채널의 impulse response를 FIR 필터로 구현하는 방식으로 주로 다중경로를 서로 독립이라 가정하고 시간에 따라 일정한 통계적 특성을 갖는 WSSUS 채널을 가정한다. GSM, ETSI, JTC 및 ITU-R M.1225등 광대역 무선 채널 모델은 위의 가정을 공통적으로 수용하고 다중경로의 수와 도플러 형태 및 각 다중경로의 전력 비율을 서로 다르게 규정하여 전파환경에 따라 고정값을 사용하는 모델이다. 일상적으로 무선 채널 모델로 지칭될 경우 협대역의 전파 경로 손실에 관한 예측 모델과 다중 경로의 광대역 분석 모델을 의미한다. 또한 현재까지의 채널 모델 수요는 셀 설계 등 커버리지 계산을 위한 응용에 주로 사용되었다. 차세대 이동통신 시스템에서 요구되는 고속 대용량의 무선 전송기술을 위한 지속적인 기술 개발은 기존의 전파 감쇄 및 다중경로 모델의 범주를 벗어나 더욱 발전된 공간 채널 모델을 요구하고 있으며, 현재 이동통신 MIMO 채널 모델로서 SCM, SCME 및 WINNER 채널 모델 등이 있다.

1) SCM 모델

기존의 경루 손실과 다중경루의 지연시간 보다는 안테나 상호간의 공간 파라미터의 상호 연관성이 큰 비중을 차지하며, 채널을 발생시키는 프레임워크를 표준화하였고 사용될 파라미터 값은 잠정적으로 5MHz 대역폭의 2GHz 중심 주파수를 기준으로 표준화한 형태이다. SCM 모델의 다중경로를 생성하는 cluster는 geometry에 따라 결정되며 하나의 채널 ensemble에 사용되는 파라미터는 임의로 선택된다. SCM의 채널 행렬 생성과정은 세 종류의 전파환경 중 시나리오의 선택과 단말기의 거리 및 안테나를 기준으로 하는 각도를 선택하면서 시작된다. 수신 이동국의 위치와 시나리오가 정해지면시나리오에 따른 채널 모델 파라미터를 이용한다.

2) SCME 모델

무선전송 기술의 발달은 전송용량의 증대를 위하여 다중안테나의 사용과 더 넓은 대역폭을 선호하게 된다. SCM의 대역폭은 5MHz로 매우 제한적이므로 광대역의 무선 전송 기술검증에 사용하기 위하여 대역폭 확장이 필요하며, 이것은 다중 경로 수의 증가와 분해능에 직접적인 영향을 준다. 유럽의 WINNER 프로젝트에서는 이를 위하여 기존의 SCM을 이용하여 최대 100MHz 대역폭을 수용하고 5GHz의 중심 주파수까지 사용 가능한 SCME 모델을 개발하여2005년에 발표하였다. 이 모델은 B3G 시스템 개발을 위한 잠정 모델로서 Interim B3G 채널 모델이라 불리기도 한다. SCME 모델의 주요 특징은 다음과 같다.

① 2GHz 및 5GHz 대역 사용

② 실내용 모델로 802.11 TGn 모델 사용

③ 실외용 모델로 SCM 모델 확장

④ 5~100MHz의 가변 대역폭 사용

⑤ 모델 내에 Time-evolution 기능 사용

⑥ 모든 시나리오에 LOS 환경 고려

⑦ TDL 모델 제공

SCME의 5GHz 대역에서의 path-loss는 2GHz 대역에서 제시된 값에서 8dB 감쇠를 고려한다.

3) WINNER I 모델

WINNER 프로젝트는 100MHz의 대역폭을 수용하고, 2GHz에서 6GHz의 중심 주파수를 가지는 B3G 시스템에 집중해 왔다. 특히 WINNER Work Package 5(WP5)는 multi-dimensional 무선채널 모델링을 목표로 해왔다. WINNER WP5는 SCM 모델은 대역폭이 5MHz로서 B3G 시스템을 시뮬레이션 하기에 부적합하여 SCME 모델을 만들었다. 그러나 SCME 모델 역시 advanced simulation에 충분하지 않아 WINNER I 채널 모델을 개발하게 되었으며, 주요 특징은 다음과 같다.

① 실측데이터를 기반으로 한 채널 모델

② SCME 모델 확장

③ 2GHz 및 5GHz 대역 사용

④ 6개의 시나리오를 뒷받침하는 Generic 채널 모델 제공

⑤ 7개의 시나리오를 뒷받침하는 CDL 모델 제공

Generic 채널 모델을 위한 WINNER I 채널 모델의 시나리오는 indoor small office(A1), urban micro-cell(B1), indoor hotspot(B3), suburban macro-cell(C1), urban macro-cell(C2) 그리고 rural macro-cell(D1)이다. 또한 Generic 채널 모델에서는 ZDSC 개념을 도입하여 각 시나리오마다 그 수를 다르게 배정하였고, 각 ZDSC의 ray는 10개로 고정하여 10개의 ray가 같은 지연 및 파워를 갖지만 각도는 임의의 값을 갖도록 설정하였다.

4) WINNER II 모델

WINNER II Project Work Package 1(WP1)은 WINNER I 채널 모델링 작업을 이어받아 모델의 특징, 주파수 범위 및 시나리오 수의 확장을 위해서 노력해 왔다. 그리하여 2007년 WINNER II 채널 모델을 개발하였으며, 주요 특징은 아래와 같다.

① WINNER I 모델 확장

② 한 cluster 당 20개의 ray 사용

③ 2GHz 및 6GHz 대역 사용

④ 10개의 시나리오를 뒷받침하는 Generic 채널 모델 제공

⑤ 18개의 시나리오를 뒷받침하는 CDL 모델 제공

⑥ 일부 시나리오에 Elevation 각도 추가

Generic 채널 모델에서는 100MHz의 광대역 폭을 지원하고 주파수 상관을 억제하기 위해 intra-cluster delay spread 개념을 도입하여 파워가 가장 큰 두 개의 cluster를 3개의 ZDSC로 나누어 사용한다.

Chapter 7

위성통신과 우주통신의 채널 특성

1965년 최초의 상업용 통신 위성인 인텔샛(INTELSAT) 1호기가 발사 되면서 시작된 위성통신의 역사는 30여 년이라는 세월이 흐르면서 이제는 없어서는 안 될 중요한 통신 수단으로 자리 잡았다. 현재 지구 상공에는 국제 전화나 TV 중계 등에 이용되는 인텔샛, 원양 어선과 같은 선박과의 통신에 사용되는 국제해사위성통신 시스템인 인마샛(INMARSAT) 등의 통신 위성이 가동되고 있다. 또한 우리나라의 무궁화 위성처럼 주로 자국 내에서 다양한 위성통신 서비스를 제공하는데 이용되는 지역 통신 위성이 미국, 유럽, 일본 등의 국가에서 이용되고 있다. 이렇게 국제 및 지역 통신에 사용되는 위성만도 수백 기에 이르고 해마다 새로운 위성이 발사되고 있어, 바야흐로 통신 위성의 전성시대를 맞이하고 있다. 위성통신 시스템은 크게 지상의 지구국과 중계기가 탑재된 통신 위성으로 구축된다. 지구국은 공중 전화망(PSTN)과 같은 다른 통신망과 연결되어 이들 망으로부터 온 정보를 통신 위성으로 송신하거나, 위성으로부터 중계된 전파를 수신해 전화망이나 방송국으로 보내주는 역할을 한다. 통신 위성은 지구국으로부터 받은 전파를 중계기를 통해 증폭한 후, 직접 전파가 전달되지 않는 지역에 있는 다른 지구국으로 보내주게 된다. 통신 위성은 GEO(Geostationary Earth Orbit, 정지궤도)라 불리는 정지 위성과, Non-GEO라 불리는 비정지 궤도 위성으로 구분할 수 있다. 현재 사용되고 있는 대부분의 방송 및 통신 위성은 정지 궤도 위성으로, 지구 상공 3만 6,000km에서 지구의 자전 속도와 같은 시속 1만 1,000km의 속도로 지구 주위를 돌고 있다. 따라서 항상 일정한 위치에 떠 있는 것처럼 보이기 때문에 정지 궤도 위성이라 불린다.

정지 궤도 위성은 한 개의 위성으로 지구 전 지역의 1/3을 커버할 수 있다. 따라서 세 개의 위성만 있으면 전 세계를 커버하는 위성통신 서비스가 가능하다. 지역 통신 위성의 경우에도 위성 하나면 거의 대부분의 나라가 자국의 영토를 커버할 수 있다. 현재 가동 중인 우리나라의 무궁화호 위성도 동경 116도 상공에 떠 있는 정지 궤도 위성이다.

정지 위성은 적은 수의 위성으로 넓은 지역을 커버할 수 있어 국제 통신 및 방송 중계용은 물론, 한 나라 안에서의 다양한 위성통신 서비스를 제공하는 데 많이 이용되고 있다. 하지만 정지 위성은 고도가 높아 전파가 전달되는 동안 감쇄가 많이 일어나 전파가 약해지게 된다. 이 때문에 위성이나 지상 안테나의 크기가 커져야 하고, 위성에 탑재된 중계기의 출력 역시 높아야 한다. 마찬가지 원리로 지상에서 위성으로 전파를 보내는 경우에도 역시 큰 안테나와 높은 출력을 가진 지구국이나 기지국 또는 단말기가 요구된다. 물론 이러한 정지 위성을 통한 위성 휴대 전화 서비스가 이미 상용화되어 있기도 하다. 이 서비스는 '인마세트 미니-M'이란 이름으로 국내에서도 서비스되고 있는데, 휴대전화라고는 하지만 노트북만한 크기에 2kg 정도의 무게가 나가는 단말기를 사용한다.

비정지 위성은 위성의 고도에 따라 저궤도(LEO : Low Earth Orbit), 중궤도(MEO : Midium), 고궤도(HEO : High Earth Orbit)로 나누어지지만, 편의상 국제전기통신연합(ITU : International Telecommunication Union)에서는 비정지 궤도를 통한 위성통신 서비스를 저궤도 위성통신이라고 통칭하고 있다. 최근에는 저궤도 위성통신 시스템의 구분이 고도뿐만 아니라 사용 주파수대와 제공 서비스에 따라 리틀 LEO와 빅 LEO 등으로 분류되고 있다.

한편 ITU에서는 1996년 이전까지 궤도와 서비스에 따른 구분을 통해 세계 위성이동통신의 범위를 빅 LEO에 국한할 것을 논의해 왔다. 그러나 현재는 리틀 LEO, 정지 위성을 이용하는 전세계 위성이동통신(GEO MSS : Mobile Satellite System), 광대역 LEO 등 모든 종류의 위성이동통신 시스템을 통합해 범세계 위성이동통신(GMPCS)이라고 정의하고 있다.

(1) 위성통신의 역사

- 1945년 – 최초 위성통신 제안, 영국의 SF 작가 아서 C. 클라크
  (36,000Km 정지궤도에 인공위성을 120°간격으로 3개 쏘아서 전 세계를 커버

할 수 있다고 제시)

- 1957년 – 최초의 인공위성, Sputnik 1호(소련)
- 1960년 – 최초의 위성통신 실험, Echo 1호(미국) – “수동형 통신위성”
- 1962년 – 위성통신 실험, Telstar 1호(미국 벨연구소, "능동형 통신위성")
  Relay 1호 (NASA, "능동형 통신위성")
- 1963년 – 최초의 정지 통신위성, Syncom 2호(NASA)
- 1965년 – 최초의 상업 위성통신, Intelsat 1호
- 1976명 – 최초의 위성 이동통신서비스 Comsat(Inmarsat)의 "Inmarsat A"
- 1995년 – 최초의 한국 실용화 위성 "무궁화 위성"
- 1996년 – 최초의 군사위성 "MSDS"

최초의 위성통신 실험은 1960년에 미국이 쏘아 올린 [Echo 1호]이다. Echo 1호는 지상에서 송출된 전파를 풍선의 표면을 알루미늄 박(箔)을 통해 반사시키는 "수동형 통신위성"이었다. 그러나 반사되어 지상으로 돌아온 전파가 너무 약해 실용성이 없었다. 그래서 위성에 중계기를 탑재하여 지상으로부터 송신된 전파를 증폭한 다음 다시 지상으로 재송신하는 "능동형 통신위성"이 구상되었고 1962년에 미국의 벨연구소와 항공우주국(NASA)이 잇따라 쏘아 올린 [Telstar 1호]와 [Relay 1호]가 능동형 통신위성의 효시이다. Telstar 1호는 미국과 유럽 간의 텔레비전 전송과 다중전화 신호의 전송에 성공했고, Relay 1호는 미국과 일본 간의 텔레비전 전송실험에 성공했다. 특히 Relay 1호는 당시 미국 대통령이었던 John F. Kennedy의 암살 뉴스를 일본으로 전송해 유명해 지기도 했다.

최초의 위성이동통신서비스는 1976년 Comsat이 제공한 해상위성 통신서비스이다. 그 후 Comsat은 국제 위성통신기구인 인말샛(INMARSAT : International Maritime Satellite Organization : 국제 해사 위성통신기구)으로 발전되었으며, Comsat이 제공했던 해상위성동신서비스를 약 30kg의 차량 탑새형 단말기를 이용하는 Inmarsat A라는 이름으로 서비스를 제공하였다. 1965년 Intelsat이 인류 최초의 상용통신위성인 Early Bird를 발사한 이래 30년만인 1995년 8월, 국내 최초의 실용화 위성인 무궁화 위성을 발사하였다.

(2) 위성통신이란

위성통신이란 인공위성을 지구 상공의 일정한 고도에 발사시켜 통신이나 방송업무를 수행하는 것을 말한다. 위성통신은 도시, 벽지, 이동체간의 통신에 매우 유리하고, 위성방송의 경우 산간벽지나 도심 빌딩지역의 TV 난시청을 해소할 수 있으며, 고품질의

다양한 서비스를 제공할 수 있다. 최근에는 차세대 개인통신 서비스의 매력적인 수단으로 위성통신이 주목받고 있으며, 그 중에서도 저궤도 및 중궤도를 이용한 통신방식이 활발히 추진되고 있다.

1) 위성통신의 특징

위성통신의 특징을 다음과 같이 크게 4가지로 나눌 수 있다.

① **광역성** - 하나의 위성으로 지구 표면적의 약 1/3을 커버할 수 있으므로 넓은 지역을 대상으로 한 통신이 가능

② **동보성** - 다수의 수신자에 대해 동시에 동일한 내용의 정보를 전송할 수 있다.

③ **채널설정의 유연성과 신속성** - 지구국을 설치하는 것만으로 어디라도 통신채널을 설정할 수 있고 또한 지구국의 설치 추가 및 이동이 용이

④ **내재해성** - 위성통신 시스템 가운데 지상에 설치하는 부분이 적어 지상재해의 영향이 매우 적다.

위성통신에는 다음과 같은 문제점도 함께 가지고 있다.

① **전파시간** - "지상-정지위성-지상"의 총 채널길이가 7만Km 이상이 되어 신호의 전파(propagation) 시간이 평균 0.24초 정도가 걸린다. 이 때문에 전화 등에서는 통화중에 틈이 생기게 된다.

② **비밀보장** - 서비스 지역 내의 누구라도 수신할 수 있으므로 통신의 비밀을 보장하기 위한 신호의 암호화가 필수이다.

2) 위성 시스템

지구국에서 발사되는 전파를 수신하여 다시 지구국으로 송신하는 기능을 가진 인공위성을 통신위성 또는 간단히 위성이라 한다.

위성은 위성의 원활한 운영을 위한 위성본체(bus system)와 방송이나 통신 목적에 따라 위성 본체에 장착되는 탑재체(payload system)로 구성된다.

위성은 기능에 따라 중계기 없이 단순히 지구에서 발사한 전파를 반사 등을 통해 중계하는 초창기의 수동위성(Passive Satellite)과 중계기를 탑재하여 지구에서 송신한 전파를 일단 수신하고 이를 변환, 증폭하여 별도의 송신안테나를 통해 지구상의 수신점에 보내는 능동위성(Active Satellite)으로 구분된다. 다음 중에서 실제 통신과 관계되는 탑재체를 위주로 설명하겠다.

가. 위성본체(bus system)

탑재체를 싣고 궤도유지, 전력공급 및 자세유지 임무를 수행한다.

구성으로는 열제어계, 전력계, 추진계, 구조계, 원격계측계, 자세제어계 등으로 구분할 수 있다.

나. 탑재체(payload system)

탑재체는 중계기 부시스템과 위성 안테나로 구성된다. 중계기 부시스템은 위성 안테나에서 수신한 약한 신호를 증폭하고 주파수 변환한 후 위성 안테나를 통해 지구국으로 재송출하는 기능을 수행한다. 이러한 기능을 수행하기 위해서 중계기 부시스템은 약한 신호를 1차 증폭하는 저잡음 증폭기(Low Noise Amplifier), 수신된 신호 주파수를 송신할 신호 주파수로 변환하는 주파수 변환기, 그리고 주파수 변환된 신호를 고전력으로 증폭하는 고출력 증폭기로 구성된다.

특히, 고출력 증폭기로는 반도체 소자를 이용한 SSP(Solid State Power Amplifier)와 진공관 소자를 이용한 TWTA(Traveling Wave Tube Amplifier)가 이용되고 있으며, TWTA가 SSPA에 비해 월등하게 효율이 우수하고 전력도 절약된다.

위성의 위치에 따라 지구의 자전주기와 동일한 궤도(고도 약 36,000Km)에 위치하는 GEO (Geostationary Earth Orbit : 정지궤도) 위성, 고도 5,000~25,000Km에 위치하는 MEO(Middle Earth Orbit : 중궤도) 위성, 고도 300~1,500Km에 위치하는 LEO(Low Earth Orbit : 저궤도) 위성, 그리고 타원형의 주기를 지니는 HEO(High Earth Orbit) 위성으로 분류된다.

3) 통신위성과 지구국

가장 기본적인 위성통신 시스템은 신호를 변조하여 업링크의 주파수로 변환하여 대전력으로 위성을 향하여 전파를 보내는 송신계, 그 전파를 받아 증폭한 후 다시 지상을 향하여 송출하는 통신위성, 위성으로부터의 전파를 받아 원래의 신호로 복조하는 수신계의 3가지로 구성되어 있다.

송신국은 위성을 향하여 대전력의 전파를 보낸다. 마이크로웨이브의 대전력 증폭기에는 진행파관이나 클라이스트론(klystron : 속도 변조관) 등의 특별한 진공관이 사용되고 있다. 최근에는 반도체 소자의 진보에 힘입어 GaAs FET(GaAs Field Effect Transistor)도 사용되고 있다.

수신국은 위성으로부터 송출되어 온 미약한 전파를 받아 증폭한다. 그렇기 때문에 증폭단계에서 발생하는 잡음을 작게 하여 수신신호가 잡음에 섞여 왜곡되지 않도록 할 필요가 있다. 이 저 잡음 증폭기에는 가변용량 다이오드(varactor diode) 등의 negative 저항특성을 이용한 파라메트릭(parametric) 증폭기, GaAs FET, HEMT(High Electron Mobility Transistor) 등이 사용된다. 파라메트릭 증폭기는 전자냉각으로 아주 낮은 온도로 할 수도 있다. 소자가 발생하는 잡음을 작게 할 수 있기 때문이다.

가. 지구국

지구국은 통신위성과의 송수신을 행하는 지상설비로 기본적으로 송신기, 수신기 및 안테나로 구성되어 있다. 지상에서 고정되어 있는 고정 지구국과 선박, 자동차, 항공기 등 이동체에 실려 있는 이동 지구국으로 구분된다.

초기의 지구국은 위성체의 발사신호세력이 상당히 미약해서 그 신호를 수신하기 위해 지구국 안테나 직경이 무려 30m나 되었고 무게는 약 300톤에 달하였으며, 지구국 안테나 시스템 전체가 위성체를 추적하기 위해 직경 20m의 원형궤적을 따라 회전할 수 있어야 했다.

그러나 최근에는 위성 송신전력의 증가와 보다 높은 주파수를 사용함으로써 안테나의 직경을 줄일 수 있었으며, 그에 다라 지구국 건설비용과 규모도 크게 줄일 수 있게 되었다. 안테나 면적의 축소는 위성통신의 급속한 발전을 가져오게 되었다.

즉, 안테나 직경이 1m 전후가 되면서 이동성이나 가정 안에 설치가 가능하게 되었으며, 이동성을 이용한 긴급뉴스가 가능한 SNG(Satellite News Gathering), VSAT (Very Small Aperture Terminals), 가정용 위성방송 수신 안테나 등이 가능하게 되었다.

나. 지구국 안테나

지구국 안테나는 송신기 및 수신기와 더불어 지구국을 구성하는 요소이며, 송신·수신 공용이다. 송신전파와 수신전파의 분리는 안테나의 입구에 있는 분파기(branching filter)에서 주파수의 차이를 이용해서 실행한다.

안테나는 접시모양의 반구형 반사경을 가진 구조이다. 그 반사면에서 전파를 위성을 향해 가는 빔으로 만들어 보내거나, 위성에서 온 전파를 한 점으로 모아 수신하든가 한다. 반사면은 큰 쪽이 전파를 많이 모을 수 있어 유리하며, 카세그레인 안테나 (cassegrain Ant.)가 널리 사용된다.

이 안테나는 광학의 카세그레인 망원경 원리를 이용한 것으로 주반사기와 부반사기, 방사기로 구성되어 있다. 파라볼라형의 주반사기 뒤쪽에 방사기를 달아서 급전하고 방사기 앞쪽에 부반사기를 설치하고 있다. 여기서 부반사기가 볼록한 것을 카세그레인 안테나, 오목한 것을 그레고리언(gregorian) 안테나라고 한다.

더 나아가 반사경을 비스듬하게 반사시키도록 한 offset 형도 사용된다. 전파를 목적하는 방향으로 집중시켜 다른 곳으로 새어나가지 않도록 하는 것이 목적이다.

일반 지구국에서는 지경이 수 m 이상인 안테나가 사용되지만 위성의 대형화에 따라 데이터 통신 등에서는 직경이 1m 정도의 소형 안테나를 사용하는 예도 나오고 있다. 이를 VSAT(Very Small Aperture Terminals)이라 한다.

다. 중계기

위성에서의 전파의 중계는 중계기(Transponder)가 수행한다. 위성에는 수대에서 수십대의 중계기가 탑재되어 있으며 각각 다른 목적지나 다른 용도에 구분 사용할 수 있다. 중계기를 다른 사람에 대여해 주어 그 위성채널을 자유로이 사용케 할 수도 있다.

중계기도 기본적으로는 지구국과 마찬가지로 저잡음 증폭기와 전력 증폭기, 안테나로 구성된다. 위성통신에서는 다원접속(위성의 다원접속 기술 참조)이 사용되지만 FDMA에서도 TDMA에서도 이 구성에는 변함이 없다. 그러나 FDMA에서는 주파수 다중된 다수의 채널 신호를 중계기의 전력증폭기가 하나로 모아 증폭하므로 증폭기에 왜곡이 있으면 채널 간에서 신호가 간섭해 버린다. TDMA에서는 1채널이 주파수대역 전체를 사용하므로 그와 같은 간섭은 일어나지 않아 그 만큼 전력 증폭기의 설계가 편해진다.

라. 방송위성과 통신위성

위성방송은 적도상공 36,000km의 정지 저궤도 상에 있는 위성으로부터 지구상의 특정지역내의 일반 대중에게 직접 방송하는 것으로, 지상의 전파가 미치지 않았던 도서 벽지 등에도 방송을 내보낼 수 있다. 방송위성은 지상에 있는 지구국으로부터 방송 프로그램의 전파를 받아 내장하고 있는 방송용 중계기에서 증폭한 다음 지상의 서비스 지역을 향해 재송신한다. 그 구성은 기본적으로는 통신위성과 같다. 다른 점은 통신위성의 지상 수신국이 대형 안테나를 구비하고 있는데 비하여, 방송위성에서는 수신자는 일반가정이기 때문에 직경 수십 cm의 소형 안테나밖에 사용할 수 없다는 점이다. 때문에 통신위성의 송신전력이 20~40W 정도인데 비해, 방송위성은 120W 이상의 전파를 송신할 필요가 있다. 방송위성의 전력은 태양전지에서 얻고 있다. 하지만 정지위성에서는 춘분과 추분을 중심으로 약 44일간은 지구의 그림자에 들어가 태양광이 쬐이지 않는 [식기(蝕旣)] 현상의 시간대가 생긴다.

이 시간대에는 태양전지로부터 전력을 얻을 수 없기 때문에 위성에 탑재되어 있는 전지만으로 필요한 전력을 충당할 수 없어 방송이 중단된다. 식기현상이 없는 기간은 24시간 방송이 가능하다. 위성방송에 사용하는 주파수는 지상국에서 위성으로는 14GHz, 위성에서 지상으로는 12GHz(8채널)를 사용한다. 대단히 높은 주파수를 사용하고 지상에서 수신하는 전파도 대단히 약하기 때문에 수신측에서는 지향성이 강한 파라볼라 안테나나 여러 개의 작은 안테나 소자를 집합시킨 평면 안테나를 사용한다. 영상신호는 지상방송과 같은 아날로그 전송이지만 상공으로부터 전파가 보내져 오기 때문에 건물이나 산으로 인한 반사파의 영향은 없다. 그렇기 때문에 같은 화상이 몇 겹으로 겹쳐 나타나는 고스트(ghost)현상 등이 일어나지 않아 깨끗한 화면을 얻을 수 있다.

또한 12GHz대를 사용하므로 전송대역폭을 넓게 확보할 수 있어 일반 TV 방송뿐만 아니라 HDTV 방송도 실현할 수 있다. 음성은 디지털로 전송되기 때문에 고품질이다. 최근에는 통신위성에 의한 영상통신이 성행되고 있다. 여러 지역에 산재해 있는 CATV 사업자를 대상으로 통신위성을 이용하여 TV 프로그램을 전송하는 네트워크(space cable network)가 구축되어 CATV의 다 채널화가 진행되고 있다.

이전까지 각 가정이 위성으로부터 전파를 직접 받아 TV프로그램을 수신할 수 있는 것은 방송위성에 한정되어 있었으나, 90년대 들면서 통신위성을 이용한 방송(CS 방송)이 가능하게 되었다. 통신위성은 방송위성에 비해 출력이 작아 수신안테나는 방송위성의 안테나보다 대형이 필요하지만 많은 채널을 확보할 수 있어 다 채널화에 매우 유력한 후보로 부상되고 있다. 일본에서는 민간통신위성의 JCSAT와 Super Bird가 12GHz의 방송위성과는 다른 주파수를 사용하여 TV방송과 음악방송을 내보내고 있다. 다만, 이들 통신위성의 위치가 멀리 떨어져 있고 방송위성과도 상당히 벗어나 있어 수신안테나는 별도로 준비할 필요가 있다. 목표하는 위성으로 방향을 바꾸도록 머리끝을 돌리는 형태의 안테나를 사용하는 사람도 있다. 위성을 사용한 방송에는 유료방송이 있다. 유료방송에서는 그대로는 내용을 알 수 없도록 스크램블러(scrambler)로 신호의 내용을 랜덤(random) 신호로 변환하여 송신하며 계약 수신자는 디스크램블러(descrambler)로 원래의 신호로 되돌려 수신한다.

마. 위성통신에서 이용되고 있는 주파수대

위성에서 이용되고 있는 주파수대는 다음 표와 같다. 이중 현재 고정위성통신용으로는 S 대역(S-band), C 대역, Ku 대역, Ka 대역이 이용되며, 특히 Ka 대역은 멀티미디어 정보의 송수신이 가능할 정도로 매우 높은 주파수대역으로 현재 이 대역에서의 위성 시스템 개발이 이루어지고 있다. 이동 위성용으로는 L 대역과 S 대역이 이용되고 있으며, 위성방송용으로는 S 대역과 Ku 대역이 이용되고 있다.

| 표 7.1 | 위성에서 이용되고 있는 주파수대

구 분	주파수 대역	구 분	주파수 대역
UHF	0.3 ~ 3 GHz	K	18 ~ 26.5 GHz
L	1 ~ 1.5 GHz	Ka	26.5 ~ 40 GHz
S	1.5 ~ 3 GHz	V	40 ~ 80 GHz
C	3 ~ 8 GHz	N	80 ~ 170 GHz
X	8 ~ 12.5 GHz	A	170 ~ GHz
Ku	12.5 ~ 18 GHz		

바. VSAT

VSAT(Very Small Aperture Terminal)은 일반적으로 직경 1m 내지 2.4m의 소형 접시형 안테나와 낮은 송신출력을 사용하는 지상장치를 말한다. 주로 데이터통신에 사용하며 음악전화, 비디오신호 전송도 가능한데, 세계 각국에서 국내 통신위성을 이용한 데이터 통신망으로 활용이 급증하고 있다. 초기의 지구국은 위성체의 발사신호가 미약하였으므로, 이를 수신하기 위해 안테나의 직경이 30m나 되었다. 그리고 우리나라의 금산이나 보은에 있는 지구국의 경우도 국제 위성통신을 제공하고 있기 때문에 용량을 크게 하고 통신영역을 넓히기 위해 안테나의 직경이 30m 에 이르고 있다.

그러나 최근에는 위성송신전력의 증가와 보다 높은 주파수를 사용함으로써 전송용량이 적으면서 국내통신과 같이 통신영역이 그다지 넓지 않은 지역에 대해서는 안테나의 직경을 1m 전후로 크게 줄일 수 있게 되었으며, 이러한 소형안테나(직경0.6~1.4m 정도)를 사용하는 지구국을 VSAT라고 부르고 있다.

VSAT은 데이터전송 비용이 절감(특히, 장거리 전송시)되고, 신속하고 융통성 있는 망을 구성할 수 있으며, 망의 확장 및 변경이 용이하고 시스템 설치비용이 저렴하고 사용자 단말을 소형화, 간략화할 수 있으며, 고품질의 전송 특성이 있으며, 단방향 데이터 정보전송이 용이한 특징을 가지고 있다.

사. GPS(Global Positioning System)

GPS는 미 국방성에서 개발한 것으로 위성을 이용하여 위치 속도 및 시간측정 서비스를 제공하는 시스템이다. GPS는 3차원의 위치 고도 및 시간의 정확한 측정을 할 수 있고 24시간 연속적으로 서비스를 제공할 수 있으며, 기상조건, 간섭 및 방해에 강하고 전 세계적인 공통좌표계를 사용한다는 특징이 있다.

(3) 위성방송의 개요

1) 위성방송의 개요

지난 8월 5일 발사하여 국내 위성시대를 개척한 통신·방송 복합위성인 무궁화위성으로 인해 국내에서도 위성방송시대가 열리게 되었다. 무궁화위성에 의한 효과는 먼저 난시청지역을 최소화할 수 있다는 점이다.

즉, 직경 45cm의 소형 안테나를 설치하게 되면, 누구나 어디에서든지 방송을 시청할 수 있게 된다. 또한, 각 방송국마다 전국 어디서나 동일한 TV채널로 운용할 수 있다는 이점을 지니게 된다.

위성방송(Satellite Broadcasting)은 일반적으로 TV 프로그램이나 음성 프로그램 등의 각종 방송 프로그램을 전송할 목적으로 인공위성을 이용하는 방송 시스템을 의미한다.

즉, 위성방송은 방송국에서 TV신호(프로그램)를 송신국으로 전송하면 송신국은 적도 상공 36,000km에 위치한 정지위성궤도의 인공위성에 전파를 발사하고 위성은 수신된 전파를 증폭하여 재송출하는 방송 시스템을 말한다. 특히, 수신자는 간단한 수신 장비(DBS용 소형 안테나)를 이용하여 TV 신호의 수신이 가능하게 된다.

2) 위성방송의 정의

적도상공 약 36,000km의 궤도에 쏴 올린 방송위성(BS : Broadcasting Satellite)을 이용해 텔레비전 방송이나 PCM(Pulse Code Modulation)방송 등의 각종 방송을 하는 것을 말한다. 위성방송에 대해선, ITU-R 표준에서 방송위성업무로서 다음과 같이 정의하고 있다.

방송위성분야로는 일반 공중에 의해 직접 수신되는 것을 목적으로 신호를 우주국에 의해 전송하거나 또는 재전송하는 무선통신분야를 의미한다. 방송위성은 일반적으로 주파수 변환하여 신호 증폭하는 기능밖에 갖지 않아 스튜디오에서 작성한 프로그램은 지구국을 경유하여 방송위성까지 전송하는 업링크가 필요하게 된다.

방송 프로그램이 송출되는 지구국에서 방송위성에 설치되는 것을 업링크에 대한 것을 필터링(filtering)이라 부르고 이러한 업무는 고정위성분야에 속하게 된다. 위성방송의 수신에는 일반가정에서 소형의 안테나를 이용하여 직접 수신되는 개별수신이나 개별수신보다는 대형의 안테나를 갖춘 대규모 수신설비를 이용해 수신하여 케이블 등의 유선망을 통하여 가정에까지 전송하는 공동수신이 있다.

이외에 지상파에 의해서는 중계가 곤란한 난시청지역에서 사용되는 방송위성의 방송파를 수신하여 일반적인 방송파(VHF나 UHF대)로 변환하여 송신하고 수신자는 이 지상의 방송파를 수신하는 재전송 수신방법이 일본에서 이용되고 있다.

ITU-R 표준 중 부록 제 30호에는 12GHz대를 이용한 방송위성분야의 개별수신과 공동수신의 수신 설비의 성능에 대하여 규정되어 이 기준이상의 성능을 보유한 설비를 이용하여 수신을 하지 않으면 방송위성에서의 혼신방해로 부터 보호되지 못할 뿐만 아니라 원하는 품질로 수신할 수 없게 된다.

위성방송의 실시에 있어서는 위성각부의 온도, 태양전지의 발생전력 등 측정결과를 전송하는 우주 원격측정, 위성의 운동을 추적하기 위한 우주추미, 위성에 설치한 궤도 제어용 로켓, 모터, 송신전자관의 전원 등의 기능을 시동, 종지 또는 변경할 목적으로 하는 우주원격지령을 필요로 하게 된다. 이러한 업무를 총칭하여 우주운용 업무 또는 추적. 제어업무이라고 한다. 이러한 업무를 행하는 주파수대가 분리되어 있는데 일반적으로 방송위성업무라면, 방송위성업무로 분배된 주파수대의 범위 내에서 이용되는 경우가 많다.

현재 위성방송 수신의 큰 목적은 난시청 해소와 다양한 외국어 습득이 가장 많다고 할 수 있다. 해당 국가에 직접 가지 않고서도 그 나라를 다양하게 체험할 수 있으며, 국내의 방송은 우리나라 전국어디서나 선명한 화면으로 시청할 수 있으며, 인근 국가에서도 적절한 크기의 안테나를 설치하면 한국의 위성방송을 수신을 할 수 있다. 우리나라는 아리랑 TV가 아시아 세트3 위성을 이용해 아시아와 오세아니아를 대상으로 한국어, 영어, 중국어 자막으로 위성 방송을 하고 있으며, 방송법 재정으로 현재는 약 20개 채널이 수신이 가능한 무궁화 위성으로도 앞으로 많은 채널의 위성방송을 시청할 수 있을 것이다.

3) 위성방송의 특징

정지위성궤도의 한 점에서 지구를 바라보는 각도는 약 17.2도로 적으며, 각 국가마다 방송파를 할당하게 되면 상대적으로 할당 주파수대역이 적어지게 되어 위성의 송수신 안테나의 빔을 작게 하는 결과를 초래한다. 따라서 지상국의 경우 대형의 안테나가 필요하게 된다. 또한, 위성의 송신 빔의 폭이 커지게 되어, 방송파가 해당국가에 향하지 못하고 다른 국가로 새는 SpillOver가 발생하기 쉽다.

정지위성궤도의 한 점에서 지표면의 3분의 1을 내려다 볼 수가 있기 때문에 위성방송용의 주파수는 주파수를 공용하지 않아도 혼신방해를 가져올 가능성이 있다. 또한, 위성간의 혼신방해를 피하기 위해 적당한 궤도간격을 확보할 필요가 있다. 이렇게 궤도 및 주파수의 유효이용과 다른 업무 또는 다른 위성 간에 조화를 이룬 발전이 이루어지지 않으면 안된다.

이러한 발점에서 국제적으로 12GHz대의 방송위성업무 및 이 업무를 위한 필터링의 할당계획이 작성되어 있어 모든 국가가 균등한 위성방송의 실시가 보장되어 있다.

7.1 위성통신 채널의 기본원리

위성채널의 예로 위성 상에서 단순하게 주파수 변환과 증폭을 하는 것뿐인 중계기(스루 리피터 형 또는 벤트 파이프형의 중계기)를 가진 통신 위성을 통하여 두 지구국 간에 통신을 하는 구성을 고려한다. 채널의 품질을 좌우하는 것은 신호 전력 대 잡음 전력 비인데, 변조기 및 복조기의 특성을 분리하여 위성채널부분의 특성을 일반적으로 규정하기 위해 통상 반송파전력 대 잡음 전력 밀도비, 즉 C/N_o가 사용된다.

우선 송신지구국의 송신신호를 수신지구국 측에서 어느 정도의 전력으로 수신할 수 있는지를 본다. 그림 7.1에 채널 구성도를 보면 송신지구국에서 위성까지의 채널을 상향채널(up link), 위성에서 수신지구국까지의 채널을 하향채널(down link)라고 한다. 송신지구국에서의 송신전력을 P_t(dBW : dB Watt), 수신지구국에서의 수신전력을 P_r(dBW)라 하면 수신전력은 다음과 같이 표시할 수 있다.

$$P_r = P_t + G_t - L_{ta} + G_{su} - L_u - L_{ua} + G_s + G_{sd} - L_{da} - L_d - L_u + G_r - L_{ra} \quad \text{(식 7.1)}$$

여기서

G_t : 송신지구국 안테나의 이득이며 등방향성 안테나의 이득을 기준으로 하는 절대 이득

L_{ta} : 송신지구국 안테나의 급전손실, 지향손실 및 편파 부정합 손실

L_u : 상향채널 전파손실(자유공간 손실, 대기흡수손실, 강우감쇠손실)

G_{su} : 위성 수신 안테나의 이득

L_{ua} : 위성 수신안테나의 급전 손실

G_s : 위성 중계기의 증폭이득

G_{sd} : 위성 송신안테나의 이득

L_{da} : 위성 송신안테나의 급전손실

L_d : 하향채널 전파손실자유공간 손실, 대기흡수손실, 강우감쇠손실)

G_r : 수신지구국 안테나의 이득

L_{ra} : 수신지구국 안테나의 급전손실

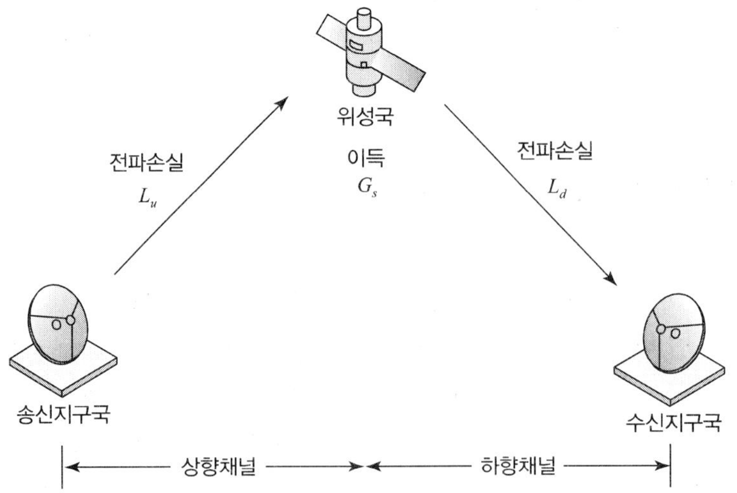

| 그림 7.1 | 위성 채널 구성

7.1.1 위성 통신 채널에서 잡음 고려 방법

위성 통신 채널의 잡음의 발생원 및 삽입점은 그림 7.2와 같다.

잡음 ①은 신호원 그 자체에 포함되어 있는 잡음이나 전조기, 주파수 변환기 및 전력 증폭기에서 발생하는 열잡음이라 할 수 있는데 통상 신호전력에 비하여 충분히 작고 다른 잡음원과 비교하여 무시할 수 있다.

잡음 ②는 위성의 안테나가 받는 지상에서의 열잡음이다.

잡음 ③은 위성의 중계기에서 발생하는 열잡음이며 중계기 초단의 저잡음 성능에 좌우된다.

잡음 ④는 지상의 안테나가 위성에서의 신호 이외에 수신하는 잡음이며 공간잡음, 대기의 열잡음, 지상의 열잡음 등이 포함된다.

잡음 ⑤는 지상 수신기에서 발생하는 열잡음이며 초단 증폭기의 저잡음 성능에 좌우된다.

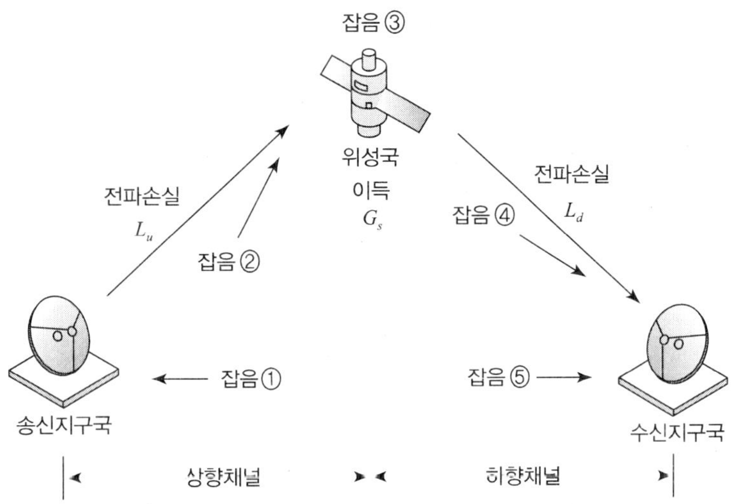

| 그림 7.2 | 위성 채널과 잡음

7.1.2 주요 채널 파라미터

(1) 안테나 이득

채널 계산상 안테나의 특성에서 가장 중요한 것은 안테나 이득이다. 기준 안테나가 소망하는 방향으로 단위 입체각 당으로 방사하는 전력에 대하여 실제로 사용하는 안테나가 같은 방향으로 단위 입체각 당으로 방사하는 전력의 비가 안테나 이득이다.

기준 안테나로서 모든 방향으로 균일한 강도의 전파를 방사하는 가상적 안테나를 사용한 경우를 절대이득이라고 하며 위성채널설계에서는 이것이 사용된다.

이 밖에 손실이 없는 이상적인 완전 반파장 안테나를 기준으로 한 상대이득은 선형 안테나의 특성으로 많이 사용된다.

극좌표 (r, θ, ϕ)에서 (θ, ϕ) 방향의 이득을 $G(\theta, \phi)$라 하면 안테나 이득은 다음 식으로 나타낼 수 있다.

$$G(\theta, \phi) = \frac{w(\theta, \phi)}{P_t / 4\pi} \qquad \text{(식 7.2)}$$

여기서 $w(\theta, \phi)$는 (θ, ϕ) 방향의 전력속밀도이며 P_t는 송신 전력이다. 특별히 안테나의 빔 방향을 지정하지 않는 경우에는 보통 최대 방사방향의 이득을 안테나 이득으로 하고 있다. 위성 통신에 많이 사용되는 파라볼라 안테나는 원형의 개구면 안테나의 특성에서 근사적으로 표시할 수 있다.

$$G = \eta \left(\frac{\pi D}{\lambda} \right)^2 \qquad \text{(식 7.3)}$$

단, D는 안테나 지름, λ는 파장, η는 개구능률이며 통상 50~70%이다.

최대 방사방향의 이득 외에 중요한 특성으로서 안테나 패턴이 있다. 원하는 신호 외에 안테나에 들어가는 잡음 입력이나 간섭파 입력을 계산하는데 필요하게 된다. 균일 분포의 원형 개구면의 경우에 방사 패턴은

$$G(\theta) = \frac{2\lambda}{\pi D} \frac{J_1[(\pi D/\lambda)\sin\phi]}{\sin\phi} \qquad \text{(식 7.4)}$$

로 표시된다. 파라볼라 안테나도 비슷한 패턴 특성을 가지기 때문에 (식 7.4)가 간단하여 많이 사용된다.

(2) 자유공간 손실

채널 설계에서 기본이 되는 양은 자유공간에서의 전파손실이다. 자유공간 중에 송수신 안테나가 충분한 거리 d(m) 떨어진 상태에 있다고 하자. 송수신 안테나 이득을 각각 G_t, G_r, 수신 안테나의 실효면적을 A_r, 송신 전력을 P_t, 송신전파의 파장을 λ라 하면 수신점에서의 전력밀도는 $P_t G_t$의 전력이 반지름 d의 구면상으로 확대되었다고 생각하여 $P_t G_t / 4\pi d^2$로 부여된다. 수신 가능한 최대 전력 P_r은 전력 밀도와 A_r의 곱으로 부여된다($A_r = G_r \cdot \lambda^2 / 4\pi$). 다음 식은 프리스의 전달 공식이라고 한다.

$$P_r = P_t G_t \frac{A_r}{4\pi d^2} = P_t G_t G_r \frac{\lambda^2}{(4\pi d)^2} \qquad \text{(식 7.5)}$$

수신 전력과 송신 전력의 비는 자유공간 손실을 부여하는데, 송수신 안테나로서 등방향성의 안테나를 고려할 때 기본전송손실이라고도 하며 (식 7.5)에서 다음 식으로 나타낸다.

$$L_F = \frac{(4\pi d)^2}{\lambda^2} \qquad \text{(식 7.6)}$$

(3) 대기 흡수 손실

대류권에서 기체분자 중 전파를 감쇠시키는 주요인이 되는 것은 산소 및 수증기에 의한 공명흡수이다. 산소는 자기 다이폴 모멘트가 있고 수증기는 전기 다이폴 모멘트를 가지고 있는데 이들의 고유주파수에 전파의 주파수가 일치되면 공명이 발생하여 전파에너지의 일부가 분자에 흡수된다.

한편 물방울, 얼음에 의한 흡수, 산란에 의해서도 감쇠를 받는다. 물방울, 얼음입자의 반지름이 전파의 파장에 비하여 충분히 작을 경우에는 흡수가 대부분이고 입자가 커짐에 따라 산란에 의한 감쇠가 증대된다.

(4) 수신기 잡음 전력밀도

송신측의 열잡음은 신호전력에 비하여 레벨이 낮기 때문에 무시해도 문제가 발생되지 않는다. 따라서 채널의 열잡음에 대해서는 수신측만을 고려하면 된다. 수신계 전체의 열잡음 특성을 표시하는 방법으로서 수신계의 1점을 선정하고 각 부분의 잡음을 그 선정된 점에서의 값으로 환산하여 이들을 값을 합산하여 사용하는 것이 편리하다.

신호 전력에 대해서도 동일한 점에서의 값을 사용하게 된다. 일반적으로 수신기 입력단이 수신기를 대표하는 점으로 선택되고 있다. 주요 수신기 잡음에 안테나 잡음,

급전계의 잡음, 저잡음 증폭기의 잡음 등이 있다. 저잡음 증폭기보다 후단에 접속된 기기의 잡음은 저잡음 증폭기의 이득이 충분히 높은 경우에는 무시할 수 있다.

(5) 안테나 잡음

수신 안테나는 신호 외에 잡음 전파도 수신한다. 또한 안테나의 열손실은 열잡음으로서 출력된다. 이들의 잡음은 위성통시노가 같이 미약한 신호 전파를 수신하는 경우에 문제가 되며 안테나의 저잡음화가 요구된다. 공간에서 안테나에 도래하는 잡음 T_s (잡음 전력을 절대 온도로 표시한다)에는 우주에서의 잡음, 공전이라고 하는 낙뢰에 의거한 잡음과 대기의 흡수에 의거한 열잡음이 있다. 한편 안테나가 열손실을 가지고 있는 경우에는 안테나의 방사효율을 η, 주위 온도를 절대 온도로 $T_0[K]$이라 하면 $(1-\eta)T_0$의 열잡음이 가해져 안테나 잡음 T_a는

$$T_a = T_s + (1-\eta)T_0 \qquad \text{(식 7.7)}$$

로 되며 안테나의 실효잡음온도라고 한다.

그러나 안테나 잡음 T_a에 크게 기여하는 것은 대지방향을 향한 안테나의 사이드로브에서의 열잡음이기 때문에 잡음을 작게 하기 위해 사이드 로브 레벨을 낮게 하는 노력을 하고 있다.

(6) 잡음 온도

위성통신이나 전파천문에서는 미약한 전력의 신호를 수신하기 때문에 수신기에서의 잡음 레벨은 극히 낮은 것이어야 한다. 이와 같은 미소전력의 잡음을 표시하는 방법으로서 절대온도를 사용한다. 어떤 대상물의 단위대역폭단의 열잡음전력이 절대 온도 T의 저항이 발생하는 열잡음과 같을 때 그 잡음을 절대온도 T로 표시하는 것으로, 절대온도 T에서 열평형 상태에 있는 흑체방사의 평균 에너지와 등가로 된다. 단위 대역폭당의 열잡음 전력 N_0는 볼츠만 상수 k를 비례상수로 하여 kT로 부여되며 이 열잡음량에 대응하는 절대온도 T를 잡음 온도라고 한다.

또한 볼츠만 상수는 분자 1개당의 기체상수와 같으며 그 값은 $1.38\times10^{-23}J/K$이다. 또한 흑체는 모든 파장의 빛을 복사, 흡수할 수 있다고 가정한 물체이며 특별한 색이 없기 때문에 흑체라고 한다.

(7) 잡음 지수

잡음지수 NF(Noise Figure)는 잡음에 관한 회로 특성의 우열을 표시하는 양으로서 다음 식으로 정리된다.

$$NF = \frac{S_{\in}/N_{\in}}{S_{out}/N_{out}} \qquad \text{(식 7.8)}$$

$S_{\in}/N_{\in}$은 회로 입력단에서의 신호 대 잡음비이며 잡음 온도를 T, 대역폭을 B라고 하면 $S_{\in}/N_{\in} = S_{\in}/kTB$로 표시할 수 있다. 출력단의 신호 대 잡음비는 회로의 이득을 G, 등가입력 잡음을 kT_i라 하면 $S_{out}/N_{out} = GS_{\in}/\{G(KTB+KT_iB)\}$로 표시 할 수 있으며 NF는 잡음온도에 의하여 다음 식으로 나타낸다.

$$NF = 1 + \frac{T_i}{T} \qquad \text{(식 7.9)}$$

(8) 등가입력 잡음 온도

온도계로 계측하는 일반적인 온도와 관계없이 회로의 내부에서 발생하는 열잡음을 회로 입력단에서의 값으로 환산한 것을 말한다.

1) 증폭회로

잡음지수를 NF, 등가입력 잡음 온도를 T_i, 주위 온도를 T_0라 하면, 회로의 등가입력 잡음온도는 다음 식으로 나타낸다.

$$T_i = T_0(NF-1) \qquad \text{(식 7.10)}$$

2) 손실회로

회로 손실을 L_c, 주위 온도를 T_0라 하면 등가입력 잡음온도는

$$T_i = T_0(L_c - 1) \qquad \text{(식 7.11)}$$

또한 출력단에서의 잡음온도 T_{out}는 다음 식으로 나타낸다.

$$T_{out} = T_0(1 - 1/L_c) \qquad \text{(식 7.12)}$$

3) 직렬회로

(그림 7.3)과 같이 손실회로 1(손실 L_1), 증폭회로 1(이득 : G_1, 잡음지수 : NF_1), 손실회로 2(손실 L_2), 증폭회로 2(이득 : G_2, 잡음지수 : NF_2), 손실회로 3(손실 L_3)이 직렬로 접속된 회로이며 증폭된 1의 입력단에서의 등가입력 잡음온도를 구하면 다음과 같이 된다.

각 회로의 잡음온도는 손실회로 1에서 $T_{L1} = (1-1/L_1)T_0$, 증폭회로 1에서

$T_{G1}=(NF_1-1)T_0$, 손실회로 2에서 $T_{L2}=(L_2-1)T_0$, 증폭회로 1에서 $T_{G1}=(NF_2-1)T_0$, 손실회로 3에서 $T_{L3}=(L_3-1)T_0$이다.

T_{L2}의 증폭회로 1의 입력단으로서의 환산값은 T_{L2}/G_1, T_{G2}의 환산값은 $T_{G2}L_2/G_1$, T_{L3}의 환산값은 $T_{L3}L_2/G_1G_2$로 부여되며 증폭회로 1의 입력단에서의 회로 전체의 등가입력 잡음온도는 다음 식으로 정의한다.

$$T_i = T_{L1} + T_{G1} + \frac{T_{L2}}{G_1} + \frac{T_{G2}L_2}{G_1} + \frac{T_{L3}L_2}{G_1G_2} \qquad \text{(식 7.13)}$$

위 식에서 G_1이 크면 우변 제 3항 이후, 즉 손실회로 2 이후의 회로는 잡음상 무시할 수 있다.

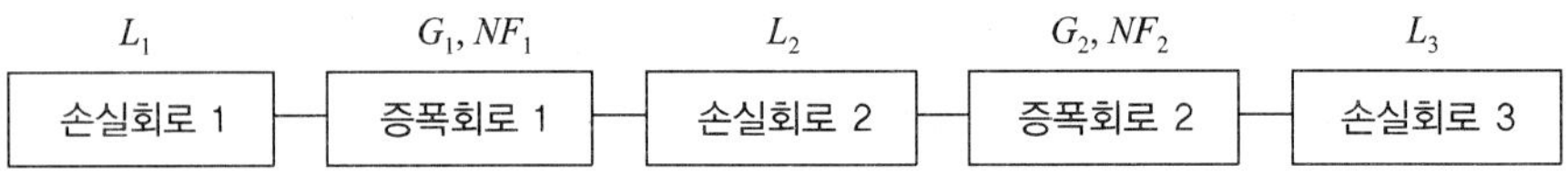

| 그림 7.3 | 직렬회로에서 등가입력 잡음온도 계산

7.2 채널 설계의 기본

7.2.1 위성 채널의 C/N_0

채널 전체의 C/N_0는 우선 채널을 지구국에서 위성까지의 상향 채널과 위성에서 지구국까지의 하향 채널이라고 하는 채널로 분리하여 각 채널의 C/N_0를 구한다. 그 후에 양자의 C/N_0를 합성하여 전체 채널의 C/N_0를 구한다.

상향 채널, 하향 채널의 C/N_0는 모두 다음 식과 같은 형태로 구할 수 있다.

$$C/N_0 = P_t - L_{feed} + G_t - L_f - L_f - L_a + G_a - L_{feed} - N_0 \qquad \text{(식 7.14)}$$

단, P_t : 송신기 출력 전력
L_f : 자유공간 손실
L_a : 대기흡수 손실
N_0 : 수신기 잡음전력밀도
G_a : 송수신 안테나의 이득
L_{feed} : 송수신기의 급전계 손실, 분파기 손실을 포함

전체 채널의 C/N_0는 (식 7.14)로 부여되는 열잡음에 의한 상향 채널, 하향 채널의 C/N_0에 시스템 간 간섭잡음(C/I_0)S, 시스템 내 간섭잡음(C/I_0)E를 고려하여 다음 식으로 부여된다.

$$\frac{1}{(C/N_0)_T} = \frac{1}{(C/N_0)_U} + \frac{1}{(C/N_0)_D} + \frac{1}{(C/I_0)_S} + \frac{1}{(C/I_0)_E} \qquad \text{(식 7.15)}$$

또한 식 중의 첨자 U, D는 상향채널, 하향채널, T는 전체를 의미한다.

7.2.2 수신신호 품질과 요구되는 C/N_0

통신을 하는 경우에 복조신호의 품질에 한계를 설정하여 신호품질이 그 설정값 이하로 된 경우에 채널 단절로 판정하고 있다.

이처럼 수신 한계품질에 대응하는 이상적인 C/N_0에 채널에서의 고정열화량, 간섭잡음에 의한 열화량 및 품질 개선효과를 더하고 요구되는 C/N_0는 다음 식으로 부여된다.

$$C/N_{0_R} = C/N_{0S} + D_F + D_I - I_G \qquad \text{(식 7.16)}$$

C/N_{0_R} : 요구되는 C/N_0

C/N_{0S} : 한계 품질을 얻기 위해 필요한, 이론적으로 구한 C/N_0

D_F : 고정열화량

D_I : 간섭에 의한 열화량

I_G : 품질개선 효과

(1) 수신신호 품질과 이론 C/N_0

1) 비트 에러율과 C/N_0

수신신호 Y를 알고 있을 때에 송신신호가 X_i인 조건부 확률 $P(X_i|Y)$는 X_i가 동일 확률로 송신된다고 가정하면 X_i를 송신했을 때에 Y를 수신하는 조건부 확률 $P(X_i|Y)$과 같아진다. 수신신호는 송신신호에 백색 가우스 잡음(열잡음)이 단순하게 첨가된 것으로 가정하면 $P(X_i|Y)$는 이론적으로 구할 수 있으며 $P(X_i|Y)$를 최대로 하는 최적의 검출법은 수신 신호 $Y = y(t)$와 송신신호 $X_i = x_i(t)$의 상관이 최대로 되는 $x_i(t)$가 송신되었다고 판정하는 방법으로 된다.

일반적으로 이진수값 신호 0, 1을 송신할 때 양자의 에너지가 다르므로 앞의 상관값이 1비트 송신의 평균 에너지보다 큰 경우에 1, 작은 경우에 0으로 판정하는 것이 최적 검출로 되며 0을 1 또는 0으로 보는 확률이 비트 에러율을 표시하는 것으로 되며 다음 식으로 부여되는 비트 에러의 확률 P_e를 BER로 본다.

$$P_e = \frac{1}{\sqrt{\pi}} \int_{\sqrt{E_b/N_0}}^{\infty} \exp(-t^2)dt \qquad \text{(식 7.17)}$$

단, E_b는 1비트 송신하는데 필요한 에너지이며 반송파전력과 전송속도의 비로 부여된다. 또한 N_0는 잡음 전력밀도이다.

2) FM 방식의 S/N과 C/N_0

무변조 반송파에 백색 가우스 잡음이 첨가된 신호를 이상적인 FM 복조기로 복조했을 때의 잡음출력 스펙트럼은 주파수의 제곱에 비례하며 일반적으로 3각잡음이라고 한다. 여기서 복조기 출력단에 차단 주파수가 f_m인 이상적인 w역 필터를 삽입하면 그 출력 잡음 전력은 f_m의 3제곱에 비례한다. 한편 정현파를 최대 주파수 편이 f_d로 FM 변조했을 때에 그 복조 출력은 f_d의 제곱에 비례한다.

따라서 SCPC-FM 방식(Single Channel per Carrier)에서의 복조신호의 S/N과 C/N_0의 관계는 다음과 같다.

$$\frac{S}{N} = \frac{C}{N_0} \frac{3f_d^2}{f_m^3} \qquad \text{(식 7.18)}$$

(2) 고정열화 요인

디지털 신호 전송에서는 전송로의 대역제한과 비직선성, 변조기의 불완전성이 열화요인으로 고려되고 있다. 어느 시간 동안에 반송파의 진폭과 위상이 일정한 구형의 캐리어 버스트가 연속된 파형으로서 PSK(Phase Shift Keying) 변조파를 생각할 수 있는데, 이 이상적인 구형 버스트 파형을 충실하게 전송하기 위해서는 무한의 주파수 대역폭이 필요하게 된다. 그러나 현실적으로는 필터에 의한 대역제한, 채널의 진폭이나 위상의 주파수특성에 의한 진폭, 위상왜곡이나 AM/PM 변환이 샘플링점에서의 부호간 간섭, 위상잡음을 발생시켜 열화가 발생한다.

변복조기의 불완전성에서는 검파 식별 레벨의 변동, 반송파 및 클록 재생회로의 지터에 의한 열화가 있으며, 전송로의 비직선성에서는 AM/PM 변환에 의한 열화가 있다. 또한 전송로의 직선왜곡인 지연왜곡, 진폭왜곡도 고려할 필요가 있다. 이들을 종합하여 일반적으로는 2.5~3.5dB 정도를 열화량으로서 예상하고 있다.

FM 방식에서도 채널의 비직선성 등이 문제가 되는데 SCPC-FM 채널에서는 전송로의 왜곡에 의한 영향은 적고 임피던스 부정합에 의한 에코 왜곡 등을 고려하면 된다. 한편 다중통화로의 경우에 전송로의 비직선 및 직선 왜곡에서 준누화가 발생하여 품질을 열화시킨다.

비직선 왜곡은 주로 변복조기의 비직선성에서 발생하며 직선왜곡은 전송로의 위상, 진폭특성에 의하여 발생하는 고조파에 의한 것으로 지연, 에코, 진폭, AM-PM의 여러 가지 왜곡이 있다. 이 열화는 송신계에서 30%, 수신계에서 60% 정도의 잡음이 발생하고 있다.

텔레비전 신호의 FM 전송에서는 영상증폭기, 변복조기 등의 비직선성, 전송로의 진폭, 위상특성 및 에코에 의하여 미분위상(DP), 미분이득(DG)이라고 하는 위상, 진폭왜곡이 발생하여 재생색조의 충실도가 열화된다. 이 같은 왜곡에 대해서는 허용량의 규격을 정하여 그 규격을 충족시키도록 채널을 구성하고 있다.

또한 FM 텔레비전의 복조평가 S/N과 채널 C/N_0의 관계는 다음 식으로 나타난다.

$$S/N = C/N_0 + 10\log 3\frac{0.7\triangle F^2}{f_h^3} + W \qquad \text{(식 7.19)}$$

여기서, $\triangle F$: 프리엠퍼시스 0dB에서의 주파수 편이 (p-p)

f_h : 베이스 밴드 최고 주파수

W : 평가값 (526/60 방식에서 12.8dB)

(3) 간섭에 의한 열화 요인

정상적인 간섭의 성분에는 동일 루트 내 간섭으로 에코에 의한 간섭, 국부발진기 잡음 등이 있다. 또한 변동성분으로서 상향 채널에서는 TDMA 온, 오프 잡음, 다른 위성통신 시스템에서의 간섭, 인접 채널간 간섭 등이 있으며 하향채널에서는 지상계에서의 간섭, 채널간 간섭 등이 있다. 총 간섭량이 열잡음에 미치는 열화량은 맑은 날에 0.5~2dB 정도이다. 강우의 영향을 받는 주파수대 채널의 경우에 강우시에는 상향채널, 하향채널이 모두 강우감쇠와 열잡음 증가에 의한 C/N_0의 열화량이 크며 간섭이 채널 품질에 미치는 영향의 비율은 작아진다.

가동률에 대한 강우감쇠량과 강우에 의한 시스템 잡음의 증가량이 주어지면 요구되는 C/N_0의 상향채널, 하향채널에의 배분이 결정된다. 배분된 C/N_0의 간섭과 잡음에의 배분은 규격 배분표에 의하여 실시하는데 간섭에는 잡음 전체의 10% 정도가 배분되어 있다.

(4) 간섭에 의한 열화 요인

디지털 전송 방식에서는 에러 정정부호에 의하여 비트 에러률을 개선한다. 에러 정정능력이 높은 부호로서 컨벌루션 부호와 비터비(viterbi) 복호의 조합이 있는데, 기타 블록 부호로서 골레이 부호, BCH 부호 등이 효율적인 부호로서 알려져 있다.

FM 전송방식에서는 청감에 의한 개선(2.5dB), 3각 잡음의 완화대책으로서 실시되는 변조 신호의 엠퍼시스에 의한 개선, SCOC-FM에서는 한계값 확장형 복조에 의한 개선 및 음성 신호의 진폭을 송수신의 전후에서 압축하여 특성을 개선하는 실래빅 컴팬더 등의 개선책이 있다.

※ 채널 설계 예(Ka 밴드 위성에서의 채널 설계)

① 지구국의 안테나 이득은 (식 7.3)에서 구한다.

② 지구국과 위성의 거리는 위성의 정지위치를 동경 132°, 지구국의 위치를 북위 35.7°, 동경 139.7°로 하여 구한다.

③ 자유전파손실은 (식 7.6)에서 구할 수 있다. 대기 흡수 손실에 대해서는 상향채널 (29GHz)에서는 1.5dB, 하향채널(19GHz)에 대해서는 0.8dB로 한다.

④ 위성의 안테나 이득, 피더 손실을 가정한다.

⑤ 잡음전력에 대해서는 수신기의 입력단에서의 잡음전력을 구한다. 위성 안테나의 잡음온도 T_{sant}는 위성 안테나 빔의 입체각이 지구를 덮는 부분(290K)과 우주공간을 덮는 부분으로 안테나 빔 내의 잡음온도를 구할 수 있는데, 여기서 빔 폭은 지구를 보는 각보다 작은 것으로 가정하여 $T_{sant}=290[K]$로 했다. 따라서 위성 수신기 입력단에서의 위성 안테나 잡음에 의한 잡음 온도 T_{sant}는 위성의 피더 손실 L_{sfeed}만큼 작은 잡음온도가 되어 $T_{sant}=T_{sant}/L_{sfeed}$로 된다. 또한 위성의 피더 손실에 의한 잡음 온도 L_{sf}는 (식 7.11)에서 구할 수 있다. 위성 수신기의 NF를 가정하면 (식 7.10)에서 위성 수신기의 잡음온도 T_{sLNA}를 구할 수 있다. 위성의 전 시스템 잡음온도 T_{si}는 $T_{si}=T_{sant}+L_{sfeed}+T_{sLNA}$가 된다. 지구국의 안테나에 대해서는 사이드로브에서 지구표면의 잡음을 수신하는데 통상 290K보다 낮은 값이 되며 지구국의 전 시스템 잡음 온도는 위성과 마찬가지로 구할 수 있다.

⑥ N_0는 볼츠만 상수 k와 시스템 잡음온도 T에서 계산할 수 있으며
$k=10\log(1.38\times10^{-23})=-228.6\,dB/Hz$로 계산할 수 있다.

⑦ 상향 채널, 하향 채널 각 채널의 C/N_0는 (식 7.14)에서 계산할 수 있는데, 전 C/N_0는 (식 7.15)에서 우변 제 2항에서 계산할 수 있다.

⑧ 요구되는 C/N_0는 (식 7.17)에서 요구되는 비트 에러율을 달성하는데 필요한 E_b/N_0를 구한다. 이 예에서는 1×10^{-7}을 달성하는데 필요한 E_b/N_0는 11.3dB/Hz이다. 또한 데이터 전송 속도를 2Mbps라 하면 요구되는 C/N_{0req}는 $C/N_{0req} = 11.3 + 10\log(2{,}000{,}000) + 2.5 - 5.8 = 71.0\,dB/Hz$이 된다. 앞의 식에서 2.5dB은 변복조기의 불완전성에 의한 열화를 의미하며 5.8dB는 에러율 1×10^{-7}을 달성하는데 필요한 컨벌루션 부호 비터비 복호에 의한 부호화 이득을 표시한다.

⑨ 채널 마진은 $C/N_{0total} - C/N_{0req}dB$에서 구할 수 있다.

7.3 성능지수 G/Te

성능지수 G/Te(Figure of merit)는 수신기의 성능을 나타내는 것으로 위성통신 시스템에 가장 중요한 파라미터 중의 하나이다. G는 안테나 이득이고, Te는 등가 잡음온도로써 수신 전력과의 관계를 보면 다음과 같다.

$$P_t = \frac{P_t \cdot G_t}{4\pi d^2} \cdot A_{er} \tag{식 7.20}$$

의 각항을 잡음전력밀도 N_o로 나누면

$$\begin{aligned} \frac{P_r}{N_o} &= \frac{P_t \cdot G_t}{(4\pi d)^2}\frac{\lambda^2}{N_o} \\ &= \frac{P_t \cdot G_t}{L_s \cdot k \cdot T_e} \\ &= \frac{P_t}{L_s \cdot k} \cdot \frac{G_t}{T_e} \end{aligned} \tag{식 7.21}$$

여기서 $P_r/N_o = C/N_o = S/N_o$이다.

7.3.1 G/Te를 구하는 방법

성능지수 G/Te값을 구하는 방법은 실험실의 모델을 이용하는 방법, 지상의 대형 안테나를 이용하여 행하는 방법 그리고 전파별을 이용하여 행하는 방법을 들 수 있는데 측정 안테나가 대형인 경우, 실험실에서 성능지수를 구하기는 적합하지 않고 지상에 대형 송신 안테나를 설치하고 전파를 발사해서 이 전파를 수신함으로써 행하는 경우,

지형 등에 의한 전파의 반사로 이해 오차가 많이 발생한다. 여기에서는 현재 성능 지수 G/Te를 측정하는데 가장 좋은 방법으로 알려지고 있는 전파별(radio star)을 이용하는 방법에 대해서 설명하고자 한다. 전파별을 이용한 성능지수 측정 방법에는 간접 측정과 직접 측정 방법이 있다.

(1) 직접 측정 방법

성능지수의 측정에 사용되는 전파별(radio star)에 대한 사항을 표 7.2에서 보여주고 있다. 그림 7.4는 이 전파별들에 대한 지속밀도 스펙트럼을 보여주고 있다. 이 중에서 cassiopeia-A(CAS-A), cygnus-A(CYG-A) 그리고 traurus-A(TAU-A)의 세별이 자속밀도가 높아서 안테나의 이득과 성능지수를 측정하는데 가장 유용한 것들이다.

| 표 7.2 | 위치와 가시범위

전파별	위치		크기	가시범위	스펙트럼지수 α
	RAh	DEC°	RA'×DEC'	북위~남위	
Cas A	23.4	58.6	4×4	90°~11°	0.787
Tau A	5.5	22.0	3.3×4	90°~48°	0.263
Orion A	5.5	−54	3.5×3.5	65°~75°	0
Cyg A	20.0	40.6	1.6×1	90°~29°	1.205
Virgo A	12.5	12.7	1×1.8	73°~57°	0.853
DR 21	20.6	42.2	《0.3	90°~28°	1.75~0.13

* RA(Right asension) : 적경
DEC(declination) : 적위

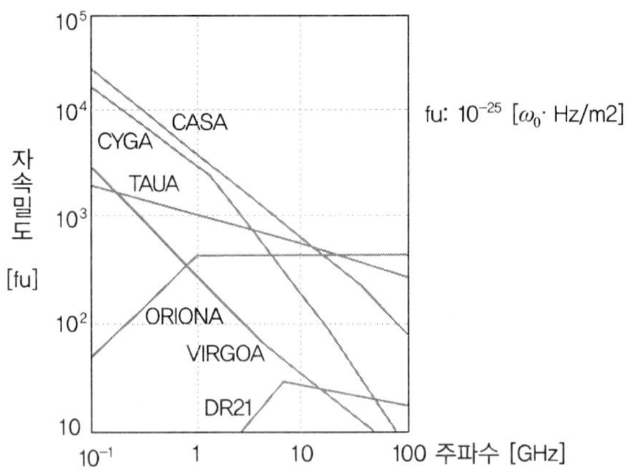

| 그림 7.4 | 전파별에 대한 위치와 가시범위 및 자속밀도 스펙트럼

전파별들은 시험용 안테나의 빔폭이 10°이상이면 점원(point source)으로 간주될 수 있다. 전파원이 대기잡음과 지상의 잡음에 영향을 받지 않기 위해서는 앙각 (elevation)이 최소한 20°이상이 되어야 하는데 표 7.2에서 보듯이 대부분의 전파별들이 가시지역 내에서 수평선으로부터 최소한 20° 이상의 앙각을 가짐을 알 수 있다.

이것은 전파별들이 대기 잡음이나 지상의 잡음에 영향을 받지 않는 충분히 높은 하늘에 있음을 의미한다. 한편 cassiopeia-A는 매년 자속밀도가 0.9±0.1씩 감소하고 TAU-A는 자속밀도가 매우 선형적으로 주파수 대역에 걸쳐 발생하며 CYG-A는 자속밀도의 발생이 주파수 대역 내에서 굴곡을 갖는 특성을 가지고 있다. 수신 안테나가 전파별에 맞추어졌을 때 수신된 전력, P_R은 다음과 같이 된다.

$$P_R = \frac{S \cdot A_e}{2} = \frac{S \cdot \lambda^2 \cdot G_T}{8} \ [Watt \cdot Hz^{-1}] \qquad (식\ 7.22)$$

S : 전파별의 전력자속밀도 $[W/m^2/Hz]$

A_e : 실효면적

G_T : 이득

이때 전파별에서 방사된 잡음 전력이 불규칙하게 편파되어지는 것으로 가정할 때 편파효율(polarisation efficiency)은 1/2이다. 수신된 잡음전력 P_R은 $k \cdot T_e$에 해당된다. 여기서 k는 볼츠만 상수이고 T_e는 안테나 터미널과 비교된 전파별의 실효잡음온도이다. 따라서 안테나이득 G_T는 다음과 같이 된다.

$$G_T = \frac{8\pi \cdot k \cdot T_e}{S \cdot \lambda^2} \qquad (식\ 7.23)$$

이 식 7.23을 이용하여 성능지수 G_T/T_e를 구할 수 있으므로

$$\frac{G_T}{T_e} = \frac{8\pi \cdot k}{S \cdot \lambda^2} \qquad (식\ 7.24)$$

이 된다.

이 절에서 설명한 것을 기초로 해서 좀 더 자세하게 성능지수 G/T_e를 구하는 방법을 설명하기로 한다. 그림 7.5와 같이 수신기의 저잡음 증폭기 출력에 감쇠기를 설치하고 이 감쇠기의 출력을 일정한 값에 고정시킨다. 그 다음 안테나를 전파별에 정확히 동조시킨 다음, 그 때의 수신기 잡음전력 P_{nt}를 구한다. P_{nt}를 구한 다음에 안테나를 전파별에 동조시키지 않은 상태에서, 그 때의 수신된 잡음전력 P_{nd}를 구한다.

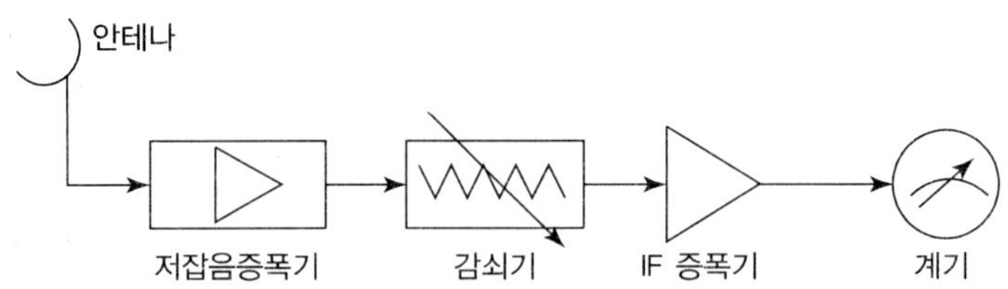

| 그림 7.5 | G/T의 간접 측정 방법

이렇게 해서 P_{nt}와 P_{nd}가 구해지면 이 두 값에 대한 비를 계산한다. 이 두 값의 비를 R이라고 하면 다음과 같이 표현할 수 있다.

$$R = \frac{P_{nd} + P_{nt}}{P_{nt}} \quad \text{(식 7.25)}$$

저잡음 증폭기 입력에 대한 안테나 이득 G를

$$G = (R-1)\frac{8\pi \cdot k \cdot T_e}{S \cdot \lambda^2} \quad \text{(식 7.26)}$$

이라고 하면 식 7.26를 통해 G/T_e값이 직접 구해진다. 즉,

$$\frac{G}{T_e} = (R-1)\frac{8\pi \cdot k}{S \cdot \lambda^2} \quad \text{(식 7.27)}$$

이 되며 이 경우는 대기잡음이 없고 전파별이 점원 (point source)인 경우이다. 이와 같이 안테나를 전파별에 맞추었을 대의 수신 잡음전력과 맞추지 않았을 때의 수신잡음전력의 비 R을 구하여 바로 성능지수 G/T_e를 구하는 것을 직접측정 방식이라고 한다. 이 경우 P_{nt} 대신에 시스템 잡음온도 T, P_{nd} 대신에 전파별의 실효 잡음온도 T_{st}를 사용할 수 있다. 직접측정 방법은 안테나의 빔 폭이 아주 좁으면 대기의 불안정(turbulence)에 의한 에너지 분산의 영향이 예상치보다 크게 나타나는 것으로 되어 있다. 그림 7.6은 전파별의 각도분산에 대한 교정율(Correcting factor) 곡선이다.

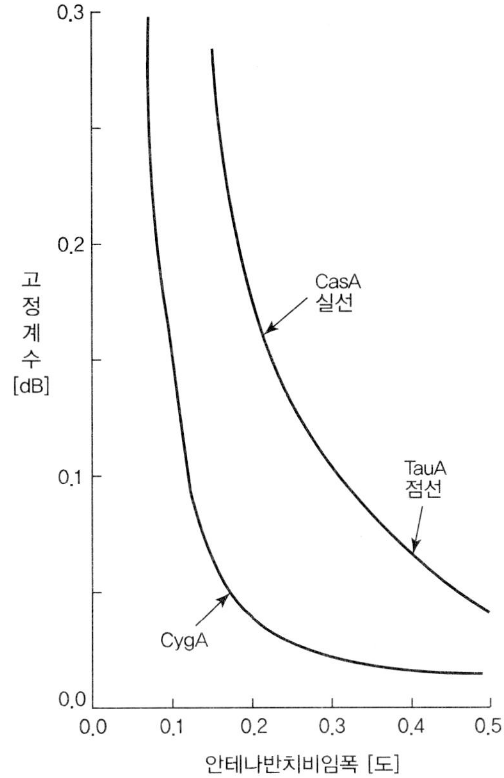

| 그림 7.6 | 전파별 각도 확장 교정계수

| 표 7.3 | 천정감쇠값 La' [dB]

주파수 [GHz]	고 도 [km]				
	0	0.5	1.0	2.0	4.0
10	0.053	0.047	0.042	0.033	0.02
15	0.084	0.071	0.061	0.044	0.023
20	0.28	0.23	0.18	0.12	0.05
30	0.24	0.19	0.16	0.10	0.045
40	0.37	0.33	0.29	0.22	0.135
80	1.30	1.08	0.90	0.62	0.30
90	1.25	1.01	0.81	0.52	0.22
100	1.41	1.14	0.92	0.59	0.25

- 평균표면조건 : 21°C, 75g/m3 H2O,
- U.S.std. atmos, 45N. July.

이 그림에서 보는 바와 같이 안테나 빔 폭이 작을수록 교정계수(correcting coefficient) k값이 커짐을 알 수 있다. 즉 이것은 앞에서 설명한 대로 안테나 빔 폭이 적을 경우에는 대기의 동요로 인한 에너지 분산의 영향이 크므로 이 영향에 대한 교정값이 커야 하기 때문이다. TAU-A와 CAS-A는 안테나 빔 폭이 0.1 이하에서는 교정계수 k값이 무한대가 되므로 안테나 빔 폭이 0.1이하에서는 성능지수 측정에 TAU-A와 CAS-A를 이용할 수 없음을 알 수 있다.

따라서 식 7.27에 의해서 다음과 같이 표현할 수 있다.

$$G/T_e = L_a \times L_s (Y-1) \frac{8\pi \cdot k}{S \cdot \lambda^2} \qquad \text{(식 7.28)}$$

여기서 L_a는

$$L_a = \frac{L_{a'}[dB] + b\rho(\rho_o - 7.5g/m^3) + C_T(21\,^\circ C - T_0)}{Sin\,E}[dB] \qquad \text{(식 7.29)}$$

여기서 $L_{a'}$는 표면온도가 21°C 표면수증기가 7.5g/m3 인 경우의 일방향 천정감쇠 $b\rho$는 수증기밀도 교정계수, C_T는 온도 교정계수, ρ_o는 표면수증기 밀도[g/m3], T_o는 표면온도, E는 앙각이다.

여기서 표면수증기 밀도 ρ_o는

$$\rho_o = h \cdot E_s/0.461(T_0 + 273) \qquad \text{(식 7.30)}$$

여기서 h는 상대습도로서 70%일 때 0.7이 되며 E_s는 지역 표면온도 T_0[°C]에 관련된 포화 수증기 압력 [N/m2]으로서 206.43×exp[0.035 T_0[°F]]이다. L_s는 전파별의 광도 분포와 안테나 이득 패턴 함수이다.

전파별 타우르스의 경우 주파수 3.95GHz까지 공칭 자속밀도가 716.9×10-26 [W/m2/Hz]로서 시간상 변함이 없는 것으로 관측되고 있고 스펙트럼 지수는 0.25이다.

카시오페아 A의 경우 자속밀도가 1964.9월 중순경 주파수 4.08GHz에서 1,086×10-26 [W/m2/Hz]였다. 이 카시오페아 A의 자속밀도는 연간 1.1% 감소된다. 따라서 측정일의 자속밀도는 다음과 같이 계산한다.

$$S = S_0(1-\beta)^y \qquad \text{(식 7.31)}$$

$$S_o = 1{,}086 \times 10^{-26}[W/m^2/Hz], \quad \beta = 0.011 \qquad \text{(식 7.32)}$$

Y는 1964년 8월로부터 측정 일까지의 연수이다. 시그너스 A의 공칭 자속밀도는 주파수 3.95GHz에서 494.8×10-26[W/m2/Hz]로써 시간상 변하지 않으며 스펙트럼 지수

는 1.19이다.

| 표 7.4 | 수증기 밀도 교정계수 및 온도 교정계수

주파수[GHz]	수증기 밀도 교정, $b\rho$	온도 교정, C_T
10	2.10×10−3	2.60×10−4
15	6.34×10−3	4.55×10−4
20	3.46×10−2	1.55×10−3
30	2.37×10−2	1.33×10−3
40	2.75×10−2	1.97×10−3
80	9.59×10−2	5.86×10−3
90	1.22×10−1	5.74×10−3
100	1.50×10−1	6.30×10−3

(2) 간접측정 방법

간접측정에 의한 G/T_e의 측정 방법은 안테나 이득 G와 등가 잡음온도 T_e값을 각각 별도로 측정해서 구하는 방법이다. 직접측정에서와 같이 식 7.25에 의해 R값을 구하고 또한 안테나를 포함한 수신 시스템의 등가 잡음온도 T_e값을 구해서 식 7.27에 대입하면 안테나 이득, G값이 구해진다. 이때 전파별에 대한 안테나의 앙각을 여러 가지로 변화시키면서 측정하면 이 앙각의 변화에 따라 수신 잡음전력의 비 R값이 변화하므로 G/T_e값이 변화한다. 안테나의 전파별에 대한 앙각이 클수록 전파별의 자속밀도를 수신할 수 있는 안테나 면적이 커지므로 자속밀도의 수신전력 $P_R = k \cdot T_e$값이 커져서 안테나 이득 G값이 최대가 된다. 이와 같이 앙각의 변화에 대한 G/T_e값의 변화는 직접측정시에도 같지만 직접측정과 간접측정했을 때의 G/T_e값은 서로 다르다. 왜냐하면 직접 측정시의 G/T_e값은 식 7.27에서와 같이 R값의 함수가 된다. 이 R값은 대기의 영향으로 인한 손실이나 지표에서의 반사 등에 의해 영향을 받는다. 그러나 간접측정은 G/T_e값 중에서 G값만이 R값의 영향을 받지 않아 직접측정시보다 정확한 G/T_e값을 구할 수 있다. 따라서 간접측정 G/T_e값이 직접 측정 G/T_e값보다 크다. 직접측정시의 T_e값의 계산 방법은 MIYA의 "satellite communication"을 참고하기 바란다.

7.4 강우감쇠

과거에는 위성통신용으로 사용되는 주파수대역은 1~10GHz로서 6/4GHz의 C대역이 주로 사용되어 왔으나 최근 들어 통신량이 증가함에 따라 이 주파수 대역의 할당이 포화점에 이르게 되었고 또한 이 주파수 대역을 사용하는 지상 통신망과의 혼신을 피하기 위해 10GHz 이상의 주파수를 사용하여 오고 있다. 10GHz 이상의 주파수를 사용하는 경우에는 10GHz 이하의 주파수에서는 거의 무시될 수 있는 전파가 대기권을 통과할 때 발생하는 강수에 의한 감쇠영향을 많이 받는다.

위성 통신에서의 전파전파 경로는 크게 대기와 우주로 나눌 수 있는데 이 경로의 대부분은 우주부분이므로 위성통신 링크 상에서의 전파 자속밀도의 감쇠는 주로 전파전파 거리에 의해 우주부분에서 일어나게 된다. 우주 부분에서 발생하는 감쇠값은 거리에 비례한 일정한 감쇠값을 갖게 되나 전파가 대기 중을 통과할 때에는 대기를 형성하고 있는 여러 요인들에 의해 그 값이 변동된다. 이와 같이 링크버짓시 정해진 고정 감쇠값을 초과하여 발생되는 감쇠값을 초과 감쇠값이라고 한다.

대기 내에서 초과감쇠를 일으키는 주요 요인으로는 수증기, 안개, 산소, 강우 및 그 외 여러 종류의 가스들이며 이중에서 특히 강우로 인하여 발생되는 감쇠값이 그 외 여러 종류의 가스들이며 이중에서 특히 강우로 인하여 발생되는 감쇠값이 가장 크다. 따라서 시스템을 설계할 때에는 초과감쇠가 링크 미치는 영향을 방지하기 위하여 링크버짓시 초과 감쇠값 만큼 송신기 출력을 높이든지 안테나 크기를 크게 하여 실효 방사전력을 높이거나 또는 고성능 저잡음 수신기 등을 사용하는 등 시스템의 성능을 개선하여 실효 방사전력을 높이는 효과를 얻는 최적의 고전력 시스템을 골 하여야 한다. 여기서 최적의 시스템을 설계하기 위하여는 초과 감쇠값을 정확히 예측하여야 한다. 여기에서는 위성통신 링크상에서 발생될 강우에 의한 초과 감쇠값을 예측하는 방법과 이에 대한 보상방법을 설명하고자 한다.

7.4.1 강우와 신호 감쇠

(1) 강우란?

강우가 위성통신 링크의 성능에 미치는 영향의 정도를 알기 위해서는 빗방울의 모양, 크기 분포 및 낙하 종단 속도 등을 알아야 한다.

빗방울의 모양은 반경이 최대 4mm를 넘지 않는 범위 내에서 다양한 크기를 갖는다. 빗방울의 반경이 4mm 이상이 되면 빗방울은 유체역학적으로 불안정하게 되어 결국 부서지게 된다. 실험에 의하여 반경이 1.0mm 이상인 빗방울은 밑면이 평평한 타원의 모양을 가짐을 보여주고 있다.

종단 낙하 속도는 대기압, 습도와 온도에 의해 정해진다. Gunn과 Kinzer는 종단 속도 실험에서 빗방울의 단말속도는 빗방울 크기의 함수라는 것을 발표했다. 빗방울의 낙하속도는 빗방울의 크기가 커지면서 빨라지고 그 증가율은 빗방울 반경이 1.0mm를 초과하면서 점차 감소한다. 낙하 속도는 대략 2.5mm에서 최대치에 달하고(~9m/s) 빗방울 크기가 그 이상 커지면 낙하속도에 의해 빗방울이 부서진다.

낙하 빗방울 온도는 주위 공기의 온도, 압력, 습도에 대해 수은주 온도에 근접한 온도를 갖는다. 작은 액체 물방울은 0°C 이하의 온도 특히 대류성 폭풍의 상승기류지역과 초냉각된 안개에 존재할 수 있다.

빗방울 크기 분포를 측정하는 데에는 크게 흡수지방식과 분말방식을 예로 들 수 있다. 1985년 Wiesner는 흡수지방식에 의해 빗방울 크기 분포를 측정했다. 이 방식은 물감이 들어있는 필터종이를 이용한 것으로 물방울이 떨어졌을 때의 얼룩의 크기를 측정하는 방식이다.

Law와 Parson은 분말방식에 의하여 깨끗한 분말이 담긴판에 떨어진 빗방울에 의해 생긴 분말 덩어리의 크기나 무게를 측정하여 빗방울의 크기 분포를 측정하였다. 이 측정결과에 의하면 동일한 강우율이라도 비가 올 때마다 크기 분포가 상당히 변하기 때문에 각 강우율이라도 비가 올 때마다 크기 분포가 상당히 변하기 때문에 각 강우율에 대한 분포를 평균한 것으로 되어 있다. 따라서 이 측정에서 실제 도표화한 것은 빗방울의 전페 체적 퍼센트이고 이체적 퍼센트는 $m(a)da$이다. 여기서 α는 빗방울 반경(mm)이고 da는 $a-(da/2) \sim a+(da/2)$ 범위내의 크기 사이이다. 전파전파 특성분석에 필요한 량은 범위 da에서 반경 α로써 공간 내에서의 단위체적당 빗방울 수이다.

이 분포 $n(a)da$는 빗방울의 낙하속도 $V(a)(m/s)$로부터 지상의 $m(a)da$에 의해 다음과 같이 계산한다.

$$n(a)da = \frac{10^3 \cdot R \cdot m(a)da}{4.8 \cdot \pi \cdot a^3 \cdot V(a)} \, [m^{-3}] \qquad \text{(식 7.33)}$$

여기서 R은 강우율로서 다음과 같다.

$$R = 4.8 \cdot \pi \cdot 10^{-3} \int V(a) \cdot a^3 \cdot n(a)da \qquad \text{(식 7.34)}$$

Marshall-Palmer(M-P)는 자신들이 행한 측정과 L-P의 측정을 토대로 하여 (-) 지수 관계를 제시했다.

$$n(a)da = N_0 \cdot \exp(-A \cdot a)da \qquad \text{(식 7.35)}$$
$$N_0 = 1.6 \cdot 10^4 [m^{-3}, mm^{-1}]$$
$$A = 8.2 \cdot R^{-0.21} \ [mm^{-1}]$$

이들 두 관계는 비에 의한 감쇠와 산란을 계산하는데 가장 자주 이용되는 것이다. Joss et al(1968)은 Switzerland, Locarno에서 행한 1년 동안의 측정을 기초로 해서 강우 종류에 따라 N_0와 A간에 상당한 변화가 있음을 발견했다. 표 7.5는 이 지수적 크기 분포의 파라미터를 보여주고 있다.

| 표 7.5 | 지수크기 분포의 파라미터

비의 종류	$N_o(m^{-3}, mm^{-1})$	$A(mm^{-1})$
이슬비	6×104	11.4R−0.21
광역비	1.4×104	8.2R−0.21
뇌 우	2.8×103	6R−0.21

(2) 강우감쇠 예측 모델

1) The Global 모델과 SAM 모델

위성 링크에서의 강우 감쇠값을 계산하는 모델로는 RICE-HOLMBERG model, Dutton-Dougherty model, THE GLOBAL model, The two component model, Piecewise Uniform Rain Rate model, The CCIR model, The LIN model, SAM 모델 및 LEITAO &WATSON 모델 등이 있다.

가. The Global 모델

Globla 모델은 감쇠값을 계산하는 데에 두 가지의 기법을 제시하고 있다. 첫째 기법은 지구국에서 대기의 얼음형태의 강수가 존재하는 점까지의 거리를 가정해 놓고 이 거리를 강우강도 R_p와 함께 평균경로 요소를 구하여 감쇠값을 계산하는 것이다. 둘째 기법은 계절, 지역 및 연평균 강우강도에 의해 0°C 등온선고도가 변화하므로 이에 따라 감쇠 경로 길이가 변화하게 되기 때문에 감쇠값 계산을 위한 경로길이에 이 여러 0°C 등온선고도를 고려한 것으로 가변 등온선고도 기법이 하며 시스템 설계에는 이 기법이 주로 사용된다.

첫째 기법인 평균경로 강우강도 기법에 의한 감쇠값 A는

$$A = (H_0/Sin\theta)a(f) \bullet r(D) \bullet R_P^{b(f)-\delta(D)} \quad \text{(식 7.36)}$$

H_0 : 0°C 등온선고도 [Km]

θ : 앙각 (>10°C)

R_P : 강우강도 [mm/h]

D : 경로수평투영길이 [Km]

승수 $\gamma(D)$, 지수 $\delta(D)$, 승수 $a(f)$, 지수$b(f)$.

여기서 특정 감쇠가 0°C 등온선 아래의 고도 높이에 대해 통계적으로 독립된 것이라고 가정하면 특정 감쇠 또는 평균 경로 강우강도를 계산하는데 승수 $\gamma(D)$, 지수 $\delta(D)$를 이용할 수 있다.

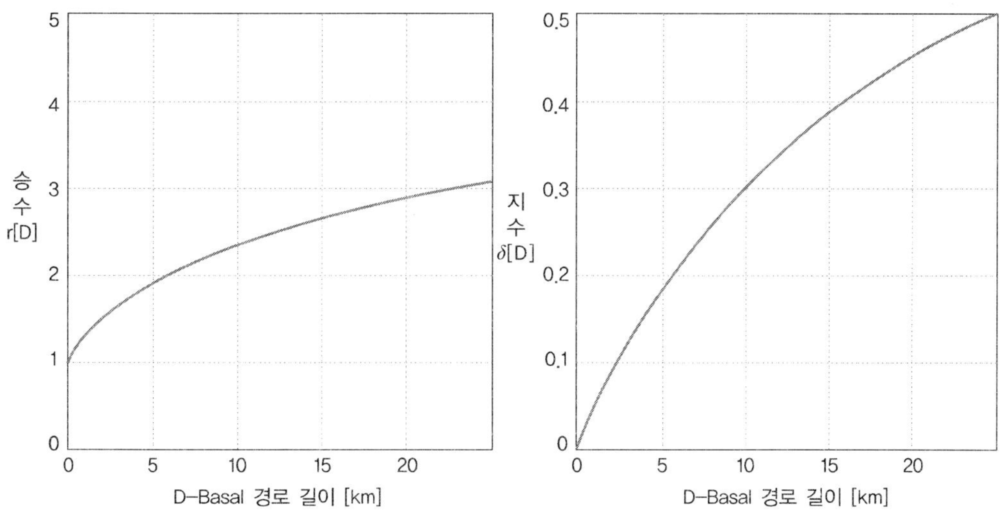

(a) 승수　　(b) 지수

| 그림 7.7 | 경로평균 모델 계산용 승수 $\gamma(D)$와 지수 $\delta(D)$

두 번째 기법인 가변 등온선고도 기법에 의한 감쇠값 A는

$\theta \geq 10^\circ$ 인 경우

$$A = \frac{aP_P^b}{\cos\theta}\left[\frac{e^{UZb}-1}{Ub} - \frac{X^b e^{YZb}}{Yb} + \frac{X^b e^{YDb}}{Yb}\right] \quad \text{(식 7.37)}$$

$$U = \left(\frac{1}{Z}\right)[\ln(X \cdot \exp(Y \cdot Z))] \quad \text{(식 7.38)}$$

$$X = 2.3R_P^{-0.17} \quad \text{(식 7.39)}$$

$$Y = 0.026 - 0.03 \cdot \ln R_p \quad \text{(식 7.40)}$$

$\theta \geq 10^\circ$ 인 경우

$$A = \frac{L}{D} a R_p^b \left[\frac{e^{UZb} - 1}{Ub} - \frac{X^b e^{YZb}}{Yb} + \frac{X^b e^{YDb}}{Yb} \right] \quad \text{(식 7.41)}$$

여기서

$$L = [(E + H_g)^2 + (E + H_o)^2 - 2(E + H_g)(E + H_o)\cos\psi]^{\frac{1}{2}} \quad \text{(식 7.42)}$$
$$= [(E + H_g)^2 \sin^2\theta + 2E(H_o - H_g) + H_o^2 - H_g^2]^{\frac{1}{2}} - (E + H_g)\sin\theta$$

경로수평 투영길이 D는

$$\theta \geq 10^\circ \; ; (H_o - H_g)/\tan\theta \quad \text{(식 7.43)}$$

$\theta < 10^\circ$; $E \cdot \psi$ (ψ : rad)

H_o : 0°C 등온선고도 [km]

H_g : 지국국 해발고 [km]

θ : 경로 앙각

E : 지구등가반경 (8,500km)

$$\psi = \sin^{-1}\left\{ \frac{\cos\theta}{H_o + E} \left[(H_g + E)^2 \sin^2\theta + 2E(H_o - H_g) + H_o^2 - H_g^2 \right]^{\frac{1}{2}} - (H_g + E)\sin\theta \right\}$$
$$= \cos^{-1}\left[\frac{\cos\theta}{H_o + E}(E + H_g) \right] - \theta$$

(식 7.44)

가변 등온선 기법은 감쇠를 일으키는 매체의 실효길이가 강우량의 형태에 따라 변한다는 사실을 이용하는 것이다.

이 공식에 의하여 감쇠값을 계산하기 위해서는 사전에 위성 앙각, 사용주파수 및 지구국의 위치에 관한 데이터를 알아야 한다(그림 7.8).

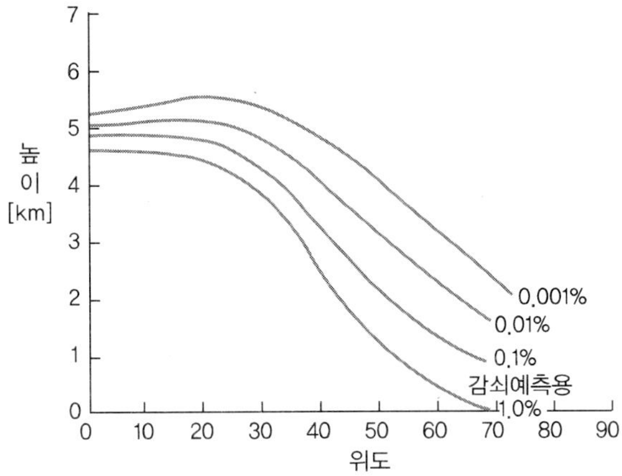

| 그림 7.8 | 초과 강우시간율과 등온선 관계

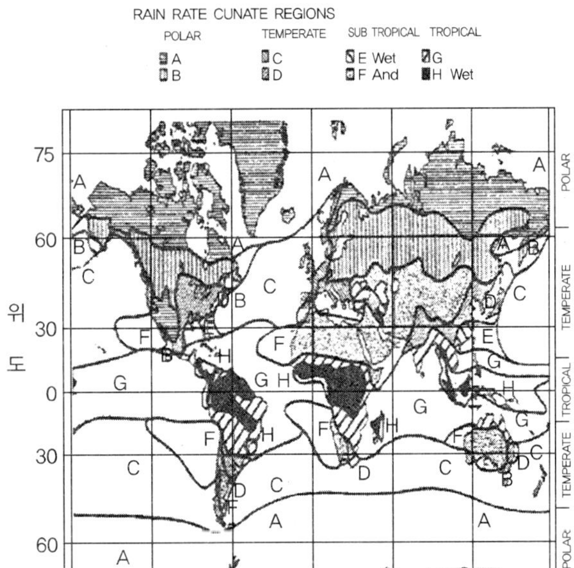

| 그림 7.9 | THE GLOBAL 모델 초과 강우강도 지형도

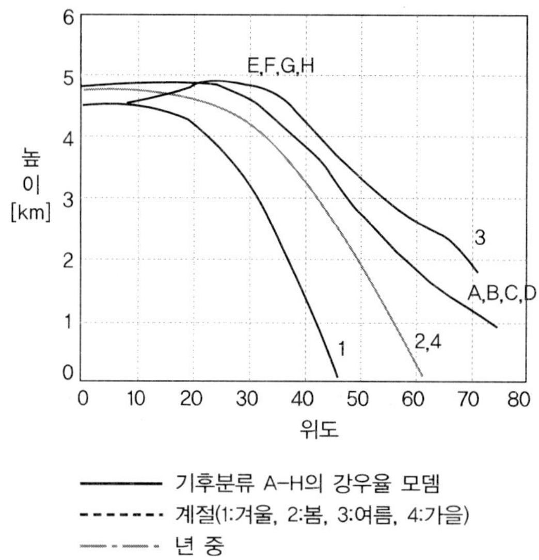

| 그림 7.10 | 0°C 등온선 고도

1단계로는 그림 7.9에서 강우강도 기후지역을 선택(우리나나=D지역)하고, 2단계로 표 7.6에서 연간 초과강우 시간율에 의하여 강우강도(mm/h)를 택하고, 3단계로 그림 7.10에서 지구국 위도에 따라 해당 등온선고도를 결정하고 4단계부터는 다음과 같이 계산한다.

| 표 7.6 | GLOBAL 모델 강우강도 분포값 [mm/h]

%/년	강우 기후 지역												분/년	시간/년
	A	B1	B	B2	C	D1	D=D2	D3	E	F	G	H		
0.001	28.5	45	57.5	70	78	90	108	126	165	66	185	253	5.26	0.09
0.002	21	31	44	54	62	72	89	106	144	51	157	220.5	10.5	0.18
0.005	13.5	22	28.5	35	41	50	64.5	80.5	118	34	120.5	178	26.3	0.44
0.01	10.0	15.5	19.5	23.5	28	35.5	49	63	98	23	94	147	52.6	0.88
0.02	7.0	11.0	13.5	16	18	24	35	48	78	15	72	119	105	1.75
0.05	4.0	6.4	8.0	9.5	11	14.5	22	32	52	8.3	47	86.5	263	4.38
0.1	2.5	4.2	5.2	6.1	7.2	9.8	14.5	22	35	5.2	32	64	526	8.77
0.2	1.5	2.8	3.4	4.0	4.8	6.4	9.5	14.5	21	3.1	21.8	43.5	1052	17.5
0.5	0.7	1.5	1.9	2.3	2.7	3.6	5.2	7.8	10.6	1.4	12.2	22.5	2630	43.8
1.0	0.4	1.0	1.3	1.5	1.8	2.2	3.0	4.7	6.0	0.7	8.0	12.0	5260	87.7
2.0	0.1	0.5	0.7	0.8	1.1	1.2	1.5	1.9	2.9	0.2	5.0	5.2	10520	175
5.0	0.0	0.2	0.3	0.3	0.5	0.0	0.0	0.0	0.5	0.0	1.8	1.2	26298	438

- 4단계

경로의 수평투영 길이 계산

$$D = \frac{H_o - H_g}{\tan\theta}\,[km] \qquad \text{(식 7.44)}$$

$D > 22.5\,[km]$ 이면 초과발생확률 P를 다음과 같이 P'로 다시 계산

$$P' = D/22.5 \qquad \text{(식 7.45)}$$

- 5단계

| 표 7.7 | 특정 감쇠계산용 파라미터 (0°C, L-P 분포) (Crane-1966)

주파수 (GHz)	승수 a(f)	지수 b(f)
1	0.00015	0.95
4	0.00080	1.17
5	0.00138	1.24
6	0.00250	1.28
7.5	0.00482	1.25
10	0.0125	1.18
12.5	0.0228	1.145
15	0.0357	1.12
17.5	0.0524	1.105
20	0.0699	1.10
25	0.113	1.09
30	0.170	1.075
35	0.242	1.04
40	0.325	0.99
50	0.485	0.90
60	0.650	0.84
70	0.780	0.79
80	0.875	0.753
90	0.935	0.730
100	0.965	0.715

표 7.7을 이용하여 a와 b값 선택한다.

• 6단계

X, Y, Z, U 값 계산

$$X = 2.3R_p^{-0.17} \quad (식\ 7.46)$$

$$Y = 0.026 - 0.03\ln R_P \quad (식\ 7.47)$$

$$Z = 3.8 - 0.6\ln R_P \quad (식\ 7.48)$$

$$U = \{\ln[Xexp(YZ)]\}/Z \quad (식\ 7.49)$$

• 7단계

전체 감쇠값 $A[dB]$ 계산

$D \geq Z,\ \theta \geq 10^\circ$

$$A = \frac{aR_P^b}{\cos\theta}\left[\frac{e^{UZb}-1}{Ub} - \frac{X^b e^{YZb}}{Y_b} + \frac{X^b e^{YDb}}{Y_b}\right] \quad (식\ 7.50)$$

$D < Z$

$$A = \frac{aR_P^b}{\cos\theta}\left[\frac{e^{UDb}-1}{Ub}\right] \quad (식\ 7.51)$$

$D = 0(\theta = 90^\circ)$

$$A = (H_o - H_g)(aR_P^b) \quad (식\ 7.52)$$

2단계에서의 강우강도 R_p [mm/h]는 1분간 평균 강우강도 [mm/h]인데 이 값은 10분간의 강우강도 또는 연간 총 강우량 [mm]를 이용하여 다음과 같이 구할 수 있다.

10분간 강우율 R'[mm/h]에 의한 산출은

$$R_1\% = R'1\,[mm/h] \quad (식\ 7.53)$$

$$R_{0.1}\% = 1.08\,R'0.1\,[mm/h] \quad (식\ 7.54)$$

$$R_{0.01}\% = 1.16\,R'0.01\,[mm/h] \quad (식\ 7.55)$$

연간 총강우량 E[mm]에 의한 산출은

$$R_1\% = 0.00738E^{0.868}\,[mm/h] \quad (식\ 7.56)$$

$$R_{0.1}\% = 0.0182\,E^{0.925}\,[mm/h] \quad (식\ 7.57)$$

$$R_{0.01}\% = 0.380\,E^{0.654}\,[mm/h] \qquad \text{(식 7.58)}$$

2) CCIR 모델

CCIR 모델은 실효 경로길이의 개념을 이용하는 것으로 평년의 0.01%에 대한 점 강우강도 R_P를 기준으로 한 것이다.

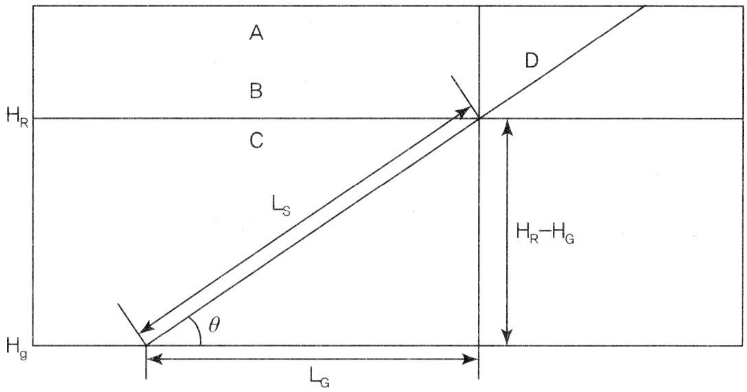

| 그림 7.11 | CCIR 모델 지구-우주 경로 기하도

그림 7.11은 CCIR 모델의 지구-우주 경로에 대한 기하도이다. H_g는 지구국의 해발고 [Km], H_R은 실효 강우고도, L_s는 강우고도 아래의 경사 경로길이, A는 결빙된 강우가 존재하고 B이하 C에서는 액상강우가 존재하게 된다. D는 지구-우주 경로를 나타내는 것이고 θ는 앙각이다. 앙각 θ값에 따라 L_S값에 차이가 생기고 실효 강우고도 H_R값은 지구국의 설치위도 (ψ)에 따라 다음과 같이 구해진다. 여름동안의 평균 0°C의 등온선고도 H_o는

$$3.0 + 0.028 \cdot \psi\,[km]\ ;\ 0 < \psi < 36^\circ \qquad \text{(식 7.59)}$$

$$4.0 - 0.075(\psi - 36)\,[km]\ ;\ \psi > 36^\circ \qquad \text{(식 7.60)}$$

비가 내리는 상태에서의 0°C 등온선고도 H_o는

$$\begin{aligned} &0 < \psi < 23^\circ : 5\ [\mathrm{km}] \\ &\psi \geq 23^\circ : 5 - 0.075(\psi - 23)\ [\mathrm{km}] \end{aligned} \qquad \text{(식 7.61)}$$

의 근사값을 갖으며 적도 부근에서 5km, 위도 35°에서 약 4km로 감소하며 위도 60°에서 약 2km로 감소한다. 실효 강우고도 H_R은 그림 7.8의 등온선고도를 사용해도 된다.

경사 경로 길이 L_s는

$\theta \geq 5°$인 경우

$$L_s = \frac{(H_R - H_g)}{\sin\theta} \text{ [km]} \quad \text{(식 7.61)}$$

$\theta < 5°$인 경우

$$L_s = 2\frac{(H_R - H_g)}{\left[\sin^2\theta + \frac{2(H_R - H_g)}{E}\right]^{\frac{1}{2}} + \sin\theta} \text{ [km]} \quad \text{(식 7.61)}$$

여기서 E는 지구의 등가 반경으로 8500km이다.

다음 경사 경로길이 L_s에 대한 기본적인 감쇠계수 r_p는

$$r_p = \frac{1}{\left(1 + \frac{L_G}{L_o}\right)} \quad \text{(식 7.62)}$$

$$L_o = 35 \cdot \exp(-0.015 \cdot R_{0.01}) \quad \text{(식 7.63)}$$

이상에서 설명한 것을 토대로 하여 전체적으로 공식을 정리하면 초과 감쇠값은 $aR_p^b \cdot L_s \cdot r_p$로 구해지며

앙각 $\theta \geq 5°$인 경우

$$A_{0.01} = aR_{0.01}^b \frac{(H_R - H_g)}{\sin\theta} \cdot \frac{LG}{L_G + (\frac{L_g}{L_o})\left[\frac{(H_R - H_s)}{\sin\theta}\right] \cdot \cos\theta} \quad \text{(식 7.64)}$$

앙각 $\theta < 5°$인 경우

$$A_{0.01} = aR_{0.01}^b \frac{2(H_R - H_g)}{\left[\sin^2\theta + \frac{2(H_R - H_g)}{E}\right]^{\frac{1}{2}} + \sin\theta} \cdot L_G \cdot \frac{\left[\sin^2\theta + \frac{2(H_R - H_o)}{E}\right] + \sin\theta}{L_G + \left(\frac{L_G}{L_o}\right) \cdot [2(H_R - H_g) \cdot \cos\theta]} \quad \text{(식 7.65)}$$

가 된다.

$A_{0.01}$외의 평년 백분율에 대한 감쇠값은 $A_{0.01}$값을 이용하여 다음과 같이 계산할 수 있다.

$$A_p = A_{0.01} \cdot 0.12 \cdot P^{-(0.546 + 0.043 \log P)} \quad \text{(식 7.66)}$$

여기서 인자는 1%, 0.1%, 0.01%, 0.001%에 대해 각각 0.12, 0.38, 1.0 및 2.14를 사용한다. 이것은 다음 식에 의해서도 계산할 수 있다.

$$A_P = C \cdot A_{0.01}(P/0.01)^{-\alpha} \quad \text{(식 7.67)}$$

$0.001 \le P \le 0.01$;C=1.0, a=0.33

$0.01 \le P \le 0.1$;C=1.0, a=0.41

$0.1 \le P \le 1.0$;C=1.3, a=0.50

이상의 공식에서 a와 b값은 각각 표 7.9의 값에 해당되며 특정감쇠 aR_p^b는 그림 7.12, 초과 강우강도는 그림 7.13과 표 7.9를 이용하여 구한다.

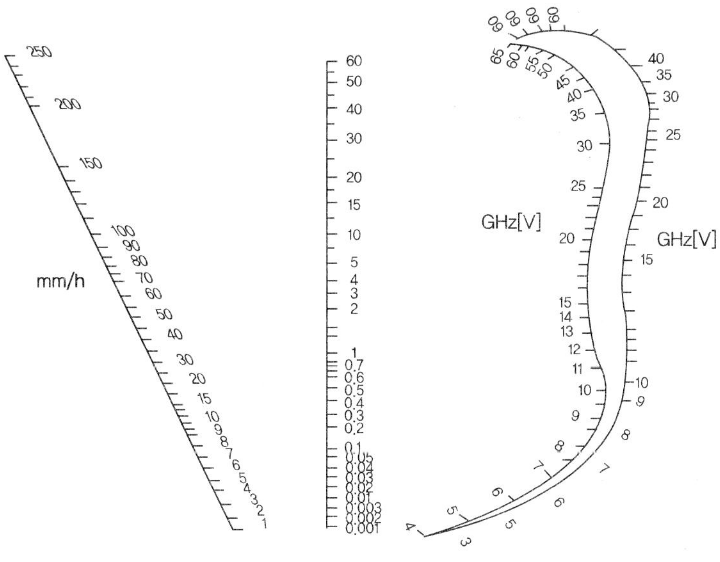

| 그림 7.12 | 강우에 의한 특정감쇠

이상의 공식에 의하여 감쇠값을 계산하는 절차는 1단계로 그림 7.13에서 기후대, 표 7.9에서 강우강도 R_P를 택하고 2단계로 그림 7.8 또는 다음 공식에 의해 지구국 위도 ψ로부터 강우 실효고도 h_R을 결정한다.

$0 < \psi < 36°;\ 3.0 + 0.028 \cdot \psi\ \text{[km]}$ (식 7.68)

$\psi \geq 36°;\ 4.0 - 0.075(\psi - 36)\ \text{[km]}$ (식 7.69)

$H_R = H_g \cdot \rho_b$

$\psi \leq 36°;\ \rho_p = 0.6$ (식 7.70)

$20° < \psi < 40°;\ \rho_p = 0.6 + 0.02(\psi - 20)$ (식 7.71)

$\psi \geq 40°;\ \rho_p = 1.0$ (식 7.72)

또는 $H_R = 5.1 - 2.15\log[1 + 10(\psi - 27)/252]$

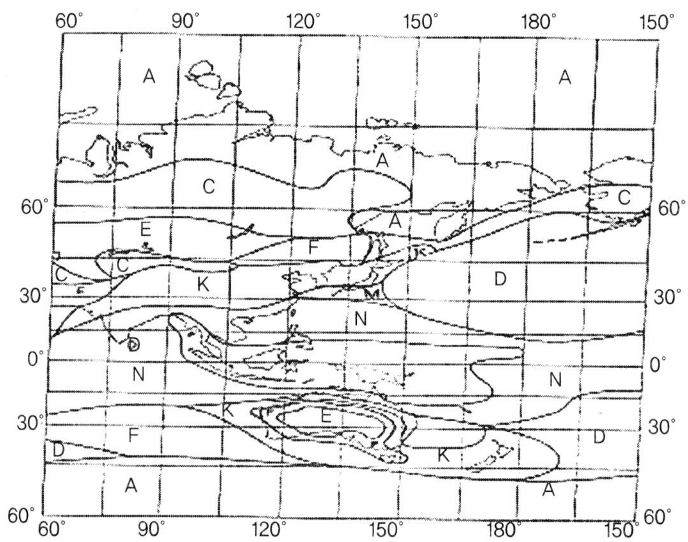

| 그림 7.13 | CCIR 모델 초과 강우강도 지형도

3단계부터는 다음과 같이 구한다.

- 3단계

경사 경로길이와 이 길이의 투영 및 감소요소 결정

$\theta \geq 5°$

$$L_s = \frac{(H_R - H_g)}{\sin\theta}\ \text{[km]} \quad \text{(식 7.73)}$$

$$r_p = 90/(90 + 4 \cdot L_G)(r_P : \text{감소요소}) \quad \text{(식 7.74)}$$

$$L_G = L_S \cos\theta \qquad \text{(식 7.75)}$$

- 4단계

표 7.8에서 특정 감쇠계수를 구해서 a와 b값 계산

$$a = [a_H + a_V + (a_H - a_V)\cos^2\theta\cos 2\tau]/2 \qquad \text{(식 7.76)}$$

$$b = [a_H + b_H + a_V b_V + (a_H b_H - a_V b_V)\cos^2\theta\cos 2\tau]/2 \qquad \text{(식 7.77)}$$

※ τ : 편파형태 (원편파 45°, 수평편파 0°, 수직편파 90°)

- 5단계

연평균 0.01%를 초과하는 감쇠계산

$$A = aR^b \cdot L_s \cdot r_P \qquad \text{(식 7.78)}$$

- 6단계

연평균 P%를 초과하는 감쇠계산

$$A_P = C \cdot A_{0.01}(P/0.01)^{-a} \qquad \text{(식 7.79)}$$

$0.001 \leq P \leq 0.01$;C=1.0, a=0.3

$0.01 \leq P \leq 0.1$;C=1.0, a=0.41

$0.1 \leq P \leq 1.0$;C=1.3, a=0.50

또는

$$A_P = A_{0.01} \cdot 0.12P^{-(0.546 + 0.043\log P)} \qquad \text{(식 7.80)}$$

| 표 7.8 | 편파별 특정 감쇠계수 a와 b

주파수 (GHz)	a_H	a_V	b_H	b_V
	0.0000387	0.0000352	0.912	0.880
1	0.000154	0.000138	0.963	0.923
2	0.000650	0.000591	1.112	1.07
4	0.00175	0.00155	1.31	1.27
6	0.00454	0.00395	1.33	1.31
8	0.0101	0.00887	1.28	1.26
10	0.0188	0.0168	1.22	1.20
12	0.0367	0.0347	1.15	1.13
15	0.0751	0.0691	1.10	1.07
20	0.0124	0.113	1.06	1.03
25	0.187	0.167	1.02	1.00
30	0.263	0.233	0.979	0.963
35	0.350	0.310	0.939	0.929
45	0.442	0.393	0.903	0.897
50	0.536	0.479	0.873	0.868
60	0.707	0.642	0.826	0.824
70	0.851	0.784	0.793	0.793
80	0.975	0.906	0.769	0.769
90	1.06	0.999	0.753	0.754
100	1.12	1.06	0.743	0.744
120	1.18	1.13	0.731	0.732
150	1.31	1.27	0.710	0.711
200	1.45	1.42	0.689	0.690
300	1.36	1.35	0.688	0.689
400	1.32	1.31	0.683	0.684

| 표 7.9 | CCIR 모델 강우강도 분포값 [mm/h]

시간율 (%)	A	B	C	D	E	F	G	H	J	K	L	M	N	P	Q
1.0	0.1	0.5	0.7	2.1	0.6	1.7	3	2	8	2.85	2	4	5	12	24
0.3	0.3	2.0	2.8	4.5	2.2	4.5	7	4	13	4.2	7	11	15	34	49
0.1	2	3	5	8	6	8	12	10	20	12	15	22	35	65	72
0.03	5	6	9	13	12	15	20	18	28	23	33	40	65	105	96
0.01	6	12	15	19	22	28	30	32	35	42	40	63	95	145	115
0.003	14	21	26	29	41	54	45	55	45	70	105	95	140	200	142
0.001	22	32	42	42	70	78	65	83	55	100	150	120	180	250	170

7.4.2 주요 모델의 실효 경로길이 요소 비교

이상에서 언급한 이외의 The Rice-Holmberg(R-H) 모델, Dutton-Dougherty 모델, The two-component 모델, piecewise Uniform Rain Rate 모델 및 The Lin 모델들은 주로 경사경로 길이 값에서 차이를 가지고 있다. 여기서는 이 중 몇 가지 모델에 대한 실효 경로길이를 비교해 보기로 한다.

(1) Global 모델

1) 평균경로 기법

$$L_e = \frac{H}{\sin\theta}\gamma(D)R_p^{-\delta(D)} \tag{식 7.81}$$

R_p : 점 강우율

H : 0°C 등온선고도

D : Bascal 길이

γ, δ : 평균경로 요소

2) 가변 등온선기법

$$L_e = \frac{1}{\cos\theta}\left[\frac{e^{uzb}-1}{ub} - \frac{x^b e^{yzb}}{yb} + \frac{x^b e^{yDb}}{yb}\right] \tag{식 7.82}$$

L_e 값은 u, x, y와 z값이 R_p의 함수이므로 이것도 R_p의 복수함수가 된다.

(2) LIN 모델

$$L_e = \frac{4}{\sin\theta}\left[1 + \frac{4(R_p - 6.2)}{2636\sin\theta}\right]^{-1} = \frac{2636}{659\sin\theta + R_p - 6.2} \tag{식 7.83}$$

$\theta = 45^{\circ}$ 에서

$$L_e = 2636(460 + R_p)^{-1} \tag{식 7.84}$$

7.4.3 강우감쇠 보상방법

강우로 인한 전파 자속밀도의 초과감쇠를 보상하는 방법에는 송신기의 출력, 안테나 등을 조정하여 실효 방사전력을 감쇠값 만큼 올리는 고전력 시스템 방법과 초과감쇠를 일으키는 경로를 이의 영향을 받지 않는 다른 경로로 전화하는 경로 다이버시티 방법 또는 강우의 영향이 적은 주파수로 전환하는 주파수 다이버시티 방법 등이 있다. 초과감쇠 보상방법은 시스템 설계시 경제성과 신뢰성을 함께 고려하여 선택하여야 한다.

시스템의 신뢰성만 고려하면 경제적인 면이, 경제성만 고려하면 신뢰성이 저하될 수 있기 때문이다.

(1) 위성통신 경로 다이버시티 방법

1968년 Hogg는 위성통신 링크에 대하여 경로 다이버시티 방법을 사용할 것을 제안했다. 이 제안은 감쇠를 크게 일으키는 강우셀이 매우 제한적이고 또한 이 강우셀은 다른 셀에 근접하여 동시에 발생하지 않는다는 것을 가정하고 있다. 따라서 두 경로에서는 동시적으로 감쇠가 발생할 확률이 적은 것이다. 이 가정은 1970년에 서로 독립된 경로에서의 강우감쇠를 결정하기 위해 무선측위 잡음발사 측정을 이용하여 Wilson에 의해 시험되었고 1974년 Hodge에 의해 실제 위성통신 경로에 의해 시험되었다. 이들 실험에 의해 경로 다이버시티가 가우감쇠 현상 중에서 시스템 신뢰성을 개선하는데 효과적인 기법으로 확인 되었다.

주파수 다이버시티 방법은 강우 감쇠에 영향을 받지 않는 주파수를 기초로 한 것으로써 이 경우에는 동일 시스템에 10GHz 이상과 10GHz 이하의 채널이 할당되어 있어서 강우의 경우에는 우선순위가 높은 트래픽이 강우감쇠의 영향이 낮은 주파수로 전환되어진다. 따라서 채널용량은 그 트래픽의 부분에 대한 신뢰성을 유지하기 위해 감소되어진다. 즉 이것은 우선순위가 높은 모든 트래픽은 낮은 주파수로 할당하고 우선순위가 낮은 채널은 10GHz 이상을 할당하는 것이다.

이외에 각도 다이버시티는 하나의 지구국에서 서로 떨어진 궤도상에 위치한 위성으로 지구국-위성간 서로 다른 경로를 갖는 방식이다.

따라서 강우 셀이 지구국으로부터 어느 정도의 거리밖에 있는 경로상에서 발생하면 경로 다이버시티와 같은 효과를 얻을 수 있지만 강우 셀이 지구국 근처에서 발생하면 개선효과가 매우 미약하게 된다. 이 방식은 여러 개의 위성을 이용하여 다경로의 구성이 가능할 경우에 최대 효과를 얻는다.

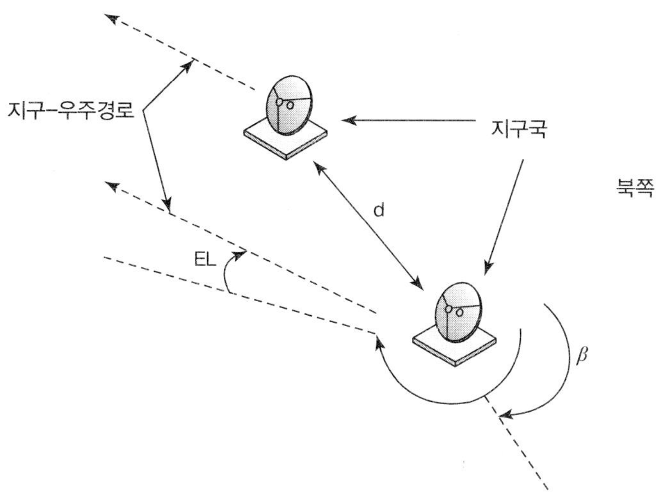

| 그림 7.14 | 경로 다이버시티 구성도

(1) 경로 다이버시티 이득 G_P와 다이버시티 개선도 I_P

그림 7.14는 경로 다이버시티 방법에 대한 구성도이다. 수 km로 떨어져 있는 2개의 지구국은 동이라한 트랜스폰더를 사용하고 지형적으로 "셀"이 작은 강우 발생 시에 강우가 동일 시간에 양쪽 지구국 모두에 같은 영향을 줄 확률이 적으므로 동시에 2국이 같은 값의 강우감쇠를 받지 않는다. 그림에서 시간 t에 1번의 지구국에서 받는 감쇠를 $A_1(t)$, 2번이 받는 감쇠를 $A_2(t)$라고 하면 결합감쇠 $A_{div}(t)$는

$$A_{div}(t) = [A_1(t),\ A_2(t)]\ [dB] \qquad \text{(식 7.85)}$$

한쪽 지구국에 대한 평균 감쇠를 $A_{ave}(t)$라 할 때

$$A_{ave}(t) = \frac{[A_1(t) + A_2(t)]}{2}\ [dB] \qquad \text{(식 7.86)}$$

가 된다. 경로 다이버시티 방법을 이상적으로 운용하기 위해서는 양 지구국에서 수신되는 하향 링크 신호를 모니터해서 이중 수신강도가 큰 쪽을 운용 모드로 선택하게 된다. 따라서 다이버시티 시스템은 지구국 한 개의 시스템으로 운용 시보다 대처 능력이 크다.

이때의 개선되는 능력의 정도는 다이버시티 이득 G_P와 다이버시티 개선도 I_D에 의해 측정된다. 다이버시티 이득 $G_D(p)$는 평균 단일 지구국 감쇠 $A_{ave}(p)$와 결합 강우감쇠 $A_{div}(p)$간의 차이며 괄호안의 p값은 초과 시간율을 나타낸다.

다이버시티 이득 $G_D(p)$는

$$G_D(p) = A_{ave}(p) - A_{div}(p)\ [dB] \qquad \text{(식 7.87)}$$

다이버시티 개선도 I_D는 단일경로의 초과 시간율 $T(A)$대 이 경로의 초과 시간율 $T_{div}(A)$의 비를 나타내는 것으로 주어진 가우 값에 대한 것이다.

$$I(A) = T(A) / T_{div}(A) \qquad \text{(식 7.88)}$$

즉, I_D는 경로 다이버시티를 사용함으로써 감쇠시간이 특정 감쇠값에서 어느 정도 개선되었는지를 나타내는 요소이다.

그림 7.15는 다이버시티 이득 G_D와 개선도 I_D와의 관계를 보여주고 있다. 위에서 보여준 식 G_D와 $I(A)$는 실험 데이터 분석을 위해 다음과 같이 일반화된다.

$$G_D(A) = A_{ave}(t) - A_{div}(t) \qquad \text{(식 7.89)}$$

$$I(A) = T_{ave}(A) / T_{div}(A) \qquad \text{(식 7.90)}$$

여기서 $A_{ave}(t)$는 시간율 t를 초과하는 평균단일 지구국 감쇠이고 $T_{ave}(t)$는 감쇠값 A를 초과하는 평균단일 지구국 시간율이다.

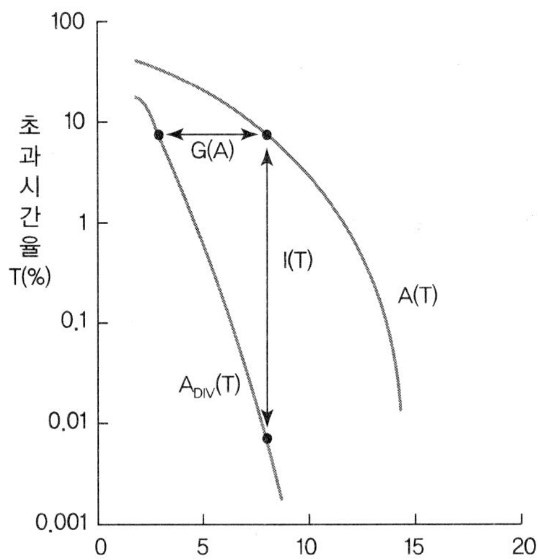

| 그림 7.15 | 다이버시티이득 G_D와 개선도 I_D

(2) 경로 다이버시티 설계요소

경로 다이버시티 설계요소는 지구국간 이격거리, 기준선 방향, 경로 앙각, 접속 링크 및 사용 주파수이다. 다이버시티 이득은 지구국의 이격거리 d와 매우 밀접한 관계를 가진다. 이 이득은 d가 10km 증가할 때까지 급격히 커지고 통산 10~30km 정도의 최대값에 도달할 때까지 서서히 증가한다.

평행 경로간의 수직저긴 이격은 지구국이 지표면 상에 있는 경로의 투영에 수직인 기준선 방향상에 위치하게 될 때 가장 크게 된다. 이 배열은 경로가 동일한 강우 셀을 통해 지나가는 확률을 최소화한다.

정해진 다이버시티 이득값을 얻기 위해 요구되는 이격거리는 경로 앙각이 작아지면 길어져야 한다. 이것은 앙각이 낮은 경우에 강우 셀에 경로가 교차하는 근사치가 증가되기 때문이다. 즉 다이버시티 이득은 앙각이 작아질수록 작아진다.

경로 다이버시티 시스템에서는 2개의 지구국간에 무선이나 유선에 의한 접속 링크를 구성해야 한다. 유선에 의해 구성하면 기상에 의한 영향은 받지 않지만 10GHz 이상의 무선주파수를 사용할 경우에는 그 영향을 고려해야 한다. 그러나 이 감쇠 정도는 기준선이 매우 길거나 기준선 방향이 위성 전파경로와 평행인 경우를 제외하고는 매우 작게 나타난다.

단일 경로상에서 초과되는 정해진 감쇠 레벨의 확률은 주파수와 매우 관련이 있지만 다이버시티 이득은 단일 지구국과 다이버시티 감쇠 레벨간의 차를 기초로한 조건적 통계이기 때문에 주파수와는 거의 무관하다. 실험적 측정결과 10~35GHz 주파수 범위의 링크 주파수에 대하여 다이버시티 이득은 경미한 역비례 관계를 보여주고 있는 것으로 되어 있다. 30GHz 이상의 주파수에서는 균일 가우 시스템에 의해 양 경로 상에서 동시에 나타나는 감쇠는 중대하게 될 수 있다. 즉 이것은 다이버시티 이득에 주파수 임계치가 있음을 나타내는 것이다.

(3) 다이버시티 이득 계산 실험 모델

다이버시티 이득 G_D의 계산은 단일 지구국 감쇠 A와 지구국간 이격 거리 d에 의해 다음 식으로 계산된다.

$$G_D = a'(1 \quad \exp(\quad b' \cdot d))\,[dB] \qquad \text{(식 7.91)}$$

여기서 a'와 b'는 단일 지구국 감쇠에 의해 결정되는 것으로 다음과 같다.

$$a' = A - 3.6 \cdot [1 - \exp(-0.24 \cdot A)]\,[dB] \qquad \text{(식 7.92)}$$

$$b' = 0.46 \cdot [1 - \exp(-0.26 \cdot A)]\ [dB] \quad \text{(식 7.93)}$$

이 모델은 단일 지구국 감쇠 A와 이격거리 d이외에 다음과 같은 요소를 포함시켜 개선되었다.

링크 주파수 : f

앙각 : θ

기준선대 경로각 : Δ

여기서 변수 Δ는 지구국간 기준선과 위성 전파 경로의 지상 투영간의 각도이다.

그림 7.14에서 $\Delta = |AZ - \beta'|$가 된다.

개선된 모델에서 다이버시티 이득 G_D는 $Gd \cdot Gf \cdot GE \cdot G\Delta$가 되며 여기서 Gd는 개선 전 모델의 이득과 같고 회귀계수는 다음과 같다.

$$a = 0.64 \cdot A - 1.6(1 - \exp(-0.11 \cdot A)) \quad \text{(식 7.94)}$$

$$b = 0.585 \cdot (1 - \exp(-0.98 \cdot A)) \quad \text{(식 7.95)}$$

나머지 요소들은

$$Gf = 1.64 \cdot \exp(-0.025 \cdot f) \quad \text{(식 7.96)}$$

$$Ge = 0.00492 \cdot \theta + 0.834 \quad \text{(식 7.97)}$$

$$G\Delta = 0.00177 \cdot \Delta + 0.887 \quad \text{(식 7.98)}$$

이 공식에서 d는 km, A는 dB, f는 GHz, θ와 Δ는 도이다.

7.5 링크 방정식

7.5.1 상향 링크

위성수신 안테나에서의 자속밀도 F는 다음과 같다.

$$F = \frac{P_t G_t}{4\pi R_u^2} \times L_u\ [W/m^2] \quad \text{(식 7.99)}$$

이 때 위성에서 수신된 변조 반송파 전력 P_u는

$$P_u = F \times A_s \qquad \text{(식 7.100)}$$
$$= F \times G_s \times \frac{\lambda_u^2}{4\pi}\ [W]$$

여기서 A_s는 위성 안테나의 실효면적, G_s는 위성 안테나 이득, λ는 상향링크 파장이다. 따라서 상향링크의 반송파대 잡음밀도비는

$$\frac{C_u}{N_{ou}} = \frac{P_u}{N_{ou}} = \frac{P_u}{k \times T_e} \qquad \text{(식 7.101)}$$

여기서 T_e는 실효입력 잡음온도 (°K)이다.

이 공식을 단위 dB로 나타내면

$$\left[\frac{C_u}{N_{ou}}\right] = [EIRP] + [FSL] + [G/T] + [ALU] - [k] \qquad \text{(식 7.102)}$$

$EIRP = 10\log P_t G_t\ [dBW]$, 지구국 $EIRP$

$FSL = 20\log\dfrac{(4\pi \times R_u)}{\lambda_u}\ [dB]$, 자유공간손실

$G/T = 10\log G_s/T_s\ [dB/k]$, 위성성능지수

$ALU = 10\log L_u\ [dB]$, 기타 손실

$k = 10\log k = -228.6\ [dB \cdot J/k]$

이 공식을 $\dfrac{C}{T_e}\left(k \times \dfrac{C}{N_o}\right)$로 나타내면

$$\frac{C_u}{T_{eu}} = 10\log P_t G_t - 20\log\frac{4\pi \times R_u}{\lambda_u} + 10\log\frac{G_{su}}{T_s} + 10\log L_u\ [dBW/k] \qquad \text{(식 7.103)}$$

7.5.2 하향 링크

상향 링크와 같은 방법으로

$$\frac{C_d}{T_{eu}} = 10\log P_s G_{sd} - 20\log\frac{4\pi \times R_d}{\lambda_d} + 10\log\frac{G_d}{T_d} + 10\log L_d - 10\log k \qquad \text{(식 7.104)}$$

R : 위성-지구국간 거리 [km]

λ_d : 하향링크 파장

G_d : 지구국 수신 안테나 이득

7.5.3 시스템 전체반송파 전력 대 잡음밀도비

위성 시스템에서 지구국에서의 전체반송파 전력 대 잡음 밀도비 (C/No)T는 상향링크 및 하향링크 반송파 전력 대 잡음밀도비의 합이 된다. 즉

$$\left(\frac{C}{N_o}\right)_T = \frac{1}{(N_{ou}/C_u)+(N_{od}/C_d)} \qquad \text{(식 7.105)}$$

7.6 우주통신

7.6.1 우주통신이란?

국제전기통신연합(ITU)에서 정의한 우주통신이란, 그 방식이 지상국에서 우주국으로, 우주국에서 우주국으로, 우주국에서 지상국으로 송신하는 3가지 방식이 있다. 이러한 무선통신 또는 수동방식에서는 우주비행체에 의한 전파의 방향을 이용한 지상국 사이의 무선통신 등으로 구분할 수 있으며, 이들 업무를 우주업무라고 한다.

이 중에서 우주국에서 지상국으로 송신하는 방식에 해당하는 것을 위성통신이라 하고, 지상국과 우주국으로 구성되는 시스템을 우주통신계라 한다. 여기서 말하는 지상국이란 지구표면(선박 등 이동하는 것을 포함)이나 비행하는 항공기에 설치되어 우주업무를 수행하는 국(局)을 말하며, 우주국이란 대기권 밖에 있으면서 우주업무를 수행하는 국을 뜻한다. 우주업무의 분야에는 우주공간을 이용한 통신 등의 연구, 방송이나 선박항행에 대한 이용, 기상관측에 대한 이용 등 광범위한 것이 포함된다. 또, 태양으로부터의 전파 잡음을 포함하여 우주공간으로부터의 전파 잡음을 수신하는 전파천문학을 위한 수신국은 전파천문국(電波天文局)이라 하여 다른 우주업무국과 구별되고 있지만 넓은 뜻으로는 우주통신에 포함된다.

(1) 우주통신의 역사

태양을 비롯하여 여러 천체로부터 끊임없이 여러 가지 전파가 지구에 도달되고 있으며, 이들이 통신용 전파에 미치는 영향에 대해 일찍부터 연구되어 왔다. 이것들은 우주잡음이라 불리며 통신에 사용하는 전파의 주파수를 선정할 경우, 이 우주잡음의 영

향을 가급적 피하여 잡음의 영향이 적은 주파수를 선택하게 되었다.

장거리통신에 애용되던 단파대전파가 델린저현상에 의해서 교란되는 효과의 주기성에 관심이 집중됨과 동시에 이온층의 물리학적 연구나 태양활동과의 상관성도 다년간에 걸쳐 연구되어 왔다. 근래에는 인공위성기술의 발달로 고층대기가 직접 관측되기 때문에 이러한 연구가 더욱 활발하여지고 통신기술도 향상되었다.

마이크로파(波)에 의한 통신은 직진성이 강하기 때문에 가시거리로 한정되므로, 중계 또는 반사체로서 달이나 운석을 사용하는 것이 창안되어 1959년 5월에는 달 표면을 반사체로 미국과 영국 사이에 전신전화의 송수신실험이 행하여졌다. 1958년 12월에 미국에서는 통신실험위성 스코어를 발사하여 아이젠하워 대통령의 크리스마스 메시지를 방송하였다.

인공위성을 마이크로파의 중계용으로 사용할 때, 인공위성의 금속표면에 의한 반사만을 이용하고 송신기에 의한 능동적인 송신을 하지 않을 때 이를 수동형이라 하며, 인공위성이 수신한 통신을 인공위성 내에서 처리·증폭하여 송신기에 의해서 재송신할 때 능동형이라고 한다.

미국에서는 1960년 8월에 알루미늄으로 뒤덮인 지름이 30m나 되는 에코라는 플라스틱 수동형 위성을 발사하기도 하였다. 레이더나 원격측정법 기술이 발달됨에 따라 여러 가지 개선이 있었고, 능동형을 선호하게 되었다. 비록 17일간에 불과하였지만 쿠리 에라는 능동형 위성이 36만 단어의 텔레타이프 신호를 600~700마일 거리에서 녹음하여 재송신하였다.

1962년에는 텔스타 위성과 릴레이 위성이 여러 가지 통신을 중계하게 되었으며, 미·일간의 통신도 일본의 KDD지상국을 거쳐 이루어지게 되었다(1963년 11월 케네디 암살보도). 1963년 2월에 정지형 통신위성 신콤 1호와 2호가 발사되었다. 1964년 8월에 세계상업통신위성을 위한 기구가 마련되고, 7193년에는 이 기구가 국제전기통신위성기구(INTELSAT)로서 항구적인 조직체가 되어 세계 100여 개국 이상이 가맹하여 규모가 큰 활동을 하고 있으며, 러시아 권에서는 인터 스푸트니그(Inter Sputnik)라는 조직을 결성하여 우주통신업무를 하고 있다. 유럽지구의 방송중계와 통신을 위하여 프랑스와 독일(서독)이 협력하여 심포니 위성을 발사하였다. 이러한 상업용보다 미국과 러시아의 군사 및 첩보용 위성 수가 더 많다.

(2) 우주통신의 방식

우주통신의 방식은 크게 분류하여 지상국에서 우주국으로, 우주국에서 우주국으로, 우주국에서 지상국으로 송신하는 무선통신 또는 수동방식에서는 우주비행체에 의한 전파의 방향을 이용한 지상국 사이의 무선통신 세 가지이다.

① **일반 인공위성을 우주국으로 하고, 이것과 지상국 사이의 통신을 위한 제 1의 형식** : 인공위성에 탑재하는 통신기기에는 인공위성이 우주에서 임무를 수행함으로써 얻어지는 데이터를 지상국에 송신하기 위한 목적의 기기와 위성 내의 상황을 계측함과 동시에 지상국이 위성의 위치를 파악하는 데 이용하기 위한 전파를 보내는 것 외에, 지상국으로부터의 지령을 받아 위성의 동작이나 궤도를 제어하기 위한 것의 두 계통이 있다. 1을 미션계, 2를 원격측정법계 및 추적지령계라 한다.

- **미션계**란 목적을 위한 본연의 업무를 위한 시스템을 말하는데, 과학위성의 경우라면 우주공간에서 여러 가지 과학관측을 하여 얻은 데이터를 기록해 두고, 지상국으로부터의 지령에 따라 데이터를 송신하는 시스템이며, 통신위성을 예로 들면 지상국으로부터 보내오는 통신을 받아 이것을 특정지상국을 향해서 중계 송신하는 시스템이다.
- 2의 **원격측정법계**는 위성 내의 전원·온도 등의 상황, 태양이나 지구와의 방위 등 위성 운용상의 기초데이터를 보내서 지상국이 위성을 감시할 수 있게 하기 위해서 있으며, 또 **추적지령계**는 전파에 의해서 위성의 위치를 지상에서 파악하기 위해 사용된다. 지상국과 우주국 사이에는 쌍방통신이 이루어지는데, 서로 다른 주파수를 채택하여 혼신을 피한다. 또 1과 2도 물론 다른 주파수를 사용하므로, 송수신에 사용하는 안테나계도 그 주파수에 적합한 것이 준비된다.

보통 인공위성에 쓰이는 전력은 태양전지의 기전력효과에 의해 2차전지의 충전이 이루어지고, 제어장치를 통해서 여러 기기에 보내지게 된다. 안테나 등을 포함한 통신기기가 신뢰도가 높아야 할 것은 물론이지만, 1970년대에 발사된 통신위성은 5~7년의 장기에 걸쳐 안정된 작동 수명을 가져야 한다는 것이 설계기준으로 되어 있다. 또 당연한 일이지만 부피와 무게도 현저하게 제한될 뿐 아니라 발열이 낮고 내진성이 높아야 한다는 것 등이 요구된다.

② **제 2의 우주통신업무인 우주국 사이의 통신은 스페이스 셔틀(space shuttle:우주왕복선)의 시대를 맞아 더욱 활발해지고 있다.** 스페이스 셔틀은 대량의 우주비행물체를 궤도에 수송하고 그것들을 제어함으로써, 지상국과 스페이스 셔틀 사이뿐만 아니라 셔틀과 우주비행체 사이는 대량의 정보전송계로 다각적으로 연결되게 된다. 또 1980년대에는 지금까지 지상국에서 행해지고 있던 인공위성 등의 궤도비행체에 대한 추적·관제가 전용 위성에 의해서 이루어지게 되었으므로, 우주국 사이의 통신이 더욱 활발해지고 있다.

③ **행성탐측에서도 모탐사기는 행성궤도 주변에 있고, 자탐사기만이 행성표면에 내**

려가서 관측데이터를 모탐사기에 보내고, 모탐사기는 그것을 증폭하여 지상국에 송신하는 방식이 사용되고 있다. 제 3의 우주통신업무인 지상국간 통신의 우주국에 의한 중계업무는 물론 통신위성이 중심이 되는데 이것은 정지형이 표준으로 되어 있다. 초기의 통신위성은 전화 50회선 또는 텔레비전 1채널 정도의 중계능력을 소유하는 데 불과하였으나, 1980년 이후에 운용되는 인텔샛 5호급 위성에서는 전화 1만 2,000회선, 텔레비전 2채널을 처리할 수 있는 대용량의 것으로 발전하였다. 정지형 위성을 고속통신회선으로 이용하게 되었을 뿐 아니라, 매리샛(Marisat) 위성처럼 이동선박과 지상국 사이의 통신 중계를 전담하는 시스템(해사위성)이 1976년부터 실용화되었다. 또 국제항로를 비행 중인 항공기와 지상국 사이를 연결하는 에어러샛 위성도 있으며 81년 말 현재 전체 인공위성의 발사수는 2,500개에 달한다. 이와 같이 다양한 각종 우주통신용 시스템이 출현함에 따라 몇 가지 문제가 표면화하였다. 그 하나는 주파수 사용상의 제이 엄격해졌고, 상호혼신이나 간섭의 가능성이 증대되었다는 것이다. 또 다른 문제로서 적도 상공에 있는 정지위성궤도가 점차 혼잡하게 되어 머지않아 상호혼신이나 위치부족이라는 사태가 발생될 것이 예측되므로, 각종의 통신 업무를 총괄하는 연립우주국 설립을 구상하고 있다. 이 구상에 따르면 스페이스 셔틀로 건설자재를 운반하여, 그것들을 집합 조립한다는 것인데, 각종 용도에 따른 다수의 안테나와 공동의 대전원을 준비해서 통신 업무를 할 것을 목표로 하고 있다. 이 다기능의 통신위성이 출현하면 여러 위성의 기능이 이것에 집중되어 궤도의 보다 다각적인 이용이 가능할 뿐 아니라, 능률이나 운영상의 개선이 예상되어 경영단가도 절감될 것으로 보고 있다.

(3) 우주통신의 미래

현재의 우주통신은 태양계 내부에 한정되고 있지만, 미래에 있어서는 태양계 외의 항성계나 태양계 밖에 있는 인공위성을 대상으로 하는 초원거리 우주통신이 가능할 것이다. 이를 항성간 통신이라 하는데, 가장 큰 문제는 송신에 막대한 에너지가 필요하고, 어디서나 알아들을 수 있는 우주언어가 없다는 점이다.

7.6.2 우주공간을 이용한 무선통신

우주공간을 이용한 무선통신. 인공위성·달·행성 등의 우주비행체간의 통신, 우주비행체와 지상과의 통신 및 우주비행체를 매개로 한 지구상의 원격지점간의 통신 등이 있다. 이중 인공위성을 매개로 한 지구상의 원격지점간의 통신을 위성통신 또는 우주중계라고 한다. 위성통신은 전화, 텔레비전의 국제간 중계, 해상의 선박간의 해사위성통신 등에 널리 이용되며 위성방송도 이루어지고 있다. 인공위성과 지구와의 통신은 기상위성·자원탐사위성 등의 지구탐사위성에서의 관측데이터의 전송, 인공위성의 상태검사나 지령을 행하기 위한 텔레메트리커맨드통신에 사용되고 있다. 또 매리너 · 바이킹 · 보이저와 같은 행성탐사기와의 교신은 인류가 행한 가장 장거리의 통신인데, 배경잡음에 파묻힌 미약한 수신신호를 찾아내서 포착하는 위상동기수신기나 수신된 정보의 오류를 수정하는 오류수정코드를 사용한 것보다 특별히 감도가 높은 수신방법이 실현되었다. 우주비행체간의 통신은 아폴로계획의 달착륙선과 사령선과의 교신 정도로 그 예가 적지만, 앞으로 지구탐사위성이나 스페이스셔틀의 오비터와의 통신에 많이 이용될 것이다. 이것을 행하는 데이터중계 시스템은 정지위성을 매개로 하여, 보이지 않는 시간이 많은 저(중)고도위성과 지구상과의 통신으로 이루어지는데, 이에 따라 통신 가능한 시간이 대폭 늘어난다. 우주통신에는 보통 대기감쇠가 적으며, 동시에 전리층을 통과하는 1~30GHz의 주파수가 쓰인다.

Chapter 8

채널 특성별 시스템 구현 사례

8.1 Ray-tracing을 이용한 OFDM channel 모델링

최근 Wireless 환경에서는 고속 데이터 전송에 대한 요구와 많은 사용자의 동시 접속의 요구가 커지면서, 한정된 주파수를 좀 더 효율적으로 사용할 수 있도록 하기 위해 많은 연구가 진행되고 있다. 이러한 요구에 만족하는 것의 하나로써 대두되는 것이 위의 장점들을 가지고 있는 OFDM system이다. OFDM는 nano-sec라는 짧은 신호와 넓은 대역폭을 가지며 USB와 같은 대용량의 정보를 50Mbps 이상의 빠른 속도로 무선으로 전송할 수 있다는 장점을 가지고 있다. 또한, 차세대 무선 멀티미디어의 구현에 있어서도 상당한 장점을 가지고 있으며, 높은 속도를 필요로 하는 여러 분야에서 응용되어 사용될 수 있다. 아울러 최근 FCC에서 방사전력 허용한도에서 OFDM기기의 상용화를 허용하여, IEEE 그룹에서 표준화 작업이 거의 마무리 되어가고 있다. 이런 추세에 따라 향후 OFDM 시스템은 Ubiquitous 세상에 있어서 뿐 아니라 4G에서도 필수적인 구성요소가 될 것이다. 이러한 필요에 따라 우리는 OFDM시스템에서의 채널이 매우 중요할 것이다. OFDM 시스템의 설계에 앞서 시스템의 성능을 분석하고, 그 성능을 향상하기 위해서는 우선 채널 모델링 과정이 필요하다. 채널 모델링은 통신 시스템의 성능을 평가하는 것으로써 실제 동작 환경에서 수신되는 신호의 형태를 시뮬레이션 해 보는 것이다. 실내 채널 모델링에서는 전송 신호가 수신 단에 도착 하는 동안 물체와 벽면의 반사에 의해 여러 경로를 통해 도달하게 된다. 이런 수신 신호는 다중경로를 통해 수신단에 도달하는 동안 왜곡되어 도달하게 된다. 이러한 부분들을 모두 고려해서 실제 측정값과 비교적 정확하게 구현하는 것은 매우 어렵다. 그래서 이 절에서는 Ray-Tracing이라는 실내 채널 환경에서는 가장 정확하게 구현되는 알고리즘을 이용하여 Simulator를 구현 후 더 나아가 실제 고속 무선 멀티미디어 시스템의 환경으로 확장을 하는 방법을 통해 시뮬레이터 구현을 시도했다. 그래서 신호를 직접 구현한 Simulator를 통해 전송하고 다시 복원하는 작업을 통해서 또 한 가지 채널 방식이 아닌 여러 가지의 채널과 Modulation 방식 역시 다변화할 수 있는 시뮬레이터를 구현하여 실제 고속 무선 멀티미디어 채널 환경에서 구현되는 모습을 한 모습에 알아볼 수 있도록 구현하였다.

8.1.1 채널 모델링 수행 방법

우선 Ray-tracing 알고리즘을 이용한 OFDM channel simulator를 구현하는 과정에 있어서 반사 계수나 path loss, ray-tracing 알고리즘의 구현은 수학공식의 구현라고 할 수 있다. 여기에 실내 환경을 최대한 실외적인 요소를 주기 위해서 우리는 Doppler effect를 이용하여 실내 환경 모델을 실외 환경의 고속 무선 멀티미디어 시스템 환경으로 제작한다.

(1) 좌표를 통한 위치 해석

ray가 벽이나 장애물을 만났을 때 그 접점의 좌표 값을 알아내서 그 다음 진행 경로를 결정하는데 사용한다.

(2) 시뮬레이터의 3차원적 구성

실내 환경을 실제 환경처럼 3차원으로 구성하여 시뮬레이터를 구현한다.

(3) 화면을 작은 셀들로 나누는 방법

ray의 진행을 나타내는 방법으로 화면을 아주 작은 셀들로 나누어 표현한다.

(4) BER Curve의 표현 방법

변조방식과 채널의 변화에 따른 각각의 SNR 값에 따른 BER 값을 하나의 그래프로 표현한다.

8.1.2 채널 모델링 원리 및 구현 방법

(1) 원리

① 임의의 공간을 가정

② 임의의 위치에 장애물(건물) 설정

③ 임의의 위치에 수신/송신단 설정

④ 수신단에서 Ray를 방사한 후 건물에서 반사, 투과되는 Ray의 양을 계산

⑤ 측정 결과 분석

임의의 실외적 무선 환경 공간을 가정한 시뮬레이터 화면상에 송신단과 수신단이 존재하고 여러 개의 건물 벽이 존재한다. 시뮬레이터의 start버튼을 누르면 송신단에서 송신단 자신을 중심으로 무수히 많은 신호가 방사된다. 방사된 신호들은 각각 자신의 진행 경로대로 진행하다가 건물 콘크리트 벽이나 장애물들을 만날 수 있다. 이렇게 진행한 신호들 중에 자신의 경로가 수신단을 향해 진행한 신호들만이 수신단에 들어가게 된다. 이렇게 들어온 신호들의 진행 거리와 수신단까지 진행하는데 걸린 시간, Multi-path loss 등을 데이터로 받아서 ray-tracing 알고리즘에 대입해서 나온 결과 값을 시뮬레이터의 창에 그래프로 나타내게 된다. 이 결과 그래프를 송신된 신호와 비교함으로써 OFDM 신호가 무선 환경에서 전송됨에 따라 어떠한 특성의 변화를 겪는지 예측할 수 있고 실제 실험 등에 의한 측정값과 비교할 수 있다. 반사계수, 투과계수, ray-tracing 알고리즘과 같은 수학적 함수들은 C++로 구현했고 시뮬레이터의 전체 플랫폼과 수학적 알고리즘에 의한 결과를 시뮬레이터 화면에 나타내기 위한 연결 작업 등은 visual C++을 이용하여 구현하였다.

(2) 실제 구현 방법

1) Ray Tracing Algorism

주로 투명한 물체에 대해 그 표면의 빛 반사나 굴절로 인해 생기는 그림자 또는 물체의 표면 주위에 비쳐 드는 것 등을 표현하는 컴퓨터 도형의 기법. 스크린상의 픽셀 처리 단위로, 처리 순서는 다음과 같다.

① 스크린상의 한 점을 선택하여, 시점(視點)과 그 점을 통하는 직선(Ray)이 통하는 직선도를 작성한다.

② Ray와 각 모델 간의 교차점을 조사하여 각 교차점 중 가장 가까운 시점의 점을 교차점으로 채용한다.

③ 레이와 교차한 물체가 반사 속성이나 투명 속성을 가지고 있는 경우, 반사광과

굴절광에 대해서 광의 물리 법칙에 따라 레이를 다시 설정한다.

④ 다시 b의 처리를 한다.

⑤ 4번 이상 같은 처리를 할 경우 Ray를 소멸시킨다.

2) 시뮬레이션 환경 설정

도심지에서의 송수신 환경을 만들기 위해 도로, 투과성이 있는 건물과 없는 건물, 높거나 낮은 건물들을 장애물로 설정한다. 송신단에서 전송되는 신호는 BPSK, QPSK, 16QAM, 64QAM의 변조 방식과 이외 OFDM 일련의 과정을 거쳐 송신되고, 수신단까지는 장애물을 통과하는 과정과 채널(Gaussian, Rayleigh)을 통과하는 과정으로 나뉘어 잡음이 섞이게 된다.

$$f_x = \frac{1}{\sqrt{2\pi\sigma^2}} exp[-\frac{(x-m)^2}{2\sigma^2}] \quad \text{Gaussian PDF}$$

$$f_R(r)\begin{cases} \frac{r}{\sigma^2} exp[-\frac{r^2}{2\sigma^2}] & , r \geq 0 \\ 0 & , r \leq 0 \end{cases} \quad \text{Rayleigh PDF}$$

수신단으로 들어온 신호는 다시 전송 과정의 반대 과정을 거쳐 원래 신호로 복원된다.

3) 동작 과정

Modulation 방식과 Channel을 선택한 후 Start 버튼을 누르면, Modulation 방식을 통해 신호가 변조되고 IFFT 과정을 거친 후 CP가 삽입되어 전송된다. 송신단에서 360°로 Ray를 보내면서 투과성이 없거나 높은 건물과 부딪힐 경우와 장애물 없이 지나칠 경우 2가지로 나누게 되어 동작을 하게 된다.

우선 건물과 부딪힐 경우 일정한 각도 이하이면 그곳까지 선을 그리고, Ray는 반사되어 다른 방향으로 보내지며, 일정각도 이상이면 소멸시키고 그곳까지 선을 그린다.

장애물 없이 지나칠 경우는 Random하게 외부에서 반사와 흡수가 결정되어 장애물과 부딪힐 경우와 마찬가지로 Ray를 반사 또는 소멸시킨다. 이렇게 반사된 Ray는 총 반사가 4회 이상이 되면 소멸되게 프로그램되어 있다. 단, 프로그램내의 모든 방사패턴을 출력하게 되면 식별이 불가능하게 되어 일부 Ray는 출력하지 않았다.

수신단으로 들어온 신호는 CP를 제거하고, FFT 과정을 거친 이후 Demodulation 하게 된다.

그리고 Demodulation된 값과 송신단에서 전송된 신호와 비교하여 Error Rate을 구하게 된다. 구해진 Error Rate는 각각의 변조 방식에 따라 파일에 저장되어진다. 이후 View BER 버튼을 누르면 텍스트 파일에 저장된 Error Rate를 불러들여 그래프로 출력하게 된다.

(3) 반사/투과 계수에 관한 고찰

1) 반사계수

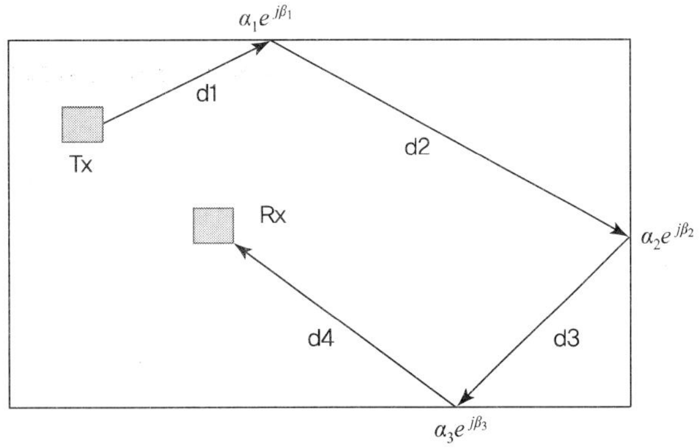

| 그림 8.1 | 실내 환경 및 반사계수

송신단에서는 $\cos(2\pi f_0 t)$의 CW 신호를 전송하였고, 3번 벽에 반사된 후 수신단에 도달하였다. 각각의 벽에 대한 반사계수가 $\alpha_1 e^{j\beta_1}$, $\alpha_2 e^{j\beta_2}$, $\alpha_3 e^{j\beta_3}$일 때 이 경로에 대한 반사계수는 $\alpha_1\alpha_2\alpha_3 e^{j(\beta_1+\beta_2+\beta_3)}$가 된다. 이 경로가 k번째 경로인 경우 $\alpha_{n,k} = \alpha_1\alpha_2\alpha_3/d$가 되고 $\theta_{n,k} = \beta_1+\beta_2+\beta_3$가 된다. 여기서 $d = d_1+d_2+d_3+d_4$이며 송신전력에 비례하는 스케일링 상수는 1로 가정하였다. 그러므로 $\alpha_{n,k}$, $\theta_{n,k}$를 결정하기 위해서는 첫째로 실내 환경이 설정 되어야 하고 각 벽면에서의 반사계수를 모두 찾아야 한다. 그림 8.1로 주어진 환경에 대해서 $\alpha_{n,k}$, $\theta_{n,k}$를 구하는 과정은 다음과 같다. 채널환경을 간단히 하기 위해서 벽 두께가 두꺼워서 벽을 투과한 파가 벽의 반대편에서 반사되어 다시 방으로 들어오는 파는 전력이 거의 무시될 정도로 작은 것으로 가정하였다. Vertically polarized된 파가 벽면에 입사된 경우의 반사계수는 다음과 같다.

$$\Gamma = \frac{\eta_2\cos\theta_i - \eta_1\cos\theta_t}{\eta_2\cos\theta_i + \eta_1\cos\theta_t} \tag{식 8.1}$$

여기서 θ_i와 θ_t는 입사각과 굴절각을 나타내며 η_1, η_2는 각각 자유공간과 콘크리트 벽에 대한 intrinsic impedance로서 $\eta = \sqrt{\dfrac{\mu}{\varepsilon - j\dfrac{\sigma}{2\pi f}}}$ 에 의해 표현할 수 있다.

여기서 ε, μ, σ는 각각 유전율(permittivity), 투자율(permeability), 전도율

(conductivity)을 나타낸다. ε는 $\varepsilon = \varepsilon_r \varepsilon_0$일 때 공기는 $\varepsilon_r = 1$, 콘크리트는 $\varepsilon_r = 5$ 그리고, $\varepsilon_0 = \frac{10^{-9}}{36\pi}$를 공통으로 사용한다. μ는 $\mu = \mu_r \mu_0$일 때 공기와 콘크리트는 모두 $\mu_r = 1$, $\mu_0 = 4\pi * 10^{-7}$을 공통으로 사용한다. σ의 경우는 공기는 10^{-17}을 콘크리트는 10^{-1}을 사용한다. $\cos\theta_t$는 snell's law에 의해 구할 수 있다. 공기의 η_1은 거의 실수 값을 가지며, 콘크리트의 η_2은 f값이 클 경우 거의 lossy 성분이 없는 실수 값에 가깝게 된다. 이 경우 반사계수 Γ의 위상은 입사각에 거의 무관하게 180°에 가깝게 된다. 이는 전반사에 해당하는 것으로 (식 8.1)에서 i, j에 관계없이 $\theta_{i,t} = \pi$인 경우로서 이때 $r(t)$는 $r(t) = -\sum_k b_k * s(t - \tau_k)$ (b_k: 양의 정수) 형태가 된다. 즉, 다중 경로 성분들이 모두 위상이 π만큼 천이되어 x축에 대칭된 형태를 갖게 된다.

2) 투과 계수

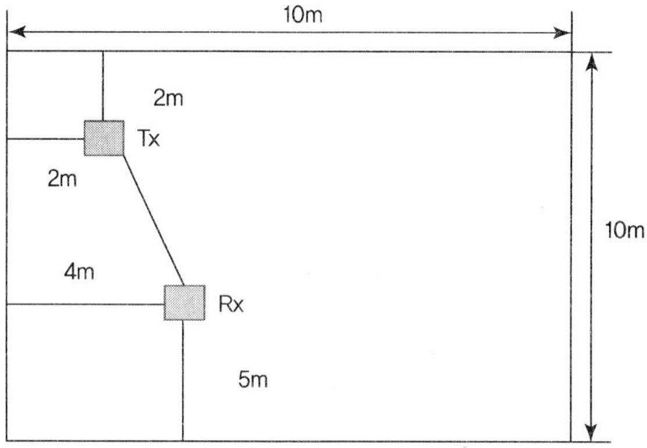

| 그림 8.2 | 벽면이 있는 경우 실내 환경

송신단에서 수신단까지의 경로에 대한 장애물이 존재할 때에는 그 유전체의 투과계수를 고려해야 한다. 장애물의 두께가 아주 두꺼우면 투과계수를 고려하지 않아도 되지만, 두께가 수 cm가 되면 투과한 전파도 무시할 수 없기 때문에 수신신호를 얻기 위해서는 유전체에 대한 투과계수도 고려해야만 한다. 그림 8.2는 Slab 모델을 이용하여 투과계수를 구하는 방법을 나타낸다. 다음은 유전체를 통과한 후의 전파에 대한 총합을 나타낸 식이다.

$$T_{slab} = \frac{(1-\Gamma^2) p_d \, p_t}{1 - \Gamma^2 p_d^2 \, p_a} \quad \text{(식 8.2)}$$

하지만, 원하는 투과성분은 총합이 아닌 하나의 경로만을 원하기 때문에 첫 번째 항을 추출해 보면 다음과 같다.

$$T_{slab2} = (1 - \Gamma^2)p_d \quad \text{(식 8.3)}$$

투과계수의 각 파라미터는 다음과 같이 정의된다.

Γ는 반사계수이고, $p_d = \exp(-k'l)\exp(-jk'l)$로 정의되며 유전체내에서의 진폭 및 위상의 감쇄 및 지연을 나타낸다. k'은 유전체내의 전파상수를 나타낸다.

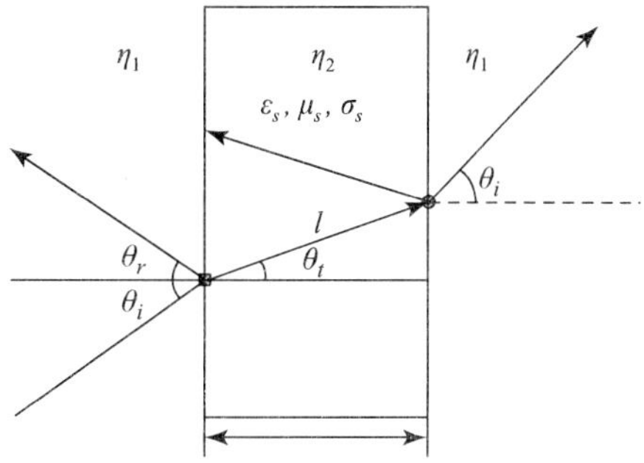

| 그림 8.3 | Slab model의 반사 및 투과 계수

(4) 채널모델링 결과

그림 8.4의 ray-tracing 결과를 보는 것과 같이 무선 채널 환경에서 전파의 propagation, reflection, refraction, permeation되면서 송신단에서 수신단으로 어떠한 경로를 통하여 진행하는지 알 수가 있었다. 이 시뮬레이션에서는 송신단으로부터 나온 ray가 수신단으로 전파하기까지 4회 이상 장애물이나 벽에 충돌하게 되면 신호의 전력이 미비하여 더 이상 정보로써의 역할을 하지 못하게 되는 것으로 간주하여 표시하지 않았다. 또한 수신단이 점으로 되어있는 것을 감안하여 수신단 주변의 수십 픽셀 정도를 실제 수신단으로 설정하여 시뮬레이션 하였다. 송신단에서 방사하는 ray는 ideal한 isotropic 안테나로 방사하여야 하지만 시뮬레이션에서 이상적인 안테나를 구현하기엔 정보의 양이 방대해지므로 1도에 하나씩 방사하는 것으로 설정하여 360개의 ray만 가지고 시뮬레이션하였다.

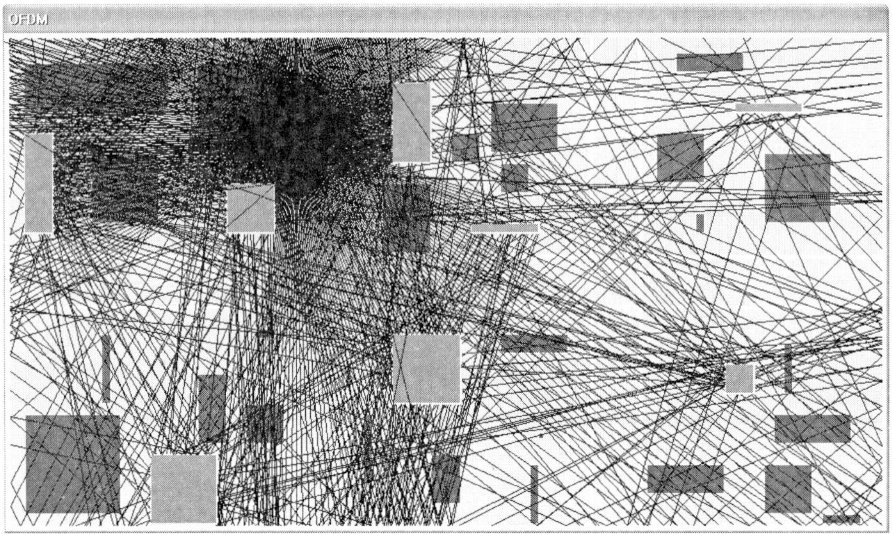

| 그림 8.4 | 채널 모델링 분석 결과

8.2 가시광 통신 채널 모델링

가시광 통신이란 우리 주위에 흔하게 존재하는 눈에 보이는 빛(가시광)을 사용하여 통신을 하는 최신 통신기술이다. 최근에 들어 실내 통신 시스템 필요성의 증가와 LEDs(Light Emitting Diode Technologies)의 개선을 통해 가시광 통신 시스템에 관심이 높아지고 있다. 고휘도의 LED를 사용하는 기기가 비약적으로 증가하고 있고, 가시광 통신의 발신 장치로 이용할 수 있는 조명기기가 도심에서 급속하게 정비되고 있기 때문이다. 가시광 통신의 보급은 발광소자의 성능에 크게 의존하며, 휘도가 높을수록 용도가 넓어질 수 있다. 실내에서의 무선 연결을 위해 백색 LED을 이용한 무선광학 통신망을 제시한다. 시스템에서의 조명기구는 무선광통신을 위한 용량을 가지고 전체 공간을 통한 통신은 고성능 조명장치에 의해 가능하게 되고, 백색칼라의 LED 조명기기는 설치가 쉽고 보기가 편하다는 장점을 갖는다.

가시광통신은 3가지 형태로 생각할 수 있는데 그 첫째가 전광 표시판이나 디스플레이와 같이 표시기기나 조명기기를 이용해서 통신하는 유비쿼터스 가시광통신, 둘째로 교통신호기나 자동차 점등에 사용하는 LED를 이용해서 고속으로 통신기능을 갖도록 한 ITS 가시광통신, 셋째로 옥 내외의 조명기기를 송신기기로 사용하는 조명광통신을 들 수 있다.

가시광통신의 장점을 RF(radio frequency)와 IR(infra red)비교하면 첫째, 주파수 할당의 문제가 없으므로, 호환성이 좋으며 둘째, Visible EM(electromagnetic) 스펙트럼의 사용에 대한 규정이 없다. 셋째, 데이터의 전송가능범위를 인식하기 쉽고 넷째, 전자파가 나오지 않기 때문에 안전성에서 인체에 미치는 영향이 적어 병원, 집 등에서 사용 가능하다. 마지막으로 RF 기본시스템의 영향을 주지 않기에 비행기 등 초정밀 전자기기에서 쓰일 수 있다. 가시광선은 벽을 통과하지 못하므로, 벽으로 분리된 다른 사용자의 신호를 도청하기 어려워 보안성이 좋고, 가시광선의 주파수를 재사용할 수 있다. 상용화될 경우, 조명이 있는 곳엔 언제나 고속 데이터통신이 가능하게 되므로, 노트북뿐만 아니라 모든 가전제품과 연계되어 매우 큰 경제적 파급효과를 가져올 것으로 예상하므로 원천기술 확보가 매우 중요하다.

이 절에서는 다수의 빛이 사용될 때 광로차(Optical Path Difference)의 영향을 연구하고 문제에 대한 2가지 접근 방식으로 1과 0의 정보에 따라 반송파 신호를 단속적으로 보내는 OOK-RZ(On-Off Keying, Return-to-Zero) 코딩과 상호 직교성을 갖는 복수의 반송파를 사용하여 주파수 이용 효율이 높은 OFDM(Orthogonal Frequency Division Multiplexing)을 사용한다. 또한 컴퓨터 시뮬레이션을 통하여 백색 LED을 이용하는 무선광학 통신을 가능하게는 접근방식을 찾아낸다.

(1) 시스템 모델

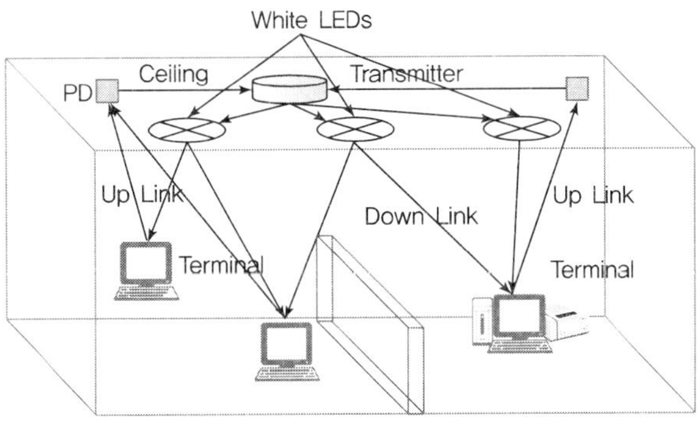

| 그림 8.5 | 실내에서의 무선 광통신 시스템과 조명기기

실내 LED 빛을 사용한 무선광통신시스템을 구현하고 연구를 위해 그림 8.5와 같은 시스템을 나타내었다.

실내에 정보가 홈 네트워크에서 흐르고 각 공간에 광학 엑세스 지점에 접근한다. 이 엑세스 지점은 백색 LED로 구성되고 동시에 빛의 기능을 갖는다. 엑세스 포인트의 백색 LED는 발광뿐만 아니라 가시광 신호가 변조되어 공기 중에 방출된다. 변조된 광

전파의 점멸은 매우 빠르고 시각으로 느낄 수 없으며 조명의 기능은 무선 광통신에 의한 변함은 없다. 이 시스템에서 IM-DD(Intensity Modulation & Direct Detection)가 광변조에서 사용되고 유도된 LOS(Line of sight)링크를 가정하였다. LOS링크에서 광경로는 차단되지 않고 백색 LED 전구에서 전송된 광펄스는 사용자의 단말에 수신된다. 단말은 PDs(Photo Diodes)로 구성되고 전기적 신호의 광펄스를 변환시킬 수 있다.

제안된 시스템은 LED 빛의 조도를 위한 고려사항이 요구된다. 일반적으로, 빛의 조도는 ISO(International Organization for Standardization)의 규격을 따르고 200~1000[lx]의 조도는 보통 작업환경에서 요구되는 밝기이다. 수치 해석의 결과에서 충분한 통신과 조도는 600~1000[lx] LEDs에서 가능하다.

(2) Wireless Optical Channel

무선광 채널을 가정하고 이를 시뮬레이션에 적용하였고 광 링크에서 채널 DC gain은 다음 식에 의해 구해진다.

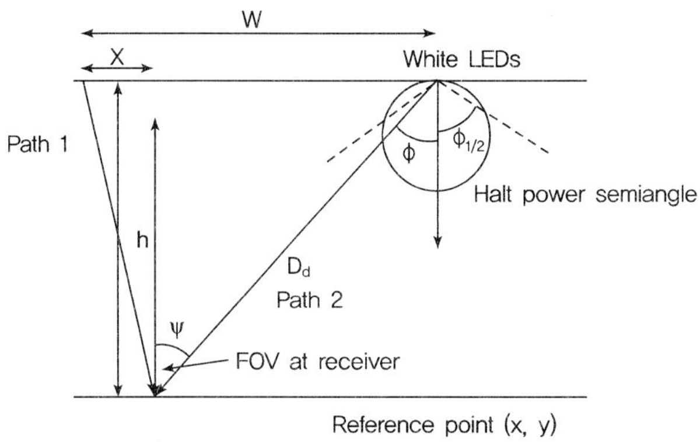

| 그림 8.6 | 실내의 수신되는 파워

$$H(0)=\begin{cases}\dfrac{(\tau+1)A}{2\pi D_d^2}cos^{\tau}(\varnothing)T_s(\psi)g(\psi)\cos(\psi), & 0\le\psi\le\psi_c \\ 0, & \psi>\psi_c\end{cases} \qquad \text{(식 8.4)}$$

여기서 A는 PD에 검차의 물리적 지역이고, d는 전송단과 수신단 사이의 거리이다. ψ은 입사각, $\varnothing$ 은 발광 각도, $T_s(\psi)$은 광필터의 이득, $g(\psi)$은 집선 장치의 이득이다. ψ_c은 수신단 시야의 폭을 나타낸다. 순차 τ은 전송기의 $\Phi_{1/2}$(half power)와 다음과 같은 관련이 있다.

$$\tau = -\frac{\ln 2}{\ln cos\Phi_{1/2}} \qquad (식\ 8.5)$$

광집선 장치 $g(\psi)$은 다음 식에서 얻을 수 있다.

$$g(\psi) = \begin{cases} \frac{n^2}{\sin^2\Psi_c}, & 0 \le \psi \le \psi_c \\ 0, & \psi > \psi_c \end{cases} \qquad (식\ 8.6)$$

여기서 n은 굴절 지수를 나타낸다. IM/DD의 가시광 통신의 채널은 Additive White Gaussian Noise(AWGN) model을 사용하였다. 광채널에서 전송의 질은 산탄잡음(shot noise)에 의해서 조절된다. 요구된 신호는 10^4에서 10^5[photons/bit]의 평균 비율을 갖는 시간 변화에 따른 산탄잡음 처리가 포함된다. 그러나 검파기에 받는 집중된 주변 빛은 수신단에 narrow band 광필터를 사용하더라도 10^7에서 10^8[photons/bit]의 순차 비율을 갖는 불변의 산탄잡음을 초래한다. 그러므로 신호에 의해 원인된 산탄잡음은 무시되고, Gaussian 과정에서 산탄잡음을 야기시킨다. 따라서 무선 광채널 모델은 다음과 같이 표현된다.

$$y(t) = x(t) \otimes H(t) + n(t) \qquad (식\ 8.7)$$

$y(t)$은 수신된 현재의 신호, $x(t)$은 전송 광펄스, $n(t)$은 AWGN 과정에 잡음을 나타내고 $\otimes$ 은 Convolution을 의미한다.

제안된 시스템에서 직렬 LOS path을 사용하고, 전송된 펄스는 차단되지 않는다. 관계 $H(\tau) = H(0)$은 변하지 않는다. 그림 2에서와 같이 수신된 광파워 P_r은 전송된 P_t에 다음과 같은 식에서 파생된다.

$$P_r = H(0)P_t \qquad (식\ 8.8)$$

게다가 다경로 페이딩은 무선광 채널에서 간과되어진다. 정보 반송파는 약 10^{14}[Hz] 주파수에서 광파 전송한다. 따라서 페이딩의 도플러 주파수는 전송율보다 더 높다. 또한 수천 개의 광선을 처리할 수 있는 검출기는 다중 경로 페이딩을 감소시킬 수 있는 효율적인 공간 다이버시티를 얻어낼 수 있다.

(3) 광로차 Influence of an optical path difference

다중빛을 이용하는 시스템에서 광로차를 고려되어야 한다. 그림 8.7에서 다수의 전송단 때문에 지연시간이 발생한다.

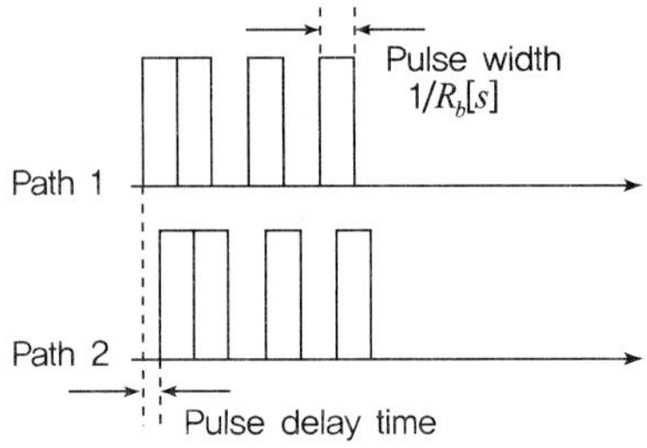

| 그림 8.7 | 광로차에 의한 펄스 지연

2개의 전송단을 이용하기 위한 가정할 때, 펄스폭에 지연의 비율은 다음과 같다.

$$\frac{t_d}{1/R_b} = \frac{R_b(\sqrt{(W-X)^2+h^2} - \sqrt{X^2+h^2}}{c} \qquad \text{(식 8.9)}$$

C는 빛의 속도이고 R_b[bps]은 광 펄스율을 나타낸다. 표 8.1의 파라미터 목록을 적용한다. 광학 신호는 2개의 LOS 경로를 통해서 수신단에 도착한다. 두 전송단 사이의 폭은 10.0[m]이고 실내 높이 h는 3.0[m]이다. 종단위치 x는 7.5, 5.0[m]이다.

(4) OOK-RZ와 Optical OFDM

OOK-RZ(On-Off Keying, Return-to-Zero) 코딩은 광로 지연을 완화시키기 위해 사용된다. 보통의 OOK는 연속의 펄스를 이용하고 반면에 "1" 펄스는 OOK-RZ 코딩에서 제로(0) 주기를 갖는다. 그림 8.7에서 비율 r은 다음과 같이 정의된다.

$$r = \frac{1\,period}{symbol\,duration} \qquad \text{(식 8.10)}$$

OOK-RZ 코딩은 보호시간을 갖고 지연 효과를 완화시킨다. 이러한 펄스는 넓은 전송 대역을 요구한다. 그러나 광 반송파는 가능한 넓은 대역폭을 가지기 때문에 중요하지 않다.

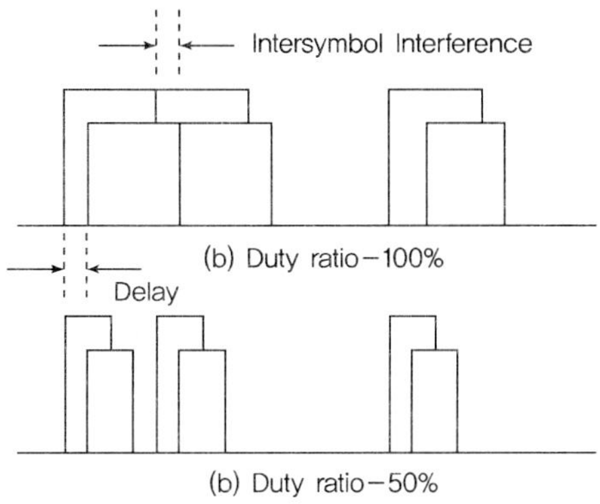

| 그림 8.8 | OOK-RZ 코딩 지연효과 완화

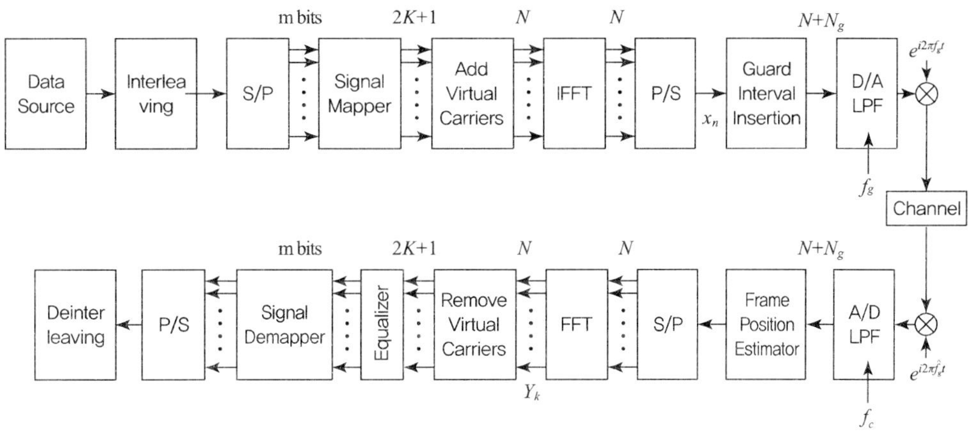

| 그림 8.9 | OFDM 시스템 블록도

OFDM(Orthogonal Frequency Division Multiplexing)를 사용하여 지연은 OFDM 심볼의 보호대역에 의해 병합된다. 그림 8.9에서 발신 데이터 비트는 각 전송단에 복제되어지고, LED의 합성된다. 각 전송단에서 데이터 순차는 S/P(Serial to Parallel) 변환과 각 단의 변조에 N 평행한 심볼을 변환된다. 변조된 평행한 심볼은 IFFT (Inverse Fast Fourier Transform)에 의해 N 다른 부반송파의 합에 변환하고 보호대역이 삽입되어 OFDM 신호가 발생된다. 이러한 신호들은 O/E(Optical to electrical) 변조에 의해 광휘도 변조되어 방출한다. 수신된 광파는 PD에 의해 전기적 파형으로 변조한다. OFDM 변조된 신호 파형은 OFDM 복조기에서 원래의 디지털 신호로 복조하고 원래의 신호가 검색되어진다.

(5) 실험 결과

표 8.1에 준하여 실험하였으며 수신단과 송신단의 거리 x와 LED 용량의 변화의 값에 따른 실험 결과를 다음과 같이 얻었다.

| 표 8.1 | SIMULATION PARAMETERS

Semiangle at half power	60.0[deg.]
FOV of a terminal	74.0[deg.]
Optical Power of each light	15.0[dBm]
Index of optical concentrator	1.5
Physical area of a PD	1.0[cm^2]
Primary modulation	OOK-RZ, OFDM-BPSK
LED Capacity	50, 100, 200
Optical Receiver Location (x)	5, 7.5[m]
O/E conv. efficiency	0.53[A/W]
Optical channel	Directed LOS path (only AWGN channel)
Background light noise (assumed to be an AWGN)	0.0[dBm] (1.0[mW])
O/E conversion efficiency	0.53

그림 8.10과 같이 OOK-RZ 코딩에서 송수신단의 거리(x)가 5m를 갖고 LED 용량의 변화를 주었을 때와 그림 8.11에서는 OFDM에서 거리(x)는 5m이고 LED 용량에 따른 변화를 비교하면 OFDM에서의 수신신호대 잡음비의 값이 더 좋음을 알 수 있다.

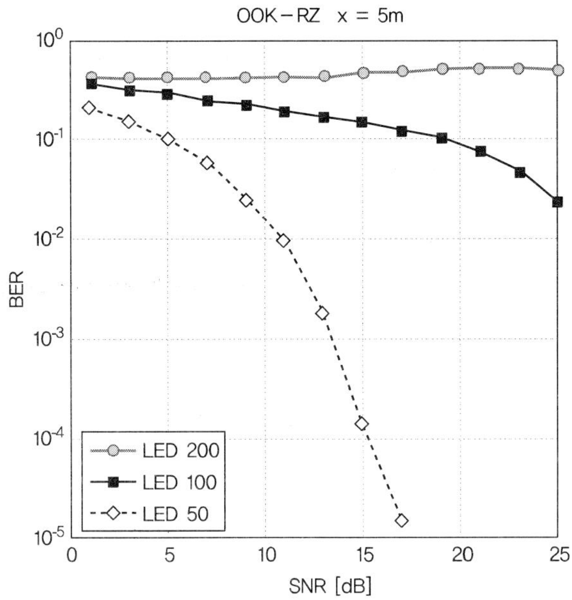

| 그림 8.10 | OOOK-RZ 수신단의 거리 5m

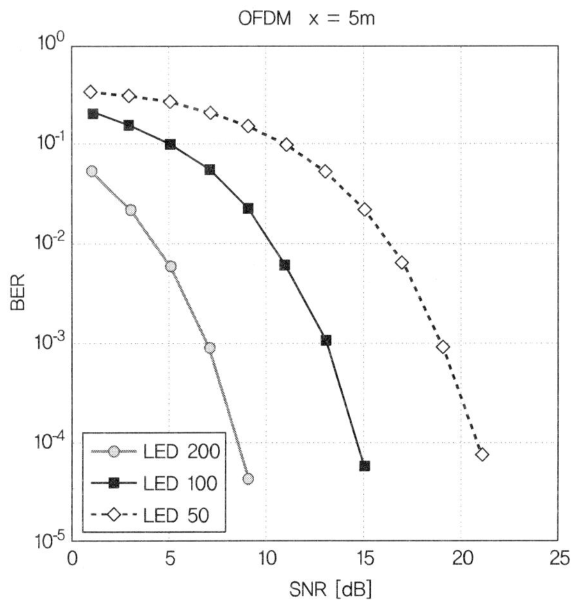

| 그림 8.11 | OFDM 수신단의 거리 5m

8.3 MIMO 채널 모델링을 위한 소프트웨어 구현

8.3.1 시공간 블록 코딩(Space-Time Block Coding)

시공간 블록 코딩은 MIMO 기술에서 독창적인 송신 다이버시티 기술로 매우 간단하다. 지금부터 MIMO 패이딩 채널에서의 Space-time block code(STBC)와 성능에 대해서 논하겠다. 처음으로 Alamouti 코드에 대하여 알아보는데, Alamouti는 간단한 최대 우호 복호 알고리즘(maximum likelihood decoding)으로 최대 다이버시티 이득을 얻는 2x2 시스템을 제안하였다. 이번 단원에서는 Alamouti가 제안한 방법을 기본으로 더 큰 차수의 다이버시티 시스템에 대해서 알아볼 것이다.

8.3.2 지연 다이버시티 방법

이전에는 송신 다이버시티를 얻기 위해 지연 다이버시티 방법이라 불리는 기술을 기본으로 하였다. $M_T = 2, M_R = 1$을 가정한다(MISO 채널과 같음). 두 송신 안테나로부터 같은 신호가 전송하는 경우를 생각해보자. 평면 패이딩(flat fading) 환경이라 가정하고 채널 계수를 h_1이라 하면 수신 신호 r은

$$r = \sqrt{\frac{E_s}{2}}(h_1 + h_2)s + n \qquad \text{(식 8.11)}$$

이며, 여기서 E_s는 심볼 주기 동안 송신기에 인가된 평균 에너지이고 두 송신 안테나에 똑같이 나누어진다. n은 수신단에서 AWGN의 노이즈로 ZMCSCG를 나타낸다. 두 복소 가우시안 랜덤 변수를 더하면 역시 복소 가우시안이 된다는 이론으로 $\frac{1}{\sqrt{2}}(h_1 + h_2)$는 ZMCSCG가 됨을 알 수 있다. 그러므로

$$r = E_s hs + n \qquad \text{(식 8.12)}$$

이 되며, $E\{|h|^2\} = 1$으로 h도 ZMCSCG이다. 그러므로 이 기술은 다이버시티를 얻는 기술이 아님을 알 수 있다.

하지만 지연 다이버시티 방법은 두 개의 송신 안테나에서 같은 심볼을 보내지 않고, 두 안테나에 지연을 두고 송신한다. 즉, 첫 번째 안테나에서 송신한 신호를 두 번째 안테나에서 어떠한 시간 간격을 두고 똑같이 보내는 것이다.

만약 이 지연이 한 심볼 주기라고 한다면, 수신단에서의 효과적인 채널은 다음과 같이 2개의 채널이 된다.

$$h[i] = h_1\delta[i] + h_2\delta[i-1], i = 0, 1, 2, \ldots \quad \text{(식 8.13)}$$

여기서 h_1과 h_2는 일정 편차의 ZMCSCG 랜덤 변수로 가정한 두 송신 안테나와 한 개의 수신 안네 사이의 채널 이득을 나타낸다. 수신기의 관점에서, 채널은 정확하게 변동하는 독립적인 경로와 같은 평균 경로 에너지가 있는 2개의 경로 채널로 보인다. 만약 수신기에 최대우호 (ML) 탐지기를 사용하면, 수신기에서 최대 2차의 다이버시티를 얻을 수 있다. 이러한 접근의 반대 접근은 송신 안테나의 개수가 증가함에 따라 증가하는 ML 탐지기의 복잡도와 심볼 간의 간섭을 일으키는 방법이다. 이에 대한 대안을 Alamouti가 제안하였다.

8.3.3 Alamouti 시공간 부호

Alamouti 코드의 윤곽은 그림 8.12에 나타내었다. 정보 비트들은 M-ary 변조 방법으로 변조된다. 2개의 변조된 신호 s_1와 s_2는 부호화를 해주는데 다음과 같은 행렬에 따라 송신기는 부호화 동작을 한다.

$$S = \begin{bmatrix} s_1 - s_2^* \\ s_2 \ \ s_1^* \end{bmatrix} \quad \text{(식 8.14)}$$

(식 8.8)에서 첫 번째 열은 첫 번째 전송 주기를 나타내고 두 번째 열은 두 번째 전송 주기를 나타낸다. 첫 번째 행은 첫 번째 안테나에서 전송되는 심볼을 타내고 두 번째 행은 두 번째 안테나에서 전송되는 심볼을 나타낸다.

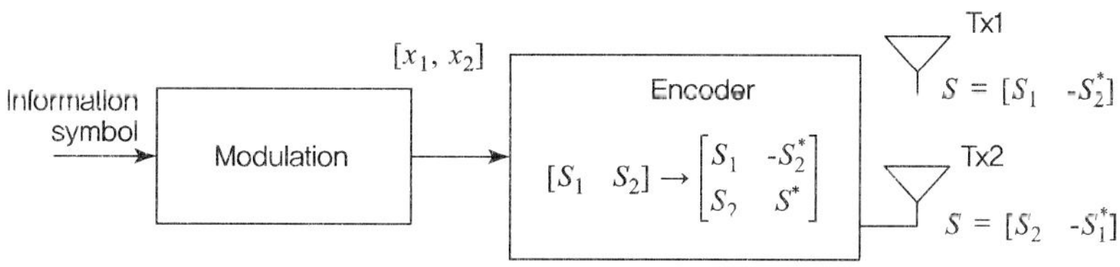

| 그림 8.12 | Alamouti 시공간 부호화기

간단히 말해서, 첫 심볼 주기 동안 첫 번째 안테나에서는 s_1을 전송하고 두 번째 안테나에서 s_2을 전송한다. 두 번째 심볼 주기 동안에는 첫 번째 안테나에서는 $-s_2^*$을 전송하고 두 번째 안테나에서는 s_1^*을 전송한다.

이것은 공간 (두 개의 안테나)과 시간 (두 전송 주기) 모두를 사용하므로 시공간 코드라 불린다.

$$s_1 = [s_1, -s_2^*]$$
$$s_1 = [s_2, \quad s_1^*] \tag{식 8.15}$$

위 식에서 s_1은 첫 번째 안테나에서 나오는 정보 시퀀스이고 s_2는 두 번째 안테나에서 나오는 정보 시퀀스이다.

식 8.10은 s_1과 s_2의 내적이 0이 되므로 직교한 시퀀스이며, 내적은 다음과 같다.

$$s_1 s_2 = s_1 s_2^* - s_2^* s_1 = 0 \tag{식 8.16}$$

만약 수신기 안테나가 1개라면 수신 신호는 그림 8.13에서 나타낸 것과 같다. 안테나 1, 2에서의 패이딩 계수는 시간 t에서 $h_1(t)$와 $h_2(t)$으로 정의된다. 만약 이 계수들이 2개의 연속되는 심볼 전송 주기로 오는 상수라면,

$$h_1(t) = h_1(t+T) = h_1 = |h_1|e^{j\theta_1}$$
$$h_2(t) = h_2(t+T) = h_2 = |h_2|e^{j\theta_2} \tag{식 8.17}$$

을 얻을 수 있다. 여기서 $|h_i|$와 $\theta_i(i=1, 2)$는 송신 안테나 i로부터 수신안테나까지 심볼 주기 T 동안의 각각 크기 이득과 위상 변화를 나타낸다.

수신기에서 채널을 통과한 신호를 표현하면,

$$r_1 = h_1 s_1 + h_2 s_2 + n_1$$
$$r_2 = -h_1 s_2^* + h_2 s_1^* + n_2 \tag{식 8.18}$$

로 나타내고 n_1과 n_2는 서로 독립적인 AWGN이다.

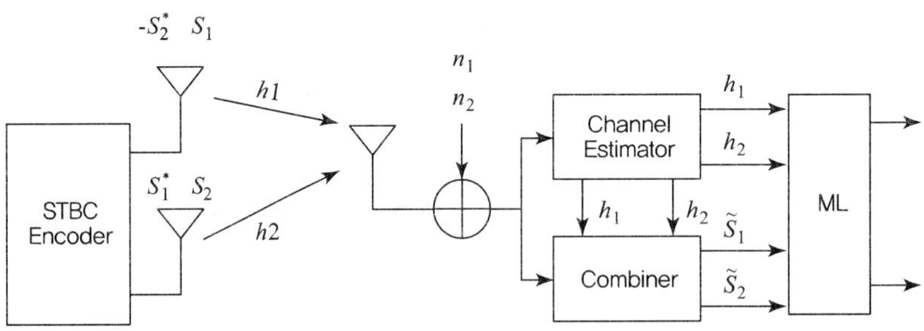

| 그림 8.13 | Alamouti의 2개 안테나 전송 다이버시티

(1) 최대 우호 복호화(Maximum Likelihood Decoding)

채널 계수 h_1과 h_2을 수신기에서 완벽히 알고 있다고 가정하면, 합성기는 다음과 같이 수신 신호를 합성한다.

$$\tilde{s}_1 = h_1^* r_1 + h_2 r_2^* = (\alpha_1^2 + \alpha_2^2) s_1 + h_1^* n_1 + h_2{}^* n_2$$
$$\tilde{s}_2 = h_2^* r_1 - h_1 r_2^* = (\alpha_1^2 + \alpha_2^2) s_2 + h_1 n_1^* + h_2{}^* n_1 \qquad \text{(식 8.19)}$$

이 신호들은 다음과 같은 최소한의 거리를 이용하는 최대 우호 탐지기로 들어간다.

$$|r_1 - h_1 s_1 - h_2 s_2|^2 + |r_2 + h_1 s_2^* - h_2 s_1^*|^2 \qquad \text{(식 8.20)}$$

s_1, s_2을 탐지하기 위하여 부호어에 독립적인 항들을 삭제하고 확장한다.

$$|r_1 h_1^* + r_2^* h_2 - s_1|^2 + (\alpha_1^2 + \alpha_2^2 - 1)|s_1|^2$$
$$|r_1 h_2^* - r_2^* h_1 - s_2|^2 + (\alpha_1^2 + \alpha_2^2 - 1)|s_2|^2 \qquad \text{(식 8.21)}$$

마찬가지로 $d^2(x, y) = (x - y)(x^* - y^*) = |x - y|^2$을 사용한다면, 각 합성된 신호 $\tilde{s}_j, j = 1, 2$을 위한 결정 법칙은 다음과 같다.

$$(\alpha_1^2 + \alpha_2^2 - 1)|s_i|^2 + d^2(\tilde{s}_j, s_i) \le (\alpha_1^2 + \alpha_2^2 - 1)|s_k|^2 + d^2(\tilde{s}_j, s_k) \ \forall \ne k \qquad \text{(식 8.22)}$$

PSK 신호에서 간단히 하면,

$$d^2(\tilde{s}_j, s_i) \le d^2(\tilde{s}_j, s_k) \ \forall \ne k \qquad \text{(식 8.23)}$$

이 된다.

(2) 최대비 합성(Maximum Ratio Combining)

그림 8.14에서 보여지는 치대비 합성(maximum ratio combining)의 경우, 수신된 신호는 다음과 같다.

$$r_1 = h_1 s_0 + n_1$$
$$r_2 = -h_2 s_0 + n_2 \qquad \text{(식 8.24)}$$

그리고 합성된 신호는 다음과 같다.

$$\tilde{s}_0 = h_1^* s_0 + h_2^* r_2$$
$$= (\alpha_1^2 + \alpha_2^2) s_0 + h_1^* n_1 + h_2^* n_2 \qquad \text{(식 8.25)}$$

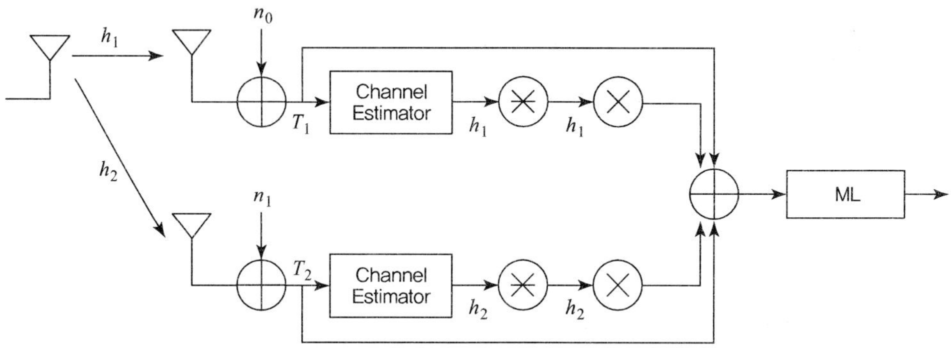

| 그림 8.14 | 최대비 합성(Tx 1, Rx 2)

최대 우호 탐지기는 신호 s_i을 (식 8.22)에서의 판정 법칙을 이용하여 결정한다.

MRC (식 8.25)에서 신호 $\widetilde{s_0}$는 (식 8.22)에서의 전송 다이버시티 방법의 합성된 신호와 동일하다. 이는 Alamouti의 2개의 안테나 송신 다이버시티로부터의 다이버시티 차수와 2개의 가지 MRC와 같음을 알 수 있다.

(3) 송신 다이버시티 (Transmit Diversity)

Alamouti 방법에서 전송은 직교성을 가지고 있다. 이것은 수신기 관점에서 2개의 완전히 직교의 열이다. 그러므로 2개의 송신 다이버시티를 얻을 수 있다. $(s_1, s_2) \neq (\widehat{s_1}, \widehat{s_2})$일 때 입력 (s_1, s_2)와 $(\widehat{s_1}, \widehat{s_2})$에 의한 2개의 전혀 다른 시퀀스 S와 $\hat{S}$을 고려해보자. 부호의 거리 행렬은 다음과 같다.

$$B(S, \hat{S}) = \begin{bmatrix} s_1 - \widehat{s_1} & -s_2^* + \widehat{s_2^*} \\ s_2 - \widehat{s_2} & s_1^* - \widehat{s_1^*} \end{bmatrix} \quad \text{(식 8.26)}$$

부호 행렬의 열은 직교하기 때문에, 부호 차이 행렬의 열은 역시 직교한다. 부호 거리 행렬은 아래와 같이 주어진다.

$$\begin{aligned} A(S, \hat{S}) &= B(S, \hat{S}) B^H(S, \hat{S}) \\ &= \begin{bmatrix} |s_1 - \widehat{s_1}|^2 + |s_2 - \widehat{s_2}|^2 & 0 \\ 0 & |s_1 - \widehat{s_1}|^2 + |s_2 - \widehat{s_2}|^2 \end{bmatrix} \end{aligned} \quad \text{(식 8.27)}$$

$(s_1, s_2) \neq (\widehat{s_1}, \widehat{s_2})$ 때문에, 2개의 다른 부호어의 명백한 거리 행렬은 2개의 랭크를 가지고 있다. 즉, Alamouti 방법은 $M_T = 2$의 송신 다이버시티를 얻을 수 있다. 행렬 $A(S, \hat{S})$의 행렬식은 다음과 같다.

$$\det(A(S,\hat{S})) = (|s_1 - \hat{s_1}|^2 + |s_2 - \hat{s_2}|^2) \qquad \text{(식 8.28)}$$

식 8.27의 부호어 거리 행렬은 2개의 동일한 고유값을 가지고 있다. 최소 고유값은 신호 성좌에서 최소 정방형의 유클리드(Euclidian) 거리와 같다. 그러므로 어떤 두 전송된 부호 시퀀스 사이의 최소 거리는 부호화 되지 않는 시스템처럼 동일하게 남아 있다. 이것은 부호화 이득이 1인 것을 나타낸다. 이것은 시공간 트렐리스 부호와 다르게 송신기에서 CSI 없이 최대 전송 다이버시티 이득을 얻는 Alamouti 방법의 단점이라 할 수 있다.

(4) Alamouti 방법의 요약

2개의 송신 안테나와 M_R개의 수신 안테나로 확장된 Alamouti 방법은 $2M_R$의 다이버시티 차수로 개선시키는 방법이다. 이 방법의 특징들은 다음과 같다.

① 수신기에서 송신기까지 어떤 피드백도 최대 송신 다이버시티를 얻기 위해 CSI에 대해 요구되지 않는다.

② 대역 확장이 없다.

③ 낮은 복호 복잡도.

④ 모든 방사된 전력이 MRC에서 사용된 것에 두 배가 되면 MRC와 같은 일정한 성능을 보인다. 그 이유는 2개의 송신 안테나로 송신 파워가 동일하게 분배되어 3dB의 불이익이 발생하기 때문이다.

⑤ 다이버시티 방법의 구체화하기 위한 시스템의 재 디자인이 필요 없다. 그러므로 어떠한 시스템의 수정 없이도 2개의 송신 안테나 기술을 기본으로 양질의 시스템을 얻을 수 있다.

(5) 시뮬레이터 제작

Modulation 방법과 SNR, 심볼 개수, SNR 스텝을 변화하면서 그에 따른 시뮬레이션을 SER Curve로 나타내는 방식의 시뮬레이터 제작으로 방향을 맞추어 제작하였다.

1) 원리

① modulation 방식 결정

② 생성될 symbol 개수 결정

③ SNR 초기값 및 종단값 결정

④ SER 계산 step 결정

⑤ 측정 결과 분석

Modulation 방식(BPSK, QPSK, 8PSK, 16QAM)을 결정하고 생성할 심볼의 개수를 결정한다. 초기 및 종단 SNR 값을 주고 SNR step을 정하고 start 버튼을 누르면 나온 결과 값을 시뮬레이터의 창에 그래프와 수치적으로 나타내게 된다. 이 결과 그래프를 송, 수신 다이버시티에 따른 SER을 비교함으로써 신호가 이동통신 환경에서 전송됨에 따라 어떠한 특성의 변화를 겪는지 예측할 수 있고 실제 실험 등에 의한 측정값과 비교 할 수 있다. AWGN, Rayleigh fading, STBC encoding, ML decoding 수학적 함수들은 C++로 구현했고 시뮬레이터의 전체 플랫폼과 수학적 알고리즘에 의한 결과를 시뮬레이터 화면에 나타내기 위한 연결 작업 등은 visual C++를 이용하여 구현하였다.

2) 시뮬레이션 환경 설정

송신단에서 전송되는 신호는 BPSK, QPSK, 8QPSK, 16QAM의 변조 방식과 이외 STBC 일련의 과정을 거쳐 송신되고, 수신단까지는 장애물을 통과하는 과정과 채널(Gaussian, Rayleigh)을 통과하는 과정으로 나뉘어 잡음이 섞이게 된다.

$$f_x = \frac{1}{\sqrt{2\pi\sigma^2}} exp[-\frac{(x-m)^2}{2\sigma^2}] \quad \text{Gaussian PDF}$$

$$f_R(r) \begin{cases} \frac{r}{\sigma^2} exp[-\frac{r^2}{2\sigma^2}] & , r \geq 0 \\ 0 & , r \leq 0 \end{cases} \quad \text{Rayleigh PDF}$$

수신단으로 들어온 신호는 다시 전송 과정의 반대 과정을 거쳐 원래 신호로 복원된다.

3) 동작 과정

Modulation 방식과 SNR을 선택한 후 Start 버튼을 누르면, Modulation 방식을 통해 신호가 변조되고 STBC encoding 과정을 거친 후 전송된다. 전송된 신호는 채널(Gaussian, Rayleigh)을 통과하여 수신단으로 들어가고 수신된 신호는 Demodulation 하게 된다. 그리고 Demodulation된 값과 송신단에서 전송된 신호와 비교하여 Error Rate을 구하게 된다. 구해진 Error Rate는 각각의 결과 창에 그래프와 수치적으로 나타난다.

4) 초기상태

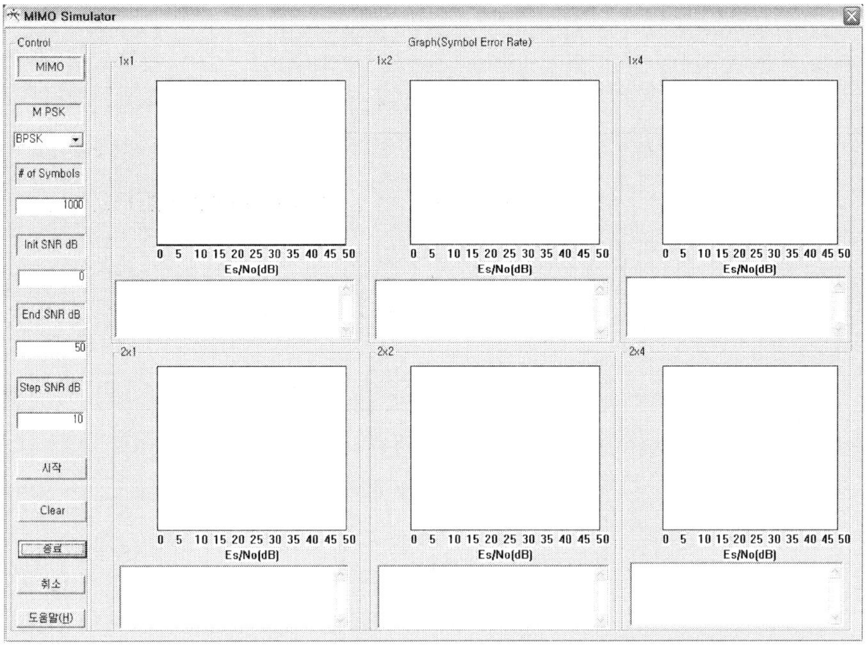

| 그림 8. 15 | 시뮬레이터 초기상태

가. 시뮬레이터의 Control pad

- MPSK : 생성된 bit들이 BPSK, QPSK, 8PSK, 16QAM 중 어떤 방식으로 Modulation할 것인가 결정하는데 사용한다.
- number of symbols : 생성된 심볼의 개수 정의
- Initial SNR : SER 계산 시작 SNR 지정
- End SNR : SER 계산 종단 SNR 지정
- Step SNR : SER 계산 스텝 결정

나. 시뮬레이터의 Graph pad

- 송, 수신 다이버시티에 대한 각각의 SNR 대 SER curve 표현
- 송, 수신 다이버시티에 대한 각각의 SER 대 SER 수치 표현

(6) 실행 결과

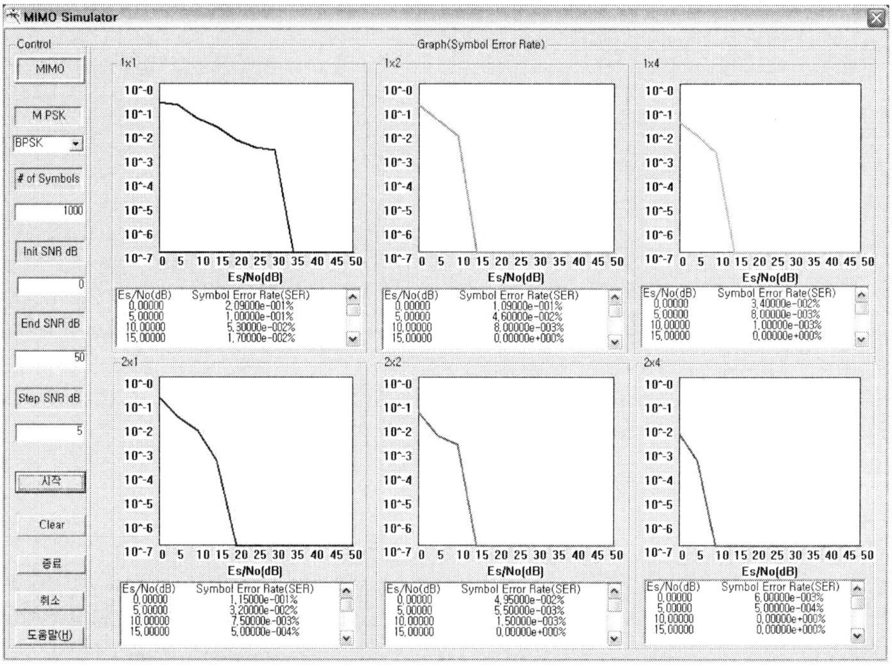

| 그림 8.16 | 시뮬레이터 실행 결과

위 시뮬레이션 결과를 보는 것과 같이 BPSK modulation 방식에 1000개의 심볼을 생성하고 5의 step으로 SNR 50dB까지 측정하였더니 2x4서 성능이 제일 좋았으며 Alamouti가 실험한 performance와 유사한 결과가 나옴을 알 수 있었다.

8.3.4 시공간 트렐리스 코딩(Space-Time Trellis Coding)

8.3.3절에서, 우리는 시공간 블록 코딩(STBC)을 논의했다. 이 코드는 간단한 디코딩 기술들을 사용해서 최대 다이버시티 이득을 제공했다. 하지만, 시공간 블록 코드는 코딩 이득를 제공하지 않는다. 그리고 최대 전송 속도를 제공하지 않는 시공간 블록 코드는 대역폭 확장을 이용했다. 이것을 이용하여, 그것은 페이딩 효과에 대해 논쟁을 일으킬 수 있는 시공간 트렐리스 코드(STTC)라 불리는 효과적인 신호처리 개발을 위해 오류 정정 코딩, 변조, 송·수신 다이버시티를 같이 설계하는 것이 시간을 들릴 만하다. 이 개념은 arokh, Seshadri, and Calderbank에 의해서 처음으로 소개되었다. 왜냐하면, STTC는 페이딩 채널 상에서 최대 다이버시티와 스펙트럼 효율의 코딩 이득을 동시에 제공할 수 있기 때문에 상당한 관심을 받았다. 위에서 언급한 코딩 이득은

3.6절에서 논의되는 코딩 이득과 혼란하지 말아야한다. STTC 그 자체의 고유 특성을 통해서 얻을 수 있고 시간적 블록 코드(temporal block codes)와 컨볼루션 코드에 의해서 얻어진 코딩 이득과는 다르다.

이 장에서 우리는 고속 페이딩 채널뿐만 아니라 저속 페이딩 채널에서 송신 안테나 각각과 스펙트럼 효율에 따른 M-PSK 기술을 사용하는 각 코드 설계에 따른 기본적인 이론을 알아본다. 이 코드 성능은 시뮬레이션으로 알 수 있고 불완전한 채널 추정과 상관관계의 따른 효과 또한 고려되어진다.

(1) 시공간 부호화 시스템(Space-Time Coded Systems)

우리는 그림 8.17에서 보여주는 것처럼 전송 안테나 M_T와 수신 안테나 M_R을 이용 기저대역 시공간 부호화 시스템을 고려한다.

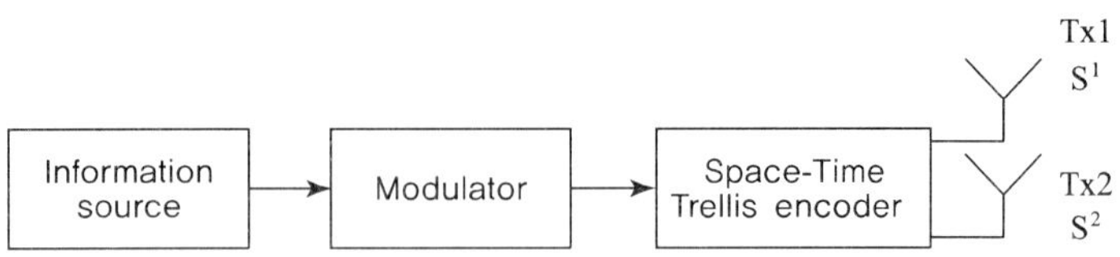

| 그림 8.17 | 시공간 트렐리스 부호화의 블록도

전송된 데이터는 시공간 부호기에 의해서 부호화된다. 매 t초마다 m개의 이진 정보들로 구성된 심볼들의 한 블록은 다음과 같이 나타낸다.

$$c_t = (c_t^1, c_t^2, ..., c_t^m) \quad \text{(식 8.29)}$$

이것은 시공간 부호기에 들어간다. 시공간 부호기는 $M = 2^m$인 입력 데이터를 M_T개의 각각의 전송 안테나로 매핑한다. 부호화 데이터는 M_T 병렬 심볼들의 수열을 만들기 위해서 직병렬 변환기에 적용된다. $M_T \times 1$ 열벡터로 배열했다.

$$s_t = (s_t^1, s_t^2, ..., s_t^{M_T})^T \quad \text{(식 8.29)}$$

여기서 T는 행렬의 전치를 의미한다. M_T개의 병렬 출력들은 모든 M_T의 안테나로부터 동시에 전송된다. 심볼 s_t^i, $1 \leq i \leq M_T$은 안테나 i에 의해서 전송된다. 그리고 모든 전송된 심볼들은 T초만큼 같은 구간을 가진다. (식 8.29)에서 보여준 바와 같이, 다른 안테나로부터 부호화 변조 심볼들의 벡터는 시공간 심볼로 불려진다. 시스템의 주파수 효율은

$$\eta = \frac{r_b}{B} = m \quad b/s/Hz \qquad (식\ 8.30)$$

여기서 r_b는 데이터 전송속도이고 B는 채널 대역폭이다. 식 8.30의 주파수 효율은 한 개의 송신 안테나를 사용하는 기준 비부호화 시스템의 주파수 효율과 같다.

송신측과 수신측 모두, 다수의 안테나는 MIMO 채널을 생성한다. 우리는 각 송·수신 안테나 사이의 평면 페이딩을 가정한다. 그리고 우리는 그 채널이 무기억이라고 또한 가정한다.

어떤 주어진 시간 t에서 채널 행렬은 아래와 같다.

$$H_t = \begin{bmatrix} h_{1,1}^t & h_{1,2}^t & \cdots & h_{1,M_T}^t \\ h_{2,1}^t & h_{1,2}^t & \cdots & h_{2,M_T}^t \\ \vdots & \vdots & \vdots & \vdots \\ h_{M_R 1}^t & h_{M_R 2}^t & \cdots & h_{M_R M_T}^t \end{bmatrix} \qquad (식\ 8.31)$$

여기서 $h_{j,i}^t$에 의해 표현된 ji번째 원소는 송신 안테나 i로부터 수신 안테나 j까지 경로를 얻기 위한 페이딩 감쇠 계수이다.

식 8.30에서 계수는 독립이고 동일한 가우시안 분포를 가정하게 된다. 두 가지 경우에 대해서 우리는 연구가 필요하다. 첫 번째 경우는 우리는 채널이 저속 페이딩 채널이라고 가정한다(페이딩 계수는 하나의 프레임 동안은 동일하고 서로 다른 프레임 간에는 다양하게 변화한다). 또한 이것은 준자율 페이딩(quasi-static fading)으로도 불린다. 두 번째 경우는 고속 페이딩 채널이다(페이딩 계수는 각 심볼 주기 이내는 동일하고 심볼 간에는 다양하게 변화한다). 우리는 수신단에서 각 안테나의 신호가 채널 페이딩에 의해서 손실된 M_T개의 전송된 신호들의 잡음 중첩이라고 안다. 안테나 j $(j = 1,2,...,)$에서 시간 t일 때, 수신된 신호 r_t^j의해서 M_R은 아래와 같이 나타낸다.

$$r_t^j = \sum_{i=1}^{M_T} h_{j,t}^t s_t^i + n_t^j \qquad (식\ 8.32)$$

여기서 n_t^j은 시간 t에서 수신 안테나 j의 잡음 요소이고 독립하고 동일한 가우시안 분포이다.

우리는 표현한다.

$$r_t = (r_t^1, r_t^2, ..., r_t^{M_R}) \qquad (식\ 8.33)$$

그리고

$$n_t = (n_t^1, n_t^2, \ldots, n_t^{M_R}) \quad \text{(식 8.34)}$$

그러므로 수신된 신호 벡터는 아래와 같이 표현된다.

$$r_t = H_t s_t + n_t \quad \text{(식 8.35)}$$

복호기는 전송된 정보 순열을 예측하기 위해서 최대 우도 알고리듬을 사용한다. 그리고 우리는 수신단이 채널을 완전히 알고 있다고 가정한다. 하지만, 전송단은 채널이 알고 있지 않다.

$$\sum_t \sum_{j=1}^{M_R} \left| r_t^j - \sum_{i=1}^{M_T} h_{j,i}^t s_t^i \right|^2 \quad \text{(식 8.36)}$$

복호기는 복호된 수열로서 최소 결정 매트릭으로 부호어를 선택한다. 복호기는 비터비 알고리듬을 사용하였다.

(2) 시공간 코드어 설계 기준(Space-Time Code Word Design Criteria)

우리는 전송된 데이터 프레임 길이는 L로 각 안테나의 심볼들의 합이다. 이것은 시공간 코드어 행렬 $M_T \times L$를 초래한다.

$$S = [s_1, s_2, \ldots, s_L] = \begin{bmatrix} s_1^1 & s_2^1 & \cdots & s_L^1 \\ s_1^2 & s_2^2 & \cdots & s_L^2 \\ \vdots & \vdots & \vdots & \vdots \\ s_1^{M_T} & s_2^{M_T} & \cdots & s_L^{M_T} \end{bmatrix} \quad \text{(식 8.37)}$$

여기서 각 열은 각 안테나로부터 전송된 데이터 수열로 대응된다. 그리고 각 행은 시간 t일 때 시공간 심볼이다.

쌍대성 오류 확률(PEP)은 최대 우도 복호기가 실제로 신호 $s = s_1^1 s_1^2 \ldots s_1^{M_T} s_2^1 \ldots s_2^{M_T} s_L^1 \ldots s_L^{M_T}$이 전송될 때 신호 $e = e_1^1 e_1^2 \ldots e_1^{M_T} e_2^1 \ldots e_2^{M_T} e_L^1 \ldots e_L^{M_T}$을 예측하여 선택하는 확률이다. 이것은 다음 식과 같을 때 일어날 것이다.

$$\sum_{t=1}^{L} \sum_{j=1}^{M_R} \left| r_t^i - \sum_{i=1}^{M_T} h_{i,j}^t s_t^i \right|^2 \geq \sum_{t=1}^{L} \sum_{j=1}^{M_R} \left| r_t^j - \sum_{i=1}^{M_T} h_{i,j}^t e_t^i \right|^2 \quad \text{(식 8.38)}$$

이것은 아래와 같이 다시 쓸 수 있다.

$$\sum_{t=1}^{L} \sum_{j=1}^{M_R} 2Re\left\{ (\eta_t^i)^* \sum_{i=1}^{M_T} h_{i,j}^t (e_t^i - s_t^i) \right\} \geq \sum_{t=1}^{L} \sum_{j=1}^{M_R} \left| \sum_{i=1}^{M_R} h_{i,j}^t (e_t^i - s_t^i) \right|^2 \quad \text{(식 8.39)}$$

여기서 $Re\{\cdot\}$은 편각의 실수 부분을 나타낸다.

만약 우리가 수신단이 채널 경로 이득 $\{h_{i,j}\}$으로 주어진 예를 들어 채널에 대해서 완벽히 알고 있다는 것을 가정한다면, 식 8.33의 오른쪽 부분은 $d^2(e,s)$와 같게 동일하다. 그리고 왼쪽 부분은 분산 $4\sigma^2 d^2(e,s)$으로 평균이 0인 가우시안 확률 변수이다.

지금부터, 알려진$\{h_{i,j}\}$으로 조건부의 PEP는 아래와 같이 주어진다.

$$P(s \rightarrow e | h_{i,j}, i=1,\ldots,M_T, j=1,\ldots,M_R) = Q\left(\frac{d(s,e)}{2\sigma}\right) = \exp\left(-d^2(s,e)E_s/4N_0\right) \quad \text{(식 8.40)}$$

여기서 $Q(x)$은 상보적 오차 함수로 다음과 같다.

$$Q(x) = \int_x^\infty e^{\frac{-t^2}{2}} dt$$

이제, $d^2(s,e)$은 $\sum_{i=1}^{M_T}\sum_{i'=1}^{M_T} h_{i,j}\overline{h_{i',j}}(s_t^i - e_t^i)(\overline{s_t^{i'} - e_t^{i'}})$으로 다시 쓸 수 있다. 여기서 $\overline{x}$은 x의 복소 공액이다. 그러므로

$$d^2(s,e) = \sum_{t=1}^{L}\sum_{t=1}^{L}\sum_{t=1}^{L}\sum_{t=1}^{L} h_{i,j}\overline{h_{i',j}}(s_t^i - e_t^i)(\overline{s_t^{i'} - e_t^{i'}}) \quad \text{(식 8.41)}$$

만약 우리가 $\Omega_j = (h_{1,j}h_{2,j},\ldots h_{M_T j})$을 표현한다면, 우리는 다시 쓸 수 있다.

$$d^2(s,e) = \sum_{j=1}^{M_R} \Omega_j A \Omega_j^\dagger \quad \text{(식 8.42)}$$

여기서 $\Omega_j^\dagger$은 Ω_j의 에르미트 전치(Hermitian transpose)로 표현한다. 그리고 $A = A(e,s)$은 시간의 독립적인 $M_T \times M_T$ 행렬이다. 그리고 입력 $A_{p,q} = \sum_{t=1}^{L}(s_t^p - e_t^p)$ $(\overline{s_t^q - e_t^q})$을 포함한다. 그래서 PEP는 아래와 같이 된다.

$$P(s \rightarrow e | h_{i,j}, i=1,\ldots,M_T, j=1,\ldots,M_R) \le \prod_{j=1}^{M_R} \exp\left(-\frac{\Omega_j A \Omega_j^\dagger E_S}{4N_0}\right) \quad \text{(식 8.43)}$$

A는 에르미트(Hermitian)이므로 $VV^\dagger = I$을 만족하는 유니터리(unitary) 행렬 V가 존재한다. 그리고 실수 대각 행렬 D는 다음과 같다.

$$VAV^\dagger = D \quad \text{(식 8.44)}$$

V의 열 $\{v_1, v_2, \ldots, v_{M_T}\}$은 A의 고유벡터(eigenfactor)이다. 그리고 완전히 M_T-차원 벡터 공간의 정규 직교 기저로 구성된다. 더군다나, D의 대각 원소는 고유값(eigenvalue) λ_i $(i = 1, 2, \ldots, M_T)$이고 에르미트(Hermitian)이므로 비음수 실수이다. A의 구조를 통해서, code word difference matrix B는 여기서

$$B(s,e) = \begin{pmatrix} e_1^1 - s_1^1 & e_2^1 - s_2^1 & \cdots & e_L^1 - s_L^1 \\ e_1^2 - s_1^2 & e_2^2 - s_2^2 & \cdots & e_L^1 - s_L^1 \\ \vdots & \vdots & \vdots & \vdots \\ e_1^{M_T} - s_1^{M_T} & e_2^{M_T} - s_2^{M_T} & \cdots & e_L^{M_T} - s_L^{M_T} \end{pmatrix} \quad \text{(식 8.45)}$$

A의 제곱근이다 $(A = BB^\dagger)$.

다음은 $\{\lambda_i\}$의 항으로 $d^2(s,e)$를 표현한다. $(\beta_{1,j}, \beta_{1,j}, \ldots, \beta_{M_{T,j}}) = \Omega_j V^\dagger$이라고 하면,

$$\Omega_j A \Omega_j^\dagger = \Omega_j V^\dagger D V \Omega_j^\dagger = \sum_{i=1}^{M_T} \lambda_i |\beta_{i,j}|^2 \quad \text{(식 8.46)}$$

$$\therefore d^2(s,e) = \sum_{j=1}^{M_R} \sum_{i=1}^{M_T} \lambda_i |\beta_{i,j}|^2$$

여기서 $h_{i,j}$는 평균 $Eh_{i,j}$의 복소수 가우시안 확률 변수의 표본이므로, 다음과 같다고 하자.

$$K^j = (Eh_{1,j}, E_{2,j}, \ldots, Eh_{M_{T,j}}) \quad \text{(식 8.47)}$$

V는 유니터리(unitary) 이므로, $\beta_{i,j}$을 내포하는 차원 당 분산 0.5, 평균 $K^j \cdot v_i$인 독립 복소수 가우시안 확률 변수이다.

(3) 저속 페이딩 채널에서 시공간 트렐리스 코드 설계(Design of Space-Time Trellis Codes on Slow Fading Channels)

1) 저속 페이딩 채널에서 오류 확률(Error Probability on Slow Fading Channels)

레일레이 페이딩(Rayleigh fading)이 일정한 경우, 모든 i와 j에서 $Eh_{i,j} = 0$이다. 오류 평균 확률의 한계를 얻기 위해, 우리는 평균을 다음과 같이 구한다.

$$\prod_{j=1}^{M_R} \exp\left(-\left(\frac{E_s}{4N_0} \right) \sum_{i=1}^{M_T} \lambda_i |\beta_{i,j}|^2 \right) \quad \text{(식 8.48)}$$

독립 레일레이 분포 $|\beta_{i,j}|$와 확률 밀도 $P(|\beta_{i,j}|) = 2|\beta_{i,j}| \exp(-|\beta_{i,j}|^2)$을 만족한다.

$c = E_s/4N_0$이라 하면 우리는 독립으로서 다음을 얻는다.

$$E\prod_{j=1}^{M_R} e^{-c\sum_{i=1}^{M_T}\lambda_i|\beta_{i,j}|^2} = \prod_{j=1}^{M_R}\prod_{i=1}^{M_T} E\left(e^{-c\lambda_i|\beta_{i,j}|^2}\right) \quad \text{(식 8.49)}$$

그리고

$$\begin{aligned} E\left(e^{-c\lambda_i|\beta_{i,j}|^2}\right) &= 2\int_0^{\infty} e^{-c\lambda_i w^2} w e^{-w^2} dw \\ &= 2\int_0^{\infty} w e^{-w^{2(1+c\lambda_i)}} dw \\ &= \frac{1}{1+c\lambda_i}\int_0^{\infty} u e^{-u} du \\ &= \frac{1}{1+c\lambda_i} \end{aligned} \quad \text{(식 8.50)}$$

그래서

$$P(s \to e) \le \left(\frac{1}{\prod_{i=1}^{M_T}(1+\frac{E_s}{4N_0}\lambda_i)}\right)^{M_R} \quad \text{(식 8.51)}$$

r은 A의 랭크라 하자. 그러면 고유값(eigenvalue) 0은 다양한 $M_T - r$을 가진다. A에서 영이 아닌 고유값(eigenvalue)은 $\lambda_1, \lambda_2, \dots, \lambda_r$이다. 그러면 SNR의 정도가 충분하면, $\left(1+\frac{E_s}{4N_0}\lambda_i\right) \approx \frac{E_s}{4N_0}\lambda_i$. 그리고 PEP는 다음과 같이 된다.

$$P(s \to e) \le \left(\prod_{i=1}^{r}\lambda_i\right)^{-M_R}\left(\frac{E_s}{4N_0}\right)^{-rM_R} = \left(\prod_{i=1}^{r}\lambda_i^{1/r}\right)^{-rM_R}\left(\frac{E_s}{4N_0}\right)^{-rM_R} \quad \text{(식 8.52)}$$

그러므로 M_R의 다이버시티 이득(diversity advantage) r과 $(\prod_{i=1}^{r}\lambda_i)^{1/r}$의 코딩 이득(coding advantage)을 얻을 수 있다. 다이버시티 이득은 (식 8.23)의 오른쪽 항의 분모에서 SNR의 파워로써 정의된다는 것을 알았다. 지각에 의한 코딩 이득은 같은 다이버시티 이득에서 비부호화된 시스템일 때 이득을 추측할 수 있다.

2) 저속 페이딩 STTCs에서 설계 기준 (Design Criteria for Slow Rayleigh Fading STTCs)

우리는 지금 저속 페이딩 STTCs에 대한 기본 설계 기준을 정의한다.

- 랭크 판정법 (rank criterion) : 가장 효과적인 다이버시티를 얻기 위해서, 우리

는 매트릭스 B에서 모든 분리된 코드워드의 랭크 r의 최소값을 최대화시킬 필요가 있다. rM_R의 다이버시티 이득을 구할 수 있다.

- 행렬식 판정법 (determinant criterion) : rM_R이 원하는 다이버시티 이득이라 하자. 그러면 설계 목적은 최소 랭크 (rank)의 각 코드어들이 쌍을 이룸에 따른 행렬 A의 최소 행렬식 $\prod_{i=1}^{r}\lambda_i$을 최대화하는 것이다.

이 기준은 랭크와 행렬식 기준으로 언급된다. 또한, 이 책의 저자의 의해서 TSC 기준이라고도 불린다. 행렬 B의 최소 랭크(rank) r을 최대화하는 것은 행렬 B의 랭크 전체를 얻으려는 시공간 코드를 찾을 필요가 있다는 것을 내포한다. 이것은 트렐리스 코드 구조의 제한 때문에 항상 얻을 수 없다. Vucetic은 이 관점을 자세히 제시했다. L에 의해서 표현된 오류 발생 길이는 기억 차수 v의 시공간 트렐리스 코드에서 다음과 같이 최소 한계일 수 있다.

$$L \geq [v/2]+1 \quad \text{(식 8.53)}$$

트렐리스 안에서 길이 L의 오류 발생 경로에서 $B(s,e)$는 $\min(M_T, L)$의 최대 가능한 랭크인 결과로써 $M_T \times L$ 크기의 행렬이다. 이것은 $\min(M_T, [v/2]+1)$의해서 주어짐으로써 최대 한계를 산출한다.

STTC에서 전송 안테나와 기억 차수가 다양한 경우에 따른 랭크 값의 최고 한계는 테이블 8.2에 정리되어있다.

우리는 STTC에서 두 전송 안테나로만 얻을 수 있다는 것을 알았다. 3개와 4개 전송 안테나 의 경우, 우리는 각각 전체 랭크를 얻기 위해 적어도 4개와 6개의 부호기의 기억 차수를 필요로 한다.

표 8.2를 자세히 살펴보면 우리에게 최대 얻을 수 있는 랭크와 전송 안테나의 수 그리고 STTC에서 기억 차수 사이의 상호 관계를 말해준다. 우리는 이 부분에 대해서 다음 장에서 언급할 것이다.

식 8.33에서 알려진 $\{h_{i,j}\}$은 조건부 PEP은 아래와 같다.

$$P(s \rightarrow e | h_{i,j},\ i=1, \ldots, M_T,\ j=1, \ldots, M_R) \quad \text{(식 8.54)}$$

$$= Q\left(\frac{d(s,e)}{2\sigma}\right) \leq \exp(-d^2(s,e)E_s/4N_0)$$

여기서 $Q(x)$은 상보적 오차 함수로 다음과 같다. $Q(x) = \int_x^{\infty} e^{\frac{-t^2}{2}}\,dt$.

$$d^2(s,e) = \sum_{j=1}^{M_R}\sum_{i=1}^{M_T}\lambda_i|\beta_{j,i}|^2 \quad \text{(식 8.55)}$$

| 표 8.2 | STTC에서 랭크 값의 최고 한계

	$M_T=2$	$M_T=3$	$M_T=4$	$M_T=6$	$M_T \geq 6$
$\nu=2$	2	2	2	2	2
$\nu=3$	2	2	2	2	2
$\nu=4$	2	3	3	3	3
$\nu=5$	2	3	3	3	3
$\nu=6$	2	3	4	4	4

출처 : © 2001 IEEE

부등식 $Q(x) = \int_x^{\infty} e^{\frac{-t^2}{2}} dt$을 사용하여 다시 쓰면,

$$P(s \rightarrow e|H) \leq \frac{1}{2}exp(-\sum_{j=1}^{M_R}\sum_{i=1}^{M_T}\lambda_i|\beta_{j,i}|^2\frac{E_s}{4N_0} \quad \text{(식 8.56)}$$

이것은 $h_{j,i}$을 조건으로 하는 $|\beta_{j,i}|$의 함수로써 표현된 조건부 쌍대 오류 확률(conditional pairwise error probability)의 최대 한계이다. 우리는 $|\beta_{j,i}|^2$ 중심 카이 제곱분포 평균을 따른다는 것을 안다. 그리고 분산은 다음과 같다.

$$\mu_{|\beta_{j,i}|^2} = 1$$

그리고

$$\sigma_{|\beta_{j,i}|^2} = 1$$

중심 극한 정리(central limit theorem)를 따르는 큰 $rM_R(>3)$에서 표현은

$$\sum_{j=1}^{M_R}\sum_{i=1}^{M_T}\lambda_i|\beta_{j,i}|^2 \quad \text{(식 8.57)}$$

가우시안 확률 변수 D에 접근한다. 평균은

$$\mu_D = M_R\sum_{i=1}^{M_T}\lambda_i$$

그리고 분산은

$$\sigma_D^2 = M_R \sum_{i=1}^{M_T} \lambda_i^2$$

그러므로 조건부 쌍대 오류 확률은 다음 식으로 최대 한계일 수 있다.

$$P(s \rightarrow e) \leq \int_{D=0}^{+\infty} \frac{1}{2} \exp(-\frac{E_s}{4N_0} D) P(D) dD \qquad \text{(식 8.58)}$$

그러므로 우리는 다음과 같이 유도할 수 있다.

$$P(s \rightarrow e) \leq \frac{1}{2} \exp\left(\frac{1}{2}\left(\frac{E_s}{4N_0}\right)^2 \sigma_D^2 - \frac{E_S}{4N_0} \mu_D\right) Q\left(\frac{\frac{E_s}{4N_0}\sigma_D^2 - \mu_D}{\sigma_D}\right)$$

부등식 $Q(x) \leq \frac{1}{2} e^{-x^2/2}, x \geq 0$ 사용함으로써, 우리는 더 나은 것을 얻을 수 있다.

$$P(s \rightarrow e) \leq \frac{1}{4} \exp\left(-M_R \frac{E_S}{4N_0} \sum_{i=1}^{M_T} \lambda_i\right) \qquad \text{(식 8.59)}$$

PEP를 최소화하기 위해, PEP는 식 8.59에 의해 $A(s,e) = B(s,e)B^{\dagger}(s,e)$일 때, 행렬 $A(s,e)$의 고유값 (eigenvalues)의 합은 최소화되어야 한다. 제곱 행렬에서 모든 고유값(eigenvalues)의 합이 행렬의 대각합과 같음을 $tr(\nu)$에 의해서 나타낸다. 그것은 아래와 같이 쓸 수 있다.

$$tr(\nu) = \sum_{i=1}^{M_T} \lambda_i = \sum_{i=1}^{M_T} A_{ii} \qquad \text{(식 8.60)}$$

여기서 $A_{i,i}$은 행렬 $A(s,e)$의 주 대각선의 원소이다. 행렬 $A(s,e)$의 트레이스는 다음과 같이 표현된다.

$$tr(\nu) = \sum_{i=1}^{M_T} \sum_{j=1}^{L} |e_j^i - s_j^i|^2 \qquad \text{(식 8.61)}$$

식 8.59에서 보임으로써, $A(s,e)$의 트레이스는 모든 전송 안테나 각각의 코드어 s와 e사이에 유클리드 거리(Euclidian distance)와 같다. 다시 말하면, 만약 유클리드 거리(Euclidian distance)가 최소화될 때, 쌍대 오류 확률(conditional pairwise error probability)이 최소화된다. 이것은 패이딩 채널에서 트렐리스 부호화 변조의 설계 기준과 다이버시티 가지의 수가 많아지면 패이딩 채널이 AWGN 채널에서 수렴하는 결론과 일치한다. 많아진 rM_R 값은 이상적인 AWGN에서 빠르게 수렴한다.

요약하면, 만약 rM_R이 충분히 크다면 (> 3), STTC 코드들의 수행이 서로 다른 코드어 s와 e의 모든 쌍들을 양도 받은 $A(s,e)$의 최소 대각합 의해서 좌우된다. 그러므로 모든 코드어 쌍으로 나눈 $A(s,e)$의 최소 대각합이 만약 최대화 된다면 코딩 이득 또한 최대화가 된다. 우리는 대각합 판정법에 의해서 설계 규칙을 언급한다.

대각합 판정법의 조건 $rM_R > 3$ 은 송·수신 안테나 수 결합에 가장 적합하다는 점이 중요하다. 대부분의 경우에 조건 $rM_R > 3$은 $M_TM_R > 3$으로 바뀔 수 있다. $M_T = 2$일 때, $A(s,e)$가 $r = 2$의 모든 랭크를 가진다는 것은 중요한다. $M_T \geq 4$일 때, 모든 랭크 필요조건은 PEP를 최소화하기 위해 필요로 하지 않는다. 그 이유는 가장 큰 최소 대각합은 코드의 수행에 의존한다는 사실 때문이다. 우리는 시뮬레이션을 통해서 이것을 확인할 것이다. 다음 장에서 언급할 것이다.

rM_R이 작을 때 (<4), 식 8.55은 더 이상 가우시안 분포를 따르지 않는다. 이런 경우에는 랭크와 행렬식 기준(TSC 기준)을 따른다는 것을 알 수 있다. 그것은 Vucetic는 4로 경계값을 결정했었다는 것으로 유명하다. 식 8.57에서 이 경계는 중심 극한 정리(central limit theorem)를 만족하기 위한 확률 변수 rM_R의 요청된 양에 의해서 결정됐다. 이것은 완만한 PDF의 확률 변수에서 만약 합에서 확률 변수의 양이 4보다 크다면 중심 극한 정리(central limit theorem)는 적용될 수 있는 독립변수에 의거한다. 시뮬레이션은 $rM_R > 4$인한 찾을 수 있으므로 이것을 정당화 했다. 대각합 기준에 의존하는 좋은 코드는 TSC 기준에 의존하는 좋은 코드 보다 우수하다.

우리는 예를 통한 관찰결과를 설명한다. 표 8.3에서 보여주는 것과 같이 3개 QPSK 코드를 고려한다. 두 개의 전송 안테나에서의 4-단 코드이다. 3개 코드는 A, B, 그리고 C로 개별적으로 표시된다. 이 코드는 $2bit/s/Hz$의 같은 대역폭 효율을 가진다. 코드의 최소 랭크, 행렬식, 그리고 대각합 또한 표에 실려 있다. 그것은 보여준다. 코드 A와 B는 4의 같은 행렬식과 모든 랭크를 가진다는 것을 보여준다. 반면에 코드 C는 모든 랭크를 가지지 않는다. 그러므로 그것의 행렬식은 0이다. 반면에 코드 B와 C에서 최소 대각합은 10이다. 반면에 코드 A는 4의 가장 작은 최소 대각합을 가진다. 저속 레일레이 패이딩 채널에서 다양한 수신 안테나의 코드의 수행은 시뮬레이션에 의해서 평가된다. 프레임 길이는 130 심볼이다.

앞 장에서 설명한 그림 중, 하나의 수신 안테나가 사용된다면 코드 A와 B는 code C 보다 우수함을 관찰 할 수 있다. 이것은 다음과 같이 설명 될 수 있다. 독립 서브 채널들 M_TM_R의 수가 작을 때, 코드의 최소 랭크는 코드 성능에 따른다. 코드 A와 코드 B는 모든 랭크 $(r = 2)$이고 코드 C는 모든 랭크$(r = 1)$가 아니므로, 코드 A와 B는 코드 C에 따라 나은 성능을 얻는다. 코드 A와 B의 성능 곡선은 -2의 점근 기울기를 가진다는 것을 보여줄 수 있다, 반면에 코드 C의 기울기는 -1이고, 코드 A와 B는 2이고 코드 C는 1인 다이버시티 차수와 일치하는 이다. 10^{-2}의 FER에서 코드 A와 B는 가장 많은 다이버시티 차수 때문에 약 5dB까지 코드 C보다 우수하다. 그것은 분명하게 가리킨다. 최소 랭크는 소수의 독립적인 서브 채널의 시스템에서 결정하는 코드 수행은 훨씬 더 많이 중요하다.

하지만, 수신 안테나의 수가 4개일 때, 코드 C는 코드 A보다 더 나은 수행을 한다. 이것은 모든 랭크를 가진 코드는 가장 작은 랭크를 가진 코드보다 나쁘다는 것을 의미한다. 이것은 다이버시티 이득 rM_R으로 나타낸다. 이 경우에는 코드 A와 코드 C는 각각 8과 4이다. 대각합 판정법에 따르면, 코드 C는 보다 큰 최소 대각합 값 때문에 코드 A보다 높다. 10^{-2}의 FER에서 코드 C와 코드 A에 상대적인 이득은 약 1.3dB이다.

| 표 8.3 | 두 개의 전송 안테나의 코드의 파라미터

	(a_0^1, a_0^2)	(a_1^1, a_1^2)	(b_0^1, b_0^2)	(b_1^1, b_1^2)	det	tr	Rank
Code A	(0, 2)	(2, 0)	(0, 1)	(1, 0)	4.0	4.0	2
Code B	(0, 2)	(1, 2)	(2, 3)	(2, 0)	4.0	10.0	2
Code C	(0, 2)	(2, 2)	(2, 3)	(0, 2)	0	10.0	1

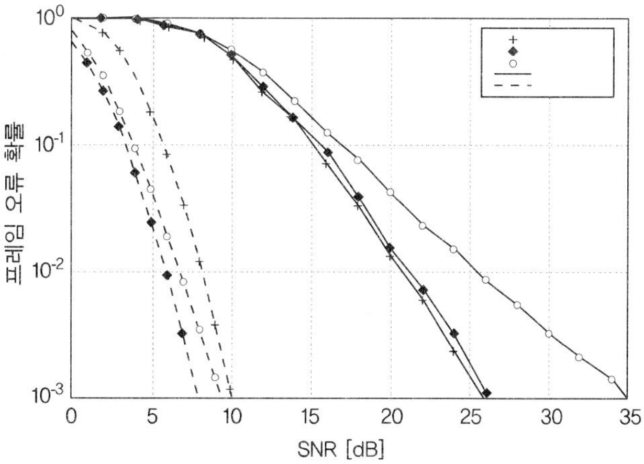

| 그림 8.18 | 두 개의 송신 안테나의 4-단 시공간 부호화된 QPSK의 FER 성능
실선은 한 개의 수신 안테나를 가리킨다. 점선은 4개의 수신 안테나를 나타낸다.

그림 8.18로부터 비록 그것들은 같은 최소 대각합을 가지지만, 우리는 10^{-2}의 FER에서 코드 B는 코드 C보다 나은 약 0.8dB임을 알 수 있다. 이것은 코드 B는 코드 C보다 같은 최소 대각법과 보다 큰 랭크를 가진다는 사실 때문이다. 그러므로 코드 C 보다 코드 B에서의 가파른 오류율 기울기가 분명하게 나타내진 보다 큰 다이버시티를 얻을 수 있다.

이 예제는 분명히 저속 패이딩 채널에서 코드 설계 기준을 검증했다. 우리는 aide-memoire처럼 플로우차트를 포함한다. 독자들은 이것을 기억하는 것이 현명하다. 이전의 논의한 것으로부터, 우리는 rM_R의 값을 TSC 기준을 사용해야 하는지 대각합 판정법을 사용해야 하는지 결정한다는 것을 안다. $rM_R < 4$일 때, TSC 기준은 들어맞는다. $rM_R > 3$일 때, 대각합 판정법이 적절하다. 하지만 코드 설계에서 수신 안테나의 수는 설계 파라미터로 고려되지 않는다. 최대 달성할 수 있는 랭크, 수신 안테나의 수, 그리고 표 8.2에서 보여주는 STTC의 기억 차수 사이에 관계를 고려하면, 우리는 각 기준의 집합은 코드 설계에서 적용할 수 있는 경우들을 시각화할 수 있다. 랭크와 행렬식 기준 그리고 대각합 판정법 사이의 경계는 그림 8.19에 삽화되었다. 사각형 블록에서 점들은 랭크와 행렬식 기준이 사용되고 있는 장소인 경우이다. 대각합 판정법은 모든 다른 경우에도 사용될 수 있다. 이 그림은 제안한다. 랭크와 행렬식 기준은 오직 하나의 수신 안테나 시스템에 적용한다.

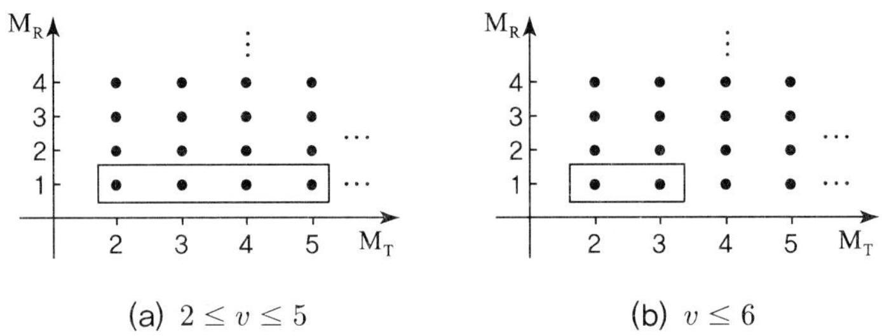

| 그림 8.19 | TSC와 대각합 기준의 적절한 경계

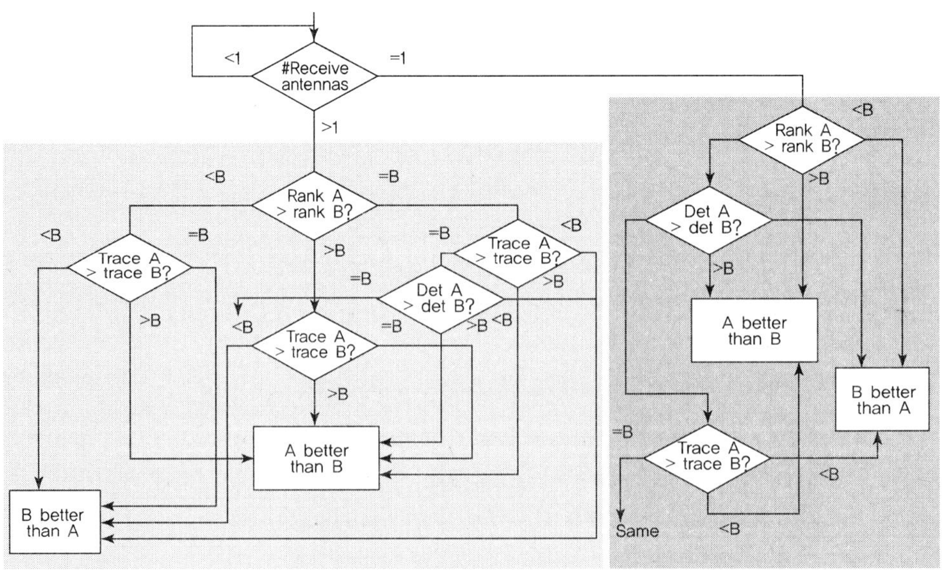

| 그림 8.20 | 프로우 차트 : 코드 B가 코드 A보다 더 좋은가?

3) 준정적 고속 페이딩 채널에서 STTC의 부호화/복호화 (Encoding/Decoding of STTCs for Quasi-Static Flat Fading Channels)

STTC에서 부호화는 각 프레임 시작과 끝단을 제외한 트렐리스 부호화 변조와 비슷하다. 부호기는 영 상태에 있을 것을 요청 받는다. 각 시간 t에서 부호기의 상태와 입력 비트에 의존하는 전이 가지는 선택된다. 만약 전이 가지의 라벨이 $s_t^1, s_t^2, \ldots, s_t^{M_T}$이면, 송신 안테나 i는 심볼 무리 $s_t^i, i=1,2,\ldots,M_T$을 보내곤 한다. 그리고 모든 전송은 병렬이다. STTC 부호기의 예로 4-PSK를 이용한 것을 그림 8.12에서 보여준다. 부호기 계수의 집합은 다음과 같이 표현된다.

$$g^i = [(g^i_{0,1}, g^i_{0,2}, \ldots, g^i_{0,M_T}), (g^i_{1,1}, g^i_{1,2}, \ldots, g^i_{1,M_T}), \ldots, (g^i_{\nu_i,1}, g^i_{\nu_i,2}, g^i_{\nu_i,M_T})] \quad \text{(식 8.62)}$$

대체로 찾는다. 다음에 트렐리스 코드의 트렐리스 그림 옆에 찾을 수 있다. 각 $g^i_{L,K}$는 4-PSK 무리 집합 {0,1,2,3}의 요소이다. 그리고 ν_i는 i번째 시프트 레지스터의 기억 차수이다. 곱셈기 출력은 4로 나누어 더한다.

그림 8.12에서 부호기는 생성 다항식 형태로 묘사될 수 있다. 상향 시프트 레지스터에서 입력 2진 수열은 다음 식으로서 표현될 수 있다.

$$u^1(D) = u^1_0 + u^1_1 D + u^1_2 D^2 + u^1_3 D^3 + \ldots \quad \text{(식 8.63)}$$

비슷하게 하향 시프트 레지스터에서 2진 입력 수열은 다음과 같이 쓸 수 있다.

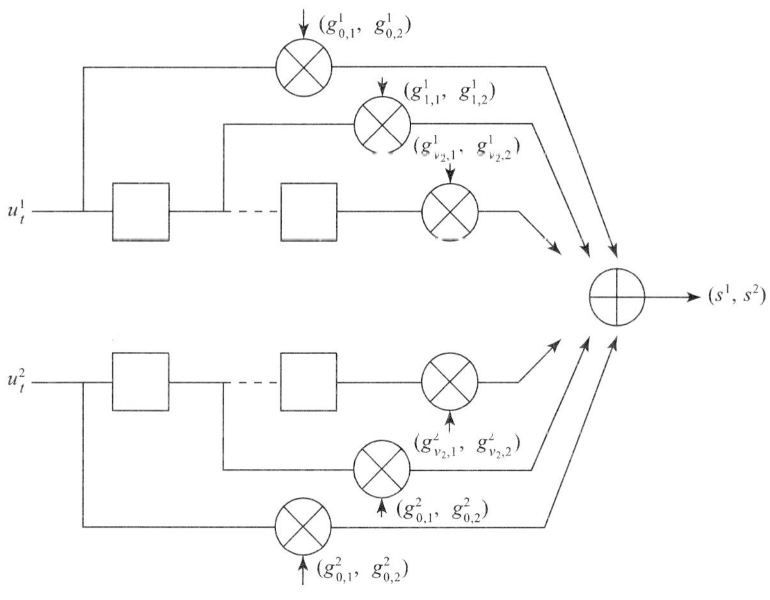

| 그림 8.21 | 4-PSK에서 시공간 트렐리스 코드 부호기

$$u^2(D) = u_0^2 + u_1^2 D + u_2^2 D^2 + u_3^2 D^3 + \ldots \qquad \text{(식 8.64)}$$

여기서 u_j^k, $j = 0, 1, 2, 3, \ldots, k = 1, 2$는 이진 심볼 0, 1이다. 상향 부호기와 전송 안테나 i(여기서, $i = 1,2$)에서 피드-포워드 생성 다항식(feed-forward generator polynomial)은 다음과 같이 쓸 수 있다.

$$G_i^1(D) = g_{0,i}^1 + g_{1,i}^1 D + \ldots + g_{\nu_1,i}^1 D^{\nu_1} \qquad \text{(식 8.65)}$$

여기서 $g_{j,i}^1$, $j = 0, 1, \ldots, \nu_1$은 1, $-j$, -1, j로 4-PSK와 같은 배열로부터 값을 얻을 수 있는 비 2진 계수이다. 그리고 ν_1은 상향 부호기의 기억 차수이다. 비슷하게, 하향 부호기에서 피드-포워드 생성 다항식과 송신 안테나 i(여기서 $i = 1, 2$)는 다음과 같이 쓸 수 있다.

$$G_i^2(D) = g_{0,i}^2 + g_{1,i}^2 D + \ldots + g_{\nu_2,i}^2 D^{\nu_2} \qquad \text{(식 8.61)}$$

여기서 $g_{j,i}^1$, $j = 0, 1, \ldots, \nu_2$은 1, $-j$, -1, j로 4-PSK와 같은 배열로부터 값을 얻을 수 있는 비2진 계수이다. 그리고 ν_2은 하향 부호기의 기억 차수이다. 안테나 i로부터 전송된 부호화 심볼 수열은 다음과 같다.

$$s^i(D) = u^1(D) G_i^1(D) + u^2 G_i^2(D) \bmod 4 \qquad \text{(식 8.62)}$$

우리는 이것을 다시 표현할 수 있다. 다음과 같이

$$s^i(D) = \begin{bmatrix} u^1(D) & u^2(D) \end{bmatrix} \begin{bmatrix} G_i^i(D) \\ G_i^2(D) \end{bmatrix} \bmod 4 \qquad \text{(식 8.63)}$$

우리는 다음 장에서 이 식을 사용할 것이다.

r_t^j은 시간 t일 때 안테나 j에서 수신된 신호라고 가정하자. 가지 메트릭(branch metric)은 다음과 같다.

$$\sum_{j=1}^{M_R} \left| r_t^j - \sum_i^{M_T} h_{i,j} q_t^i \right|$$

비터비 알고리즘은 최하의 가지 메트릭을 가진 경로를 계산하는데 사용된다. 이상적인 CSI가 없을 경우에, 우리는 선택된 심볼들의 기초하여 CSI를 추정한다.

(4) 고속 페이딩 채널에서 시공간 트렐리스 코드 설계 (Design of Space–Time Trellis Codes on Fast Fading Channels)

1) 고속 페이딩 채널에서 오류 확률(Error Probability on Fast Fading Channels)

이전 장에서 저속 페이딩 채널 분석은 직접적으로 고속 페이딩 채널에 적용할 수 있다. 시간 t일 때 우리는 시공간 심볼 차이 벡터(space–time symbol difference vector) $F(s,e)$로 다음과 같이 정의한다.

$$F(s,e)=\left[s_t^1-e_t^1, s_t^2-e_t^2, \ldots, s_t^{M_T}-e_t^{M_T}\right]^T \qquad \text{(식 8.64)}$$

이전의 연구에서 도출된 것에 따르면, 우리는 $S=F(s,e)F^{\dagger}(s,e)$로 정의된 $M_T \times M_T$의 행렬 $S=S(s,e)$을 고려한다. S는 에르미트 (Hermitian)임이 확실하며 그것들은 유니터리(unitary) 행렬 V_t와 실수 대각 행렬 D_t로 표현된다.

$$V_t S V_t^{\dagger}=D_t$$

D_t의 대각 성분은 S의 고유값(eigenvalues)이다; V_t의 열 $\left\{v_t^i, i=1,\ldots,M_T\right\}$은 M_T –차원 벡터 공간의 완전 정규 기저로 형성된 S의 고유값 (eigenvalues).

S는 $s \neq e$일 때 랭크 1 행렬이고 $s \neq e$가 아니면 랭크 0이다(우리는 심볼 기저로 다룬다).

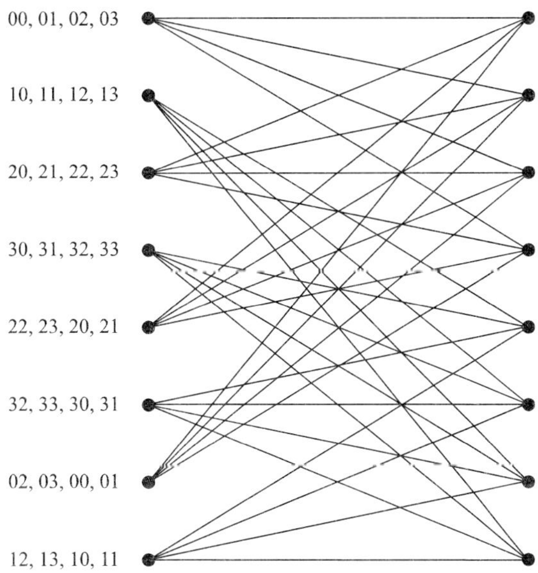

| 그림 8.22 | 8단의 2개 전송 시공간 트렐리스 코드의 예 ($2\,bit/s/Hz$의 스펙트럼 효율에 따른 4–PSK 배열)

$\{D_t^i, i=1,\ldots,M_T\}$에서 M_T-1 원소는 0이고, 결과적으로, 우리는 두 시공간 심볼 s_t와 e_t사이에 제곱 유클리드 거리와 같은 D_t^1의 리스트에서 단일 영이 아닌 원소라 할 수 있다.

$$D_t^1 = |s_t - e_t|^2 = \sum_{i=1}^{M_T} |s_t^i - e_t^i|^2 \qquad \text{(식 8.65)}$$

영이 아닌 고유값(eigenvalue) D_t^1에 따른 $S(s_t, e_t)$의 고유 벡터는 ν_t^i에 의해서 표현된다.

우리는 h_t^i로 다음과 같이 정의된다.

$$h_t^1 = \left(h_{j,1}^t, h_{j,2}^t, \ldots, h_{j,M_T}^t\right) \qquad \text{(식 8.66)}$$

이제,

$$\begin{aligned} d^2(s,e) &= \|H \cdot (E-S)\|^2 \\ &= \sum_{t=1}^{L} \sum_{j=1}^{M_R} \left| \sum_{i=1}^{M_T} h_{j,i}^t (e_t^i - s_t^i) \right|^2 \end{aligned}$$

이것은 다음과 같이 다시 쓴다.

$$d^2(s,e) = \sum_{t=1}^{L} \sum_{j=1}^{M_R} \sum_{i=1}^{M_T} |\beta_{j,i}^t|^2 \cdot D_t^i \qquad \text{(식 8.67)}$$

여기서 $\beta_{j,i}^t = h_t^i \cdot \nu_t^i$.

매 시간 t일 때, 기껏해야 오직 하나의 영이 아닌 고유값인 D_t^1이므로, 표현된 식(식 8.67)은 다음과 같이 표현될 수 있다.

$$\begin{aligned} d^2(s,e) &= \sum_{t \in \rho(s,e)} \sum_{j=1}^{M_R} |\beta_{j,i}^t|^2 \cdot D_t^1 \qquad \text{(식 8.68)} \\ &= \sum_{t \in \rho(s,e)} \sum_{j=1}^{M_R} |\beta_{j,i}^t|^2 \cdot |s_t - e_t|^2 \end{aligned}$$

여기서 $\rho(s,e)$은 $|s_t - e_t| \neq 0$이기 위해서 $t = 1,2,\ldots,L$인 시간 인스턴스들의 집합으로 설명된다. 식 8.51을 이용 식 8.68을 다시 쓰면, 우리는 다음 식을 얻는다.

$$P(s \to E|H) \le \frac{1}{2} \exp\left(- \sum_{t \in \rho(s,e)} \sum_{j=1}^{M_R} |\beta_{j,1}^t|^2 \cdot T|s_t - e_t|^2 \frac{E_s}{4N_0} \right) \qquad \text{(식 8.69)}$$

$h_{i,j}$는 평균 $Eh_{i,j}$인 복소수 가우시안 확률 변수의 샘플들이다.

$$K^j = \left(Eh_{1,j}, Eh_{2,j}, \dots, Eh_{M_T,j}\right)$$

라 하자.

V는 유니터리(unitary)이므로, $\beta i, j$을 가지고 있는 이것은 차원당 분산이 0.5이고 평균이 $K^j \cdot \nu_i$인 독립 복소수 가우시안 확률 변수이다.

만약 우리는 다른 두 코드어 s와 e인 시공간 심볼의 수를 δ_H로 정의한다면, 부등식 8.69의 오른쪽 항을 독립 확률 변수 $\delta_H M_R$이라 한다.

다시 말하자면, 저속 페이딩 경우와 같이 우리는 $\delta_H M_R < 4$과 $\delta_H M_R \geq 4$일 때인 두 상황을 논의한다.

$$\mu_d = \sum_{t \in \rho(s,e)} \sum_{j=1}^{M_R} |s_t - e_t|^2 \qquad \text{(식 8.70)}$$

그리고 분산은

$$\sigma_d^2 = \sum_{t \in \rho(s,e)} \sum_{j=1}^{M_R} |s_t - e_t|^4 \qquad \text{(식 8.71)}$$

가우시안 확률 변수와 다음 식을 사용하여 평균함으로써

$$\int_{D=0}^{\infty} \exp(-\gamma D) p(D)\, dD = \exp\left(\frac{1}{2}\gamma^2 \sigma_D^2 - \gamma \mu_D\right) Q\left(\frac{\gamma \sigma_D^2 - \mu_D}{\sigma_D}\right), \gamma > 0$$

우리는 다음 식으로써 PEP를 얻을 수 있다.

$$P(s \rightarrow e) \leq \frac{1}{2} \exp\left(\frac{1}{2}\left(\frac{E_s}{4N_0}\right)^2 \sigma_D^2 - \frac{E_s}{4N_0}\mu_d\right) Q\left(\frac{E_s}{4N_0}\sqrt{M_R D^4} - \frac{\sqrt{M_R d_E^2}}{\sqrt{D^4}}\right. \qquad \text{(식 8.72)}$$

여기서 d_E^2은 두 시공간 심볼 수열들 사이에서 적립된 제곱 유클리드 거리이다. 다음과 같이 주어진다.

$$d_E^2 = \sum_{t \in \rho(s,e)} |s_t - e_t|^2 \qquad \text{(식 8.73)}$$

그리고 D^4는 다음과 같이 정의된다.

$$D^4 = \sum_{t \in \rho(s,e)} |s_t - e_t|^4 \qquad \text{(식 8.74)}$$

$\delta_H M_R < 4$일 때 경우

$\delta_H M_R < 4$의 값일 때, 중심 극한 정리는 더 이상 효과적이지 않고 평균 오류 확률은 다음 식으로써 표현되어진다.

$$P(s \to e) \le \int \cdots \int_{|\beta_{j,1}^t|}^{\infty} P(s \to E|H) p(|\beta_{1,1}^1|)\, p(|\beta_{2,1}^1|), \ldots, p(|\beta_{M_R 1}^L|) \cdot d|\beta_{1,1}^1| d|\beta_{2,1}^1|, \ldots, d|\beta_{M_T 1}^L| \quad \text{(식 8.75)}$$

여기서 $|\beta_{j,1}^t|, t = 1, 2, \ldots, L, j = 1, 2, \ldots, M_R$은 독립 레일레이 분포 확률 변수이다. 식(식 8.73)을 적분함으로써 PEP는 다음과 같다.

$$\begin{aligned} P(s \to e) &\le \prod_{t \in \rho(s,e)} \left(\frac{1}{1 + |s_t - e_t|^2 \dfrac{E_s}{4N_0}} \right)^{M_R} \\ &\le \left(d_p^2\right)^{-M_R} \left(\frac{E_s}{4N_0} \right)^{-\delta_H M_R} \end{aligned} \quad \text{(식 8.76)}$$

여기서 d_p^2는 두 시공간 심볼 수영 사이에 제곱 유클리드 거리의 결과이다. 다음 식이다.

$$d_p^2 = \prod_{t \in \rho(s,e)} |s_t - e_t|^2 \quad \text{(식 8.77)}$$

높은 SNR에서 프레임 오류 확률은 최소 결과 $\delta_H M_R$인 PEP에 의해서 결정된다. SNR 항의 지수는 고속 페이딩 채널에서의 다이버시티 이득이라고 부른다.

$$G_s = \frac{\left(d_p^2\right)^{1/\delta_H}}{d_u^2} \quad \text{(식 8.78)}$$

그리고 고속 페이딩 채널에서의 부호화 이득이라고도 부른다. 여기서 d_u^2는 기본 부호화 되지 않은 시스템의 제곱 유클리드 거리이다. 둘 다 최악의 경우가 되기 때문에, 다이버시티와 코딩 이득 둘 다 개별 코드어의 모든 쌍들의 최소 $\delta_H M_R$과 $\left(d_p^2\right)^{1/\delta_H}$을 이용하여 얻는다.

우리는 지금 고속 레일레이 페이딩 채널을 위한 설계 기준을 형식화한다.

- $\delta_H M_R < 4$일 경우

  만약 $\delta_H M_R < 4$이 작을 경우가 적절하다. 이 설계 기준은 다음과 같이 요약할 수 있다.

- 최소 시공간 심볼 와이즈 해밍 거리(space-time symbol-wise Hamming distance) δ_H를 최대화한다.
- 최소 심볼 와이즈 해밍 거리 δ_H의 경로를 사이의 최소 결과 거리 d_p^2를 최대화한다.
- $\delta_H M_R \geq 4$일 경우

  $\delta_H M_R$이 큰 에 경우에 적절하다. 이와 같은 경우에 쌍대 오류 확률은 최대 한계치에 다다른다. 높은 SNR인 경우에

$$\frac{E_s}{4N_0} \geq \frac{d_E^2}{D^4}$$

여기서 d_E^2와 D^4는 식 8.74와 식 8.75에 의해서 각각 주어진다. 부등식 $Q(x) \leq \frac{1}{2}e^{-x^2/2}$, $x \geq 0$을 사용함으로써, 식 8.73은 다음과 같이 간략화시킬 수 있다.

$$\begin{aligned} P(s \to e) &\leq \exp\left(-M_R \frac{E_s}{4N_0} \sum_{t=1}^{L} \sum_{i=1}^{M_T} \left|s_t^i - e_t^i\right|^2\right) \\ &= \exp\left(-M_R \frac{E_s}{4N_0} d_E^2\right) \end{aligned} \quad \text{(식 8.79)}$$

식 8.75를 살펴보면, 그것은 명백하다. 높은 SNR에서 프레임 오류 속도 확률은 최소 제곱 유클리드 거리 d_E^2인 PEP에 의해서 결정된다. 페이딩 채널에서 PEP를 최소화하기 위해서, 코드는 아래의 기준을 만족해야 한다.

- 수신 안테나의 수와 최소 시공간 심볼 와이즈 해밍 거리의 결과 $\delta_H M_R$은 충분히 큰(4와 같거나 그 이상) 것은 확실하다.
- 개별의 코드어의 모든 쌍들 사이에 최소 유클리드 거리를 최대화하다. 이 견해는 저속 페이딩 채널에서 대각합 판정법의 요구사항과 비슷하다.

(4) 시뮬레이터 제작

Modulation 방법과 SNR, 심볼 개수, SNR 스텝을 변화하면서 그에 따른 시뮬레이션을 SER Curve로 나타내는 방식의 시뮬레이터 제작으로 방향을 맞추어 제작하였다.

1) 원리

① modulation 방식 결정

② 생성될 symbol 개수 결정

③ SNR 초기값 및 종단값 결정

④ SER 계산 step 결정

⑤ 측정 결과 분석

Modulation 방식(BPSK, QPSK, 8PSK, 16QAM)을 결정하고 생성할 심볼의 개수를 결정한다. 초기 및 종단 SNR 값을 주고 SNR step을 정하고 start 버튼을 누르면 나온 결과 값을 시뮬레이터의 창에 그래프와 수치적으로 나타내게 된다. 이 결과 그래프를 송, 수신 다이버시티에 따른 SER을 비교함으로써 신호가 이동통신 환경에서 전송됨에 따라 어떠한 특성의 변화를 겪는지 예측할 수 있고 실제 실험 등에 의한 측정값과 비교할 수 있다. AWGN, Rayleigh fading, STBC encoding, ML decoding 수학적 함수들은 C++로 구현했고 시뮬레이터의 전체 플랫폼과 수학적 알고리즘에 의한 결과를 시뮬레이터 화면에 나타내기 위한 연결 작업 등은 visual C++를 이용하여 구현하였다.

2) 시뮬레이션 환경 설정

송신단에서 전송되는 신호는 BPSK, QPSK, 8QPSK, 16QAM의 변조 방식과 이외 STBC 일련의 과정을 거쳐 송신되고, 수신단까지는 장애물을 통과하는 과정과 채널(Gaussian, Rayleigh)을 통과하는 과정으로 나뉘어 잡음이 섞이게 된다.

$$f_x = \frac{1}{\sqrt{2\pi\sigma^2}} exp\left[-\frac{(x-m)^2}{2\sigma^2}\right] \quad \text{Gaussian PDF}$$

$$f_R(r)\begin{cases} \frac{r}{\sigma^2} exp[-\frac{r^2}{2\sigma^2}], r \geq 0 \\ 0 \qquad\qquad\qquad , r \leq 0 \end{cases} \quad \text{Rayleigh PDF}$$

수신단으로 들어온 신호는 다시 전송 과정의 반대 과정을 거쳐 원래 신호로 복원된다.

3) 동작 과정

Modulation 방식과 SNR을 선택한 후 Start 버튼을 누르면, Modulation 방식을 통해 신호가 변조되고 STTC encoding 과정을 거친 후 전송된다. 전송된 신호는 채널(Gaussian, Rayleigh)을 통과하여 수신단으로 들어가고 수신된 신호는 Demodulation하게 된다. 그리고 Demodulation된 값과 송신단에서 전송된 신호와 비교하여 Error Rate을 구하게 된다. 구해진 Error Rate는 각각의 결과 창에 그래프와 수치적으로 나타난다.

4) 초기상태

가. 시뮬레이터의 Control pad

- MPSK : 생성된 bit들이 BPSK, QPSK, 8PSK, 16QAM 중 어떤 방식으로 Modulation할 것인가 결정하는데 사용한다.
- number of symbols : 생성된 심볼의 개수 정의
- Initial SNR : SER 계산 시작 SNR 지정
- End SNR : SER 계산 종단 SNR 지정
- Step SNR : SER 계산 스텝 결정

나. 시뮬레이터의 Graph pad

- 송, 수신 다이버시티에 대한 각각의 SNR 대 SER curve 표현
- 송, 수신 다이버시티에 대한 각각의 SER 대 SER 수치 표현

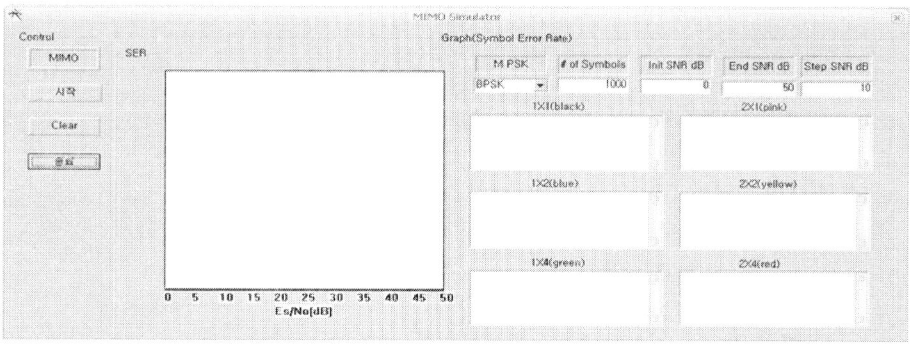

| 그림 8. 23 | 시뮬레이터 초기상태

6) 실행 결과

그림 8.24의 시뮬레이션 결과를 보는 것과 같이 BPSK modulation 방식에 1000개의 심볼을 생성하고 10의 step으로 SNR 50dB까지 측정하였더니 2x4서 성능이 제일 우수함을 알 수 있다.

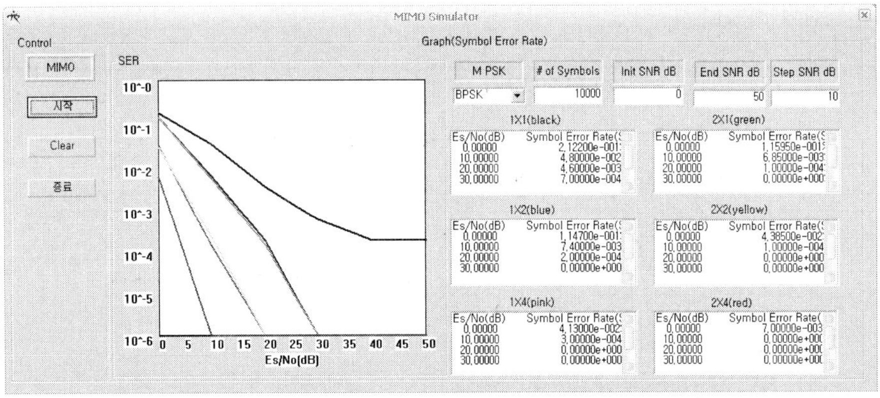

| 그림 8.24 | 시뮬레이터 실행 결과

Chapter 9

채널 모델링의 발전 방향

9.1 유선 채널의 발전 방향

미래의 유선 전송 기술은 광통신 기술의 발전과 맥을 같이할 것으로 보고 광통신 기술의 발전 전망을 예측하면 전송기술의 미래를 전망을 할 수 있다. 광통신 기술은 40Gbps TDM 전송 실험 및 관련된 고속 전자 소자와 광소자 등의 개발 등이 활발히 전개되어 현재에도 이미 40Gbps 급의 TDM 고속 전송이 가능하며 2000년대 초반에는 OTDM을 포함한 수백 Gbps 급의 전송 장치가 개발될 것으로 예상된다. WDM 전송 기술은 통신망에의 사업 적용에 이어 1996년도에 실험실에서 2Tbps WDM 방식 광전송 실험 발표가 되었고, 1997년도에는 40Gbps급 WDM 광전송 시스템의 통신망에 사용과 더불어 수백기가 급 WDM 시스템 상용화가 수년 내에 실현될 전망이다. 따라서 광통신 기술은 초고속화, 광파장 다 채널화의 방향으로 발전하고 있고, 이와 관련한 기술로서 색 분산 보상 기술, 고밀도 WDM 기술, EDFA 광증폭 기술, 반도체 광증폭기, WDM을 위한 광대역 광증폭 기술 등의 연구가 경쟁적으로 진행되고 있다. 또한 광전달망 구성을 위한 OXC, 광파장 변환, 망운용 및 감시제어 기술 등의 연구도 활발히 추진되고 있고, 초장거리 전송을 위하여 솔리톤 광전송 기술 등도 연구되고 있다. 한편, 미래의 가입자 망의 기술로 비동기식 전송 모드(ATM) 전송 기술과 WDM 기술들이 연구되고 있으며 이러한 기술들을 이용한 155Mbps APON(ATM PON), 2.5Gbps SuperPON, WDM PON 기술의 가입자 응용 등의 연구가 세계 각국에서 많이 수행되고 있다. 물론 전송 기술을 이용한 전송 채널 대역폭 확장과 병행하여 데이터 압축 등의 소요 대역폭 축소를 위한 연구도 활발하게 진행되고 있어 당분간 가입자망은 xDSL, FTTC, HFC, FTTH가 혼재 할 것으로 예상되지만 그러나 궁극적으로는 FTTH가 가입자에게 서비스를 제한이 없이 제공할 수 있고, 광 기술이 비약적으로 발전하고 있기 때문에 2000년대 이후에 FTTH로 가입자 망이 구현될 것으로 전망된다. 그리고 미래의 전송 시스템은 시스템이 단독으로 사용하는 경우는 거의 없고 여러 다른 종류의 시스템과 어우러져 동작하게 되어 망의 하나의 구성 요소로 취급되어 종합적이고 유기적으로 사용될 것이다. 따라서 향후 미래의 전송 기술은 망을 떠나서 생각할 수 없을 것이다. 이때는 시스템의 하드웨어보다는 소프트웨어의 중요성이 더욱 부각될 것이다. 미래의 통신망에서 제공되는 서비스는 인간중심의 서비스인 IMPH 서비스가 제공될 것이고, 미래의 트래픽을 정확하게 예측하기는 어렵지만 영상이 제공이 되면 적어도 통신망의 트래픽은 기존의 전화 트래픽에 비하여 수십 배에서 수백 배 이상 증가한다고 예측하고 있다. 그러므로 향후 통신망은 최소한 수십 배 이상의 트래픽을 처리할 수 있는 망이 되어야 한다. 2010년경의 통신망은 초간선과 간선망에서 전광 통신망 기술이 도입될 전망이며 초간선 망은 수 Tbps 용량이 전송/회선 분배되고, 간선망에서는 1Tbps 용량이 전송되고, 또 회선 분배, 교환되는 것을 전망할 수 있다. 가입자망에는 수백 Mbps 전송 용량이 제공될 것이며 xDSL, HFC, FTTC 등이 FTTH 방식과 일부 혼재할 것으로 전망하지만 가입자망의 전광화는 계속 가속화될 것이다.

또한 통신선의 국내 시장 동향을 살펴보기 위해 통계청의 '광업·제조업 통계조사 [산업 총 조사]'를 이용하여 '절연 금속선 및 케이블 제조업'을 통한 산업 동향과 '광공업통계조사보고서'를 통한 연간 시장 동향, '광공업 동태조사 [품목별]'을 통한 단기 시장통계 등을 이용하여 분석된 내용을 살펴보았다.

(1) 국내 산업 동향

통신선의 국내 산업 동향 분석을 위해 통계청 "광업·제조업 통계조사[산업 총 조사]"를 이용하여 상위 분류인 절연 금속선 및 케이블 제조업을 분석하였다.

절연 금속선 및 케이블 제조업의 2003년도 사업체 수는 374개소로, 1991년의 134개소와 비교하여 179.10% 증가하였고, 2002년의 359개소와 비교하여 6.18% 증가하였다. 구체적으로 사업체 수의 연평균 성장률 (CAGR)을 살펴보면, 1991년부터 2003년까지의 CAGR은 8.93%, 2001년부터 2003년까지 CAGR은 5.82%의 성장률을 기록하여, 최근 3년간의 CAGR은 1991년부터 2003년까지의 CAGR보다 둔화되었다.

절연 금속선 및 케이블 제조업의 2003년도 월평균 종사자 수는 11,980명으로, 1991년의 9,047명과 비교하여 32.42% 증가하였고, 2002년도의 11,317명과 비교하여 5.86% 증가하였다. 구체적으로 월평균 종사자수의 CAGR을 살펴보면, 1991년부터 2003년까지의 CAGR은 2.37%, 2001년부터 2003년까지 CAGR은 1.06%의 성장률을 기록하여, 최근 3년간의 CAGR은 1991년부터 2003년까지의 CAGR보다 둔화되었다.

절연 금속선 및 케이블 제조업의 2003년도 1인당 월평균 급여액은 193만원으로, 1991년의 83만원과 비교하여 132.61% 증가하였고, 2002년의 186만원과 비교하여 3.80% 증가하였다. 구체적으로 1인당 월평균 급여액의 CAGR을 살펴보면, 1991년부터 2003년까지의 CAGR은 7.29%, 2001년부터 2003년까지 CAGR은 3.34%의 성장률을 기록하여, 최근 3년간의 CAGR은 1991년부터 2003년까지의 CAGR보다 둔화되었다.

절연 금속선 및 케이블 제조업의 2003년 출하액은 37,706억 원으로, 1991년의 10,745억 원과 비교하여 250.92% 증가하였고, 2002년도의 35,910억 원과 비교하여 5.00% 증가하였다. 구체적으로 출하액의 CAGR을 살펴보면, 1991년부터 2003년까지의 CAGR은 11.03%, 2001년부터 2003년까지 CAGR은 -5.33%의 성장률을 기록하여, 최근 3년간의 CAGR은 1991년부터 2003년까지의 CAGR보다 둔화되었다.

| 표 9.1 | 국내 절연 금속선 및 케이블 제조업 산업 동향

연도	사업체수 (개)	월평균 종사자수 (명)	급여액 (백만 원)	출하액 (백만 원)
1991	134	9,047	90,106	1,074,485
1992	128	8,895	107,637	1,140,805
1993	112	8,602	116,085	1,197,529
1994	100	7,952	120,729	1,329,188
1995	108	8,509	147,837	1,709,982
1996	102	6,684	120,697	1,304,509
1997	100	5,374	108,184	1,164,206
1998	95	5,007	96,380	1,324,505
1999	304	12,630	213,708	4,109,183
2000	299	12,242	247,953	4,253,009
2001	334	11,730	254,459	4,207,480
2002	359	11,317	252,590	3,590,964
2003	374	11,980	277,544	3,770,565

| 표 9.2 | 국내 절연 금속선 및 케이블 제조업 산업 동향

연도	주요생산비 (백만 원)	부가가치 (백만 원)	유형자산 연말잔액 (백만 원)	일인당 월평균 급여액 (만원)
1991	1,690,043	495,227	577,569	79
1992	1,864,056	524,504	573,422	97
1993	1,868,638	598,396	653,920	96
1994	2,350,899	815,315	713,751	107
1995	2,664,051	884,390	702,765	123
1996	4,457,297	1,377,590	1,449,716	146
1997	3,439,129	1,018,337	1,307,942	145
1998	3,614,363	1,227,954	1,455,925	124
1999	2,667,779	1,445,688	1,543,049	141
2000	2,873,010	1,428,979	1,476,393	169
2001	3,103,084	1,109,984	1,435,475	181
2002	2,624,381	979,745	1,156,216	186
2003	2,787,092	1,016,570	1,209,208	193

| 표 9.3 | 국내 절연 금속선 및 케이블 제조업 산업 동향 분석

구분	사업체 수(개소)		종사자 수(명)		출하액(백만 원)	
	연평균	연평균 성장률	연평균	연평균 성장률	연평균	연평균 성장률
1991~2003	284	6.09%	13,037	-1.15%	3,214,996	7.02%
2001~2003	356	5.82%	11,676	1.06%	3,856,336	-5.33%

(2) 통신선 시장 동향

국내 통신선 관련한 분석을 위해 통계청의 '통신선'과 한국정보통신산업협회의 '동축 케이블과 기타 동축 도체'의 자료를 이용하여 분석하였다.

통신선의 2003년도 사업체 수는 79개소로, 1995년의 55개소와 비교하여 43.64% 증가하였고, 2002년도의 68개소와 비교하여 16.18% 증가하였다.

2003년도 생산액은 4,128억 원으로, 1995년의 5,312억 원에 비해 -22.29% 감소하였으나, 2002년도의 3,917억 원에 비해 5.40% 증가하였다. 구체적으로 생산액의 CAGR을 살펴보면, 1995년부터 2003년까지의 CAGR은 -3.10%, 2001년부터 2003년까지 CAGR은 -2.36%의 성장률을 기록하여, 최근 3년간의 CAGR은 1995년부터 2003년까지의 CAGR보다 증가하였다.

통신선의 2003년도 출하액은 4,109억 원으로, 1995년의 5,244억 원에 비해 -21.64% 감소하였으나, 2002년의 3,931억 원에 비해 6.54% 증가하였다. 구체적으로 출하액의 CAGR을 살펴보면, 1995년부터 2003년까지의 CAGR은 -3.00%, 2001년부터 2003년까지 CAGR은 -2.46%의 성장률을 기록하여, 최근 3년간의 CAGR은 1995년부터 2003년까지의 CAGR보다 증가하였다.

| 표 9.4 | 국내 통신선의 시장 동향(통계청 기준)

구분	품목명	사업체 수 (개)	생산액 (백만 원)	출하액 (백만 원)	전년대비 증감률
1995	통신선 및 케이블	55	531,244	524,406	-
1996	통신선 및 케이블	71	818,865	819,535	56.28%
1997	동축케이블 기타 동축 도체(통신선)	72	596,654	602,089	-26.53%
1998	동축케이블 기타 동축 도체(통신선)	48	534,893	544,777	-9.52%
1999	동축케이블 기타 동축 도체(통신선)	47	578,188	589,713	8.25%
2000	동축케이블 기타 동축 도체(통신선)	42	474,920	472,388	-19.90%
2001	통신선	53	433,074	431,867	-8.58%
2002	통신선	68	391,699	393,073	-8.98%
2003	통신선	79	412,834	410,909	4.54%

| 표 9.5 | 국내 통신선의 시장 동향 분석(통계청 기준)

구분	사업체 수(개소)		생산액(백만 원)		출하액(백만 원)	
	연평균	연평균 성장률	연평균	연평균 성장률	연평균	연평균 성장률
1995~2004	59	4.63%	530,263	-3.10%	532,084	-3.00%
2001~2004	67	22.09%	412,536	-2.36%	411,950	-2.46%

한국 정보통신 산업협회에 의거한 동축케이블과 기타 동축 도체의 분석결과, 2003년 생산액은 2,670억 원으로, 2002년의 4,132억 원에 비해 -35.39% 감소하였고, 2001년도의 4,636억 원에 비해 -42.40% 감소하였다. 구체적으로 생산액의 CAGR을 살펴보면, 1991년부터 2003년까지의 CAGR은 9.38%, 2001년부터 2003년까지 CAGR은 -26.11% 의성장률을 기록하여, 최근 3년간의 CAGR은 1991년부터 2003년까지의 CAGR보다 둔화되었다.

동축 케이블과 기타 동축 도체의 2003년 생산액은 2,095억 원으로, 2002년의 3,560억 원에 비해 -41.17% 감소하였고, 2001년의 2,967억 원에 비해 -29.41% 감소하였다. 구체적으로 내수액의 CAGR을 살펴보면, 1991년부터 2003년까지의 CAGR은 78.00%,

2001년부터 2003년까지 CAGR은 −15.98%의 성장률을 기록하여, 최근 3년간의 CAGR은 1991년부터 2003년까지의 CAGR보다 둔화되었다.

| 표 9.6 | 국내 동축 케이블과 기타 동축 도체의 연도별 동향(KAIT 기준)

구분	생산액 (백만 원)	내수액 (백만 원)	수출액 (천 달러)	수입액 (천 달러)	무역수지 (천 달러)
1991	91,029	207	161,291	37,447	123,844
1992	172,157	–	229,616	9,086	220,530
1993	185,130	1,208	239,687	10,550	229,137
1994	117,206	–	168,723	22,876	145,847
1995	125,640	2,134	201,756	41,587	160,169
1996	208,177	22,313	266,465	35,394	231,071
1997	597,980	497,001	174,081	67,913	106,168
1998	536,358	352,614	154,377	23,026	131,351
1999	430,717	303,142	150,156	42,903	107,253
2000	474,920	391,488	138,214	64,420	73,794
2001	463,552	296,744	158,885	29,660	129,225
2002	413,217	356,035	81,736	36,180	45,556
2003	266,985	209,460	84,971	36,449	48,522

| 표 9.7 | 국내 동축케이블과 기타 동축 도체의 시장 동향 분석(KAIT 기준)

구분	사업체 수(개소)		생산액(백만 원)		출하액(백만 원)	
	연평균	연평균 성장률	연평균	연평균 성장률	연평균	연평균 성장률
1995~2003	314,082	9.38%	221,122	78.00%	134,805	−7.51%
2001~2003	381,251	−24.11%	287,413	−15.98%	74,434	−24.11%

(3) 통신선 시장 전망

국내 통신선기의 시장 전망을 위해 통계청의 '광공업동태조사 [품목별]'의 통신선의 출하량을 기준으로 ㈜밸류애드에서 2008년까지 수요 예측을 실시하였다.

통신선의 출하량은 2005년에는 70,229톤으로 2004년의 69,424톤에 비해 1.16% 증가, 2006년에 69,203톤으로 전년대비 −1.46% 감소, 2007년에는 68,861톤으로 전년대비 −0.49% 감소, 2008년에는 68,515톤으로 전년대비 −0.50% 감소할 것으로 추정되어 가장 높은 출하량을 기록할 연도는 2005년으로 가장 낮은 출하량은 2008년으로 전망된다.

또한, CAGR은 -0.82%를 기록하는 등 전반적으로 살펴볼 때, 통신선의 출하량은 향후 광케이블로 대체되어 전반적으로 감소 추세로 전망된다.

| 표 9.8 | 국내 통신선의 중장기 수요 예측

구분	출하량	예측		전년대비 증감률(%)
		Winter's 예측결과	조합 예측	
2000년	71,559	-	-	-1.98%
2001년	85,094	-	-	18.91%
2002년	74,824	-	-	-12.07%
2003년	68,997	-	-	-7.79%
2004년	69,424	-	-	0.625
2005년	-	73,251	70,229	1.16%
2006년	-	73,312	69,203	1.46%
2007년	-	73,501	68,861	0.49%
2008년	-	73,529	68,515	0.50%

9.2 무선 채널의 발전 방향

차세대 이동통신 무선 채널 모델이란 무선 인터페이스 구간 내에서의 신호 처리 모델로서 이동통신 시스템 개발에 필요한 알고리듬 구현 기술의 검증에 사용된다. 무선 인터페이스 구간은 이동통신 시스템의 구성 요소의 포함 여부에 따라 다음의 네 종류로 크게 나눌 수 있다.

- Digital Channel
- Modulation Channel
- Radio Channel
- Propagation Channel

다중 안테나 사용의 중요성이 제기되기 이전에는 주로 전파 채널(propagation channel)에 관한 물리 현상의 분석이 무선 채널 모델의 주류를 이루었으나, 전송 속도의 증가 및 전송 용량 증가를 위한 다중 안테나 사용이 본격화되면서 안테나를 포함한 공간 채널(spatial channel)의 수학적 표현 및 전파 현상 분석이 이동통신 시스템 개발에 중요한 역할을 차지하게 되었다.

이동통신 시스템 개발에서 정확한 성능 검증을 위하여 무선 채널 모델은 다음 세 가지의 정성적인 조건을 만족시켜야 한다. 우선 이동통신 환경에서의 실제적인 전파전파(wave propagation) 현상을 정확하게 모사해야 하며, 사용자의 용도에 맞는 환경(채널 파라미터)을 제공하고, 실행시간 및 복잡도에 관한 현실적인 요구와 같은 성능 검증의 객관성 만족이 그것이다.

이동통신 환경에서의 실제적인 전파전파 현상은 반사, 투과, 회절 및 분산 현상에 의하여 매우 복잡한 특성을 나타내며 분석적인 도구(수학적 모델링)를 이용하여 표현하는 데는 한계가 있다. 즉 전파전파 현상은 반송 주파수, 대역폭, 전파 환경(실내외, 도시지역, 거주 지역, 지형 및 건물 재질 구조 등)에 따라 다르므로 채널 측정 시스템(channel sounder)을 이용한 반복적인 실측 데이터를 이용하여 현상을 규명한다. 전파전파 현상을 표현하기 위하여 채널 모델은 통계적인 방법(stochastic model)과 확정적인 방법(deterministic model)을 사용하는데, 전자는 주어진 전파 환경에서의 반복 측정을 통하여 통계적으로 대표되는 모델 파라미터를 이용하고, 후자는 송수신에 이르는 전파 환경을 수학적으로 표현하여 전파를 추적하는 ray tracing 방법을 사용한다. 통계적인 방법은 전파 환경을 대표할 수 있는 파라미터의 확률 함수로서 표현되며, ray tracing 방법은 특정한 전파 환경을 정확히 묘사할 수 있다. 최근 제안되는 이동통신 채널 모델인 SCM은 위의 두 방법을 혼합하는 geometry-based stochastic 모델로서 두 가지의 장점을 효과적으로 이용하기도 한다.

채널 모델이 제공하는 두 번째 요소로서, 사용자 용도에 맞는 채널 파라미터는 성능 검증에 필요한 채널 특성을 표현하며, 예를 들면 다음과 같다.

- 최대 또는 rms 지연 확산 및 분포
- 다중경로의 수 및 분포
- Power Delay Profile(PDP)
- 다중경로별 small-scale fading 및 complex gain
- 도플러 효과
- MIMO channel matrix
- 송수신 안테나간의 공간 상관관계
- 송수신 안테나의 도래각 및 발산각(azimuth 및 elevation)
- 편파
- Shadowing 효과 및 거리에 따른 감쇄 등

위의 파라미터는 반송 주파수 대역(VHF, UHF, 마이크로웨이브, 밀리미터 웨이브), 협대역/광대역 bandwidth, 다중 안테나, 전파 환경(실내외, urban, suburban, rural 등)에 따라 동일하지 않으므로 이동통신 시스템의 운용 환경에 따라 적합한 채널 모델이 요구된다. 또한 실행시간 및 복잡도에 관한 현실적인 요구사항은 채널 모델의 정확도 및 간편한 실행 환경으로 서로 trade-off 관계가 있다.

(1) 차세대 무선 채널 모델링

최근 WWRF에서 제시하는 B3G 시스템 개발을 위한 채널 모델 과정을 소개하자면, 차세대 이동통신 시스템 개발을 위한 무선 채널 모델링은 시스템 성능평가 목적을 위하여 그림 9.1과 같이 다음 일곱 단계로 나누어 생각할 수 있다.

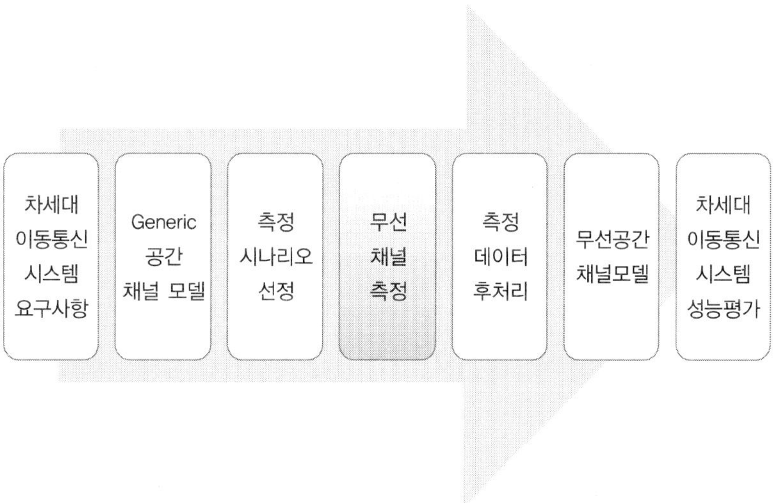

| 그림 9.1 | 차세대 무선 채널 모델링 단계별 프로세스

(1) 시스템 요구사항

현재 목표로 하는 차세대 이동통신 시스템의 성능은 이동 환경에서 100Mbps 및 핫스폿 지역에서 1Gbps의 전송속도 제공이며, 이와 함께 차세대 이동통신 후보 무선전송 기술은 링크 및 시스템 레벨 시뮬레이션을 통하여 시스템 용량(Erlang/MHz/km2)에 관한 성능 평가가 필요하다. 성능 평가를 위한 무선 채널 모델의 주요 요구사항은 다중 안테나 채널 모델, 간섭(interference) 모델, 링크 및 시스템 레벨 성능 결과의 상호 매핑 및 이동 단말기 사용 형태의 현실적인 반영 등이 있다.

(2) Generic 공간 채널 모델

Generic 채널 모델은 예상되는 시스템 요구사항의 성능 평가를 위해 제공되는 표준 모델로서 현재 시점에서는 COST259 및 generic WINNER 모델 등이 거론되고 있다.

(3) 측정 시나리오 선정

필드 측정을 통하여 통계적으로 정확한 파라미터를 사용한 generic 채널 모델은 다양한 전파 환경에서 객관성을 유지할 수 있다. 따라서 객관성을 확보하기 위하여 채널 측정 계획은 중요하며 다음 사항을 고려한다.

- 사용자 및 네트워크 deploy를 고려한 전파환경 선정 및 측정 지역의 수
- 송수신 안테나 형상
- 이동성 시나리오

(4) 무선 채널 측정

필드 측정은 채널 측정 시스템을 이용하며, 차세대 이동통신 시스템의 다차원의 무선 채널 파라미터 특성을 규정을 하기 위한 주요 측정 관련 요소를 요약하면 표 9.8과 같다.

| 표 9.8 | 무선 채널 측정 요소

파라미터	값
반송 주파수	2~6GHz
대역폭	10~100MHz
샘플링	I & Q(진폭 및 위상)
측정 데이터 저장	실시간 고속 다중 채널 저장구조
안테나 구성	빔포밍, Diversity, MIMO 및 Hybrid
송수신 안테나 수	8~32개
이동성	최대 250km/h
지연 시간 분해능력	최대 10ns
최대 지연 시간	1~100μs
Dynamic Range	10~50dB
Post-Processing	특정 파라미터 추정을 위한 Tool 사용
기타	GPS 위치 제어

(5) 측정 데이터 후 처리

후 처리(post-processing) 기능은 측정 데이터로 부터 다양한 무선 채널 파라미터를 추정하는 기술로서 다차원 detection 및 고해상의 estimation 알고리듬을 이용한다. Unitary ESPRIT, SAGE 및 Ri-MAX 등은 주로 사용되는 후처리 기술의 알고리듬으로, 추정 파라미터는 다중 경로, 지연시간, 경로별 전력 및 도래각(2차원 및 3차원) 등이 있다.

(6) 무선 공간 채널 모델

기존의 TDL 모델은 차세대 이동통신 시스템의 광대역 특성으로 많은 수의 tap이 필요함에 따라 채널 모사에 현실적인 한계가 있다. Generic 모델의 선택과 dimension의 결정은 채널 시뮬레이션에 소용되는 시간 및 정확성에 중요한 영향을 주며, 현재 고려되는 SCM 계열의 채널 모델은 geometry based stochastic 모델로서 광대역 채널 모델에 적합하다. 이 단계에서는 generic 채널 모델과 측정 데이터로부터 얻은 통계적 파라미터를 이용하여 시스템 성능 평가를 위한 무선 공간(벡터) 채널 모델을 완성한다.

(7) 시스템 성능평가

시스템의 성능평가는 통계적으로 객관화된 전파 환경을 채널 모델이 제공함으로써 가능하다. 이것은 서로 다른 시나리오를 수용하기 위하여 채널 모델 내에서의 구조와 사용 파라미터 변경을 통하여 이루어지며, 다음의 세 종류로 분류된다.

① 링크레벨 성능평가

다양한 전파환경에서 무선통신 링크의 성능 측정이 목적이며 주로 BER 또는 FER을 사용한다.

② 네트워크레벨 성능평가

Blocking rate, call loss rate 등 네트워크 계층의 성능 평가에 사용한다.

③ 시스템레벨 성능평가

사용자 및 기지국 분포에 따라 SINR에 의존적인 BER 특성과 outage 확률 등 주로 간섭이 시스템에 주는 영향을 중심으로 사용한다.

(8) 차세대 무선 채널 모델 이슈

지속적인 채널 연구는 불규칙한 무선 채널의 극복을 넘어 물리적인 현상을 역으로 이용하는(예 : diversity) 연구 결과를 제공한다. 현재 차세대 이동통신 시스템을 위한 채널 모델 연구에 관한 주요 open issue를 살펴보면 다음과 같다.

1) 전파 특성에 관한 이슈

- 새로운 주파수 대역 3~6GHz의 전파 특성 연구
- Diffuse 산란 및 클러스터 현상에 관한 규명
- 동적인 채널 모델 연구
- Small scale 페이딩 및 large scale 페이딩의 상관관계 규명

2) 이동통신 시스템 파라미터에 관한 이슈

- 대역폭 변화에 따른 채널모델 변화(Scalable 대역폭 : 10 … 100MHz)
- Multi-band operation
- 다중 안테나 구성에 따른 필요 파라미터 연구

3) 채널 측정 및 모델링에 관한 이슈

- 안테나 구성에 독립적인 측정 및 채널 모델링
- Multi-hop 또는 ad-hoc의 경우 전체 링크를 표현할 수 있는 등가 채널 모델 연구
- 다차원 채널 모델(시간, 공간, 주파수 영역)
- MIMO 무선 채널의 reciprocity

(9) 한국형 무선 채널 모델 연구

채널 모델 연구는 선진 IT 기술연구에 수반되는 기초 연구이자 이동통신 연구의 국가적 인프라에 해당하는 중요한 자원으로 인식된다. 그러나 차세대 이동통신 분야를 위한 채널 모델 연구는 몇 가지 불확실한 환경적인 요소가 있다. 우선 주파수 대역 측면에서 차세대 이동통신 시스템의 특징은 IMT-2000 및 PCS 경우와는 달리 적용 주파수 대역이 미리 선정되지 않은 점이다. 이는 WRC-07에서 결정 예정이며 현재 ITU-R WP8F에서 국가 간의 global roaming을 위한 차세대 이동통신 후보 주파수 대역의 논의가 활발히 이루어지고 있다. 또 다른 특징은 논의되는 3~6GHz 범위의 후보 주파수 대역에 관한 채널 특성 연구가 세계적으로 시작 단계에 있다는 점이다. 즉 path loss 모델을 포함한 기존의 채널 특성 연구는 주로 2GHz 이하 대역에 해당하며, 3GHz 이상 대역의 특성 연구를 위해서는 다양한 측정 캠페인을 통한 새로운 채널 모델링 시도가 필요하다.

[참고문헌]

[1] AT&T, "Telcommuncication transmission engineering", Vol 2, 1997

[2] I. P. Kaminow, "Opitcal fiber telecommunications IIIA", Academic Press, 1997

[3] C. P. Agrawal, "Fiber-optic communication systems", second editon, Wiley, 1997

[4] Tommi J s et al., "Multi-Dimensional Radio Channel Measurement and Modeling for Future Mobile and Short-Range Wireless Systems," 15th WWRF WG4 & WG5 White Paper, Dec. 2005.

[5] IST-METRA project(http://www.ist-metra.org)

[6] V. Erceg, L. Schumacher, P. Kyritsi, A. Molisch, and D.S. Baum et al., "TGn Channel Models," IEEE 802.11-03/940r2, Jan. 2004.

[7] 3GPP, "Spatial Channel Model for MIMO Simulations, TR 25.996 V6.1.0, Sep. 2003. [Online]. vailable: http://www.3gpp.org/

[8] D.S. Baum, J. Salo, G. Del Galdo, M. Milo-jevic, P. Ky ti, and J. Hansen, "An Interim Channel Model for Beyond-3G Systems," in Proc. IEEE Vehicular Technology Conf. 2005 Spring, Stockholm, May, 2005.

[9] G. Yang, K. Pahlavan, and J.F. Lee, "A 3D Propagation Model with polarization Characteristics in Indoor Radio Channels" IEEE GLOBECOME '93. vol.2. pp.1252-1256,Dec. 1993

[10] T. Holt, K. Pahlavan, and J.F. Lee, "A graphical indoor radio channel simulator using 2D ray tracing "IEEE International Symposium on personal, Indoor and Mobile Radio Communications.,, Boston, Massachusetts, Oct 1992

[11] H. R. Anderson, "A ray-tracing propagation model for digital broadcast system in urban areas" IEEE Trans. Broadcasting, vol,39, pp. 309-317, Sep. 1993

[12] A. A. Saleh and R. A. Valenzuela, "A Statistical Model for Indoor Multipath Propagation," IEEE J. select. Areas Commun, vol. 5, pp. 128-137, Feb. 1987

[13] H. Hashemi, "Impulse Response Modeling of Indoor Radio Propagation

Channels," IEEE J. select. Areas Communication, vol. 11, no. 7, pp. 967-978, Sept. 1993.

[14] D.S. Baum, J. Salo, G. Del Galdo, M. Milo-jevic, P. y osti, and J. Hansen, "An Interim Channel Model for Beyond-3G Systems," in Proc. IEEE Vehicular Technology Conf. 2005 Spring, Stockholm, May. 2005.

[15] Emerging Wireless Technology : UWB 360, Nov. 2006, www.rfdesign.com.

[16] T. S. Rappaport, Wireless Communications, 2nd ed. Prentice, 2002.

[17] J. G. Proakis, Digital Communications, 4th ed. New York: McGraw- Hill, 2001.

[18] 3GPP, "Spatial Channel Model for MIMO Simulations," TR 25.996 V6.1.0, Sep.2003

[19] V. Erceg, L. Schumacher, P. Kyritsi, A. Molisch, and D.S. Baum et al., "TGn Channel Models," IEEE 802.11-03/940r2, Jan.2004.

[20] T. S. Chu and M. J. Gans, 'High Speed Infrared Local Wireless communication,"IEEE Communications Magazine, Vol. 25, No. 8, pp. 4-10, August, 1987.

[21] F.R. Gfeller and U.H. Bapst, "Wireless In-House Data Communication via Diffuse Infrared Radiation," Proceedings of the IEEE, Vol. 67, No. 11, pp. 1474-1486, November 1979.

[22] G. Yun and M. Kavehrad, "Spot Diffusing and Fly-Eye receivers for Indoor Infrared Wireless Communications," Proc. IEEE International Conference on Selected Topics in Wireless Communications, Vancouver, B.C., pp. 262-265, June 1992.

[23] T. Minami, K. Yano, and T. Touge, "Optical Wireless Modem for Office Communications," National Computer Conference, pp. 721-728, 1983.

[24] O. Takahashi and T. Touge, "Optical Wireless Network for Office Communication," JARECT(Japan Electron. Rev. Electron. Comput. Telecom.), Vol.. 20, pp. 217-228, 1985/1986.

[25] Y. Nakata, J. Kashio, T. Kojima, and T. Noguchi, "In-House Wireless Communication System Using Infrared Radiation," Proceedings of the International Conference on Computer Communication, pp. 333-337, 1984.

[26] J. R. Barry, "Wireless Communication Using Non-Directed Infrared

Radiation," Ph.D. Dissertation, Univ. of california, Berkeley, 1992.

[27] F. R. Gfeller, "Infranet Infrared Microbroadcasting Network for In-House Data Communication," IBM Research Report, RZ 1068-38619, April 1991.

[28] CCSDS 102.0-B-4, "Packet Telemetry," Nov. 1995.

[29] CCSDS 100.0-G-1, "Telemetry." Dec. 1987.

[30] CCSDS 701.0-B-2, "Advanced Orbiting Systems, Networks, and Data Links: Architectural Specification," Nov. 1882.

[31] CCSDS 101.0-B-3, "Telemetry Channel Coding," May. 1882.

[32] A. E. Akimov, "Torsion Communication – The basis of space systems of information transfer on new physical principles," The 2nd Aerospace International Congress, Moscow, Russia, 3 Aug.-6 Sept., 1997.

[33] G. I. Shipov, "A Theory of Physical Vacuum," A New Paradigm, Moscow, 1998.

[34] R.H.Clarke, "A statistical theory of mobile radio reception," Bell System Tech. J., pp.957-1000, Jul. 1968.

[35] W.C Jakes., "Microwave Mobile Communication," Piscataway, NJ: IEEE press, 1994.

[36] P.Dent, G.E. Bottomly, T.Croft, "Jakes fading model revisited," Electron Letter, vol.29, No.13.,pp1062-1163, June 1993.

[37] M..Patzold, U.Killat, and F.Laue, "On the statistical properties of deterministic simulation models for mobile fading channel," IEEE Trans. on Veh. Tech. vol 47., No. pp.254-269, Feb. 1998.

[38] M.F.Pop, N.C.Beaulieu, "Limitations of sum of sinusoids fading channel simulators", IEEE trans. on com. vol.49, pp.699-708, Apr. 2001.

[39] Y.R.Zheng, C.Xiao, "Simulation models with correct statistical properties for Rayleigh fading channels", IEEE Trans. on Com, Vol, 51. No.6,pp.920-928, June 2003.

[40] Y.R.Zheng, C.Xiao,, "A statistical simulation model for mobile radio fading channels", in Proc. IEEE WCNC, Vol. 1, pp.144-149, March 2003.

[41] A.S.Akki, F. Harber, "A statistical model of mobile to mobile land communication channel", IEEE Tran.on Veh. Tech., Vol.35, No.1,

pp2-7,Feb. 1986.

[42] R.Wang, D.Cox, "Channel modeling for adhoc mobile wireless networks", IEEE VTC vol 1., pp 21-25, May. 2002.

[43] C.S.Patel, G.L.Stuber, and T.G.Pratt, "Simulation of Rayleigh faded mobile to mobile communication channels", IEEE VTC Vol. No 1,pp163-167, Oct 2003.

[44] Li Wang, Yun.H. Cheng, "A statistical mobile to mobile Rician fading channel model", IEEE VTC, May. 2005.

[45] S. M. Alamouti, "A simple transmit diversity technique for wireless communications." IEEE J. Select. Areas Commun., Vol. 16, pp. 1451-1458, Oct. 1998

[46] V. Tarokh, N. Seshadi. and A. R. Calderbank. "Space-time codes for high data rate wireless communication: Performance criteian and code constmctian," IEEE Tranr. Infbrm Theory, vol. 44, pp. 744-765, Mar. 1998

[47] V. Tmokh. H. Jafarkhani, and A. R. Calderbank, "Space-time block codes from orthogonal designs," IEEE Trons. Infbrm. Theory, voi. 45, no. 5. pp. 1456-1467. July 1999.

[48] Helmut Bolcskei, Eth Zurich, "MIMO-OFDM wireless Systiems : Basics, Perspectives, and Challenges" IEEE Wireless Communications, pp.31-37, Aug 2006

[49] Venugopal V. Veeravalli, Senior Member, IEEE, Yingbin Liang, Student Member, IEEE, and Akbar M. Sayeed, Senior Member, IEEE, "Correlated MIMO Wireless Channels: Capacity, Optimal Signaling, and Asymptotics", IEEE TRANSACTIONS ON INFORMATION THEORY, VOL. 51, NO. 6, JUNE 2005.

[50] T. Komine and M. Nakagawa, "Performance evaluation of visible-light wireless communication system using white LED lightings," Proc. of ISCC 2004, vol.1,pp.258-263,Jun.2004.

[51] M. Miki, E. Asayama, and T. Hiroyasu, "Intelligent Lighting System using Visible-Light Communication Technology," IEEE Conf. on Cyberneticsand Intelligent Systems, pp.1-6,Jun.2006.

[52] T. Komine and M. Nakagawa, "Integrated system of white LED visible-light communication and power-line communication," IEEE Trans. on Consumer Electronics, vol.49, pp.71-79, Feb.2003.

[53] T. Komine and M. Nakagawa, "Fundamental analysis for visible-light communication system using LED lights," IEEE Trans. on Consumer Electronics, vol.50, pp.100-107, Feb.2004.

[54] T. Komine, S. Haruyama, and M. Nakagawa, "Performance evaluation of narrowband OFDM on integrated system of power line communication and visible light wireless communication," Intern. Symp. on Wireless Pervasive Computing, p.6,Jan.2006

[55] T. Komine and M. Nakagawa, "Integrated system of white LED visible-light communication and power-line communication," IEEE Intern. Symp. on Personal, Indoor and Mobile Radio Communications, vol.4, pp.1762-1766, Sep.2002.

[56] H. Sugiyama, S. Haruyama, and M. Nakagawa, "Brightness Control Methods for Illumination and Visible-Light Communication Systems," ICWMC'07. ThirdInter. Conf. on Wireless and Mobile Communications, p.78, Mar. 2007.

[57] T. Komine, J. H. Lee, S. Haruyama, and M. Nakagawa, "Adaptive Equalization for Indoor Visible-Light Wireless Communication Systems," Asia-Pacific Conf. on Commun., pp.294-298,Oct.2005.

[58] G. Pang, T. Kwan, C. H. Chan, and H. Liu, "LED traffic light as a communications device," Proc. of Intelligent Transportation Systems, pp.788-793, Oct. 1999.

[59] W. Y. Shieh, W. H. Lee, S. L. Tung, B. S. Jeng, and C. H. Liu, "Analysis of the Optimum Configuration of Roadside Units and Onboard Units in Dedicated Short-Range Communication Systems," IEEE Trans. on Intelligent Transportation Systems, vol.7, pp.565-571, Dec.2006.

[60] G. Pang, T. Kwan, H. Liu, and C. H. Chan, "LED wireless," IEEE on Industry Applications Magazine, vol.8, pp.21-28, Jan.2002.

[61] G. Pang, K. L. Ho, T. Kwan, and E. Yang, "Visible light communication for audio systems," IEEE Trans. on Consumer Electronics, vol.45,

pp.1112–1118, Nov.1999.

[62] S. Kitano, s. Haruyama, and M. Nakagawa, "LED road illumination communications system," VTC, vol.5, pp.3346–3350, Oct.2003.

[63] Japan Eelectronics and Information Technology Industries Association (JEITA) Std. JEITA CP – 1222. Copyright 2007, JEITA. All rights reserved.

[64] J.D. Parsons, "The mobile radio propagation channel," Pentech press, 1992.

[65] W.R. Braun and U. Dersch, " A Physical Mobile Radio Channel Model," IEEE Trans. Veh. Technol. , Vol. 40, No. 2, May 1991.

[66] M.R. Andrews, P.P. Mitra, and R. deCarvalho, "Tripling the capacity of wireless communication using electromagnetic polarization," Nature, Vol. 409, pp. 316–318, Jan. 2001.

[67] T. Svantesson,"A Physical MIMO Radio Channel Model for Multi–Element Multi–Polarized Antenna Systems," In Proc. IEEE VTC 2001 Fall, Atlantic City, NY, Oct. 2001.

[68] C. oestges, B. Clerckx, L. Raynaud and D. Vanhoenacker – Janvier, "Deterministic Channel Modeling and Performance Simulation of Microcellular Wide–Band Communication Systems," IEEE Trans. Veh. Technol., Vol. 51, No. 6, Nov. 2002.

[69] M. Ali Khalighi, K. Raoof and G. Jourdain, "Capacity of Wireless Communication Systems Employing Antenna Arrays, a Tutorial Study," Kluwer Academic Publishers, 2002.

[70] H. L. Bertoni, Radio Propagation for Modem Wireless Systems, Prentice Hall, New Jersey, 2000.

[71] M. D. Yacoub, Foundations of Mobile Radio Engineering, CRC Press, Bocs Raton, 1993.

[72] A. Ishimary, Wave Propagation and Scattering in Random Media, IEEE Press, Piscataway, 1997.

[73] A. Papoulis and A. U. Pillai, Probability, Random Variables and Stochastic Processes, Mc Graw Hill, Boston, 2002.

[74] M. D. Yacoub, "The $\kappa-\mu$ Distribution and the $\eta-\mu$ Distribution," IEEE

Antennas and Propagation Magazine, vol. 49, no. 1, pp 68–80, Feb. 2007.

[75] D. Didascalou, J. Maurer and W. Wiesbeck, "Subway Tunnel Guided Electromagnetic Wave Propagation at Mobile communications Frequencies," IEEE Antennas Propagat. Vol. 49, No. 11, 99 1590–1596, Nov. 2001.

[76] A. K. Bhattacharyya, High–Frequency Electromagnetic Techniques, Recent Advances and Applications, Wiley, New York, 1995.

[77] R. J. Luebbers, "Finite Conductivity Uniform GTD Versus Kinfe Edge Diffraction in Prediction of PropaWgation Path Loss," IEEE Antennas Propagat. Vol. AP–32, No. 1, pp 70–76 1596, Jan. 1984.

[78] K. Sarbandi, M. D. Casciato, and I. Koh, "Efficient Calculation of the Field of a Dipole Radiating Above an Impedance Surface," IEEE Antennas Propagat. Vol. 50, No, 9, pp 1222–1235 Sept. 2002

[79] K. A. Chamberlin, and R. J. Luebbers,"An Evaluation of Longly–Rice and GTD Propagation Models," IEEE Antennas Propagat. Vol. AP–30, No. 6, pp 1093–1098. Nov. 1982.

[80] L. L. Foldy, "The Multiple Scattering of Wave," Phys, Rev. Vol. 67 pp 107–119, 1945

[81] K. Sarabandi, and I. Koh, "Effect of Canopy–Air Interface Roughness on HF–VHF Wave Propagation in Forest," IEEE Trans. Antennas Propagat. Vol. 50, No. 2, pp 111–121 Feb. 2002.

[82] M. A. Weissberger, "An Initial Critical Summary of Models for Predicting the Attenuation of Radio Wvaes by Trees," Tech. Rep. ESD–TR–81–101, EMC Analysis Center, Annapolis MD USA, 19823

[83] K. J. Gladstone, J. P. McGeehan, "Computer simulation of multipath fading in the land mobile radio environment", Proc. Inst. Elect. Eng., Pt. G, vol. 27, no. 6, pp. 323–330, Dec. 1980.

[84] Hyeongdong Kim, Hao Ling, "Electromagnetic scattering from an inhomogeneous object by ray tracing", IEEE Trans. Antennas and Propag., vol. 40, no. 5, pp. 517–525, May 1992.

[85] Hae–won Son, Noh–hoon Myung, "A deterministic ray tube method for microcellular wave propagation prediction model", IEEE Trans. Antennas and Propag., vol. 47, no. 8, pp. 1344–1350, Aug. 1999.

[86] Raymond J. Luebbers, "Finite conductivity uniform GTD versus knife edge diffraction in prediction of propagation path loss", IEEE Trans. Antennas and Propag., vol. 32, no. 1, pp. 70-76, Jan. 1984.

[87] Walter D. Burnside, Ken W. Burgener, "High frequency scattering by a thin lossless dielectric slab", IEEE Trans. Antennas and Propag., vol. 31, no. 1, pp. 104-110, Jan. 1983.

[88] Shin-Hon Chen, Shyh-Kang Jeng, "An SBR/Image approach for radio wave propagation in indoor environments with metallic furniture", IEEE Trans. Antennas and Propag., vol. 45, no. 1, pp. 98-105, Jan. 1997.

[89] Francisco S. Adana et al., "Propagation model based on ray tracing for the design of personal communication systems in indoor environments", IEEE Trans. Vehicular Tech., vol. 49, no. 6, pp. 2105-2112, Nov. 2000.

[90] K. J. Gladstone, J. P. McGeehan, "Computer simulation of multipath fading in the land mobile radio environment", Proc. Inst. Elect. Eng., pt. G, vol. 27, no. 6, pp. 323-330, Dec. 1980.

[91] Hyeongdong Kim, Hao Ling, "Electromagnetic scattering from an inhomogeneous object by ray tracing", IEEE Trans. Antennas and Propag., vol. 40, no. 5, pp. 517-525, May 1992.

[92] Hae-Won Son, Noh-Hoon Myung, "A deterministic ray tube method for microcellular wave propagation prediction model", IEEE Trans. Antennas and Propag., vol. 47, no. 8, pp. 1344-1350, Aug. 1999.

[93] Federal Communications Commission, First Order and Report, Revision of Part 15 of the Commission's Rules Regarding UWB Transmission

[94] Systems, Federal Communications Commission, FCC 02-48, Apr. 22, 2002.

[95] Cassioli, D., Win, M.Z. and Molisch, A.F., "The ultra-wide bandwidth indoor channel: from statistical model to simulations," IEEE Journal on

[96] Selected Areas in Communications, vol. 20,Issue 6,pp.1247-ヴ1257, Aug. 2002.

[97] K. Siwiak, "A path link model for ultra wide band pulse transmissions" VTC 2001 Spring, vol. 2, pp.1173-1175, May 2001.

[98] S.S Ghassemzadeh, L.J. Greenstein, A. Kavcic, T. Sveinsson and V. Tarokh, "UWB Indoor Path Loss Model for Residental and Commercial

buildings," in Proc. IEEE Veh. Technol. Conf. (VTC 200-Fall), vol. 5, pp.3115-3119, Oct 2003.

[99] R.A. Scholtz et al, "UWB radio deployment challenges." PIMRC 2000, vol. 1, pp.620-625, Sep. 2000.

[100] Uguen, B., Plouhinec, E., Lostanlen, Y., Chassay, G., "A deterministic ultra wideband channel modeling," IEEE Conference on Ultra Wideband Systems and Technologies, pp. 1-5, May 2002.

[101] Ramirez-Mireles, F., "On the capacity of UWB over multipath channels," IEEE Communications Letters, vol 9, Issue 6, pp. 523-525, Jun 2005.

[102] Chong, C.-C., Yong, S.K., "A Generic Statistical-Based UWB Channel Model for High-Rise Apartments," IEEE Transactions on Antennas and Propagation, vol. 53, Issue 8, Part 1, pp. 2389-2399, Aug. 2005.

[103] Irahhauten, Z., Nikookar, H., Janssen, G.J.M., "An overview of ultra wide band indoor channel measurements and modeling," IEEE Microwave and Wireless Components Letters, vol. 14, Issue 8, pp.386-388, Aug. 2004.

[104] I. Oppermann. et al, UWB Theory and Applications, Wiley, England, 2004.

[105] A. Saleh, R. A. Valenzuela, "A Statistical Model for Indoor Multipath Propagation", IEEE Journal on Selected Areas in Communications, vol 5, Issue 2, pp.128-137, Feb 1987.

[106] Theodore S. Rappaport, Wireless communications: principles and practice 2nd edition, Prentice Hall PTR, Upper Saddle River, NJ, USA, 2002.

[107] H. L. Bertoni, Radio propagation for modern wireless systems, Prentice Hall PTR, New Jersey, 2000.

[108] S. C. Kim, H. L. Bertoni, M. Stern, "Pulse propagation characteristics at 2.4GHz inside buildings", IEEE Journal on Vehicular Technology, vol 45, Issue 3, pp. 579-592, Aug 1996.

[109] N. K. Kang, S. C. Kim,"Statistical characterization of indoor mimo channel properties at 5.8GHz in the office building", International Symposium on Antennas and Propagation 2005, Aug 2005.

[110] G. Foschini, "Layered space-time architecture for wireless communication

in a fading environments using multi-element antennas," Bell Labs Technical Journal, vol.1, pp.41-59, Aug. 1996.

[111] R. W. Heath Jr. and A. Paulraj "Switching between spatial multiplexing and transmit diversity based on constellation distance," in Proc. of Allerton Conf. on Comm. Cont. and Comp., Oct. 2000.

[112] D. A. Gore, R. U Nabar, A. Paulraj, "Selecting an optimal set of transmit antennas for a low rank matrix channel," in Proc. of IEEE Conf. on Acoustics, Speech and Signal Processing, pp. 2785 -2788, vol. 5. Jun. 2000.

[113] R. U. Nabar, H. Bolcskei, and A. J. Paulaj, "Outage properties of space-time block codes in correlated Rayleigh or Rician fading environments," in Proc. of IEEE Conf. on Acoustics, Speech and Signal Processing, vol. 3, pp. 2381-2384, May 2002.

[114] M. Chiani, M. Z. Win, and A. Zanella, "The distribution of eigenvalues of a Wishart matrix with correlation and application to MIMO capacity," in Proc. of IEEE GLOBECOM, vol. 4, pp. 1802-1805, Dec. 2003.

[115] J. Salz and J. H. Winters, "Effect of Fading correlation on adaptive arrays in digital mobile radio," IEEE Trans. on Vehicular Tech., vol. 43, issue 4, pp. 1049-1057, Nov. 1994.

[116] Federal Communications Commission (FCC), Revision of Part 15 of the Commission's Rules Regarding Ultra Wideband Transmission Systems, First Report and Order, ET Docket No. 98-153, FCC 02-48; Adopted: Feb. 14, 2002; Released: Apr. 22, 2002.

[117] Robert C. Qiu, Huaping Liu, Xuemin Shen, Ultra-Wideband for Multiple Access Communication s, IEEE Commun. Magazine, Vol. 42, No. 12, Dec. 2004.

[118] M. GHAVAMI and L. B. MICHAEL and R. KO HNO, ultra wideband, WILEY, 2004.

[119] Christopher R. Anderson and Annamalai and Ah med M. Attiya, An Intoroduction to Ultra Wideb and Communication Systems, Prentice Hall, 2005.

[120] Ian Oppermann and Jari linatti, UWB Theory an d Applications, WILEY,

2004.

[121] Adel A. M. Saleh, Reinaldo A. Valenzuela, A st atistical model for indoor multipath propagation, IEEE J. Select. Areas Commun, vol. SAC-5, no. 2, pp. 128-137, Feb. 1987.

[122] Andreas F. Molisch, et. al., Channel model final report, IEEE 802.15-04-0662-02-004a, Apr. 2005.

[123] Theodore S. Rappaport, Wireless Communication s, Prentice Hall, 2002.

[124] ERC Recommendation 70-03 relating to the use of Short Range Device (SRD), European Conference of Postal and Telecommunications Administrations, CEPT/ERC 70-03, Tromsø, Norway, 1997.

[125] FCC, Medical implant communications, January 2003, http://wireless.fcc.gov/services/index.htm?job=service_home&id=medical_implant

[126] 15-07-0939-01-0ban-ieee-802-15-6-regulation-subcommittee-report

[127] Kamya Y. Yazdandoost et al, "hannel Characterization for BAN Communications,"IEEE802.15-07-0641-00-0ban.

[128] 15-07-0735-06-0ban-ban-application-matrix_amaledit

[129] W.-T. Chen; H.-R. Chuang, "Numerical computation of human interaction with arbitrarily oriented superquadric loop antennas in personal communications,"IEEE Trans. on Antenna and Propagation, vol.46, no. 6, pp. 821-828, June 1998.

[130] Kamya Y. Yazdandoost and Ryuji Kohno, "he Effect of Human Body on UWB BAN Antennas,"IEEE802.15-07-0546-00-0ban. [8] Kamya Y. Yazdandoost and Ryuji Kohno, "ireless Communications for Body Implanted Medical Device,"Asia Pacific Microwave Conference, APMC2007.

[131] Andreas F. Molisch et al, " Comprehensive Model for Ultrawideband Propagation Channels,"IEEE Global Telecommunications Conference, GLOBECOM '05. Vol.6, pp. 3648-3653.

[132] C. H. Duney, H. Massoudi, and M. F. Iskander, "adiofrequency radiation dosimetry handbook,"USAF School of Aerospace Medicine, October 1986.

[133] C. Gabriel and S. Gabriel, "ompilation of the dielectric properties of body tissues at RF and microwave frequencies, "AL/OE-TR-1996-0037,

June 1996, http://www.brooks.af.mil/AFRL/HED/hedr/reports/dielectric Report /Report.html.

[134] Italian National Research Council, Institute for Applied Physics, "ielectric properties of body tissues,"http://niremf.ifac.cnr.it

[135] P. Gandhi, "Biological effects and medical applications of electromagnetic energy," Prentice Hall, Englewood Cliffs, N.J., 1990.

[136] E. Reusens, W. Joseph, G. Vermeeren, and L. Martens, „n-body measurements and characterization of wireless communication channel fro arm and torso of human,"International Workshop on Wearable and Implantabel Body Sensor Networks, BSN07, Achen, March 2007, pp. 26-28.

[137] A. Fort, J. Ryckaert, C. Desset, P. De Doncker, P. Wambacq, and L. Van Biesen, "Ultrawideband channel model for communication around the human body, "IEEE Journal on Selected Areas in Communications, vol. 24, pp.927-933, April 2006.

[138] Bernard Sklar, "ayleigh fading channels in mobile digital communication system part I: characterization" IEEE Communication Magazine, pp.90-100, July 1997.

[139] Jaehwan Kim, Hyung Soo Lee, Jeong Ki Pack, Tae Hong Kim, "hannel modeling for medical implanted communication systems by numerical simulation and measurement," IEEE 802.15-08-0274-02-0006, May 2008.

[140] Kamya Yekeh Yazdandoost and Ryuji Kohno, "ntenna for Medical Implanted Communications System,"IEEE 802.15-07-0785-00-0ban, July 2007.

[141] John Hagedorn, Judith Terrill, Wenbin Yang, Kamran Sayrafian, Kamya Yazdandoost, Ryuji Kohno, "ICS Channel Characteristics; Preliminary Results" IEEE 802.15-08-0351-00-0006, September 2008.

[142] John Hagedorn, Judith Terrill, Wenbin Yang, Kamran Sayrafian, Kamya Yazdandoost, Ryuji Kohno, " Statistical Path Loss Model for MICS,"IEEE 802.15-08-0519-01-0006, September 2008.

[143] A. J. Johansson, "ireless communication with medical implants: Antenna and propagation,"ISSN 1402-8662, 2004.

[144] Ashok Chandra, Ambuj Kumar "omparative Losses of Path Losses From Propagation Measurements at 450 MHz, 900 MHz, 1.35 GHz, and 1.89 GHz in the Corridors of a Multifloor Laboratory-cum-Office Building," Vehicular Technology Conference, pp. 2272-2276, 1999.

[145] William G. Scanlon, J. Brian Burns, Noel E. Evans, "adiowave Propagation from a Tissue-Implanted Source at 418 MHz and 916.5 MHz," IEEE Transactions on Biomedical Engineering, Vol. 47, No. 4, pp. 527-534, April 2000.

[146] A. Hashemi, "he Indoor Radio Propagation Channel," Proceedings of the IEEE, Vol.81, Issue 7, pp. 943-968, July 1993.

[147] Arthur Astrin, "easurements of body channel at 13.5 MHz,"IEEE 802.15-08-0590-00-0006, August 2008.

[148] Jung-Hwan Hwang, Il-Hyoung Park, and Sung-Weon Kang, "hannel model for human body communication,"IEEE 802.15-08-0577-00-0006, August 2008.

[149] Takahiro Aoyagi, Jun-ichi Takada, Kenichi Takizawa, Norihiko Katayama, Takehiko Kobayashi, Kamya Yekeh Yazdandoost, Huan-bang Li and Ryuji Kohno, "hannel model for wearable and implantable WBANs,"IEEE 802.15-08-0416-04-0006, November 2008.

[150] Guido Dolmans and Andrew Fort, "hannel models WBAN-Holst centre/IMEC-NL,"g IEEE 802.15-08-0418-01-0006, July 2008.

[151] Dino Miniutti, Leif Hanlen, David Smith, Andrew Zhang, Daniel Lewis, David Rodda, Ben Gilbert, "arrowband channel characterization for body area network,"IEEE 802.15-08-0421-00-0006, July 2008.

[152] Dino Miniutti, Leif Hanlen, David Smith, Andrew Zhang, Daniel Lewis, David Rodda, Ben Gilbert, "haracterization of small-scale fading in BAN channels,"IEEE 802.15-08-0716-01-0006, October 2008.

[153] Noh-Gyoung Kang, Chihong Cho, Seung-Hoon Park, and Eun Tae Won, "hannel Model for WBANs,"IEEE 802.15-08-0781-00-0006, November 2008.

[154] Dino Miniutti, Leif Hanlen, David Smith, Andrew Zhang, Daniel Lewis, David Rodda, Ben Gilbert, "arrowband on body to off body channel

characterization for ban,"IEEE 802.15-08-0559-00-0006, August 2008.

[155] Hirokazu Sawada, Takahiro Aoyagi, Jun-ichi Takada, Kamya Yekeh Yazdandoost, Ryuji Kohno, "hannel model between body surface and wireless access point for UWB band,"l IEEE 802.15-08-0576-00-0006, August 2008.

[156] Minseok Kim, Jun-ichi Takada, Lawrence Materum, Tomoshige Kan, Yuuki Terao, yohei Konishi, Kenji Nakai, Takahiro, Aoyagi, "tatistical property of dynamic BAN channel gain at 4.5 GHz,"IEEE 802-.15-08-0489-01-0006, September 2008.

[157] David Smith, Dino Miniutti, Andrew Zhang, Leif Hanlen, "ATLAB code for generating BAN fading power profile,"IEEE 802.15-08-0850-00-0006, November 2008.

[158] Guido Dolmans, "Matlab code for body-to-body communications CM3 (S4 and S5) for 900 MHz and 2.4 GHz channel model,"IEEE 802.15-08-0861-00-0006, December 2008.

[159]

[160] Neville E. Hale, "Performance Investigation of Improved TIFlexnose" and "Ringstream" Cable Fairings with Emphasis on Anti-Kiting. Fathom Oceanology Ltd., 1979, 6760 Carnpobello Rd., Mississauga, Ontario, Canada

[161] Neville E. Hale, "Performance Investigation of Improved "Flexnose" Cable Fairings with Emphasis on Nechanical Handling. Fathom Oceanology Ltd., 1980, 6760 Campobello Rd., Mississauga, Ontario, Canada

[162] G.B. Springsten Jr. "Generalized Hydrodynamic Loading Functions

[163] for Bare and Faired Cables in Two-Dirnentional Steady State Cable Configurations. 1967, Hydromechanical Laboratory, Naval Ship Research and Development Center, Washington, D.C.

[164] J.P. Wingham, "Comperative Steady State Deep Towing, Performance of Bare and Faired Cable Systems. 1981, University of Bath, Bath, England, BA2 7AY

[165] K.R.W. Mech A Report on Anti-Stacking Rings: History, tests and recommendations, 1983, 6760 Campobello Rd., Mississauga, Ontario,

Canada

[166] V. T. Morgan and D. A. Swift, "ump height of overhead-line conductors after the sudden release of ice loads,"Proc. Inst. Elect. Eng., vol. 111, no. 10, pp. 1736-746, 1964.

[167] A. Jamaleddine, G. McClure, J. Rousselet, and R. Beauchemin, "imulation of ice shedding on electrical transmission lines using ADINA," Comput. Structures, vol. 47, no. 4/5, pp. 523-36, 1993.

[168] M. R. Fekr and G. McClure, "umerical modelling of the dynamic response of ice shedding on electrical transmission lines,"Atmosph. Res., vol. 46, pp. 1-1, 1998.

[169] M. R. Fekr, G. McClure, and D. Hartmann, "nvestigation of transmission line failure due to ice shedding using dynamic analysis,"in Proc. 8th Int.Workshop Atmospheric Icing of Structures, Reykjavik, Iceland, 1998, pp. 11-6.

[170] L. E. Kollar and M. Farzaneh, "ynamic analysis of overhead cable vibrations as a result of ice shedding,"in Proc. 6th Int. Symp. Cable Dynamics, Charleston, SC, 2005, pp. 427-34.

[171] T. Kalman, G. McClure, M. Farzaneh, L. E. Kollar, and A. Leblond, "ynamic behavior of iced overhead cables subjected to mechanical shocks,"in Proc. 6th Int. Symp. Cable Dynamics, Charleston, SC, 2005, pp. 339-46.

[172] ADINA—heory and Modeling Guide ADINA R & D, Watertown, MA, Rep. ARD 03-7, 2003.

[173] C. Hardy and P. Bourdon, "he influence of spacer dynamic properties in the control of bundle conductor motion,"IEEE Trans. Power App. Syst., vol. PAS-99, no. 2, pp. 790-99, Mar./Apr. 1980.

[174] A. T. Edwards and J. M. Boyd, "undle-Conductor-Spacer design requirements and development of "pacer-Vibration-Damper""IEEE Trans. Power App. Syst., vol. PAS-84, no. 10, pp. 924-32, Oct. 1965.

[175] "tate of the art survey on spacers and spacer dampers,"CIGRE SCB2 WG11, Electra No. 277, 2005.

[176] K. Anderson and P. Hagedorn, "n the energy dissipation in spacer

dampers in bundled conductors of overhead transmission lines,"J. Sound Vibr., vol. 180, no. 4, pp. 539-56, 1995.

[177] P. Hagedorn, N. Mitra, and T. Hadulla, "ortex-Excited vibrations in bundled conductors: A mathematical model,"J. Fluids Structures, vol. 16, no. 7, pp. 843-54, 2002.

[178] C. Hardy and P. v. Dyke, "ield observations on wind-induced conductor motions,"J. Fluids Structures, vol. 9, pp. 43-0, 1995.

[179] H. M. Irvine, Cable Structures. Cambridge, MA: MIT Press, 1981.

[180] A. B. Peabody and G. McClure, "odeling the overhead power line post spring-damper using ADINA,"presented at the 3rd MIT Conf. Computational Fluid Solid Mechanics, Cambridge, MA, 2005.

[181] L. E. Kollar and M. Farzaneh, "ynamic behavior of cable systems with spacers following ice shedding,"in Proc. ICNPAA: Mathematical Problems in Engineering and Aerospace Sciences, Budapest, Hungary, 2006, pp. 399-06, paper 42.

[182] K.-J. Bathe, Finite Element Procedures. Upper Saddle River, NJ: Prentice-Hall, 1996.

[183] M. Lapointe, "ynamic analysis of a power line subjected to longitudinal loads,"M.S., Dept. Civil Eng. Appl. Mech., McGill Univ., Montreal, QC, Canada, 2003.

[184] R. H. Walden, "nalog-to-Digital Converter Survey and Analysis,"IEEE J. on Selected Areas in Communicntions, vol. 17, pp. 539-550, April 1999.

[185] D. A. Johns, K. W. Martin, "nalog integrated circuit design,"J. Wile and Sons Inc., ISBN 0471 144487, 1997.

[186] N.S. Jayant, P. NOH, "igital Coding of Waveforms, principles and applications to speech and video,"Prentice Hall, ISBN 01321 19137.

[187] J. Cheng, D.A. Johns, " IOOMHz Partial Analog Adaptive Equalizer for Use in Wired Data Transmission,"Proc. ESSCIRC'9, pp. 42-45.

[188] A. Hadji-Abdolhamid, D. A. Johns, "DC Resolution Enhancement by an Analog Decorrelator,"Proc. ISCAS 2000, vol. 3, pp. 435-438.

[189] S. Tsukamoto, et al., " CMOS 6-b, 400-M Samplels ADC with Error Correction,"ZEEE JSSCC, vol. 33, pp.1939-1947, Dec. 1998.

[190] Y. Wang, B. Razavi, "n 8-bit 150 MHz CMOS AID Converter,"IEEE JSSCC, vol. 35, pp. 308-317, March 2000.

[191] K. Uyttenhove, et al., and M. Steyaert, "Design Techniques and Implementation of an 8-bit 200-MSls Interpolating I Averaging CMOS AID converter,"IEEE JSSCC, vol. 38, pp.483-493, March. 2003.

[192] Z. H. Liang, N. Chiem, G. Ocvirk, T. Tand, K. Fluri, D. J. Harrison, "icrofabrication Of A Planar Absorbance And Fluorescence Cell For Integrated Capillary Electrophoresis Devices," Anal. Chem., vol. 68, pp. 1040-1046, 1996

[193] C. H. Lin and G. B. Lee, "icromachined Flow Cytometers with Embedded Etched Optic Fibers for Optical Detection,"J. Micromech. Microeng., vol. 13, pp. 447-453, 2003

[194] R. Hauffe, U. Siebel, K. Petermann, R. Moosburger, J. R. Kropp and F. Arndt, "Methods for Passive Fiber Chip Coupling of Integrated Optical Devices,"IEEE Trans. Adv. Packag., vol. 24, pp. 450-455, 2001

[195] B. Li, H. H. Wirz and A. Sharon, "ptimizing Fiber Coupling With a Quasi-Passive Microoptical Bench,"J. Microelectromech. Syst., vol. 14, pp. 1339-1346, 2005

[196] J. Sin D. Popa, and H. Stephanou, "odel Based Automatic Fiber Alignment,"Proc. Fiber Optic Automation Conference, pp. 415-420, 2002

[197] R. Jebens, W. Trimmer and J. Walker, "icroactuators for Aligning Optical Fibers," Sens, Actuators, vol. 20, pp. 65-74, 1989

[198] M. Culpepper and G. Anderson, "esign Of a Low-Cost Nano-Manipulator Which Utilizes a Monolithic, Spatial Compliant Mechanism,"J. Precision Eng., vol. 28, pp. 469-482, 2004

[199] R. Syms, H. Zou, J. Yao, D. Uttamchandani and J. Stagg, "calable Electrothermal MEMS Actuator for Optical Fiber Alignment,"J. Micromechan. Microeng., vol. 14, pp. 1633-1639, 2004

[200] K. Ishikawa, J. Zhang, A. Tuantranont, V. Bright and Y. Lee, "n Integrated Micro-Optical System for VCSEL-to-Fiber active alignment,"Sens. Actuators A, vol. 103, pp. 109-115, 2003

[201] A. Dholakia, E. Eleftheriou, T. Mittelholzer, and M. P. C. Fossorier,

"Capacity-approaching codes: Can they be applied to the magnetic recording channel?,"IEEE Commun. Mag., vol. 42, no. 2, pp. 122-130, Feb. 2004.

[202] Y.-H. Kwon, M.-K. Oh, and D.-J. Park, "A new LDPC decoding algorithm aided by segmented cyclic redundancy checks for magnetic recording channels,"IEEE Trans. Magn., vol. 41, no. 7, pp. 2318-2320, Jul. 2005.

[203] T. Kanaoka and T. Morita, "Structured LDPC codes with reversed MTR/ECC for magnetic recording channels,"IEEE Trans. Magn., vol. 42, no. 10, pp. 2561-2563, Oct. 2006.

[204] D. Divsalar, S. Dolinar, J. Thorpe, and C. Jones, "Constructing LDPC codes from simple loop-free encoding modules,"in Proc. IEEE Int. Conf. Communications, May 2005, pp. 658-662.

[205] L. Sun, H. Song, and B. V. K. V. Kumar, "Proc. of IEEE International Conference on Acoustics, Speech, and Signal Processing,"in Proc. IEEE Int. Conf. Communications, Mar. 2005, pp. 1101-1104.

[206] L. Sun, H. Song, B. V. K. V. Kumar, and Z. Keirn, "Field-programmable gate-array-based investigation of the error floor of low-density parity check codes for magnetic recording channels," IEEE Trans. Magn., vol. 41, no. 10, pp. 2983-2985, Oct. 2005.

[207] M. M. Mansour and N. R. Shanbhag, "Architecture-aware low-density parity-check codes,"in IEEE Int. Symp. Circuits and Systems (ISCAS), May 2003, pp. 57-60.

[208] D. E. Hocevar, "Architecture-aware low-density parity-check codes," in Proc. IEEE Int. Conf. Communications, 2003, pp. 2708-2712.

[209] J. K.-S. Lee, B. Lee, J. Thorpe, K. Andrews, S. Dolinar, and J. Hamkins, "A scalable architecture of a structured LDPC decoder,"in Int. Symp. Information Theory, Jul. 2003.

[210] H. Zhong and T. Zhang, "Block-LDPC: A practical LDPC coding system design approach,"IEEE Trans. Circuits Syst. I, vol. 52, no. 4, pp. 766-775, Apr. 2005.

[211] Z. Li, L. Chen, S. Lin, W. Fong, and P.-S. Yeh, "Efficient encoding of

quasi-cyclic low-density parity-check codes,"IEEE Trans. Commun., vol. 54, no. 1, pp. 71-81, Jan. 2006.

[212] E. W. Weisstein, "From MathWorld—A Wolfram Web Resource." [Online]. Available : http://mathworld.wolfram.com/Box-MullerTransformation.html

[213] A. J. Viterbi, "An intuitive justification and a simplified implementation of the MAP decoder for convolutional codes,"IEEE J. Sel. Areas Commun., vol. 16, no. 2, pp. 260-264, Feb. 1998.

[214] P.S. Cannon, A.P.C. Reed, "The Evolution of Meteor Burst Communication Systems," Jour. of IEEE, Vol 57, no 3, pp. 101-112, MayNune 1987.

[215] J.A. Weitzen, W.T. Ralston, "Meteor Scatter: An Overview," IEEE Trans. on Ant. and Prop., Vol36, No 12, pp. 1813-1819, Dec. 1988.

[216] D. Yavuz, "Meteor Burst Communications," IEEE Communications Magazine, pp. 4047, Sept. 1990.

[217] R.T. Compton Jr., Adaptive Antennas, Concepts and Performance, Prentice Hall, Englewood Cliffs NJ, 1988.

[218] R.T. Compton Jr. "The Power-Inversion Adaptive Array: Concepts and Performance," IEEE Trans. on Aero. and Electr. Systems, Vol AES-15, NO 6, pp. 803-814, NOV. 1979.

[219] G. R. Sugar, "adio propagation by reflection from meteor trails,"Proc. IEEE, vol. 52, pp. 116-136, Feb. 1964.

[220] V. R. Eshleman and R. F. Mlodnosky, "directional characteristics of meteor propagation derived from radar measurements,"Proc. IRE, Dec. 1957.

[221] P. J. Bartholome, "results of propagation and interception experiments on the STC meteor-burst link,"Shape Tech. Cen., The Hague, The Netherlands, TM- 173, Dec. 1967.

[222] P.A. Forsyth, E, L. Vogan, D. R. Hansen, and C. 0. Hines, "he principles of JANET-A meteor-burst communications systems,"Proc. IRE Dec. 1957.

[223] P.J. Bartholome and I.M. Vogt, "momet-A meteor-burst system incorporating ARQ and diversity reception,"IEEE Trans. Commun.

Technol., vol. COM-16, Apr. 1968.

[224] V. R. Eshleman and L. A. Manning, "adio communications by scattering from meteoric ionization,"Proc. IRE, vol. 42, pp. 530-536, Mar. 1954.

[225] A. E. Spezio, "eteor burst communication system: Analysis and synthesis," NRL Rep. 8286, Dec. 28, 1978.

[226] L. B. Milstein, D. L. Schilling, R. L. Pickholtz, J. Sellman, S. Davidovici, A. Pavelchek, A. Schneider, and G. Eichmann, "performance of me-teor burst communication channels,"IEEE J. Select. Areas Commun., vol. SAC-5, Feb. 1987.

[227] J. D. Oetting, "n analysis of meteor burst communications for military applications,"IEEE Trans. Commun., vol. COM-28, pp. 1591- 1601,Sept. 1980.

[228] J. C. Ostergaard et al., in AGARD Conj Proc., no. 382.

[229] J. A. Weitzen et al., in MILCOM '8 Conj Rec., P. 0573.

[230] V. Erceg, S. Ghassemzadeh, M. Taylor, D. Li, and D. L. Schilling, "rbadsuburban out-of-sight propagation modeling,"IEEE Communicat. Mag., vol. 30, pp. 56-61, June 1992.

[231] A. J. Rnstako, Jr., N. Amitay, G. J. Owens, and R. S. Roman, "adio propagation measurements at microwave frequencies for microcellular mobile and personal communications,"in Con$ Rec. Int. Cont Communicat., Boston, MA, June 11-14, 1989, pp. 482486.

[232] "adio propagation at microwave frequencies for line-of-sight microcellular mobile and personal communications,"IEEE Trans. Veh. Technol., vol. 40, pp. 203-210, Feb. 1991.

[233] K. R. Schaubach, N. J. Davis, W, and T. S. Rappaport, " ray tracing method for predicting path loss and delay spread in microcellular environments,"in 42nd IEEE Veh. Technol. Con$, Denver, CO, May 10-13, 1992, vol. 2, pp. 932-935.

[234] [SI M. C. Lawton, R. L. Davies, and J. P. McGeehan, " ray launching method for the prediction of indoor radio ,channel characteristics," in Proc. 2nd IEEE Int. Symp. Personal, Indoor, Mobile Communicat., London, Sept. 1991, pp. 104-108.

[235] M. C. Lawton and I. P. McGeehan, “he application of GTD and Ray launching techniques to channel modeling for cordless radio systems,” in 42nd IEEE Veh. Technol. Cor$, Denver, CO, May 10–13, 1992, vol. 2, pp. 125–130.

[236] J. Wiart, A. Marquis, and M. Juy, “nalytical microcell path loss model at 2.2 GHz,”in Proc. Personal, Indoor, Mobile Radio Communicat., Yokohama, Japan, Sept. 1993, pp. 30–34.

[237] C. Bergljung and L. G. Olsson, “igorous diffraction theory applied to street microcell propagation,”in IEEE Global Telecommunicat. Con, GLOBECOM'1, Phoenix, AZ, Dec. 1991, pp. 1292–1296.

[238] T. Iwama and M. Mizuno, “rediction propagation characteristics for microcellular laud mobile radio,”in Proc. Int. Symp. Antennas Propagat., Sapporo, Japan, 1992, pp. 421424.

[239] S. T. S. Chia, R. Steel, E. Green, and A. Baran, “ropagation and bit error ratio measurements for a microcellular system,”J. Inst. Electron, Radio Eng., vol. 57, no. 6, pp. S255–266, Nov./Dec. 1987.

[240] T. Iwama, E. Moridyama, H. Ryuko, S. Sekizawa, and T. Saruwatari, “nvestigation of propagation characteristics above 1 GHz for microcellular land mobile radio,”in 40th IEEE Veh. Technol. Con$, Orlando, FL, May 6–9, 1990, pp. 396400.

[241] F. Nni and H. L. Bertoni, “ath loss and cell coverage of urban microcells in high-rise building environments,”in Proc. IEEE GLOBECOM' 93, Houston, TX, vol. 1, pp. 266–270, Nov.‘29–Dec. 2, 1993.

[242] S. Y. Tan and H. S. Tan, “TD propagation model in an urban street scene for microcellular communications,”IEEE Trans. Electromagn. Compat., vol. 35, pp. 423428, Nov. 1993.

[243] “ theory for propagation path loss characteristics in a citystreet–grid,”IEEE Trans. Electromagn. Compat., vol. 37, pp. 333–342, Aug. 1995.

[244] A. S. Glassner, Ed., An Introduction to Ray Tracing. San Diego, CA: Academic, 1989.

[245] A. J. Goldsmith and L. J. Greenstein, “ measurement–based model for

predicting coverage areas of urban microcells,"IEEE J. Selected Areas Communicat., vol. 11, no. 7, pp. 1013–1023, Sept. 1993.

[246] D. A. McNamara, C. W. I. Pistorius, and J. A. G. Malherbe, Introduction to the Unini JcormG geometrical Theory of Diffraction. Boston, MA: Artech House, 1990.

[247] J. B. Keller, "geometrical theory of diffraction,"J. Opt. Soc. Amer., vol. 52, no. 2, pp. 116–130, Feb. 1962.

[248] 0. Landron, M. J. Feuersyein, and T. S. Rappaport, "microwave reflection coefficient measurements for smooth and rough exterior wall surfaces,"in 43rd IEEE Veh. Technol. Con., Secaucus, NJ, May 18–20, 1993, pp. 77–80.

[249] R. M. Buehrer, et al, "characterization of the UWB channel,"IEEE Conf on Ultra Wideband Systems and Technologies, pp. 26–31, Reston, VA, Nov 2003.

[250] R. J.–M. Cramer, An Evaluation of Ultrawideband Propagation Channels, Ph.D Dissertation, USC, 2000.

[251] J. A. Hogbom, "aperture synthesis with a non–regular distribution of interferometer baseline,"Atronomy and Astrophysics Supplement Ser., vol. 15, 1974.

[252] IEEE 802.15.SG3a, "channel modeling sub–committee report final,"©

[253] IEEE P802.15–02/490r1–SG3a, Feb 2003.

[254] J. H. Reed, An Introduction to Ultra Wideband Communication Systems, Prentice Hall, Upper Saddler River, NJ, 2005.

[255] A. A. Saleh and R. A. Valenzuela, "a statistical model for indoor multipath propagation,"IEEE J. on Selected Areas in Communications, vol. 5, no. 2, pp. 128–137, Feb 1987.

[256] R. A. Scholtz, M. Z. Win, and J. M. Cramer, "evaluation of the Characteristics of the ultra–wideband propagation channel,"Proc of Antenna and Propagation Symposium, vol. 2, no. 626–630, 1998.

[257] Jin Young Kim, Trend and Future of Mobile Communications, Intervision Publishers, 2008.

[258] J. Ryckacrt, P. De Doncker, R. Meys, A. de Le Hoye and S. Donnay,

"Channel model for wireless communication around human body", Electronics letters 29th, vol. 40, No. 9, April 2004.

[259] K. Hachisuka Post et al., “"Development and Performance Analysis of an Intra-Body Communication Device,”" Proc. of 12th International Conference on Solid State Sensors, Actuators and Microsystems, Boston, pp. 1722-1725, June 2003.

[260] Jin Young Kim, MIMO-OFDM System for High-Speed Wireless Communications, Intervision Publishers, 2008.

찾아보기

저자 소개

김 진 영

김진영 교수는 서울대학교에서 전자공학 분야 공학사/공학석사/공학박사를 취득한 후 미국 Princeton University에서 무선통신 분야의 연구를 수행하였다.
SK 텔레콤 중앙연구원의 책임연구원, 미국 MIT 공대 Visiting Scientist의 경력을 쌓았으며 현재 광운대학교 전자융합공학과 정교수로 재직중이다. 주관심분야는 차세대 이동통신, 가시광통신, 국방통신 및 각종 IT융합시스템 등이다.

서 철 헌

서철헌 교수는 서울대학교에서 전자공학 분야 학사/석사/공학박사를 받았으며 미국 MIT 공대에서 POST DOC.을 마치었다. 1993년 9월부터 숭실대 정보통신전자공학부에서 조교수, 부교수 거쳐 2003년부터 정교수로 재직중이며 미국 MIT에서 연구원, 교환교수, 연구교수를 지내면서 활발히 연구생활을 하였다. 연구관심분야는 무선 에너지 전송, 무선통신 전파시스템, 레이다 시스템, 스마트폰 RF 모듈, 국방 RF 시스템 등이다.

정가 23,000원

유무선 채널 모델링

2014년 1월 2일 초판 인쇄
2014년 1월 10일 초판 발행
저 자 : 김진영, 서철헌
발행자 : 우명찬, 송 준
발행처 : 홍릉과학출판사
주 소 : 서울시 강북구 인수동 455-60
142-885
등 록 : 1976년 10월 21일 제5-66호
전 화 : (02) 999-2274~5, 903-7037
팩 스 : (02) 905-6729
e-mail: hongpub@hongpub.co.kr
http://www.hongpub.co.kr
ISBN: 979-11-5600-022-8

저자와의 협의하에 인지생략